"十二五"国家重点图书出版规划项目

基于多传感器及多元监测数据的瓦斯预警理论与方法研究

汪云甲　朱世松　梁双华　杨　敏　张　克　著

中国矿业大学出版社

内 容 提 要

作为世界上受瓦斯灾害威胁最为严重的国家之一,近二十年来,煤矿井下安全监测与灾害预警研究备受我国政府、煤炭企业与相关科研院所、大专院校的高度关注。本书是作者承担的国家自然科学基金重点项目、国际合作项目及面上项目部分相关成果总结。全书选择我国典型矿井作为重点剖析、研究对象,以凸显研究对象时空特性及空间分析、空间数据挖掘与知识发现为特点,运用多学科知识,从煤与瓦斯突出危险区域预测、瓦斯监测多传感器信息融合与知识发现、矿井瓦斯传感器优化选址三个方面对基于多传感器及多元监测数据的瓦斯预警理论与方法进行了较系统的阐述,展示了该领域另一视角的研究成果,可供矿山安全与瓦斯防治、地质与采矿、测绘与地理信息科学、信电与计算机等专业人员及学生参考。

图书在版编目(CIP)数据

基于多传感器及多元监测数据的瓦斯预警理论与方法
研究 / 汪云甲等著. —徐州 : 中国矿业大学出版社,
2017.5
ISBN 978-7-5646-3309-7

Ⅰ. ①基… Ⅱ. ①汪… Ⅲ. ①瓦斯监测—方法研究
Ⅳ. ①TD712

中国版本图书馆 CIP 数据核字(2016)第 253130 号

书 名	基于多传感器及多元监测数据的瓦斯预警理论与方法研究
著 者	汪云甲 朱世松 梁双华 杨 敏 张 克
责任编辑	钟 诚 仓小金
出版发行	中国矿业大学出版社有限责任公司
	(江苏省徐州市解放南路 邮编221008)
营销热线	(0516) 83885307 83884995
出版服务	(0516) 83885767 83884920
网 址	http://www.cumtp.com E-mail:cumtpvip@cumtp.com
印 刷	徐州中矿大印发科技有限公司
开 本	787×1092 1/16 印张 24 字数 600 千字
版次印次	2017 年 5 月第 1 版 2017 年 5 月第 1 次印刷
定 价	68.00 元

(图书出现印装质量问题,本社负责调换)

前 言

我国煤矿生产矿难频发,尤以瓦斯为甚,久治不愈,人员伤亡和经济损失惨重。随着一些矿区进入深部开采阶段,地质条件越趋复杂,瓦斯灾害因素增多、不确定性增加、机理更难掌握,预警愈显困难。

河南平顶山矿务局十一矿 1993 年发生瓦斯爆炸事故,夺走了 39 名矿工生命,影响巨大,损失惨重。第一作者于 1994 年在时任平顶山矿务局总调度室主任张铁岗(现为中国工程院院士)的鼓励支持下,组织团队在该矿研制开发矿山安全、工况监测及生产调度指挥系统,利用地求信息系统(GIS)等技术进行预警预报及决策指挥,取得成功,以后又逐步推广运用到二矿、大庄矿并不断改进完善,分获 1997 年煤炭部科技进步三等奖、1998 年河南省科技进步二等奖。这些瓦斯监测监控系统中的传感器日复一日地采集数据,同时,随着包括矿区地表地形地貌、地质构造、岩层巷道等在内的信息系统的建立,资源勘探、开拓开采的逐步深入,积累的数据量越来越大。如何充分利用井上井下相关结构化、非结构化多元异构海量数据与瓦斯监测数据,将其融合集成,进行时空数据发掘与知识发现,寻找瓦斯潜在规律,就显得非常迫切与必要。第一作者对此一直密切关注,在其主持的全国优秀博士学位论文作者资金资助项目"基于'3S'及数字矿山的煤矿矿区资源开发优化理论与关键技术"、江苏省"333 工程"人才项目"生产综合调度指挥与分析决策支持系统"等项目中都涉足了这一领域。特别重要的是,此后,第一作者获得了国家自然科学基金重点项目"煤矿瓦斯传感技术和预警系统基础理论与关键技术研究"(50534050,参与)、国家自然科学基金委"中澳科技合作特别基金"项目"基于空间信息技术的煤矿瓦斯智能预警及灾害定位搜救研究"(50811120111,主持)、国家自然科学基金面上项目"基于多传感器及多源监测数据的瓦斯预警理论与方法研究"(40971275,主持)资助,使该探索得以持续推进。2010 年 8 月,在上海世博会澳大利亚展馆举办了"中澳科技周",该活动展出了中国和澳大利亚政府科技合作 30 年来 30 项重要成果,其中"中澳科技合作特别基金"项目"基于空间信息技术的煤矿瓦斯智能预警及灾害定位搜救研究"部分成果名列其中,产生了较好影响。

本书是第一作者带领中国矿业大学 4 名地图制图学与地理信息工程专业博

士生(均已获得博士学位)在上述三项国家自然科学基金项目资助下的部分成果总结。全书选择我国典型矿井作为重点剖析、研究对象,以凸显研究对象时空特性及空间分析、空间数据挖掘与知识发现为特点,运用多学科知识,从煤与瓦斯突出危险区域预测、瓦斯监测多传感器信息融合与知识发现、矿井瓦斯传感器优化选址三个方面对基于多传感器及多元监测数据的瓦斯预警理论与方法进行了较系统的阐述。

本书分为三篇18章:第1章为绪论;第2章至第5章为第一篇——煤与瓦斯突出危险区域预测方法研究;第6章至第13章为第二篇——瓦斯监测多传感器信息融合与知识发现研究;第14章至第18章为第三篇——煤矿井下瓦斯传感器优化选址研究。

本书的具体写作分工情况如下:第1章主要由汪云甲、朱世松、梁双华、张克、杨敏完成;第2章到第5章主要由汪云甲、张克完成;第6章到第10章主要由汪云甲、朱世松完成;第11章到第13章主要由汪云甲、杨敏完成;第14章到第18章主要由汪云甲、梁双华完成。全书由汪云甲负责统稿,朱世松、梁双华汇总校对。

在国家自然科学基金项目研究过程中,中国矿业大学童明敏教授、罗新荣教授、张虹教授、魏连江副教授,澳大利亚皇家理工大学张克非教授,中国科学院合肥智能机械研究所葛运建研究员,平煤集团公司张铁岗院士、张建国总工程师等专家给予了帮助或指导;研究涉及西山、霍州、晋城、潞安、阳泉、大同、新汶、平顶山、邵东、淮南、淮北、徐州、皖北等相关煤矿企业,许多现场技术人员和研究生做出了贡献,在此表示诚挚谢意!

本书被列入"十二五"国家重点图书出版计划,获得江苏高校优势学科建设工程二期项目(测绘科学与技术)资助,在此一并表示感谢!

作者认为,煤矿瓦斯灾害预测所涉及的数据具有多源性、时空性、模糊性、不确定性、强变化等特征,需从不同角度,多种途径跨学科进行研究,互相补充、互为印证、综合利用,才能逐步取得预期的效果,这正是本书出版之目的,希冀展示该领域另一视角的研究成果。另一方面,本书作者专业背景为测绘与地理信息科学,对瓦斯规律的认识可能不深、理解不全面,加之水平所限,书中不足甚至谬误之处在所难免,敬请批评指正。

著 者

2015 年 3 月

目　录

第三篇　煤矿井下瓦斯传感器优化选址研究

第1章 绪 论

1.1 研究背景与意义

常见的瓦斯灾害类型主要有瓦斯爆炸、煤与瓦斯突出和瓦斯中毒窒息[1]。作为世界产煤大国,我国是世界上受瓦斯灾害威胁最为严重的国家之一。在国有重点煤矿中,高瓦斯矿井、煤与瓦斯突出矿井数量占 40.3%,百万吨死亡率大大高于世界主要产煤国家平均水平,煤矿死亡人数占世界煤矿死亡人数的 60% 以上[2]。在煤矿各类灾害事故(如瓦斯、冒顶、火灾、突水、冲击地压、尘害等)中,较大以上瓦斯事故(一次死亡 3 人以上)死亡人数占到煤矿各类较大事故总死亡人数的 50% 以上。2013 年,我国煤矿发生瓦斯事故 31 起,死亡 293人,占煤矿事故死亡人数总量的 65.13%[3]。自从 2002 年国家煤矿安全监察局提出瓦斯治理的十二字方针以来,各级煤矿主管部门、生产企业及相关科研院所紧密围绕"先抽后采、以风定产、监测监控"的思想理念深入研究有关措施、方法和技术,积极贯彻落实,成效显著。如图 1-1 所示,2003~2011 年这 9 年间,煤矿瓦斯事故数量和死亡人数总体呈逐年下降态势。但重大(一次死亡 10 人以上)和特别重大(一次死亡 30 人以上)瓦斯事故尚未得到有效控制,有关数据统计分析如图 1-2 所示。以上分析表明,我国煤矿瓦斯灾害防治工作亟待固强补弱,大力加强煤矿瓦斯安全监测与灾害预警,对于有效防治煤矿瓦斯灾害、减少人员伤亡意义重大,任重道远。

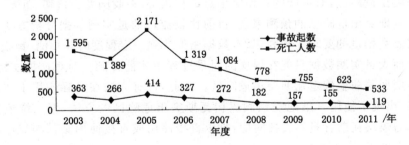

图 1-1 2003~2011 年我国煤矿瓦斯事故统计分析

下面从煤与瓦斯突出危险区域预测、煤矿瓦斯监测多传感器信息融合与知识发现、煤矿井下瓦斯传感器优化选址三个方面分别阐述研究现状、研究思路与方法。

造成我国瓦斯灾害频发的原因是多方面的,既有管理上的原因,也有技术上的原因,但从根本上讲这是由我国基本的能源结构、煤矿赋存条件所决定的。煤炭在今后相当长的时间内仍然是我国的主要能源形式,如何有效预测煤与瓦斯突出,从而减少其带来的巨大损失是急需科研人员攻克的课题。

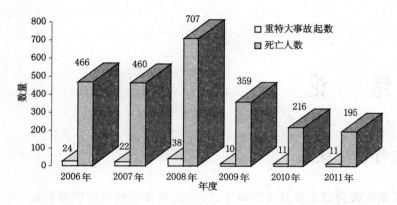

图 1-2　2006～2011 年我国煤矿重特大瓦斯事故统计图

1.2　煤与瓦斯突出危险区域预测研究

1.2.1　突出区域预测研究现状

　　煤与瓦斯突出是指煤矿井下采掘过程中发生的一种瓦斯突然从煤层中大量涌出的复杂动力现象,它严重威胁着矿井安全生产和煤矿职工的人身安全。我国瓦斯突出矿井产量约占世界突出矿井总产量的 24%,累计突出次数约占世界总突出次数的 40% 以上。随着新井建设和现有矿井开采水平深度的加大和矿井地质条件的复杂化,发生瓦斯突出的矿井所占比例将愈来愈高。在西方发达国家,煤与瓦斯突出矿井是不允许开采的,但由于我国的煤炭资源有限,煤与瓦斯突出矿井不得不进行开采。因此,加强对煤与瓦斯突出预测的研究,查明煤层瓦斯突出危险区,对可能的瓦斯突出点进行预报,在我国尤为迫切、重要。

　　就煤层瓦斯突出危险区的预测来说,目前比较流行的是实测数据分析方法。现有的这类方法对实测数据量的要求比较高,只有数据密度达到一定程度时其预测、预报的结果才比较可靠。然而大量实测数据只能在煤层的回采过程中才能得到。对煤矿的实际生产来说,都需要在煤层回采前就确定瓦斯突出危险区。因此,现有方法在实际应用中还存在诸多问题。近年来,出现了使用三维地震预测煤层瓦斯突出危险区的方法,但三维地震数据密度大、属性多,与煤层瓦斯含量不直接对应,难以直接使用或直接使用其预测煤层瓦斯突出危险区具有较大的误差。

　　多年以来,国内外许多学者对煤与瓦斯突出机理和突出危险性预测做了大量研究,提出了多种煤与瓦斯突出预测方法。不少煤矿进行了井下无线电波坑道透视试验与推广应用工作,较成功地探测出了断层、冲刷、陷落柱、"门帘石"、火成岩墙、小褶皱、瓦斯聚集带、煤层分叉合并区等多种地质异常体,较好地指导了煤矿生产。

　　瓦斯地质理论预测法[4-8]是从地质学角度研究煤层瓦斯赋存、涌出和煤与瓦斯突出的自然规律,为煤矿生产建设和能源开发服务的一门新兴的边缘学科。苏联专家 B. B. 鲁基诺夫提出了使用综合评定方法——构造复杂程度综合系数法评价煤层突出危险性的方法;张宏伟等使用 ANSYS 软件结构静力方法对岩体应力作了分析研究,提出了"地层结构的应力分区和煤与瓦斯突出预测分析";王生全教授对煤与瓦斯突出预测中的煤体结构指标进行了分析;何继善院士通过多年从瓦斯地质角度研究瓦斯突出煤体结构和通过探测煤体破坏结构进行瓦斯突出预测,把结构严重破坏并具有发生瓦斯突出的瓦斯能(即含有大量瓦斯)介质条件的煤体称做瓦斯突出煤体,瓦斯突出煤体是受到构造强烈挤压和剪切破坏作用的产物,必须同时具备瓦斯突出固体和气体介质条件。郭德勇教授、韩德馨院士对地质构造控制煤与瓦斯突出机理及分布规律进行了研究,为地质构造突出危险性判定提供了理论依据。

彭苏萍院士以煤层瓦斯富集地质理论为基础,根据煤层瓦斯与常规砂岩储层天然气赋存机理的对比,提出了以煤层割理裂隙为探测目标的煤层瓦斯富集 AVO 技术预测理论。崔若飞教授基于方位各向异性技术和地震属性技术,利用地震 P 波对裂缝性地层所表现出的方位各向异性特征,根据地震属性随方位角变化可以预测裂隙发育方向和密度的基本原理,应用多种地震 P 波方位属性预测裂隙发育带;通过对淮南张集煤矿西三采区三维地震 P 波资料的处理,获得了 6 个方位地震数据体,从中提取多种与煤层和围岩裂隙相关的地震属性,并计算出裂隙的发育方向和密度,为确定瓦斯富集带的分布提供了一种新的途径。

现有利用地震波技术[9-15]来预测瓦斯突出与富集的研究,已经建立了一些有益的参考模型,但瓦斯突出与富集的影响因素众多,在不同矿区、不同地质背景条件下,其影响因素并不一致,难以建立统一、有效的预测模型;另一个问题是实际地震数据包含了太多的不确定性,难以建立可应用于实际的地球物理反演的理论方程,如何选择地震参数,如何定量评价各因子与瓦斯突出与富集间的关系,还需要进行深入探索。

此外,煤与瓦斯突出的发生往往呈现明显的时空多维复杂性,一些综合指标目前在各矿区预测突出中均起着重要的作用[16-19]。由地应力、瓦斯和煤体物理力学性质等因素综合作用,表现出来的各种因素的关联时空影响,是国内外学者对突出机理较为一致的定性认识,但突出发生的原因复杂、影响因素众多,迄今对各种开采环境和地质条件的突出发生规律还没有很好掌握[17,20],突出预测是一个由单向指标向综合指标过渡的过程[18-21]。研究表明,突出的发生是状态因素在时空演变的灾变行为,其前兆观测数据的顺序和大小蕴含着大量有关系统动态演化过程的痕迹和特征信息[22-24]。因此,有效的瓦斯突出预测必须充分考虑瓦斯突出状态因素的空间演化过程,分析各因素及因素的相互关系,深入掌握和刻画反映此过程的动态前兆信息的特征和规律与突出危险的内在联系,研究多维时空关系复杂模型应是瓦斯突出区域预测研究的重点,对突出的预测和防治工作具有现实意义。

1.2.2 研究思路与方法

煤矿三维地震勘探作为一种预测煤与瓦斯突出危险区的方法,优点在于数据密度较大,蕴含信息丰富,符合人工智能算法的要求;其不足在于三维地震勘探结果与煤层瓦斯含量之间没有直接对应关系,而且三维地震勘探结果易受多种因素的影响,因此获取的实际地震数据中包含了太多的不确定性,并且无法——确定它们对结果的影响,所以无法验证新方法的正确性。相对于三维地震勘探,正演模拟的理论数据要比三维地震勘探获取的数据要单一,而且比较容易验证获取属性的正确性。

因此,本研究采用地震正演数值模拟方法进行瓦斯突出危险区的预测研究,在获取相应地震属性的基础上,运用支持向量机(SVM)方法预测瓦斯突出危险区,为利用地震数据预测瓦斯突出危险区探索一个新途径[25]。即围绕煤与瓦斯突出危险区定量预测目标,从时、空多角度分析瓦斯突出危险区的波(主要是地震波)、场(瓦斯含量数据、煤厚、埋深、瓦斯压力)等信息的演变特征,分析地震属性、地质数据变化与瓦斯突出危险区之间的耦合关系,运用 SVM 方法定量研究两者之间的非线性关系,形成瓦斯突出危险区信息特征提取与优选。再以淮南矿区张集矿深部采区为例,开展煤与瓦斯突出危险区预测实证研究。基于地震正演模拟和 SVM 的煤与瓦斯突出危险区预测研究的技术路线见图 1-3。

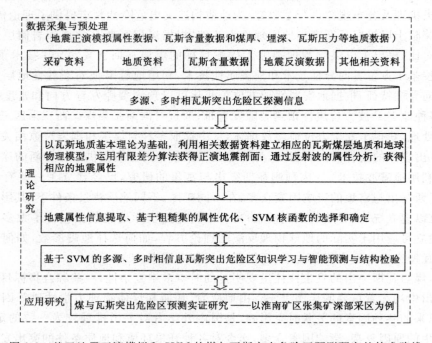

图 1-3　基于地震正演模拟和 SVM 的煤与瓦斯突出危险区预测研究的技术路线

1.3　瓦斯监测多传感器信息融合与知识发现研究

目前煤矿瓦斯安全监测与灾害预警系统研究已经进入到一个新时期,通过以甲烷传感器为核心的瓦斯安全监测网络系统,虽然获得了大量的实时传感数据,但由于系统的数据综合分析和井下瓦斯异常识别的能力还相当薄弱,依靠责任心强且经验丰富的专家通过分析监控系统获得的监测数据来判断井下作业现场环境安全和发展趋势以及传感器系统可靠性的现状没有得到根本转变,从而使得若干潜在的安全风险因为种种因素得不到及时发现并采取针对性防范措施而最终爆发,酿成事故。

因此,要从根本上促进目前煤矿安全监控系统的瓦斯安全监测预警能力再上一个新台阶,一方面必须研究基于多传感器信息融合的瓦斯安全监测预警系统,另一方面要从海量历史数据中通过各种数据挖掘方法发现其蕴涵的、可用于识别井下瓦斯异常的规律性知识和融合模型,用于瓦斯监测,不断提升煤矿瓦斯安全监测与灾害预警系统的可靠性和智能化水平。

1.3.1 煤矿瓦斯监测预警系统现状

煤矿瓦斯监测预警的任务主要是利用各类传感设备全面、实时、连续、准确监测并报告井下巷道空间的瓦斯浓度水平,评估预测各工作面瓦斯突出危险状态,及时弄清井下瓦斯监测数据异常变化特别是浓度超限的原因及发展趋势,将瓦斯浓度控制在安全范围之内,防范和抑制瓦斯突出、瓦斯积聚和瓦斯爆炸等事故苗头,对瓦斯危险源实现预报、预警。

1.3.2 瓦斯监测传感技术

同发达国家相比,我国对瓦斯气体传感监测仪器的研究和应用起步较晚,但发展速度较快,基于各种原理的瓦斯传感器纷纷面世。20 世纪 60 年代初期,我国开始研制载体催化元件。随着敏感元件制造水平的提高和电子技术的发展,特别是大规模集成电路、微型计算机的广泛应用,瓦斯传感监测技术得到蓬勃发展。

目前,瓦斯安全监测应用到的传感器种类繁多,主要采用非接触方式来测定井下瓦斯浓度、风速、温度、压力、声音、电磁辐射等数据,从多方面观测、预测瓦斯浓度变化,进行瓦斯灾害预警。其中,能够连续动态预测煤与瓦斯突出的途径主要有三条:一是以瓦斯传感器为核心的井下瓦斯浓度传感监测技术;二是声发射(acoustic emission,AE)监测技术;三是电磁辐射(electromagnetic emission,EME)监测技术[26]。

1.3.2.1 瓦斯浓度传感器

矿井中瓦斯的主要成分是甲烷,即 CH_4,约占 83%～89%[27]。目前,对瓦斯浓度的检测方法主要有催化燃烧法[28-30]、红外光谱法[31,32]、半导体气敏法[33]、光纤法[34,35]和气相色谱法[36]等,它们各有其优缺点,具体比较可见表 1-1。

表 1-1 **非载体催化元件瓦斯传感器性能比较**

瓦斯检测方法	主要优点	主要缺点
半导体气敏法	可以提高元件的灵敏度和选择性	工作温度高、稳定性和一致性较差,是其走向实际应用的障碍
红外光谱法	精度高,选择性好,可避免发生零点漂移和中毒现象	结构复杂。虽然国外已有多家公司推出了用于煤矿井下检测瓦斯的红外原理的传感器及便携仪[30],但目前国内还未研制出同类产品
气相色谱法	测量范围十分广泛,分离速度快,并且检测甲烷可以达到较高的灵敏度,是一种重要的分离分析方法	仪器较笨重,难于实现实时、在线检测
光纤法	具有灵敏度高、响应快、体积小、耐腐蚀、动态范围大、不受电磁干扰,可在有毒、高温气体等恶劣环境中使用,利用长距离近红外低损耗光纤传输媒介等优点,可实现环境气体在线连续检测以及遥测	该类型传感器研究和应用属于目前国际上的新动向。付华等[37]提出了基于气体红外吸收原理设计高灵敏度甲烷光纤传感器

相对来说,载体催化燃烧式瓦斯传感器具有精度高、价格低的优势。目前在我国煤矿得到最为广泛的应用。但是其元件存在着不稳定和寿命短的缺点[30]。英国某公司的甲烷传感器调校周期为 3～8 个月,寿命在 3 a 以上;而国产甲烷传感器由于制作工艺水平低以及

元件一致性差等原因,调校周期仅 7 d,使用寿命仅 1~2 a[38]。多年来,在各煤矿使用瓦斯传感器中发现,元件经常会受到硫化氢和砷化物等有毒气体、浓度大于 4% 高浓度瓦斯、环境温度、湿度等因素的影响,出现灵敏度忽高忽低、零点漂移,甚至造成永久损坏而不能使用,给实际操作带来困难。据统计[39],在相对湿度达到 96%、温度达 30 ℃的条件下,灵敏度在 10 d 后将下降 20%,40 d 后能下降到 50%。但是,在尝试提高部分元器件的性能后,传感器调校周期可以延长到 3 周,寿命达到 18 个月以上[28]。这方面可以参考重庆煤科院研制生产的 KG9701 系列高、低浓度瓦斯传感器,其主要技术指标如下[29]:

检测范围:0%~4% CH_4

检测误差:≤0.1% (0%~1% CH_4)

≤±0.15% (1%~2% CH_4)

≤±0.2% (2%~4% CH_4)

1.3.2.2 声发射传感器

声发射是固体材料变形过程中,其弹性应变能以应力波的形式在介质中传播的一种现象。大量的经验表明,绝大部分固体材料受力变形时均会产生声发射[40]。我们通常所说的煤炮声,就是煤岩体释放的这种弹性应变能引起的。由于受到采掘活动的影响,工作面前方煤体将循环产生三带,即卸压带、应力集中带和原始应力带。在应力集中带,煤岩体积聚了大量的弹性形变潜能。当弹性形变达到煤岩体所能承受的极限时,将发生质变,部分弹性潜能转化成声音、电磁辐射等其他能量形式并在煤岩体中传播释放,甚至传入采掘空间。

20 世纪 30 年代末,L. Obert 和 W. IDuval 发现了岩体声发射现象,随后进行了深入研究[42]。1952 年,苏联科学家开始研究大采深条件下煤层状态监测的仪器和方法,目的是寻找煤与瓦斯突出临近时的预测指标。在苏联顿巴斯矿区中部开展了大量关于煤与瓦斯突出的观测研究,并对突出危险带动力现象的地震声学特征和地震声学脉冲规律进行了研究分析和概率统计。1965 年科学家制定了标准地震预测法的判断准则,并得到了推广应用,在监测仪器方面,先后研制了 3yA-1 型到 3yA-6 型设备,仪器性能得到逐步改进和提高。1996 年科学家又研制成功了基于地震声学原理的 CAK-1 型自动化预测系统,为监测预报煤矿动力现象和煤与瓦斯突出提供了技术手段[43]。

我国也开展了这一领域的研究,发现煤岩破坏时的声波与煤矿压力活动密切有关,煤矿压力的大小能通过声波强度大小来反映。尽管起步较晚,落后于美、英、日、俄、德等国,但已经研制生产出多种可以在煤矿实际应用的声发射监测仪器,主要用来判断煤岩体的破坏情况和发展趋势,尤其是预测煤与瓦斯突出危险性。邹银辉等[43]2004 年介绍了采用嵌入式PC 结构设计 AEF-1 型声发射监测装备,可采集全波形数据,也可实时监测;可单独运行自成体系,也可挂接环境监测系统,进行动态连续监测。徐州福安科技有限公司生产的GDD12 型煤岩动力灾害声电传感器就是应用声发射监测技术开发的传感器。该传感器采用超限自动报警和动态趋势预警两种方式,如图 1-4 所示,实现了较高水平的自动化,可与煤矿 KJ 系列安全监测系统分站连接,能够实时、连续监测某一重点危险区域。

1.3.2.3 电磁辐射传感器

20 世纪 90 年代,中国矿业大学的何学秋、王恩元提出用电磁辐射法来预测煤与瓦斯突出[44-47],主要依据电磁脉冲数和电磁辐射强度两项指标,其基本原理是含瓦斯煤岩体流变破坏机理和煤岩破坏电磁效应理论的物理探测法。该方法可连续动态预测和远程监测采掘工作面前方煤岩体突出危险,具有工作量小、测试时间短、不影响工作面高效生产的特点。煤科总院重庆分院马超群等[49]研制了 MTT-92 型煤与瓦斯突出危险探测仪,在芙蓉矿务局白皎煤矿进行了突出验证试验。中国矿业大学钱建生、王恩元等研制开发了 KBD5 矿用本安型煤与瓦斯突出电磁辐射监测仪[50-52],如图 1-5 所示。该仪器可实现与煤体无接触连续监测及预警,不影响生产;能自动检测并存储电磁辐射强度或事件发生时间,所采集的数据及电磁辐射强度的趋势变化均可通过液晶显示器(LCD)显示;可随时手动调整设置突出预测电磁辐射临界值,具有超限报警功能;既能探测煤壁附近的突出危险性及突出危险地带,又能检验防突措施的效果。

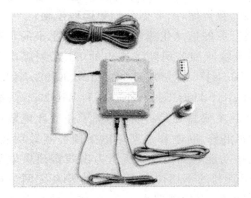

图 1-4　GDD12 煤岩动力灾害声电传感器及软件

图 1-5　KBD5 煤岩动力灾害电磁辐射监测仪及软件

为实现对突出危险工作面的电磁辐射情况进行远程连续动态监测,中国矿业大学对便携式的 KBD5 型电磁辐射监测仪作了部分改进,研制出了可与煤矿 KJ 系列安全监测系统井下监测分站连接的 KBD7 型电磁辐射监测仪,如图 1-6 所示。KBD7 型电磁辐射监测仪能将采集的数据实时上传到地面安全监控中心,从而对重点危险区域进行连续监测和动态趋势分析。连续动态趋势预测技术也是煤与瓦斯突出电磁辐射预测技术的发展趋势之一。

此外,缪燕子[53]提出为增加多传感器预测系统的实时、动态数据源,可以利用主动嗅觉技术研究瓦斯监测动态传感器。

图 1-6　KBD7 煤岩动力灾害电磁辐射监测仪

1.3.2.4 瓦斯安全监测系统

国外煤矿瓦斯安全监控系统的研制与装备相对较早,如美国、英国、德国、法国、波兰等国。我国这方面研究和应用起步较晚[54-58],从新中国成立初期到 20 世纪 70 年代,井下作业人员主要靠使用便携式的光学瓦斯检定仪、风表等检测环境参数,地面实时感知井下环境几乎不可能。1983 年至 1985 年,从国外引进了数 10 套监控系统及配套的传感器来装备部分煤矿,如 Senturion-200、MINOS、DAN6400 和 TF200 等,同时还相应地引进了部分敏感元件、传感器监控系统制造开发技术。通过消化、吸收,先后研制出适合我国煤矿应用需求的KJ 系列监控系统,由此推动了我国煤矿安全监测监控技术的自主研究发展进程,逐步实现了对井下环境、生产作业等多参数的连续数字监测、数据储存、数据处理和远程控制。

近年来,随着信息科学技术的迅猛发展,煤炭行业的信息化建设要求和建设水平的不断提升,为煤矿安全生产提供服务的国内各主要科研院所和公司陆续推出的 KJ 系列煤矿安全监控系统有 20 多种型号,如 KJ28、KJ66、KJ70、KJ75、KJ80、KJ90、KJ91、KJ92、KJ93、KJ95、KJ101、KJ110、KJ122、KJ169、KJ335、KJ340、KJF2000、KJ4/KJ2000 和 KJG2000 等综合化、数字化、网络化安全监测管理与控制系统。其主要特点是:基本具备了井下环境数据的实时采集、传输、处理及人机交互、瓦斯超限声光报警、断电和瓦斯风电闭锁控制等功能,测控分站的智能化水平进一步提高,具有网络连接功能。如图 1-7 所示为山西霍州煤电集团辛置煤矿使用的由山西阳光星荣科技有限公司研制的 KJ340 矿用安全监控系统网络拓扑图,具有一定代表性。该系统允许最大分站数 32 个,巡检周期小于 30 s,实时数据存储周

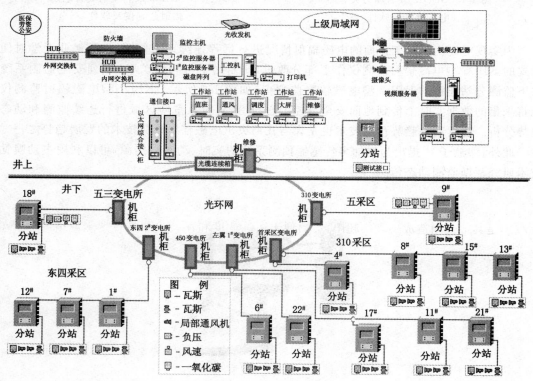

图 1-7　辛置煤矿监控系统网络拓扑图

期小于 20 s,分站到传感器的最大距离为 2 000 m,分站距地面中心站最大为 15 000 m(加中继可继续延长)。

至 2010 年底,除不具备生产条件予以关闭的矿井外,全国各地煤矿安全监控系统安装率达到 100%,各重点产煤市(地)、县(市、区)的煤矿井区域联网率基本达到 100%,有条件的地区还实现了省、市、县、煤矿四级联网运行,异地远程监控,分级监管、分级响应,为防范和减少瓦斯事故发挥了重要作用。但是,在实际使用过程中,由于技术、管理等多种因素,监控系统出现了各种各样的问题。据统计,全国煤矿中 60% 左右的监控系统只能测量少量的环境参数[59],实际使用效果与理想中的安全监测目标需求存在很大差距。

综合分析现有研究及装备[60-61]可以发现,目前煤矿瓦斯安全监测系统存在以下不足:

① 传感器性能差。瓦斯传感器是矿井瓦斯综合治理的关键技术装备,也是煤矿安全监测系统的基本组成部分,其可靠性和稳定性直接关系到能否准确感知煤矿井下环境。但国产感知 CH_4 浓度的传感器几乎全部采用载体催化元件。与国外同类产品相比,国产安全监测用 CH_4 传感器在稳定性、可靠性、调校周期和使用寿命等方面还有很大差距。尤其是敏感元件一直存在抗高浓冲击性能差、灵敏度不高、零点漂移等缺点,使得我国矿井瓦斯安全监测能力的提升受到了严重制约。

② 现场维护监管不到位。传感数据成为各级安全监控中心工作人员赖以感知煤矿井下作业环境的实时依据。但是实际生产过程中,往往出现瓦斯传感器元器件损坏得不到及时维修而"带病"工作;传感器安装数量不足;不能按规定进行调校;传感器悬挂位置不当,甚至有人出于种种目的故意封堵瓦斯传感器探头。以上原因经常造成瓦斯传感数据不真实,安全监控报警系统发生误报、漏报等现象,系统安全监控效能得不到正常发挥,一些真正的危险事态不能得到及时正确处置,从而酿成重特大瓦斯事故。

③ 在线监测手段单一。目前,煤矿瓦斯安全监测分为动态监测和静态监测两大类。其中动态监测的主要手段就是按照国家安全生产监督管理总局发布的 AQ 系列《煤矿安全监控系统及检测仪器使用管理规范》,通过在巷道空间各监测点布设的瓦斯传感器来监测瓦斯气体浓度变化。由安全监控人员设置瓦斯浓度声光报警值,一旦发现瓦斯浓度超限报警,立即按照有关规定程序处理。但是,由于可靠性等多方面因素,这种单一的监测手段也常常是造成瓦斯危险误报、漏报的重要原因。

④ 综合分析能力有待加强。实际安全监测常常要求监控中心工作人员能够准确提供监控系统故障部位是来自传感器、监控分站还是通信电缆,瓦斯报警原因是短路报警、通风系统还是其他原因造成的真实超限,从而便于通风调度和瓦斯检测员迅速采取措施及时处理。但是传统的煤矿安全监控系统只能直观反映矿井监控数据并进行曲线图显示却无法及时分析出这些数据反映的实际问题,进行有效的危险性判别、分析和提出专家解决方案,常常造成故障处理滞后,瓦斯安全事故得不到及时控制。

⑤ 早期预警功能明显不足。依靠瓦斯传感器对采掘工作面和巷道煤壁散放(或涌出)的瓦斯浓度进行监测,固然能在一定范围内减少瓦斯事故的发生。但这种监测手段对工作面煤岩及瓦斯动力灾害早期预警能力明显缺乏,留给煤与瓦斯突出灾害防治处理和井下作业人员逃生避险的时间太短,因而距离安全监测的理想目标差距较大,瓦斯安全监控系统的作用未能得到充分地发挥。

综合各类文献分析,我国瓦斯安全监测预警研究已经由单纯依靠某一类信息、集中分析某一个指标或者考虑单个影响因素向多传感器信息融合方向发展,取得了不少进展,但随着瓦斯危险源鉴别理论、现代传感技术、数据融合理论、计算机科学技术、通信技术的发展,现有的煤矿瓦斯安全监测多传感器信息融合理论研究有待深化,以进一步提高瓦斯灾害动态预测预报的可靠性和及时性。

1.3.3 煤矿瓦斯监测多传感器信息融合

信息融合一词最早出现在 20 世纪 70 年代末[62]。一开始仅限于军事领域的应用研究,并未引起人们足够的重视。随着军事应用需求的加大,多传感器信息融合(multi-sensor information fusion,MSIF)的概念随之诞生。

根据美国国防部实验室联合理事会(joint directors of laboratories,JDL)的定义,多传感器数据融合是一种针对单一传感器或多传感器数据或信息的处理技术,通过数据关联、相关和组合等方式以获得对被测环境或对象的更加精确的定位、身份识别以及对当前态势和威胁的全面而及时的评估[63]。其基本原理实际上是按照仿生科学的思想,对人脑或某些动物综合处理复杂问题的功能模仿。例如,蟒蛇尽管视觉不是很好,但是它能通过自身的气敏和热敏传感功能来准确感知猎物所在的位置,并巧妙运动到最佳位置果断发起攻击。这就是充分利用多路传感器所采集的信息资源,并进行合理支配和使用的典型实例。科学设计的多传感器信息融合系统能依据某种规则对时间或空间上的冗余或互补信息进行组合,从而获得比单个传感器或由某一类传感器所构成的系统更优越的性能,获得对观测对象的一致性描述或解释[53]。

近年来,不论在军事领域还是在非军事领域都非常重视研究和应用多传感器信息融合技术来解决实际问题[64-66],提高军事或经济效益,完成诸如环境监测、目标识别,飞机、舰船、导弹等军事目标的定位与跟踪等[67-69]。随着工业系统的复杂化和智能化,近年来该技术推广到了民用领域,如医疗诊断[70-71]、智能交通[72-73]、机器人与智能制造等[74-76]。

1.3.3.1 多传感器信息融合系统结构

良性结构,将显著提升系统的整体效能。因此,要按照科学、合理、效益原则对系统各要素加以配置。目前,学界普遍接受的多传感器信息融合结构为三级,即数据级、特征级和决策级[77-79]。

(1)数据级融合

其主要任务是对全部同质传感器(传感器所观测的是同一物理现象)的观测数据进行融合整理、去伪存真,以便下一步从融合的数据中提取特征向量,进行判断识别。由于数据量通常较大,因此这一级融合对系统通信带宽要求较高,当然得到的结果也是最准确的,不存在数据丢失问题。

(2)特征级融合

其主要任务是对各个传感器的观测数据进行特征提取,把其中有代表性的特征融合成一个的特征向量,然后根据问题的具体目标,分别采取科学合理的模式识别方法进行初步的判断。由于特征提取往往对数据整体进行分析,会忽略一些细节,从而使其准确性有所下降,但是,这种方法对通信传输能力的要求大大降低。

(3)决策级融合

其主要任务是对各个传感器作出的初步识别结果进行融合。由于该阶段的数据传输量在三个层次中最少,因而对通信带宽的要求也是最低的。

文献[80]展示了一种典型的多传感器信息融合系统架构,一般用于对复杂工业过程进行综合集成智能控制,如图 1-8 所示。图中显示,首先从各传感器获取的时间序列数据中提取特征信息,并输入神经网络模式识别器。特征模式提取方法主要有小波分析、频率分析和时间序列分析方法。然后进行特征级信息融合,获得各传感器的初步识别结果,并输入到模糊专家系统中进行决策级融合。最后基于模糊专家系统进行推理决策时,对被测系统的运行状态、设备工况以及故障原因等作出最终结论。决策级融合的方法主要是从专家系统的知识库或数据库中取出相应的领域知识和模型参数进行特征匹配。

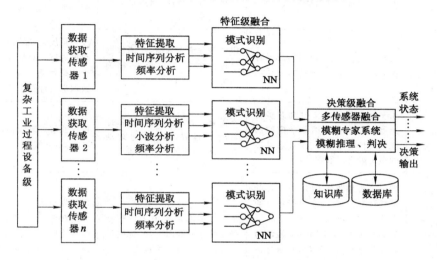

图 1-8　复杂工业过程多传感器信息融合系统典型架构

除上述三级融合结构外,针对不同应用领域的特殊性,还有其他几种融合层次结构分类方法。例如:按照输入输出数据类型进行分类,有数据入—数据出融合、特征入—特征出融合、决策入—决策出融合、数据入—特征出融合、特征入—决策出融合、数据入—决策出融合6 种。还有按照信号级、像素级、特征级、符号级融合的 4 层融合结构方式。

至于哪种融合层次结构是最优的,需要具体问题具体分析,不能一概而论,否则多传感器信息融合系统效能难以发挥。对于特定的工程应用,应充分考虑可用传感器的性能、系统的计算能力、期望的准确率、通信传输以及经济效益等多个目标因素[78]。

从图 1-8 可以发现,数据级融合的数据采集与筛选方法、特征级融合的时序特征分析提取与模式识别方法、决策级融合的推理判决方法是多传感器信息融合系统研究的重点和难点,也是该领域研究出成果最多的部分。各级融合方法的选用应充分考虑融合目标需求和系统的整体效能。

1.3.3.2　多传感器信息融合方法

信息融合方法种类繁多[81],其中经典方法有估计方法(包括加权平均法、极大似然估计法、最小二乘法、卡尔曼滤波)和统计方法(包括 D-S 证据理论、Bayes 估计、品质因数法等),现代方法有信息论方法(包括聚类分析、模版法、熵理论)和人工智能方法(包括模糊逻辑、专家系统、神经网络、遗传算法等)。表 1-2 对多传感器新融合方法的主要功能和优缺点做了一个全面分析比较。

表 1-2   **多传感器信息融合方法比较分析**

分类	融合方法名称	主 要 功 能	优 点	缺 点
估计方法	加权平均法	将多个传感器提供的冗余信息进行加权平均后作为融合值,用于提高传感数据的准确性	能实时处理动态的原始传感器读数	调整和设定权系数的工作量很大,并具有一定的主观性
	极大似然估计法	建立在极大似然原理的基础上的一个统计估计方法	对任何总体皆可用,且在相当广泛的条件下用此法所获估计量具有一致性、渐近正态性及渐近最小方差性	不是所有待估计的参数都能求得似然估计量,且往往要求解一个似然方程
	最小二乘法	选取 x 使得估计性能指标(估计误差的平方和)达到最小	以误差理论为依据,在诸数据处理方法中,误差最小,精确性最好	计算量较大,需要对新获得的数据进行实时处理,每增加一个数据都需要重新对所有的数据进行计算
	卡尔曼滤波	用于融合低层次实时动态多传感器冗余数据。用测量模型的统计特性递推,决定统计意义下的最优融合和数据估计	不需要大量的数据存储和计算,实时性好,适合于处理动态的、低层次、冗余的数据	仅仅能够处理线性问题,观测度不高,易发散
统计方法	贝叶斯估计	把每个传感器看做是一个贝叶斯估计器,将每一个目标各自的关联概率分布综合成一个联合后验分布函数,不断更新假设的联合分布的似然函数,并通过该似然函数的极大或极小进行数据的最后融合	是融合静态环境中多传感器高层信息的常用方法,解决了部分经典推理中的问题	定义先验似然函数,在存在多个潜在假设和多个条件独立事件时比较复杂,要求有些假设是互斥的和缺乏通用不确定性能力
	经典推理和统计方法	在已知先验概率的情况下,计算所观察事件的概率	建立在牢固的数学基础之上	先验概率往往是不确知的;在一个时刻只有估计二值(H_0 和 H_1)假设的能力;对多变量情况,复杂性指数增加
	D-S证据理论	是一种广义的贝叶斯推理方法,它采用概率区间和不确定区间来求取多证据下假设的似然函数,允许对部分数据支持和似是而非之间存在的不确定事件定义等级,从而客观地描述不确定事件	具有较强的理论基础,既能处理随机性导致的不确定性,又能处理模糊性导致的不确定性;可以依靠证据的积累,不断地缩小假设集;能将"不知道"和"不确定"区分开来;不需要先验概率和条件概率密度	无法处理证据冲突,且无法分辨证据所在子集的大小,从而按不同的权重聚焦;其次,证据推理的组合条件要求证据之间是条件独立的,且辨识框架能够识别证据的相互作用;证据组合会引起焦元"爆炸"
	品质因数法	一种度量机制,在观测值与物体属性之间建立关联。该方法试图在多个证据间找到某种关系,以改善输入数据之间关联和分类的效果	相对简单,常用于相关和自相关方案中,以进行联系程序的定量说明	不能及时地反映出观测环境的影响

分类	融合方法名称	主要功能	优　点	缺　点
信息论方法	聚类分析	一种启发性算法,用来把数据组合为自然组或者聚类。这些聚类可解释为一种分类或者识别形式	能发掘出数据中的新关系,以导出识别范例,因而是一个有价值的工具	需要定义一个相似性度量或者关联度量,以提供一个表示接近程度的数值,其启发性质使得其应用存在很大的潜在倾向性
	模版法	使用预先建立的边界来确定身份分类。通过特征提取处理建立一个特征向量,将该特征向量变换到特征空间中,与预先指定的位置比较。若观测落到一个身份类别的边界内,则认为该观测具有与其关联的身份类同样的身份	符合形象思维特点,可信度较高,易于理解	特征空间中所划分的体积相互覆盖使识别产生模糊性,并且该方法强烈依赖于特征的选择及它们在特征空间中的相互关联分布
	熵理论	主要用于计算与假设有关的信息的度量,主观和经验概率估计等	是在概念上最简单的方法,对于实时性要求很强的系统,当准确的先验统计不可利用,仍具有较大的应用空间	由于要对传感器输入加权以及应用了阈值和其他判定逻辑,从增加了算法的复杂性
人工智能方法	模糊逻辑	属于多值逻辑,用一个 $0 \sim 1$ 之间的实数来表示真实度,相当于隐含算子的前提,允许将多个传感器信息融合过程中的不确定性直接表示在推理过程中	与概率统计方法相比,模糊逻辑推理对信息的表示和处理更接近人类的思维方式,适合在高层次上的应用(如决策)	由于模糊推理对信息的描述存在较大的主观因素,所以信息的表示和处理缺乏客观性
	专家系统	一种模拟人类专家解决领域问题的计算机软件。将专家经验性知识符号化,与相应传感器信息建立联系。当在同一个逻辑推理过程中,两个或多个规则形成一个联合规则时,可以产生融合	能汇集多领域专家的知识和经验以及他们协作解决重大问题的能力;能解释本身的推理过程,能根据应用实际,增加或修改专家知识	不能自动修改知识库。每个规则的置信因子的定义与系统中其他规则的置信因子相关,如果系统中引入新的传感器,需要加入相应的附加规则
	神经网络	根据当前系统所接受的样本相似性确定分类标准,主要表现在网络的权值分布上,同时,可以采用神经网络特定的学习算法来获取知识,得到不确定性推理机制	具有很强的容错性以及自学习、自组织及自适应能力,能够模拟复杂的非线性映射	利用神经网络的信号处理能力和自动推理功能来实现多传感器数据融合,缺点是计算量大
	遗传算法	采用群体方式对目标函数空间进行多线索的并行搜索,解的选择和产生用概率方式	具有强的适应能力和鲁棒性,不会陷入局部极小点;只需可行解目标函数的值,对目标函数的连续性、可微性没有要求	收敛速度慢、易陷入局部最优
	模糊积分理论	实质就是求得在客观证据对决策假设的实际估计与其期望值间的最大一致性。常用的模糊积分有 Sugeno 积分和 Choquet 积分,主要用于决策支持、自动控制等。广义 Choquet 模糊积分及其在信息融合中的应用近年来得到了较广泛的关注	Sugeno 的模糊积分是定义在模糊测度上的非线性函数,特点是直接排除了次要因素的影响,强化了主要因素的作用;Choquet 模糊积分考虑了各种影响因素,避免了 Sugeno 模糊积分的缺陷	Sugeno 的模糊积分忽视了次要因素的影响

由于单一的数据融合算法具有一定的局限性,将两种或两种以上的数据融合算法进行优势集成,取长补短,已逐渐成为数据融合领域的研究热点[82]。已有的集成方法可分为两大类,即经典方法与现代方法之间的集成(包括模糊逻辑和 Kalman 滤波相结合[83-86]、小波变换和 Kalman 滤波相结合[87]、模糊理论和最小二乘法相结合[88])和现代方法相互之间的集成(包括遗传算法和模糊理论相结合[81,89,90]、模糊理论和神经网络理论相结合[81,91-100]、遗传算法和神经网络理论相结合[62,101-103]、遗传算法和模糊神经网络相结合[104,105]、小波变换和神经网络相结合[106-108]、遗传算法与小波神经网络相结合[109])。

综上所述,多传感器数据融合理论与技术是近年来模式识别与控制决策领域的研究热点,其丰富的研究成果将为煤矿瓦斯安全监测与危险防治提供宝贵的技术支持。

1.3.3.3　瓦斯监测多传感器信息融合

近年来,应用多传感器信息融合理论与方法,对采集到的煤矿井下各类与瓦斯有关的传感数据进行处理和融合决策,提高煤矿瓦斯安全监测预警能力成为众多学者的研究课题,取得了积极进展,也进一步促进了多传感器信息融合科学的发展。综合各类文献,目前,对于瓦斯监测信息融合研究的侧重点存在不少差别,主要集中在融合的结构、准则和方法上,很少有将决策融合输出的信息通过安全调度管理等措施作用于环境而形成反馈。

为了提高监测系统容错能力,消除外界环境变化或传感器故障对瓦斯安全监测带来的影响,及时对煤矿井下采掘工作面瓦斯突出危险进行预测,对瓦斯浓度超限的原因做出判断,付华[110]基于多传感器信息融合理论,选取了瓦斯、温度、风速 3 类传感器,确定了 2 级信息融合结构模式:第一级将 n 个瓦斯传感器信息进行融合;第二级再将第一级融合获得的瓦斯状态信息与温度、风速等信息进行二次融合,从而获得最终的结果信息。作为模型研究,没有针对具体的待识别问题。

类似的,付华[111]2007 年再次提出了两级信息融合结构,分为信任级融合和决策级融合;邵良杉[112]、王占勇等[113]也同样提出了两级信息融合结构。这种两级信息融合结构的提出,主要是为提高了矿井环境监测数据的准确性,所选择的动态传感器的种类基本上都以瓦斯浓度传感器为主,其他的如风速、温度、CO 等传感器皆为辅助信息。

由于决策级融合在信息处理方面具有很高的灵活性,而且可以处理异步信息,能有效地反映来自多个角度的不同类型环境或目标信息,因此相对数据级和特征级融合而言取得了更多的研究成果,也是多传感器信息融合理论研究的热点之一[53]。瓦斯监测多传感器信息决策级融合方法的研究也不例外,主要有以下几种:

(1) D-S 证据理论

证据理论由 Dempster 和 Shafer 于 20 世纪六七十年代提出和发展起来的一种不精确推理理论,因此,也称为 Dempster-Shafer(D-S)证据理论,属于人工智能范畴,最早应用于专家系统中,具有处理不确定信息的能力。作为一种不确定推理方法,证据理论的主要特点是:满足比贝叶斯概率论更弱的条件;具有直接表达"不确定"和"不知道"的能力。在医学诊断、目标识别、军事指挥、故障诊断等许多应用领域,需要综合考虑来自多源的不确定信息,如多个传感器的信息、多位专家的意见等,以完成信息融合,输出决策结果。而证据理论的联合规则在这方面的求解发挥了重要作用。

D-S 证据理论[114]的基本原理是根据事件发生后的结果(证据)来探求事件发生的原因(假设)。此外,证据理论给出了多源信息的组合规则,即 Dempster 组合规则,用来解决具有主观不确定性判断的多属性诊断问题。它综合了来自多传感器的基本信度分配,得到一个新的信度分配作为输出。Dempster 组合规则的优点主要体现在证据冲突较小的情形。当设备或系统存在故障需要诊断时,我们要考虑各种可能的故障分别会出现哪些症状,同时要对不同的症状所对应的各种故障可能发生的概率进行估算。在 D-S 证据理论中,用信度函数(belief function,BF)表示这种概率的大小。对于运用多传感器信息融合方法来进行故障诊断的问题,其诊断流程可以参考图 1-9 基于 D-S 证据理论的故障诊断多传感器信息融合流程。首先求得每一传感器所测得的症状属于不同故障的信度函数,接着基于 D-S 组合规则进行信息融合,求得融合后症状属于不同故障的信度函数,最后依照某种准则对故障类型作出决策。

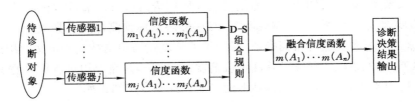

图 1-9　基于 D-S 证据理论的故障诊断多传感器信息融合流程

缪燕子博士[53]基于神经网络固有的缺点,提出用 D-S 证据理论作为决策级信息融合的方法,从而形成了具有特征级和决策级的两级信息融合结构。引入证据源可信度和证据距离等概念,提出了一种新的合成规则,用于解决 D-S 证据理论中存在的证据冲突问题。研究了将 D-S 证据理论推广到模糊集理论的方法,给出了一种新的模糊集合之间相似度的定义,并进一步提出一种有效组合模糊证据理论的决策层融合算法。

证据理论的应用存在的以下三方面问题:① 证据间存在高冲突时,将 100% 的信度分配给小可能的命题,会产生与直觉相悖的结果;② 缺乏鲁棒性,证据对命题具有一票否决权;③ 对基本信度分配很敏感。此外,由于证据冲突的情况在实际的数据处理过程中经常遇到,因此,要设法避免对存在冲突的证据进行组合,否则会产生错误结论。

证据理论的最新发展和应用的方向有:基于规则的证据推理模型及其规则库的离线和在线更新决策模型,证据理论与粗糙集理论的结合,证据理论与模糊集理论的结合等。

(2) 粗糙集理论

粗糙集(rough set)理论被认为是一种能有效地分析不完整(incomplete)、不精确(inaccuracy)或不一致(inconsistent)等各种不完备的信息的数学工具,是 1982 年由波兰学者 Z. Pawlak 提出的。该理论在描述或处理问题的不确定性方面可以说是相对客观的,不需要提供所需处理的数据以外的任何先验信息,这是粗糙集理论与概率论、证据理论等其他用于处理不确定问题的理论相比最显著的优势。同时,因为这个理论不包含用来处理不确定或不精确的原始数据的机制,所以这个理论与其他处理不确定或不精确问题的理论具有很强的互补性。目前,粗糙集理论在许多领域,如决策分析、机器学习、知识获取等问题上得到了广泛的应用,成为人工智能界的研究热点之一。

针对瓦斯灾害多传感器决策级融合中遇到的问题,付华[115]研究了适用于处理高层次抽象信息的粗糙集理论和模糊粗糙集理论,用来对瓦斯灾害决策级信息进行融合,提出基于粗糙集理论建立决策融合规则模型的方法,使瓦斯灾害信息的决策融合实现智能化、集成化,提高了瓦斯灾害信息融合决策的正确性和准确性。

但是,粗糙集理论还处在继续发展之中,对于存在的诸如用于不精确推理的粗糙逻辑(rough logic)方法等理论上的问题还需要进一步研究解决。

(3)专家系统

专家系统能够模拟人类专家的思维过程,有效地运用专家的知识和经验,解决需要专家才能解决的问题。自 1968 年世界上第一个专家系统(expert system,ES)DENDRAL 成功问世以来,经过几十年不断与其他学科交叉融合发展,已成为人工智能领域中最为活跃、最受重视的研究领域,产生了显著的经济效益和社会效益。各种专家系统如雨后春笋,在地质勘探、医疗诊断、军事决策、企业生产、院校教学等领域获得了广泛运用。

采用专家系统,能按照知识库中的规则准确快速给出诊断结果,且能够提供详细的推理过程,推理结果更令人信服[116]。蔡晓明[117]在用静态指标预测煤与瓦斯突出的决策级信息融合阶段,采用专家系统进行模糊推理,得到了可信度较高预测结果。该文运用产生式规则的知识表示方法,由领域专家凭经验确定可信度因子 CF,并在应用过程中根据具体情况对规则的可信度因子进行调节,在此基础上建立模糊预测专家知识库。

针对基于单一传感数据的煤与瓦斯突出预测结果的可靠性问题,国内学者对利用多传感器动态监测信息预报煤与瓦斯突出已经开展了广泛的研究和探索,也取得了不少有价值的成果。如联合两种以上动态传感器采集的监测信息进行突出预测融合分析的就有:瓦斯浓度与温度[118],瓦斯浓度、温度与风速[119],瓦斯浓度与声发射[40],电磁辐射与声发射[40]等几种类型,但突出预报的便捷性、准确性、及时性与实际应用需求相比还存在不少差距。

1.3.4　煤矿数据挖掘与知识发现

专家知识的匮乏是多传感器瓦斯监测系统效能发挥的瓶颈。知识发现(KDD:knowledge discoveryin databases)已成为一门交叉性学科,是从大量的数据中发现潜在知识的技术,是当前计算机科学研究的热点之一。寻找规律,是人类认识自然、改造自然的必由之路,是各行业追求提升自身能力和效益的最有效途径。不同领域的研究者都从各自的实际需求出发,利用信息技术从本行业积累的海量数据中研究知识发现,由此也诞生了不少与"知识发现"相似的术语。例如数据挖掘(data mining)、信息发现(information discovery)、知识抽取(information extraction)、智能数据分析(intelligent data analysis)和数据考古(data archaeology)等等。其中,最常用的术语就是"知识发现"和"数据挖掘"。

1.3.4.1　数据挖掘方法与知识分类

数据挖掘(data mining,DM)是一门交叉学科,不同的研究者和研究角度的不同,对数据挖掘概念的定义描述也就存在差异。一个被普遍采用和接受的定义是:数据挖掘是利用数据库技术、人工智能技术、数理统计、可视化技术、并行计算等,从大量的、不完全的、有噪声的、模糊的、随机的实际应用数据中,提取隐含在其中的、人们事先不知道的、但又是潜在有用的信息和知识并提供决策支持的过程。数据挖掘是一个复杂得多的处理过程,一般由三个主要的阶段组成,即:数据准备、数据挖掘、结果表达和解释。知识的发现可以描述为这三个阶段的反复过程,如图 1-10 所示[122-126]:

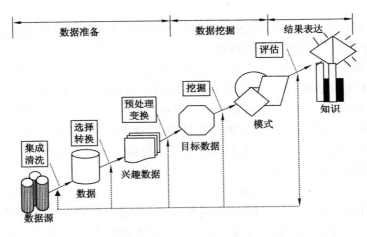

图 1-10　数据挖掘的基本过程

从图 1-10 中,可以看出数据挖掘的主要步骤可细分为以下步骤[122-130]:

① 数据清洗(data cleaning):清除数据噪声和与挖掘主题明显无关的数据。

② 数据集成(data integration):将来自多数据源中的相关数据组合到一起,形成具有统一数据格式和结构的数据。

③ 数据转换(data transformation):将数据转换为易于进行数据挖掘的数据存储形式或进行组织结构的统一。

④ 数据挖掘(data mining):它是一基本步骤,其作用就是利用智能方法挖掘模式或规律知识。

⑤ 知识评估(pattern evaluation):根据一定评估标准(interesting measures)从挖掘结果筛选出有意义的模式或知识。

⑥ 知识表示(knowledge presentation):利用可视化和知识表达技术,向用户展示所挖掘出的相关知识,为决策所用,从而真正实现数据的深层次利用与开发。

需要指出的是,在整个数据挖掘和知识发现过程中,人的作用贯穿始终,比如:挖掘出的规则和模式带有某些置信度、兴趣度等测度,也可以通过演义推理等进行验证,但这些规则和模式是否有价值,最终取决于人的判断,若不满意则返回前面步骤。因此,数据挖掘是一个人引导机器、机器帮助人的交互的理解数据的过程。

随着数据挖掘研究的逐步深入,数据挖掘和知识发现的研究已经形成了三根强大的技术支柱:数据库、人工智能和数理统计。目前研究的主要内容包括基础理论、发现算法、数据仓库、可视化技术、定性定量互换模型、知识表示方法、发现知识的维护和再利用、半结构化和非结构化数据中的知识发现以及网上数据挖掘等[131]。数据挖掘所发现的知识最常见的有以下 5 类[122-135]:

① 广义知识(generalization):广义知识指描述类别特征的概括性知识。根据数据的微观特性发现其表征的、带有普遍性的、较高层次概念的、中观和宏观的知识,反映同类事物共同性质,是对数据的概括、精炼和抽象。

② 关联知识(association):关联知识反映的是一个事件和其他事件之间依赖或关联的知识。如果两项或多项属性之间存在关联,那么其中一项的属性值就可以依据其他属性值

进行预测。

③ 分类知识(classification & clustering):分类知识反映的同类事物共同性质的特征型知识和不同事物之间的差异型特征知识。

④ 预测型知识(prediction):预测型知识主要是根据时间序列型数据,由历史的和当前的数据去推测未来的数据,也可以认为是以时间为关键属性的关联知识。

⑤ 偏差型知识(deviation):偏差型知识(deviation),它是对差异和极端特例的描述,揭示事物偏离常规的异常现象,如标准类外的特例,数据聚类外的离群值等。所有这些知识都可以在不同的概念层次上被发现,并随着概念层次的提升,从微观到中观、到宏观,以满足不同用户不同层次决策的需要。

1.3.4.2 煤矿数据挖掘的研究现状

如何从现有的数据中寻找出规律,建立模型,用此模型预测未知事件的种类、特征等也是煤矿实现"安全生产"较困难的地方。由于缺乏科学的信息处理技术和方法,从而导致对煤矿海量数据难以进行深入的研究和开发利用。煤矿信息化建设的目的不只是仅仅为了提高数据的管理效率和减少工作量,更重要的是实现对煤矿海量数据的有效和有用管理,真正实现其价值增值。煤矿数据挖掘建立在煤矿专业知识基础上,如空间分析、时间序列分析、灰色理论等,挖掘出的知识要经过理论和实践的双重检验,因此煤矿数据挖掘是可理解和可验证的。深入开展煤矿数据挖掘的理论和方法研究,从煤矿数据中发掘出有助于煤矿安全管理决策、指挥调度的重要知识,必将提高决策的科学性。

煤矿数据挖掘是数据挖掘技术在煤矿智能问题上的专业应用,同应用在其他领域相比,其特性决定了不得不开展其特有的理论研究。

首先,煤矿数据大多是煤矿工作人员从现场通过仪器设备测量得到,煤矿环境条件的限制、仪器设备的相对落后以及人员操作的误差,均导致煤矿数据往往具有不确定性。如何从不确定的煤矿数据中挖掘出有用的煤矿决策支持,是煤矿数据挖掘需要解决的关键问题。

其次,煤矿数据由于受采集和存储手段的限制以及数据获取成本的高代价性,相对于其他商业数据而言,开展如何尽可能利用所积累的煤矿数据,加强煤矿数据融合技术等方面的研究迫在眉睫。

此外,与其他行业应用相比,煤矿受开采实体的时空复杂特征内在机理作用,使得决策问题上的影响因素较多,是一个从已知对未知的一个预测和推理过程,由于其数据结构的特殊性,常规方法有时难以达到预期的效果。煤矿数据挖掘技术能有效地克服传统方法的局限性,揭示其规律与决策信息,把大量的原始数据转化成有价值的知识。

随着国家经济建设对能源的需求增大以及现代化智能煤矿的发展,都使得传统的煤矿信息处理与知识获取方式已远远不能满足现有的需要。煤矿生产规模的不断扩大,资源开采条件的日趋恶劣,导致煤矿决策对知识的数量和可靠性提出了更高的要求。数据和知识的获取过程,在数据的处理的海量性,处理的高时效性、预测的高精度性等方面需求,已超出了传统模型的建模能力,需要新技术来提供决策支持。

煤矿瓦斯传感监测数据是煤矿安全监控中心工作人员赖以感知井下现场作业状态的实时依据。目前,各煤矿普遍利用多种传感器监测井下瓦斯、CO、O_2、风速等环境数据,重点是监控各采掘工作面瓦斯浓度变化,防止发生瓦斯积聚、瓦斯突出乃至瓦斯爆炸,也获得了海量的煤矿瓦斯监测信息数据库。利用知识发现方法,从瓦斯监测历史数据库中提取一些规律性知识,运用专家系统等基于知识的系统来改进煤矿瓦斯预警理论和技术,辅助安全监控人员识别瓦斯传感监测数据异常波动的性质,对于提高安全监测水平具有重要意义。目前,该领域已取得的研究进展主要有以下几种方法。

（1）基于模糊粗糙集的数据挖掘算法

付华[136]2008 年提出需要对与瓦斯灾害形成相关的各类信息源数据进行综合处理、分析,提取有用的知识,来建立预测瓦斯灾害的信息融合模型。尝试使用基于模糊集理论和粗糙集理论相结合的模糊粗糙集方法来处理瓦斯浓度、温度、湿度等相关的多源不确定信息,进行融合试验,提取决策规则[136]。

（2）基于语义描述的聚类分析算法

孟凡荣[137]研究了目前煤矿生产过程中积累的各种类型的信息资料,包括文字、图纸、数值数据、图像、音频等,企图从复杂多源安全监控信息中发现可用于指导安全生产和提高经济效益的信息。首先研究了基于语义和数值混合描述方法对煤矿安全监测数据进行表示;然后分别给出了语义、数值等煤矿安全监测数据的相似性度量方法;最后借鉴网格的思想,基于混合相似性度量原理,提出了基于语义描述的煤矿安全监测数据聚类算法。

（3）基于云理论的关联规则挖掘

孟凡荣等[137]认为关联规则挖掘是目前 KDD 领域最为活跃最有成就的方法之一,但是对大型数据库的挖掘,还需要提高关联规则和挖掘方法的效率和可靠性。针对煤矿安全监测数据的特点,提出一种基于云理论的属性空间软划分模型,重点是对瓦斯浓度、风量、温度、负压等传感监测数据进行定量到定性的转换描述,然后在此基础上对 Apriori 算法进行了改进,提出了适用于对煤矿安全监测数据进行关联规则挖掘的有规则约束的 Apriori 算法。

（4）基于时间序列相似性度量的知识获取方法

针对煤矿瓦斯监测数据挖掘,李爱国等提出了基于 PPR(piecewise polynomial representation,分段多项式表示)的相似性搜索方法,其研究对象是用某矿 14 处 30 d 采样周期为 1 h 的瓦斯浓度监测数据建立的 14×720 的矩阵。在相同压缩比下,尽管 3 种方法的信息损失相近,但是采用分段多项式表示的时间序列相似性查询的效率要明显高于基于离散小波变换和基于离散傅立叶变换的两种时间序列相似性搜索算法。该文献主要还是针对一般意义上的时间序列相似性搜索问题展开的研究,没有说明该方法在瓦斯监测数据挖掘领域取得的有实质意义的成果。

在传感技术日趋成熟的今天,将时间序列相似性度量和知识发现技术应用于瓦斯灾害预警预报信息融合是非常现实和可行的途径。但从现状看,这方面研究还存在较大发展空间。

由于煤矿数据空间属性的存在,煤矿空间个体具有空间位置和距离的概念,并且距离邻近的煤矿实体之间存在一定的相互作用,因而煤矿空间数据之间的关系类型因此也就更为复杂。煤矿空间数据的复杂性特征已成为煤矿知识发现研究的首要问题和关键任务。煤矿数据的海量性、信息属性之间的非线性关系、信息的模糊性、信息维数高及存在缺值等特点,注定了煤矿数据挖掘与知识发现的繁复特征。

1.3.5　研究思路与方法

利用布设在煤矿井下空间的各类传感设备动态采集的相关数据,及时掌握井下瓦斯数据异常变化特别是瓦斯超限的原因及其发展趋势,对瓦斯危险实现早期诊断预警,为煤矿及时采取针对性措施,提高监控系统可靠性,将瓦斯浓度控制在安全范围之内,防范和抑制瓦斯突出、瓦斯积聚和瓦斯爆炸等事故苗头提供决策依据,是目前煤矿瓦斯安全监测系统亟待增强的功能目标。主要研究内容分三大部分,如图 1-11 所示:

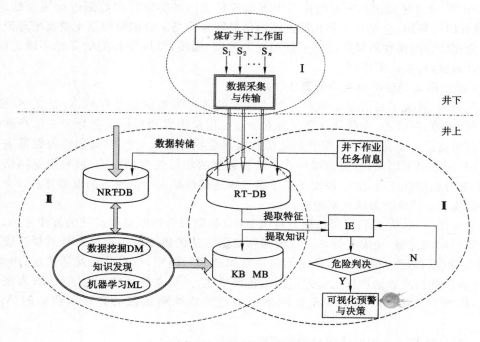

图 1-11 研究目标分布图

① 井下工作面瓦斯动态监测手段与管理,见图 1-11 第Ⅰ部分,S 为传感器。

② 工作面瓦斯异常识别与预警决策,见图 1-11 第Ⅱ部分,RT-DB 为实时动态数据库,KB 为知识库,MB 为模型库,IE 为推理引擎。

③ 煤矿知识发现及应用,见图 1-11 第Ⅲ部分,NRT-DB 为非实时的静态采集的数据资料和历史监测数据。

根据煤与瓦斯突出、瓦斯爆炸等危险性预测技术和预警理论,有效整合现有的瓦斯安全动态监测手段,充分挖掘瓦斯、风速、电磁辐射、声发射等各类传感数据及其相互之间存在的规律性,发挥各类传感器的优势,按照"手段多样、优势互补、相互验证、短中长期预警功能搭配"的思路构建基于多传感器信息融合的瓦斯安全监测预警体系,实现对井下工作面瓦斯安全的"实时感知、准确辨识、快速响应、有效控制",是本部分研究的主要内容。

1.4 矿井瓦斯传感器优化选址研究

2006 年 3 月,国家安全生产监督管理总局要求所有低瓦斯煤矿都要安装瓦斯监测监控系统[145]。到 2006 年年底,高、突矿井及低瓦斯矿井的安全监控系统装备率分别达到了99% 和 67.5%。截至 2009 年底,我国各类矿井超过 18 000 多处已全部装备了瓦斯监控系统,但瓦斯爆炸事故却依然无法从根本上得到有效控制,瓦斯事故特别是重大、特大瓦斯爆炸事故却多次发生在装备有矿井安全监控系统的国有重点煤矿中。如山西省西山煤电集团屯兰矿是一座现代化程度很高的煤矿,在山西省数一数二,自 2004 年以来一直保持了百万吨死亡率为零的纪录,西山煤电集团 2008 年安全检查排名第一,装有先进的 KJ-90NB 瓦斯监控系统,形成了一套有效防治瓦斯的安全管理措施,被称为"没有一块煤是带血的"煤矿。但就是这样一个"安全标杆"矿,2009 年 2 月 22 日,南四采区发生特别重大瓦斯爆炸事故,造成 78 人死亡、114 人受伤。据报道[141,142],事故发生时工作面各个探测点的监控系统及瓦斯监测数据(浓度、风量和风速)均显示正常,事后查明,该矿南四盘区 12403 工作面处于微风状态局部通风机所在的 1 号联络巷发生瓦斯局部积聚,由于电器开关失爆,引发瓦斯爆炸,调查发现该处未设置瓦斯传感器[145]。黑龙江鹤岗的新兴煤矿于 1917 年正式开采,也是国有"示范煤矿",2009 年 11 月 21 日凌晨,该矿发生瓦斯爆炸事故,死亡人数达 108 人,是鹤岗矿区采煤近百年来最严重的矿难,事故源于第三水平某个巷道发生瓦斯突出,而井下瓦斯传感器未及时监测到超限现象,直至 25 min 后瓦检员随身的便携式瓦检仪突然报警才采取应急措施[142]。淮南谢一矿、辽宁孙家湾矿难及鹤岗七台河矿等发生的瓦斯爆炸事故,也暴露了此类问题[143]。众多事实表明,煤矿监测监控系统存在正常运行却发生煤矿瓦斯爆炸现象,说明在某种条件下瓦斯浓度监测仍然存在严重的技术漏洞。

　　分析上述矿难、《煤矿安全规程》及有关规定不难看出,当前,瓦斯监测预警仅根据单个监测点数据,如瓦斯浓度超过 1％,就停止作业,同时关闭电源,相关规程规范亦这样规定。一个矿井、水平、采区、工作面往往有多个瓦斯传感器,而仅根据单个监测点单个数据能否对瓦斯进行可靠预警? 现行煤矿安全规程及相关规范对井下瓦斯传感器的设置主要关注致灾因素间耦合模式相对固定的高风险点,并且提出的一些布置参数多源于传统经验,而对瓦斯监测点点间距、点密度和空间分布等情况较少顾及,是否存在缺陷? 如在国家安全生产监督管理总局发布的《煤矿安全监控系统及检测仪器使用管理规范》(AQ 1029—2007)中,仅有"高瓦斯和煤与瓦斯突出矿井的掘进工作面长度大于 1 000 m 时,必须在掘进巷道中部增设甲烷传感器",等。

　　目前,上述问题已引起广泛关注,如 2011 年国家自然科学基金煤炭联合基金将"矿用传感器无盲区布置方法"研究列入重点项目研究领域"煤矿安全生产监控与通信"的主要研究内容之一。显然,研究满足预警要求且经济可行的瓦斯传感器的优化选址方法对提高监测系统准确性、灵敏性、可靠性和稳定性,预防重特大瓦斯事故的发生具有重要价值。

1.4.1　矿井瓦斯传感器优化布置

　　目前,我国多数矿井已装备了安全监控系统,目的就是做到实时、动态监测矿井基本安全参数和状况。瓦斯检测装置是煤矿安全监控系统中最重要的环节之一,矿井传感器数量太少,不能有效预防事故,传感器数量多,监测监控系统又投资过高。事实上,矿井安全监测系统功能和效率的好坏在很大程度上取决于传感器的位置,相同数目的传感器,不同的布置方式将产生大为不同的监测效果[144]。国内外文献,对矿井通风巷道瓦斯传感器优化布置方面的研究报道较少。

　　在国内,孙继平等人对井下瓦斯传感器的布置进行了研究[145-151],文献[146]为解决井下长巷道瓦斯传感器空间布设标准问题,依据相似原理研究了在瓦斯涌出源稳定情况下瓦斯与空气的混合距,并指出矿井监测监控系统所需要的最短响应时间是当前迫切需要解决的问题;文献[147]应用一元回归分析法,建立了采煤工作面最高点瓦斯浓度和监测点浓度之间的线性关系,验证了《煤矿安全规程》中采煤工作面上的瓦斯传感器放置的合理性;文献[148],建立了瓦斯紊流扩散 RNGκ-ε 模型,基于该模型仿真了巷道瓦斯浓度分布,仿真结论:传感器部署在拐弯处内侧和外侧的监测效果不同。文献[149],用 Fluent 软件模拟了巷道纵断面上的瓦斯分布情况,得出结论:瓦斯传感器应放置在距顶板小于等于 0.3 m 的位置,该结论与煤矿安全标准规定相吻合。文献[150],研究了矿井通风系统中的瓦斯传感器布置问题,根据风网节点处的瓦斯含量具有关联关系的特征,提出了一种基于节点风量覆盖法的瓦斯传感器布置方式。文献[151],鉴于矿井存在煤与瓦斯突出时,节点风量覆盖法存在局限性,提出了基于监测覆盖范围法的瓦斯传感器无盲区布置方式。

付华等[151]运用特征分析法,对监测样本集中的多维环境指标进行综合分析,从中筛选出了最佳监测点子集作为瓦斯监测点。

李志等[152]研究了 5 种局部通风方式异于《管理规范》中的特殊采掘工作面及其他特殊点的甲烷传感器布置方法,并建议在严格执行相关规定的前提下,应根据矿井实际情况增设甲烷传感器。

李忠辉等[153]研究了工作面回风巷的瓦斯监测点布置方法,通过分析现场实测数据,给出建议:回风巷道瓦斯监测应布置在巷道中线上,距顶部距离应小于等于 30 cm,距上隅角 10 m 处也应布置监测点。

邹云龙等[154]为获取更加准确的瓦斯涌出特征数据,研究了工作面瓦斯传感器布置方案,得出结论:距离工作面 5 m 以内的瓦斯传感器可监测到较为真实的瓦斯数据。

在国外,Cohen A. F.[155]提出依据监测数据实时调整传感器位置的定位策略,但井下实际环境并不允许对各个传感器位置进行动态调整。

另外,矿井其他传感器(一氧化碳传感器、温度传感器和火源传感器等)优化布置研究也可为本研究提供借鉴;刘伟等[144]研究了井下火源传感器的优化布置问题,提出了考虑矿井各分支发火可能性的布置传感器的新算法——分区法。

徐景德等[156]通过实验分析,研究了煤矿胶带输送机上火灾传感器间距和传感器在巷道断面上的布置位置问题。

朱红青等[157]研究了井下输送带火灾传感器的部署,利用诺谟图确定了适合最恶劣环境下的一氧化碳和烟雾传感器的数目、间距和报警界限等参数的选择标准。

闫广超[158]研究了井下巷道无线射频识别(RFID)阅读器的优化布局,提出了考虑节点权重因子的多目标约束优化选址方法。

赵丹[159]研究了井下风速传感器的布置,提出了一种宏观风速传感器布置方法——最少全覆盖布点法。

关于瓦斯传感器可靠性的研究,即当某一瓦斯传感器出现故障时,其他传感器代替其继续监测的相关研究较少,目前,从硬件改良角度提高可靠性的研究较多[161-163],还有采用信息融合技术[164]和人工智能算法[165-167]预测监测数据以检验传感器可靠性的相关研究,另外,一些学者还提出了利用无线传感器技术[168-170]提高监测性能的方法,但井下环境恶劣,信号噪声强烈,无线网络的稳定性难以保证。

综合上述文献可以看出,瓦斯传感器优化布置的研究成果主要集中在对矿井的巷道、工作面或机电设备某一具体位置或某一局部区域的研究,而对整个矿井中如何布置的研究则很少涉及;另一方面,利用硬件改良技术、信息融合技术和人工智能方法等对潜在的瓦斯传感器故障进行及时检测和诊断,提高瓦斯监测系统可靠性的研究成果丰富,而从布局角度进行研究的较少。

1.4.2　矿井瓦斯积聚危险性分析

瓦斯爆炸最根本的原因在于存在高浓度的瓦斯源,井下瓦斯涌出源点附近是重点监测的区域,而对于无瓦斯涌出的区域也应加强防范,由于瓦斯是易爆气体,在其所流动经过之处都有可能成为瓦斯灾害威胁的地点,因此有必要对井下的瓦斯运移规律进行分析,找出高风险区域为实现瓦斯监测的合理布点提供依据。

关于井巷中瓦斯运移的研究,在国内,典型的研究工作有:王恩元[170]从理论上对巷道风流瓦斯运移机理进行系统分析,建立了基于瓦斯浓度分布的通用三维数学模型,并分析了驱替运移对瓦斯浓度分布的影响;鹿广利[171]根据通风网路理论和紊流传质原理,研究了集中易爆气体在通风网路中的时空运移规律,给出了气体浓度分布的计算方法;邓敢博[172]、魏引尚等[173,174]研究了瓦斯在通风巷道中的分布规律特征,根据矿井通风理论及图论理论,建立了涌出瓦斯在网络中流动范围的计算模型,实例验证了模型的正确性;杨守国[175]研究了灾害气体在通风系统中扩散运移规律,建立了非稳态条件下通风网络及瓦斯分布解算模型,通过现场试验分析,验证了模型的有效性。

黄光球等[176]用建立的元胞自动机模型模拟了瓦斯渗出后在巷道网络系统中运移和积聚的过程,为揭示瓦斯运移规律及积聚态势提供了一个新方法。朱迎春等[177]利用 Flunent 软件模拟了巷道冒落区的瓦斯扩散与积聚规律,得出结论:当风速高于临界风速时,并不能显著降低积聚瓦斯的最高浓度;吴鑫等[178]定量分析了煤与瓦斯突出后的运移富集规律,对潜在的危险区域给出了相应的安全对策。

陆秋琴[179]研究了涌出瓦斯在巷道中的运移规律,利用建立的速度—浓度双分布格子 BoltZmann 模型,模拟得到了巷道内瓦斯体积分数峰值个数及峰值到达位置和时间等信息。

李宗翔等[180]运用有源通风网络理论和数值模拟技术,对瓦斯突出时期,通风系统的突变过程进行了模拟。

梁栋等[181]运用相似性原理,研究了井巷风流中的瓦斯逆流现象,推导出了瓦斯运移方程组和相似参数,给出了瓦斯逆流的临界判别式;高建良等[182]运用 Fluent 软件对瓦斯逆流和瓦斯分布情况进行了数值模拟。梁栋等[183]认为含有瓦斯积聚层的巷道风流具有气体密度分层流特性,给出了巷道气体分层流的数值计算模型,分析了瓦斯积聚层内速度分布特征及积聚层稳定性。

在国外,典型的研究有:Javier Torano[184]建立西班牙北部某地下矿独头巷道中风速与瓦斯浓度关系模式,并模拟出了独头巷道局部通风中需加强通风减少瓦斯积聚的位置;Whittles D. N.[185]分析了英国长壁工作面气体流动实验结果,构建了基于地质力学的气体流动计算模型,并用 FLAC 软件求解得到了可能气体源和气体流动路线。

关于瓦斯积聚危险性评价的研究,在国内,典型的研究工作有:魏引尚[186]在分析了矿井通风巷道中瓦斯涌出与运移特性的基础上,建立了以信息熵为基础的通风巷道瓦斯积聚危险性评价模型,结合实例验证了模型的正确性。王俭[187]总结分析了通风瓦斯事故的基本要素,提出了安全分区及安全关注点的相关概念,建立了致灾因素的耦合分析模型,对瓦斯积聚危险性辨识技术做了创新性探索;陆秋琴[188]综合考虑对瓦斯积聚的发生有促进作用和抑制作用的影响因素,提出了基于双枝模糊 Petri 网通风巷道瓦斯积聚危险性评价方法。

以上研究表明:矿井通风系统瓦斯运移及积聚理论经过几十年的研究和发展,已取得了很大的成就,这些研究成果在一定程度上为矿井瓦斯传感器的合理布置分析提供了理论基础,但现阶段这方面研究主要集中在煤层瓦斯运移规律、巷道瓦斯分布和采空区,而对通风系统涌出瓦斯、突出瓦斯在复杂通风网络中运移、积聚规律及积聚危险性评价的研究相对较少。

1.4.3 矿井通风网络建模及分析研究

目前,对于矿井通风网络的研究还主要集中在图形化可视化建模和用新的算法进行网络解算两个方向。

(1) 矿井通风网络可视化建模

在 AutoCAD 及其二次开发技术方面,段冬生[189]利用 AutoLISP/Visual LISP/VBA/等语言对 AutoCAD 二次开发,实现了通风系统图和网络图的自动绘制和绑定;王海涛[190]利用 VBA 语言,编制了通风系统图自动生成网络图的程序;吴奉亮等[191]、张国丽等[192]利用智能对象技术开发了矿井通风 CAD 系统,创建了具备领域知识的 CAD 面向对象模型,提升了 AutoCAD 软件绘制通风专业图件的智能性;李钢[193]利用面向对象技术和 ADO 数据库技术,设计了通风图元对象并将其永久性存储,降低了通风 CAD 软件中绘制通风图件的复杂度。

在地理信息系统(GIS)技术方面,刘魏等[194]针对 GIS 软件无法正确处理三维线状要素的拓扑关系的问题,利用拓扑反馈技术对二维网络数据集进行拓扑更新,实现了三维拓扑模型的建立;杨守国等[195]基于 ArcGIS 软件仿真了矿井通风网络,阐述了通风要素模型创建的关键技术;李成等[196]利用 C♯和 ArcEngine 组件技术,开发了通风网络可视化模拟系统,实现了通风网络拓扑关系的自动建立和维护,编制了通风网络解算程序;邵亚琴等[197]建立了面向巷道 Geodatabase 几何网络模型,详细阐述了巷道网络模型构建的关键技术,并基于巷道几何网络模型拓扑关系,进行了救灾路线分析和突水试验分析;刘艳等[198]研究了基于3D GIS 技术的矿井通风网络分析系统,建立了通风实体的三维模型,实现了通风网络拓扑关系的自动建立与管理;宫良伟[199]利用 GIS 软件 AutoCAD Map3D 开发了矿井通风仿真系统。

在运用高级编程语言技术开发软件包方面,王德明等[200]采用 VC++6.0 开发了基于 Windows 的矿井通风图形系统,实现了矿井通风系统图形的编制、存储及数据组织等功能;倪景峰[201,202]采用 C++技术开发了一套对通风网络实体对象在内存地址中进行拓扑管理的矿井通风网络可视化软件;吴兵[203]利用 VC++技术,采用最长路径算法编写了自动生成通风网络的程序;林建平等[204]利用 VC++技术,研制了一套通风网络绘制与解算一体化软件;汪云甲[205]基于 VC++技术开发了能够实现矿井巷道三维模型自动建模的原型系统;盛武等[206]利用 VB、VrmlPad 技术研发了矿井三维网络图动态绘制系统;沈澋等[207]运用 VB 技术在 SolidWorks 图形平台上研发了矿井通风系统仿真与优化软件,实现了三维矿井通风立体图的自动绘制和通风网络解算等功能。

另外,加拿大、澳大利亚、美国、日本和英国等国,研发的典型矿业应用系统软件有:LYNX,MineMAP,MineTEK,MineOFT,MineCAP,VULCAN,Ventilation Design,Avwine 和 ATAMSNE 等。

(2) 矿井通风网络分析研究现状

1953 年,Scott 和 Hinsley 首先使用计算机来解决通风网络问题,至 1967 年,Y. J. Wang 和 Hartman[208]开发出可解算多风机和自然通风的三维通风网络程序,1988 年,Y. J. Wang[209,210]又引入了非线性规划方法来解算通风网络,进一步奠定了未来矿井通风网络研究基础。

刘剑等[211]从图论角度,研究了风网角联结构的辨识问题,针对通路集合算法的存在的问题,提出了路径集合算法辨识全部角联结构的方法;魏连江等[212]运用通风网络拓扑理论,解释了网络解算过程中出现风流反向的原因,提出了通风网络任意两节点间所有通路的"通路树深度优先生长"法;贺培振[213]利用普适计算技术研究了通风系统的可视化解算,建立了整体动态解算模型和分支动态监控模型;王李竹等[214]为解决复杂的通风网络解算问题,对回路风量法和节点风压法提出了新的改进解算算法,新算法可生成封闭的三维联通实体巷道,增强了解算结果的可靠性;刘志强等[215]针对传统风网解算方法存在风量初始值敏感的缺陷,提出了一种基于混合遗传算法的风网解算新方法,运用实例验证了算法的有效性和可行性。

矿井通风系统已有一套成熟的理论和算法,取得了大量的研究成果,特别是以矿井通风网络解算为核心的矿井通风网络仿真软件系统已向交互式、可视化方向发展,但由于开发难度大、操作相对复杂,给矿井通风网络软件的推广和普及带来了一定的困难。

1.4.4 设施选址问题

1909 年德国学者韦伯第一篇选址论文的发表标志着设施选址问题进入到科学研究的时代[216]。选址问题经过上百年的发展,吸引力众多领域的学者,问题的研究也呈现多样化。选址问题分类方法多样,根据选址目标个数可分为单目标选址与多目标选址;根据设施安置的空间结构,可分为连续选址、离散选址和网络选址。设施选址问题通常划分为:中值问题、基本覆盖选址问题、备用覆盖选址问题、中心问题、多产品问题、动态选址问题、路径选址和多目标选址问题等。本节仅对研究相关的基本覆盖和备用覆盖问题等进行综述。

(1) 基本覆盖问题

覆盖问题分为集覆盖问题和最大覆盖问题两类。集覆盖问题最早是由 Roth 和 Toregas[217]等人提出来的,主要集中用于应急服务设施的选址问题;Garey 和 Johnson[218]等论证了集覆盖问题是 NP 问题;大量专家学者在算法方面进行了深入研究,如 Fisher[219]提出了对偶启发式算法求解多个设施候选点、大规模需求点的集覆盖问题;Beasley 和 Chu[220]将遗传算法用于求解服务站建站成本不同的集覆盖问题;Grossman 和 Wool[221]对比了 9 种用于求解覆盖选址问题的启发式算法等。

最大覆盖问题是研究设施站点数目和服务半径已知的条件下,如何设立设施站点使得可接受服务的需求量最大的问题。Church 和 Revelle[222]首次建立了网络最大覆盖问题的选址模型,并论证了该模型为 NP 问题;Daskin[223]和 Hogan[224]以服务设施可覆盖的顾客期望值最大为目标,建立了考虑设施繁忙概率的最大覆盖模型;Marianov 和 Serra[225]研究了考虑排队等待时间的最大覆盖问题;Brotcorne[226]等对应急救护车辆覆盖问题的静态、动态决策模型做出了一个全面的综述。

国内对选址问题研究较晚,近年来开展了大量工作。黄亚东[227]研究了给水管网水质传感器的优化选址问题,运用混合粒子群优化算法求解了最大覆盖选址模型,取得了良好的效果;丁革建等[228]基于集合覆盖选址模型研究了测试用例集最小化,设计了蚁群算法进行求解;王丹[229]利用基础覆盖选址模型研究了一类竞争与合作设施并存的选址问题;马云峰[230]以基础覆盖选址问题为例,研究了基于时间满意的思想及时间满意度函数在覆盖问题中的应用,并给出了经实验证明效果较为理想的启发式算法;余鹏等[231]针对设备应急抢修具有时限和服务质量的要求,设计了一种具有复杂约束条件的设备应急抢险点的集合覆盖选址模型,并设计了混合遗传算法进行求解。

(2)备用覆盖问题

指定的覆盖设施正处于工作状态,无法提供服务,需要启用覆盖范围内的其他设施时便产生了备用覆盖模型。Daskin 和 Stem(1981)[232]首先提出备用覆盖模型(Backup coveragemodel),用于美国 EMS 系统车辆服务的研究,建立了以最小化满足需求点车辆数量、最大化车辆多重覆盖的范围的双目标选址模型;Hogan 和 ReVelle(1986)[233]考虑到单一覆盖不能保证服务设施及时有效地提供应急响应,对最大覆盖模型进行了扩展,提出了两个备用覆盖模型:备用覆盖模型 1(BACOP1)和备用覆盖模型 2(BACOP2),其目的是将最大化一次覆盖和最大化两次(备用)覆盖这两个目标加以权衡。

在国内,陈志宗[234]应用备用覆盖选址模型,研究了城市应急救援设施的选址问题,并采用 AHP/ANP 模型对选址模型进行了评价;姚曼华[235]研究了水上救助基地选址问题,建立了基于时间满意的备用覆盖基地选址模型,该模型不仅能全面覆盖所辖水域,同时还能尽可能多次覆盖重点水域。万波[236]建立了基于备用覆盖的多目标公共服务设施选址模型,使用模糊目标规划方法求解了该模型,并与线性加权法 WLM 求解结果对比,证明了算法的优越性;肖俊华等[237]对备用覆盖思想进一步延伸,建立应急物资储备库多级最大覆盖选址模型,设计遗传算法进行求解,通过实例验证了模型和算法的有效性。

综上所述,设施选址问题已经历了近百年的发展历史,选址理论模型和算法成熟,但在矿井瓦斯传感器选址领域的研究还鲜见报道。

1.4.5 存在的问题及需求

(1)瓦斯监测点优化布置方式单一

根据传感器监测目标的不同,可将现有研究的传感器布置方式归纳为基于安全关注点的监测和基于覆盖范围的监测两类。从前述分析可以看出,现有的研究大多集中在单一方面,充分利用两种布置方式的优点,规避各自缺点,提高瓦斯监控的水平应是关注的方向。

(2)瓦斯传感器优化布置研究缺乏系统性

从文献调研的情况看,煤矿通风瓦斯安全的研究成果丰富,但是将研究成果系统地融合于瓦斯传感器优化布置中的研究很少。

(3)瓦斯传感器优化布置研究缺乏理论和方法支持

实质上,瓦斯传感器优化布置问题,可归结为韦伯选址理论中的"给定活动,应该选择什么位置从事该项活动"的选址问题。选址理论经过上百年的发展历史已形成了庞大的模型方法体系,急需基于该领域的理论和方法,填补瓦斯传感器选址理论研究的空白。

（4）矿井通风网络分析中 GIS 拓扑分析工具应用程度低

目前,利用 GIS 对矿井通风网络进行二维或三维的仿真模拟及信息管理的研究成果丰富,但利用 GIS 工具进行矿井通风网络拓扑分析的研究相对较少,主要瓶颈在于适合 GIS 拓扑分析的具有三维网络特性的矿井通风地理网络数据模型难于构建。

2012 年,ESRI 公司推出的最新 ArcGIS10.1 扩展模块 Network Analyst 支持 3D 网络数据集,突破了 GIS 软件只能处理二维拓扑,无法计算三维线状要素拓扑关系的局限性,使得矿井通风地理网络数据模型构建简单易行。

1.4.6　研究思路与方法

矿井瓦斯传感器优化选址研究涉及设施选址理论、安全评价方法和智能启发式算法等知识。本研究以矿井复杂通风巷道的瓦斯传感器优化选址问题为研究对象,采用信息熵、层次分析法、禁忌—蚁群算法、混合 PACA 算法及空间数据处理技术,探讨了复杂通风巷道瓦斯积聚危险性评价、瓦斯传感器优化选址模型建模及模型的高效求解算法和构建瓦斯传感器选址决策支持系统等问题[238],具体研究技术路线如图 1-12 所示。

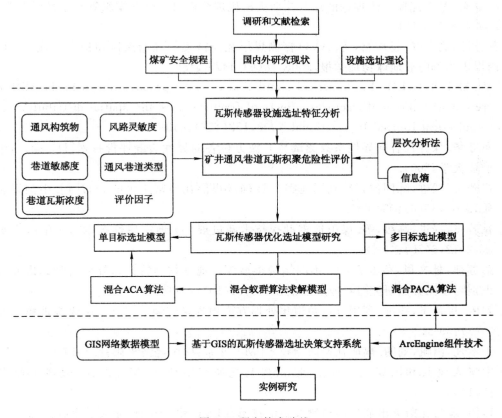

图 1-12 研究技术路线

参考文献

[1] 钟华.煤矿瓦斯预警技术应用探析[J].科技传播,2011(3):149-158.

[2] 赵立永,邓永红,段绪华.煤矿安全生产监控系统的发展历程分析研究[J].华北科技学院学报,2011,8(3):41-44.

[3] 王海生.2013年国内煤矿生产安全事故统计分析[J].中州煤炭,2014,225(9):77-93.

[4] 漆旺生,凌标灿,蔡嗣经.煤与瓦斯突出预测研究动态及展望[J].中国安全科学学报,2003,131(12):1-4.

[5] 郝吉生,袁崇孚.模糊神经网络技术在煤与瓦斯突出预测中的应用[J].煤炭学报,1999,24(6):624-627.

[6] 张宏伟,陈学华,王魁军.地层结构的应力分区与煤瓦斯突出预测分析[J].岩石力学与工程学报,2000,19(4):462-465.

[7] 郭德永,韩德馨,张建国.平顶山矿区构造煤分布规律及成因研究[J].煤炭学报,2002,27(3):249-253.

[8] 牛立东.基于瓦斯地质理论的煤与瓦斯突出机理分析[J].山西煤炭管理干部学院学报,2008(1):100-101.

[9] 彭苏萍,高云峰,杨瑞召,等.AVO探测煤层瓦斯富集的理论探讨和初步实践——以淮南煤田为例[J].地球物理学报,2005,48(6):1475-1486.

[10] VLASTOS S,LIU E. Numerical simulation of wave propagation in media with discrete distributions of fractures:effects of fracture sizes and spatial distributions[J]. Geophysical Journal International,2003,152(152):649-668.

[11] 董守华.煤弹性各向异性系数测试与P波方位各向异性裂缝评价技术[D].徐州:中国矿业大学,2004.

[12] 崔若飞,钱进,陈同俊,等.利用地震P波确定煤层瓦斯富集带的分布[J].中国煤炭地质,2007,35(6):054-057.

[13] 崔若飞,钱进,高级,等.煤田地震勘探技术新进展(3)-地震属性技术[J].中国煤炭地质,2012,6(25):49-52.

[14] 彭苏萍,杜文凤,苑春方,等.不同结构类型煤体地球物理特征差异分析和纵横波联合识别与预测方法研究[J].地质学报,2008,82(10):1311-1322.

[15] 刘伍,崔若飞,钱进.利用方位角道集处理方法预测煤层裂隙[J].中国煤炭地质,2008,20(3):59-61.

[16] 于不凡,白帆,刘明.煤矿瓦斯防治技术[M].北京:中国经济出版社.1987.

[17] 中华人民共和国煤炭工业部.防治煤与瓦斯突出细则[M].北京:煤炭工业出版社,1995.

[18] 程伟.煤与瓦斯突出危险性预测及防治技术[M].徐州:中国矿业大学出版社,2003.

[19] 聂百胜,何学秋,王恩元,等.煤与瓦斯突出预测技术研究现状及发展趋势[J].中国安全科学学报,2003,13(6):40-43.

[20] 俞启香.矿井瓦斯防治[M].徐州:中国矿业大学出版社,1992.

[21] 漆旺生,凌标灿,蔡嗣经. 煤与瓦斯突出预测研究动态及展望[J]. 中国安全科学学报, 2003,13(12):1-4.

[22] WANG K. A Prediction Model for the Risk of Coal and Gas Outburst Based on Artificial Neural Network[C]//Coal Mine Safety and Health:Proceedings of the International Mining Technology '98 Symposium,1998. Beijing:China Coal Industry Publishing House,1998.

[23] 俞善炳,谈庆明,丁雁生,等. 含气多孔介质卸压层裂的间隔特征—突出的前兆[J]. 力学学报,1998,30(2):145-150.

[24] 苏文叔. 利用瓦斯涌出动态指标预测煤与瓦斯突出[C]//防治煤与瓦斯突出论文集. 北京:中国煤炭工业劳动保护科学技术学会,2001.

[25] 张克. 基于地震正演模拟和 SVM 的煤与瓦斯突出危险区预测研究[D]. 徐州:中国矿业大学,2011.

[26] 周世宁,林柏泉. 煤矿瓦斯动力灾害防治理论及控制技术[M]. 北京:科学出版社,2007.

[27] 米建国,李继培. 依靠科技遏制瓦斯矿难[J]. 中国发展观察,2005(9):22-24.

[28] 董华霞,叶生. 聚苯胺特性的平面型载体催化甲烷传感器的研究[J]. 云南大学学报, 1997,19(2):143-146.

[29] 曾祥鸿,黄强. KJ90 型煤矿安全生产综合监控系统[J]. 矿业安全与环保,2000,27(1):18-20.

[30] 柴化鹏,冯锋,白云峰,等. 瓦斯传感器的研究进展[J]. 山西大同大学学报(自然科学版),2009,25(3):27-31.

[31] 赵海山. 探测空气中甲烷的小型气体敏感器[J]. 红外与激光工程,1999,28(2):33-36.

[32] 李巍,黄世震,陈文哲. 甲烷气体传感元件的研究现状与发展趋势[J]. 福建工程学院学报,2006,4(1):4-8.

[33] 蔡晔,葛忠华,陈银飞. 金属氧化物半导体气敏传感器的研究和开发进展[J]. 化工生产与技术,1997,4(2):29-34.

[34] 李虹. 监测甲烷浓度的红外光吸收法光纤传感器[J]. 量子电子学报,2002,19(8):355-357.

[35] 王玉田,李晓听,刘占伟. 甲烷气体多点光纤传感系统的研究[J]. 光电工程,2004,31(6):21-23.

[36] 王晓梅,张玉钧. 大气中甲烷含量监测方法研究[J]. 光电子技术与信息,2005,18(4):8-13.

[37] 付华,井毅鹏. 测量甲烷体积分数的高灵敏度光纤传感器研究[J]. 传感器与微系统, 2010,29(4):15-17

[38] 梁秀荣,朱小龙. 煤矿安全监测监控系统有关问题的探讨[J]. 煤炭科学技术,2006, 34(8):69-71.

[39] 马超群,陆道儿,李天明,等. MTT—92 型煤与瓦斯突出危险探测仪的研制及试验[J]. 矿业安全与环保,1996,23(6):1-3,7-8.

[40] 王栓林. 煤与瓦斯突出危险性实时跟踪预测技术研究[D]. 西安:西安科技大学,2009.

[41] 刘卫东,孟晓静,丁恩杰.岩体声发射监测系统的设计与实现[J].煤炭科学技术,2007,
35(5):46-48.

[42] 魏风清,张建国.俄罗斯地震声学预测方法的研究现状及发展前景[J].煤矿安全,
1999,30(11):44-46.

[43] 邹银辉,赵旭生,刘胜.声发射连续预测煤与瓦斯突出技术研究[J].煤炭科学技术,
2005,33(6):61-65.

[44] 撒占友,何学秋,王恩元.工作面煤与瓦斯突出电磁辐射的神经网络预测方法研究[J].
煤炭学报,2004,29(5):563-567.

[45] 王恩元,何学秋,聂百胜.电磁辐射法预测煤与瓦斯突出原理[J].中国矿业大学学报,
2000,29(3):225-229.

[46] 李忠辉,王恩元,何学秋,等.电磁辐射实时检测煤与瓦斯突出在煤矿的应用[J].煤炭
科学技术,2005,33(9):31-33.

[47] 刘晓斐,王恩元,何学秋,等.回采工作面应力分布的电磁辐射规律[J].煤炭学报,
2007,32(10):1019-1022.

[48] 马超群,陆道儿,李天明,等.MTT-92型煤与瓦斯突出危险探测仪的研制及试验[J].
矿业安全与环保,1996,23(6):1-3,7-8.

[49] 马超群.MTT-92型煤与瓦斯突出危险探测仪[J].煤田地质与勘探,1997,25(5):
57-60.

[50] 钱建生,刘富强,陈治国,等.煤与瓦斯突出电磁辐射监测仪[J].中国矿业大学学报,
2000,29(2):167-169.

[51] 王恩元,何学秋,刘贞堂,等.煤岩动力灾害电磁辐射监测仪及其应用[J].煤炭学报,
2003,28(5):465-469.

[52] 钱建生,王恩元.煤岩破裂电磁辐射的监测及应用[J].电波科学学报,2004,19(2):
161-165.

[53] 缪燕子,多传感器信息融合理论及在矿井瓦斯突出预警系统中的应用研究[D].徐州:
中国矿业大学,2009.

[54] 刘西青.论国内煤矿瓦斯监测监控系统现状与发展[J].山西焦煤科技,2006,3:37-40.

[55] 周邦全.煤矿安全监测监控系统的发展历程和趋势[J].矿业安全与环保,2007,34(S):
37-40.

[56] 李继林.煤矿安全监控系统的现状与发展趋势[J].煤炭技术,2008,27(11):3-5.

[57] 叶广磊.浅析煤矿瓦斯监控系统[J].中小企业管理与科技,2009,19(28):276-276.

[58] 王志岗.煤矿瓦斯安全监测系统的设计及实现[D].天津:天津大学,2006.

[59] 郭平利.浅谈对我国煤矿安全监测监控系统的认识[J].经营管理者,2011,5:266-266.

[60] 仲丽云.煤矿安全监控系统存在的问题及其改进探讨[J].工矿自动化,2010,6:92-94.

[61] 王其军.瓦斯监测系统故障智能诊断技术研究[D].青岛:山东科技大学,2007.

[62] 曲晓慧,安纲.数据融合方法综述及展望[J].舰船电子工程,2003(2):2-4.

[63] 周浩敏,钱政.智能传感技术与系统[M].北京:北京航空航天大学出版社,2008.

[64] WALTZ E,LILNAS J. Multi-sensor data fusion [M].Boston:Artech House,1990.

[65] HALL D L,JLINAS J. An introduction to multi-sensor data fusion[J]. IEEE Interna-

tional Symposium on Circuits & Systems,1997,6(1):537-540.

[66] HB MITCHELL. Multi-sensor data fusion[J]. Electronics & Communications Engineering Journal,1997,9(6):245-253.

[67] WALT Z E,BUEDE D M. Data fusion and decision support for command and control [J]. IEEE Trans. on Syst. Man. & Cybern. ,1986,16(6):865-879.

[68] COMPARATO V G. Fusion-The key to tactical mission success[J]. International Society for Optics and Photonics,1988,93(1):2-7.

[69] HAMILTON M K,KIPP T A. ATR architecture for multi-sensor fusion[J]. Aerospace/defense Sensing & Controls,1996,275(5):126-133

[70] KATYAL S,KRAMER E L,NOZ M E,et al. Fusion of graphy SPECT with CT of the chest in patients with non-small cell lung cancer[J]. Cancer Res. ,1995,55(S): 5759-5763.

[71] HERNANDEZ A I,GARRAULT G,MORA F,et al. Multi-sensor fusion for atrial and ventricular activity detection in coronary care monitoring [J]. IEEE Trans on Bio-medical Eng. ,1999,46(10):1186-1190.

[72] MURPHY R R. Sensor and information fusion for improved vision-based vehicle guidance[J]. IEEE Intelligent Systems,1998,13(6):49-56.

[73] NEIRA J,TARDOS J D,HORN J,et al. Fusing range and intensity image for mobile robot localization[J]. IEEE Trans. on Robot Automation,1999,15(1):76-84.

[74] ABIDI M A,GONZALEZ R C. Data fusion in robotics and machine intelligence[M]. Boston:Academic,1992.

[75] MURPHY R R. Dempster-shafer theory for sensor fusion in autonomous mobile robots[J]. IEEE Trans. on Robots & Automtion,1998,14(2):197-206.

[76] 李圣怡,吴学忠,范大鹏. 多传感器融合理论及在智能制造系统中的应用[M]. 长沙:国防科技大学出版社,1998.

[77] 王耀南,李树涛. 多传感器信息融合及其应用综述[J]. 控制与决策,2001,16(5): 518-522.

[78] 咸宝金,许芬. 多传感器数据融合技术与专家系统研究[J]. 自动化与仪器仪表,2007 (6):12-14.

[79] 陈文辉,马铁华. 多传感器信息融合技术的研究与进展[J]. 科技情报开发与经济, 2006,16(19):212-213.

[80] 王耀南. 国家863计划项目验收技术报告--复杂工业过程的综合集成智能控制及应用 [R]. 长沙:湖南大学,2000,150-200.

[81] 华鑫鹏,张辉宜,张岚. 多传感器数据融合技术及其研究进展[J]. 中国仪器仪表,2008, 28(5):40-43.

[82] 黄漫国,樊尚春,郑德志,等. 多传感器数据融合技术研究进展[J]. 传感器与微系统, 2010,29(3):5-12.

[83] SMITH D,SINGH S. Approaches to multi-sensor data fusion in target tracking:A survey[J]. IEEE Transactions on Knowledge and Data Engineering,2006,18(2):

1696-1710.

[84] ESCAMILLA AMBROSIO P J,MORT N. Multi-sensor data fusion architecture based on a-daptive Kalman filters and fuzzy logic performance assessment[C]∥Proceedings of the Fifth International Conference on Information Fusion,,2002:1542-1549.

[85] ESCAMILLA AMBROSIO P J,MORT N. Hybrid Kalman filter-fuzzy logic adaptive multi-sensor data fusion architectures[C]∥Proceedings of the 42nd IEEE Conference on Decision and Control Mau,2003:5215-5220.

[86] TAFTI A D,SADATI N. Novel adaptive Kalman filtering and fuzzy track fusion ap-proach for real time applications[C]∥Proceedings of the 3rd IEEE Conference on In-dustrial Electronics and Application,Singapore,2008:120-125.

[87] 刘素一,张海霞,罗维平. 基于小波变换和 Kalman 滤波的传感器数据融合[J]. 微计算机信息,2006,22(1-6):179-181.

[88] 刘建书,李人厚,常宏. 基于相关性函数和最小二乘的多传感器数据融合[J]. 控制与决策,2006,21(6):714-71.

[89] CHOI J N,OH S K,PEDRYCZ W. Identification of fuzzy relation models using hier-archical fair competition-based parallel genetic algorithms and information granula-tion[J]. Applied Mathematical Modeling,2009,33(6):2791-2807.

[90] SHEN C Y,YU K T. A generalized fuzzy approach for strategic problems:The em-pirical study on facility location selection of authors' management consultation clien-tas an example[J]. Expert Systems with Applications,2009,36(3):4709-4716.

[91] 白云飞,曲尔光. 多传感器信息融合技术及其应用[J]. 机械管理开发,2008,23(1):69-70.

[92] ISHIBUCHI H,NII M. Numerical analysis of the learning of fuzzified neural net-works from fuzzy if-then rules[J]. Fuzzy Sets and Systems,2001,120(2):281-30.

[93] 韩敏,孙燕楠,许士国,等. 一种模糊逻辑推理神经网络的结构及算法设计[J]. 控制与决策,2006,21(4):415-420.

[94] OH S K,PEDRYCZ W,PARK H S. Hybrid identification in fuzzy-neural networks [J]. Fuzzy Sets and Systems,2003,138(2):399-426.

[95] SUN Y N,HAN M. Neural network for fuzzy if-then rules realization[C]∥Proceed-ings of the 24th Chinese Control Conference,Canton:[\出版者不祥],2005.

[96] LING Y Z,XU X G,SHEN L N,et al. Multi sensor data fusion method based on fuzz-y neural network[C]∥Proceedings of the 6th IEEE International Conference on In-dustrial Informatics,2008[C]. Daejeon,2008.

[97] ER M J,GAO Y. Robust Adaptive Control of Robot Manipulators Using Generalized Fuzzy Neural Networks[J]. IEEE Transactions on Industrial Electronics,2003,50(3):620-628.

[98] 杨钢,王玉涛,陆增喜. 等. 多传感器数据融合技术在多相流参数测量中的应用[J]. 仪表技术与传感器,2005(11):51-53.

[99] 杨鹃,孙华,吴林. 模糊神经网络信息融合方法在机器人避障中的应用[J]. 自动化技术

与应用,2005,24(2):22-24.

[100] COBANER M,Unal B,KisiO. Suspended sediment concentration estimation by an a-daptive neuro-fuzzy and neural network approaches using hydro-meteorological data [J]. Journal of Hydrology,2009(367):52-61.

[101] ABDEL-ATY-ZOHDY H S,EWING R L. Intelligent information processing using neural networks and genetic algorithms[C]//Proceedings of the 43rd IEEE Midwest Symposium on Circuits and Systems,Lansing,2000:840-845.

[102] CHOU C J,YU F J,SU C T. Combining neural networks and genetic algorithms for optimizing the parameter design of inter-metal dielectric layer[C]//Proceedings of the 2008 4th International Conference on Wireless Communications,2008: 7888-7891.

[103] KERH T,CHAN Y L,GUNARATNAM D. Treatment and assessment of nonlinear seismic data by a genetic algorithm based neural network model[J]. International Journal of Nonlinear Sciences and Numerical Simulation,2009,10(1):45-56.

[104] 孙有发,陈世权,吴今培,等. 一种基于模糊遗传神经网络的信息融合技术及其应用 [J]. 控制与决策,2001,16(B11):717-720.

[105] 姜静,姜琳,李华德,等. 基于遗传算法的模糊神经控制器[J]. 煤矿机械,2007,28(3): 129-131.

[106] 张宇林,蒋鼎国,徐保国. 改进的 BP 算法在多传感器数据融合中的应用[J]. 东南大学 学报(自然科学版),2008,38(S1):258-261.

[107] ZHANG Q H,BENVENISTE A. Wavelet networks[J]. IEEE Trans. on NN,1992,3 (6):889-898.

[108] CHO S Y,CHOW T W S. A neural learning based reflectance model for 3D shape reconstruction[J]. IEEE Transactions on Industrial Electronics,2000,47(6): 1346-1349.

[109] 高美静. 基于遗传小波神经网络的多传感器信息融合技术的研究[J]. 仪器仪表学报, 2007,28(11):2103-2107.

[110] 付华,沈中和,孙红鸽. 矿井瓦斯监测多传感器信息融合模型[J]. 辽宁工程技术大学 学报,2005,24(2):239-241.

[111] 付华,李博,薛永存. 基于 D-S 证据理论的数据融合井下监测方法分析[J]. 传感器与 微系统,2007,26(1):27-29.

[112] 邵良杉,付贵祥. 基于数据融合理论的煤矿瓦斯动态预测技术[J]. 煤炭学报,2008 (05):551-555.

[113] 王占勇,马震,王青青. 煤矿瓦斯监测多传感器信息融合方法研究[J]. 煤炭科技,2010 (2):1-3.

[114] 黄志彦,张柏书,于开山,等. D-S 证据理论数据融合算法在某系统故障诊断中的应用 [J]. 电光与控制,2007,14(2):146-149.

[115] 付华. 煤矿瓦斯灾害特征提取与信息融合技术研究[D]. 葫芦岛:辽宁工程技术大 学,2006.

[116] 马华杰,王金梅,朱瑜红.模糊专家系统在火电厂凝汽器性能诊断中的应用[J].华东电力,2012,40(8):140-144.

[117] 蔡晓明.基于地理信息系统的煤矿瓦斯突出预测研究[D].昆明:昆明理工大学,2006.

[118] 郭德勇,王仪斌,卫修君,等.基于地理信息系统和神经网络的煤与瓦斯突出预警[J].北京科技大学学报,2009,31(1),15-18.

[119] 王占勇,马震,王青青.煤矿瓦斯监测多传感器信息融合方法研究[J].煤炭科技,2010,2:1-3.

[120] 肖栋,贾慧霖,李忠辉,等.电磁辐射与声发射矿井综合信息采集系统设计[J].煤炭科学技术,2009,37(4):82-84.

[121] 曹振兴,彭勃,王长伟,等.声发射与电磁辐射综合监测预警技术[J].煤矿安全,2010(11):58-60,64.

[122] 韩家炜.数据挖掘概念与技术[M].北京:机械工业出版社,2001.

[123] JIAWEI HAN,MICHELINE KAMBER.数据挖掘:概念与技术[M].北京:机械工业出版社,2001.

[124] 朱明.数据挖掘[M].合肥:中国科学技术大学出版社,2001.

[125] 史忠植.知识发现[M].北京:清华大学出版社,2002.

[126] 施赖伯.知识工程和知识管理[M].史忠植,梁永全,吴斌,等,译.北京:机械工业出版社,2003.

[127] FAYYAD U,PIATETSKY SHAPIRO G,SMYTH P. From data mining to knowledge discovery:an overview[M]. Chambridge Mass:MIT Press,1996.

[128] HAMMOND, ANTHONY D. GIS applications in underground mining[J]. Mining Engineering,2002,54(9):27-30.

[129] THOMAS J,KNIESNER,J D L. Data Mining Mining Data:MSHA Enforcement Efforts,Underground Coal Mine Safety and New Health Policy Implications[J]. Journal of Risk and Uncertainty,2004,29(2):83-111.

[130] M G 利普塞特,G R 贝登.矿业信息系统开发[J].国外金属矿山,2001(5):28-34.

[131] 杨敏.矿山数据挖掘的方法与模型研究[D].徐州:中国矿业大学,2007.

[132] GOLOSINSKI T S,HU H,ELIAS R. Data mining VIMS data for information on truck condition[C]. APCOM 2001(29):397-402.

[133] GOLOSINSKI T S,HU H,ELIAS R. Data mining uses in mining[C]. APCOM 29th 2001,763-766.

[134] SIDES E J. Geological modelling of mineral deposits for prediction in mining[J]. Geologische Rundschau,1997(86):342-353.

[135] MARY R,HOWES. Managing Underground Coal Mining Information in Iowa[C]// Intergovernmental Benchmarking Workshop onUnderground Mine Mapping,Louisville,Kentucky,October 15-16,2003.

[136] 付华,王雨虹.基于数据挖掘的瓦斯灾害信息融合模型的研究[J].传感器与微系统,2008,(01)

[137] 孟凡荣.煤矿安全监测监控数据知识发现方法[M].徐州:中国矿业大学出版

社,2008.

[138] MENG FANRONG,ZHOUYONG,XIA SHIXIONG. Clustering analysis algorithm for security supervising data based on semantic description in coal mine [J]. Journal of Southeast University (English Edition),2008,24(3),354-357.

[139] 李爱国,赵华. 基于 PPR 的煤矿瓦斯监测数据相似搜索方法[J].计算机应用. 2008, 28(10):2721-2724.

[140] 严冬雪,李佳,李响.屯兰矿难的未解之谜:事发时监测数据全部正常？[N].中国新闻周刊,2009-03-04.

[141] 于杰.山西人大副主任称瓦斯报警器失灵导致矿难[N].京华时报,2009-03-12.

[142] 王宝兴,经建生,李晨等.鹤岗新兴煤矿瓦斯爆炸的几个疑点与矿难主要原因[J].消防管理研究,2010,29(4):338-340.

[143] 杜志刚.有效控制煤矿瓦斯爆炸的途径[J].中国煤矿安全技术及装备,2009(6):13-15.

[144] 刘伟,周心权,谭文辉,等.用分区法优化布置火源探测传感器的研究[J].煤炭工程师.1998(4):4-6.

[145] 孙继平,唐亮,陈伟,等.煤矿井下长巷道瓦斯传感器间距设计[J].辽宁工程技术大学学报(自然科学版),2009,28(1):21-23.

[146] 孙继平,唐亮,张向阳,等.一元线性回归分析在回采工作瓦斯传感器部署中的应用[J].煤矿安全,2008,5:80-82.

[147] 孙继平,唐亮,张向阳,等.回采工作面瓦斯分布及传感器部署[J].系统仿真学报,2008,20(4):823-840.

[148] 孙继平,唐亮.巷道竖直方向瓦斯传感器部署[J].煤炭学报,2007,32(9):993-996.

[149] 孙继平,李春生,等.风量比例法在甲烷传感器优化布置中的应用[J].煤炭学 2008,33(10):1126-1130.

[150] 孙继平,张向阳,等.基于监测覆盖范围的瓦斯传感器无盲区布置[J].煤炭学报,2008,33(8):946-950.

[151] 付华,王宏云.基于特征分析模型的瓦斯监测传感器优化布点[J].传感器与微系统,2009,28(11):28-30.

[152] 李志,张永生,范佩磊.煤矿井下特殊布置采掘工作面甲烷传感器设置方式的探讨[J].工矿自动化,2009,9:113-115.

[153] 李忠辉,樊新亭,宋晓艳.工作而回风巷瓦斯分布研究及监测布置探讨[J].工矿自动化,2012(11):17-20.

[154] 邹云龙,邓敢搏,张庆华,等.掘进工作面瓦斯涌出预警传感器布置位置探讨[J].工矿自动化,2013,39(2):44-47.

[155] COHEN A F. Location Strategy for methane, air velocity, and carbon-monoxide fixed-point mine-monitoring transducers[J]. IEEE Transactions on Industry Applications(S0093-9994),1987,23(2):753-759.

[156] 徐景德,周心权.煤矿胶带输送机火灾早期报警技术的研究[J].煤矿安全. 1999(8):31-33.

[157] 朱红青,邬燕云,周心权.煤矿井下输送带火灾传感器报警限和间距设计研究及应用[J].煤炭科学技术 2001.29(11):42-44.

[158] 闫广超,沈斌,王家海,等.井下巷道无线射频识别阅读器多目标约束优化选址方法[J].煤炭学报,2010(9):1581-1586.

[159] 赵丹.基于网络分析的矿井通风系统故障源诊断技术研究[D].辽宁:辽宁技术工程大学,2011.

[160] 张雷,尹王保,董磊,等.基于红外光谱吸收原理的红外瓦斯传感器的实验[J].煤炭学报,2006,31(4):480-483.

[161] 童敏明,杨胜强,田丰.新型瓦斯传感器关键技术的研究[J].中国矿业大学学报,2003,32(4):399-401.

[162] 杨柳.基于红外光谱的煤矿新型瓦斯传感器的设计[J].微型机与应用,2012,31(15):82-84.

[163] 王其军,程久龙.基于信息融合技术的瓦斯传感器故障诊断研究[J].工矿自动化,2008(2):22-25.

[164] 付华,李根.基于聚类 SVM 瓦斯传感器故障预测研究[J].微计算机信息,2010,26(91):33-37.

[165] 王军号,孟祥瑞,吴宏伟.基于小波包与 EKF_RBF 神经网络辨识的瓦斯传感器故障诊断[J].煤炭学报,2011,36(5):867-872.

[166] 杨義蔡,付华,蔡玲,等.基于改进 RBFNN 算法的瓦斯传感器非线性校正[J].压力与声,2012,34(1):93-95,99.

[167] 吴强,沈斌,秦宪礼,等.无线射频瓦斯传感器研究[J].煤矿安全,2009(5):74-77.

[168] 张金薇,张冰.ZigBee 的新型矿用无线瓦斯传感器研究[J].单片机与嵌入式系统应用,2012(9):6-7.

[169] 马恒,张帅,洪林.基于 Wi-Fi 技术的矿用无线瓦斯传感器的研究与设计[J].安全与环境学报,2012,12(4):225-228.

[170] 王恩元,梁栋,柏发松.巷道瓦斯运移机理及运移过程的研究[J].山西矿业学院学报,1996,14(2):20-24.

[171] 鹿广利,李崇山,辛炭.集中有害气体在通风网络中传播规律的研究[J].山东科技大学学报(自然科学版).2000,19(2):65-69.

[172] 邓敢博.基于网络计算矿井瓦斯分布规律研究[D].西安:西安科技大学,2009.

[173] 魏引尚.基于概率统计的通风巷道瓦斯积聚危险性分析研究[D].西安:西安科技大学,2004.

[174] 魏引尚,常心坦.瓦斯在通风巷道中流动分布情况研究[J].西安科技大学学报,2005,25(3):271-273.

[175] 杨守国.煤与瓦斯突出判识及灾害气体运移规律研究[D].重庆:重庆大学,2011.

[176] 黄光球,刘宏东,马亮.地下煤矿瓦斯渗出、运移与积聚过程仿真方法[J].系统仿真学报,2007,19(22):5277-5282.

[177] 朱迎春,周心权,王海燕,等.巷道冒落区瓦斯积聚的数值模拟及应用[J].西安科技大学学报,2008,25(2):314-317.

[178] 吴鑫,许江.煤与瓦斯突出过程模拟实验室瓦斯通风安全数值模拟.矿业安全与环保 [J].2010,37(6):5-8,12.

[179] 陆秋琴.地下煤矿瓦斯运移数值模拟及积聚危险性评价研究[D].西安:西安科技大学,2010.

[180] 李宗翔,刘宇,于景晓,等.突出瓦斯流与矿井通风系统祸合移动仿真[J].重庆大学学报,2012,35(11):111-116,135.

[181] 梁栋,王继仁,王树刚,等.巷道风流中瓦斯逆流机理及其实验研究[J].煤炭学报,1998,23(5):543-547.

[182] 高建良,罗娣.巷道风流中瓦斯逆流现象的数值模拟[J].重庆大学学报,2009,32(3):319-322.

[183] 梁栋.巷道气体分层流特性分析[J].广州大学学报(自然科学版),2004,3(1):32-37.

[184] JAVIERTORAFIO,SUSANATOMO,MARIO MENENDEZ,et al. Models of methane behaviour in auxiliary ventilation of underground coal mining[J]. Iternational Journal of Coal Geology,2009,80:35-34.

[185] WHITTLES D N,LOWNDES I S,KINGMAN S W,et al. Influence of geotechnical factors on gas flow experienced in a UK longwall coal mine panel[J]. International Journal of Rock Mechanics & Mining Sciences,2006,43(3):369-387.

[186] 魏引尚,张俭让,常心坦.基于信息熵的矿井瓦斯积聚危险性评价探讨[J].矿业安全与环保,2005,32(2):25-26.

[187] 王俭.基于安全分区的通风瓦斯风险控制研究[D].陕西:西安科技大学,2008.

[188] 陆秋琴.地下煤矿瓦斯运移数值模拟及积聚危险性评价研究[D].西安:西安科技大学,2010.

[189] 段冬生.矿井通风系统图和网络图的绘制及绑定技术研究[D].阜新:辽宁工程技术大学,2004.

[190] 王海涛.矿井风量预测中网络图自动生成系统的研究[D],山西:太原理工大学,2006.

[191] 吴奉亮,周澎,李晖,等.基于智能对象的矿井通风 CAD 模型研究[J].煤炭科学技术,2009,37(5):54-57.

[192] 张国丽,李付有.智能对象在井下通风 CAD 系统中的应用[J].煤炭技术,2012,31(9):78-79.

[193] 李钢.图形数据管理技术在矿井通风 CAD 中的应用[J].煤炭科学技术,2010,38(1):81-84.

[194] 刘魏,胡锦鑫.基于 SuperMap Object 的煤矿巷道三维拓扑模型生成的研究[J].2008,2(2):8-11.

[195] 杨守国,李向东,梁军.基于 ArcGIS 的矿井通风网络仿真软件开发[J].矿业安全与环保,2009,36(增刊):44-46.

[196] 李成,谭海樵.基于 GIS 的矿井通风网络可视化仿真模拟研究[J].2009(12):102-106.

[197] 邵亚琴,汪云甲.面向巷道的 Geodatabase 几何网络模型的建立与分析[J].矿业研究

与开发,2011,31(1):56-70.

[198] 刘艳,于峰涛.基于 3DGIS 的矿井通风网络分析研究及应用[J].煤矿安全.2011, 37(4):96-98.

[199] 宫良伟.基于 AutoCAD Map 3D 的通风仿真系统的研究[D].徐州:中国矿业大学,2012.

[200] 王德明,王俊,周福宝.基于面向对象技术开发的矿井通风图形系统[J].煤炭学报, 2000,25(5):510-513.

[201] 倪景峰,刘剑,李雨成.矿井通风网络可视化拓扑关系建立和维护[J].2004,23(6): 724-726.

[202] 倪景峰.矿井通风仿真系统可视化研究[D].阜新:辽宁工程技术大学,2004.

[203] 吴兵,卢本陶.用最长路径法自动生成通风网络图[J].煤矿安全 2006.37(6):10-16.

[204] 林建平,赵恩平.矿井通风网络图绘制与解算一体化系统的研制[J].矿业工程,2006, 6(8):16-20.

[205] 汪云甲,伏永明.矿井巷道三维自动建模方法研究[J].武汉大学学报(信息科学版). 2006,31(12):1097-1100.

[206] 盛武,余忠林.基于 V RM L 的矿井三维网络图建模技术的研究[J].采矿技术,2007, 7(3):43-46.

[207] 沈澐,王海宁.矿井通风网络三维仿真与优化系统研究[J].矿业安全与环保,2009,36 (2):10-12,15.

[208] WANG Y J,HARTMAN H L.Computer Solution of Three-Dimensional Mine Ventilation Networks with Multiple Fans and Natural Ventilation[J].International Journal of Rock Mechanics and Mining Science & Geomechanics Abstracts,1967, 4(2):129-154.

[209] WANG Y J.A Coding Scheme for a Graphical Solution to Mine Ventilation Networks[J].Mining Science and Technology,1988,7(1):31-43.

[210] WAND Y J.A Non-Linear Programming Formulation for Mine Ventilation Networks with Natural Splitting[J].International Journal of Rock Mechanics and Mining Science & Geomechanics Abstracts,1984,21(1):43-45.

[211] 刘剑,贾进章,郑丹.基于无向图的角联结构研究[J].煤炭学报,2003,28(6): 613-616.

[212] 魏连江,周福宝,朱华新.通风网络拓扑理论及通路算法研究[J].煤炭学报,2008(8): 926-930.

[213] 贺培振.普适计算在煤矿通风网络解算中的应用研究[D].焦作:河南理工大学,2011.

[214] 王李竹,王品,黄俊歆等.矿井通风系统三维可视化及网络解算优化[J].科技导报, 2012,30(14):20-24.

[215] 刘志强,徐铁军.基于混合遗传算法的通风网络解算研究[J].中国矿山工程,2012,41 (5):56-59.

[216] BRANDEAU CHIU.An overview of representative problems in location research [J].Management Science,1989,(35):646-652.

[217] TOREGAS C,SWAIM R. The Location of Emergency Service Facilities[J]. Operation Research,1971(19):1363-1373.

[218] GAREY M R,JOHNSON D S. Computers and Intractability:A Guide to the Theory of NP-Completeness[M]. New York:Freeman,1979.

[219] FISHER M L,KEDIA P. Optimal solution of set covering/partitioning problems using dual heuristics[J]. Management Science,1990(36):674-688.

[220] BEASLEY J E,CHU P C. A genetic algorithm for the set covering problem[J]. European Journal of Operational Research,1996(94):392-404.

[221] GROSSMAN T,WOOL A. Computational experience with approximation algorithms for the set covering problem[J]. European Journal of Operational Research,1997(101):81-92.

[222] CHUREH R L,REVELLE C. The Maximal Covering Location Problem[J]. Papers of Regional Seience Association,1974(32):101-108.

[223] DASKIN M S. A Maximum Expected Covering Location Model:Formulation Properties and Heuristic Solution[J]. Transportation Science,1983,17(1):48-70.

[224] CHUREH R L,REVELLE C. Conception and Applications of Backup Coverage[J]. Management Science,1986,32:1432-1444.

[225] MARIANOV V,SERRA D. Location-allocation of Multiple-server Service Centers with Constrained Queues or Waiting Times[J]. Annals of Operations Research,2002,111(1):35-50.

[226] BROTCONME L,LAPORTE G,SEMET F. Ambulance Location and Relocation Models[J]. European Journal of Operation Research,2003,147(4):451-463.

[227] 黄亚东.给水管网水质传感器优化选址研究[D].浙江:浙江大学,2007.

[228] 丁革建.基于蚁群算法的测试用例集最小化研究[J].计算机工程,2009,35(6):213-217.

[229] 王丹.竞争环境下的网络设施合作选址研究[D].武汉:华中科技大学,2010.

[230] 马云峰.网络选址中基于时间满意的覆盖问题研究[D].武汉:华中科技大学,2005.

[231] 余鹏,隽志才.混合遗传算法求解应急抢修点选址问题[J].计算机应用研究,2013,30(2):360-363.

[232] DASKIN STERN. A hierarchical objective set covering model for emergency medical service vehicle deployment[J]. Transportation Science,2005(15):137-152.

[233] HOGAN K,REVELLE C. Concepts and applications of backup coverage[J]. Management Science,1986(32):1434-1444.

[234] 陈志宗.城市防灾减灾设施选址模型与战略决策方法研究[D].上海:同济大学,2006.

[235] 姚曼华.水上救助基地选址问题研究[D].大连:大连海事大学.2011.

[236] 万波.公共服务设施选址问题研究[D].武汉:华中科技大学,2012.

[237] 肖俊华,侯云先.应急物资储备库多级覆盖选址模型的构建[J].统计与决策,2012(23):45-48.

[238] 梁双华.矿井瓦斯传感器优化选址研究[D].徐州:中国矿业大学,2013.

第一篇
煤与瓦斯突出危险
区域预测方法研究

第2章　瓦斯突出危险区预测的地质和地球物理基础

本章从地质和地球物理角度分析和研究了瓦斯突出危险区预测的理论依据及可行性,结合研究矿区实际,讨论了地质构造对瓦斯赋存与富集的控制作用,结合现场采样、实验室测试,分析了瓦斯突出煤体的物理力学特性。本章成果为后续的粗糙集理论优化以及支持向量机的预测研究奠定了基础。

2.1　地震波

地震波实质是由震源激发的机械振动在地下岩层中向四周传播的运动,是岩石质点弹性位移不断向外传播的过程。通过研究,用人工手段(如爆炸)激发的地震波在地下岩层中传播可以用来查明地层深度、构造形态(即空间位置)其性质[1]。

不同地质年代、不同埋藏深度或不同岩性的岩石往往具有相互各异的弹性模量,这样,在一个地质剖面中,就存在许多地震界面,地震勘探就是以不同岩性的岩层具有不同弹性的事实为依据的。在地表附近某一点人工激发地震波向地下深处传播,遇到不同的地震界面就返回地面,然后用地震检波器和地震仪把它们接收并记录下来,分析地震记录上这些有用信息的特点,如波形、振幅及传播时间等,结合地震波传播速度资料就可以求得反射界面的深度、空间位置及其性质,从而绘制出反射波的剖面图。煤层也是一种岩石,其特性同样可以使用地震波来探明。

2.1.1　煤层反射波

煤层反射波与其他岩层发射波相比,具有薄层反射、反射强、埋藏浅等特点[2]。

煤层厚度在 10 m 以下居多,相比而言在其中传播的地震波波长是典型的低速薄层,具有薄层可检测性。根据薄层反射波理论可知,煤层反射波包括临近围岩中各反射波、煤层顶底板反射波、层内多次波、转换波、多次转换波[3]。由于多次转换波和转换波十分微弱,故层内多次波和煤层顶底板反射波进行复合叠加形成了煤层反射波。因此,可以将煤层看做一个薄层。Farr 认为[4]:薄层的单界面上反射波振幅与薄层形成的复合反射波振幅相等时,该薄层可分辨。唐文榜也提出薄层可检测性标准,即当围岩中较强的振幅小于薄层复合反射波的振幅时,可认为该薄层具有可检测性,即该薄层可分辨[5]。

煤层顶底板多为砂质泥岩、泥岩、砂岩,其密度为 2.4~2.7 g/cm³,纵波速度为 3 500~4 700 m/s,煤层的密度为 1.3~1.45 g/cm³,纵波速度为 1 800~2 500 m/s。煤层顶板的反射系数约为 0.55,顶底板砂质泥岩、泥岩、砂岩层的反射系数一般不超过 0.2,由此可知,煤层顶底板是一个强反射面,在煤层和顶底板之间有一个较大的波阻抗差,因而在煤层上会形成强反射,容易生成较强的煤层反射波。

煤层在整个地层序列中,属于浅埋岩层,一般都在 1 200 m 以内,煤层反射波的分辨率较高,地层的衰减较少,地震波经过高保真处理后,能够反映煤层的反射波组特征,煤层的埋藏浅特性也为利用地震波预测煤层的相关信息提供了可能。

2.1.2 煤田地震预测的基本原理

(1)煤田地震预测的理论基础

煤田地震预测是以地震信息为主,结合测井、钻井和巷道揭露的地质成果来研究煤层性质相关变化规律的一种方法。地震波中含有大量的弹性信息,煤层的岩性变化或构造变化都会引起它们的变化,主要体现在速度、密度及其弹性模量的差异上,这些差异会影响到地震反射波速度、频率、相位和振幅等相应发生变化。在这些信息中,速度是关键,煤层和岩性的参数、地层的组合、储层内的流体性质等变化均会引起速度的变化,相应的地震地质条件决定了速度变化的表现形式,速度变化的表现形式不一定同时出现,这些变化就是进行煤田地震预测的重要依据。煤矿一般按 5 m×5 m×0.5 m 采集三维地震数据,数据密度很大,可以实现从点到线、面、体来研究煤层和地质目标的变化。在煤层横向多变且幅度变化较大的地质条件下,地震波的这种相对"连续"优点和三维地震数据体密度大的特点就显现出了其巨大的优越性,能在钻井资料和其他资料较少的情况下,为获取煤层物性特征变化提供了可能,提供了一条新的获取相应精度的储层预测结果的途径和手段。

(2)煤田地震资料的处理

煤田地震资料的处理是进行煤田地震物性预测的关键环节。在处理地震资料时,为了提高信号的信噪比,往往需要消除各种干扰波,包括编辑、真振幅回复、地表振幅一致性补偿、带通滤波、折射静校正、动校正等处理环节。使用真振幅恢复方法可以消除几何发散与介质吸收的影响;地表振幅一致性补偿处理可以消除接收道之间、记录之间的振幅和频率存在的较大差异,消除由于各炮点、检波点的激发和安置条件不一致对道集内各道振幅的影响。折射静校正方法是通过拾取原始单炮初至的折射波,建立地下折射面模型,求出低速带的速度和厚度后,通过给定的统一基准面和替换速度,得到静校正量,最后消除因厚度变化、低速带的速度及地形所带来的静校正问题[2]。

(3)地震波数值模拟

地震波数值模拟是进行复杂地层物性解释的有效辅助手段,包含几何射线法和波动方程法两类。几何射线法属于几何地震学法,即常用的射线追踪法。波动方程法是通过地震波波动方程求解,其描述的地震波场中包含了地震波传播过程中存在的相关信息。由于几何射线法所描述的信息缺少动力学方面的特征,而波动方程法所提供的信息相对丰富全面。所以,在地震数值模拟中更常用波动方程法。波动方程法主要包括有限差分法、傅立叶变换法和有限单元法。本章主要采用有限差分法进行地震数值模拟。

地震正演模拟是数值模拟的一种,通过地震正演模拟可以获取某种地震属性和已知地质体物性之间的关系和反应的灵敏度,以及地震信息和物性之间的相关性。

(4)地震属性的提取和分析

地震属性指地震数据经过数学变换后得出的有关地震波的运动学、动力学、统计学特征和几何形态的特殊测量值,地震属性有频率域、时间域和其他变换之分。频率域地震属性有主频、有效段均方根频率、有效段平均频率、宽频带总能量、有效段带宽频率、主频带能量百分比、主频带能量、频带宽度、主频振幅、频谱二阶矩等;时间域地震属性可以从波形函数中提取波峰相位时间、波峰与波谷振幅、波谷相位时间、时域平均能量、相似系数、正半周期平均振幅、波峰振幅极值、波形正半周能量、波形正半周面积、积分振幅、平均绝对振幅与地震波旅行时差之积等。用于煤田地震预测的地震属性有多种，有些属性能直接预测地层厚度，有些属性利于预测岩性变化[2]。

地震属性分析是指首先从地震波中提取隐藏的信息，然后转换成与地层参数、物性和岩性相关的可以用来为地震资料解释服务的信息。由于地震数据具有样本少、非线性、样本数的采区差异性大等特点，致使传统的分析方法存在很多局限性，获得的分析结果有时不尽如人意。本章采用人工智能的方法，即 RS 和 SVM 的方法对地震属性进行分析和预测。

2.2　瓦斯突出的地球物理基础

瓦斯是在地质历史时期煤形成和变质过程中形成的，是受地质条件控制的，其生成、赋存和运移都受地质条件的控制和制约。瓦斯突出煤体是在突出前就已经客观存在的地质体，其呈现出来的严重破坏结构是在地质历史时期形成的。煤体结构是联系地质构造和瓦斯突出的桥梁，研究瓦斯突出首先要研究瓦斯突出煤体结构特征和瓦斯突出的地质条件，本节主要研究瓦斯突出煤体的结构特征及其变形特性，瓦斯突出的地质条件在 2.3 节进行研究。

2.2.1　瓦斯突出煤体的结构特征

煤体结构作为一种地质体，是煤层在构造应力作用下形变的产物，不同类型的煤体有不同的结构特征。煤体结构的破坏是一种地质构造标志和发生瓦斯突出的必要条件，煤体结构参数在一定条件下是瓦斯突出各项参数的综合反映。

（1）原生结构煤

原生结构煤主要呈现出明显的条带状结构，原始沉积保存完整，结构单一，均匀致密，质地纯净，有时可见放射状细纹、眼球状断口或贝壳状断口，有时还可见气孔或裂隙存在。

（2）碎粒煤和糜棱煤

碎粒煤和糜棱煤是在煤体严重破坏情况下表现出来的一种结构，具有瓦斯突出的物理介质条件，其微观结构常见为网格状结构、碎裂结构和蜂窝状或岩溶状结构。网格状结构、碎裂结构和蜂窝状或岩溶状结构特征分别是碎粒煤和糜棱煤在低倍、中高倍、高倍电子显微镜下表现出来的特征。网格状结构是在低倍电子显微镜下表现出来的显微结构，常常由许多灰白色或白色的宽窄不同、长短不等、弯弯曲曲并彼此交织在一起的网纹构成，这些网纹的排列往往无规律可循，杂乱无章，复杂多样。碎裂结构是在中高倍电子显微镜下表现出来的显微定向排列结构、角砾状结构、团粒状或鱼子状结构。蜂窝状或岩溶状结构是严重破坏煤体在高倍电子显微镜下表现出来的由形态不规则、大小不等、连通或孤立存在的由许多蜂窝状空洞组成的煤体结构。

（3）瓦斯突出煤体

构造严重破坏并具有发生瓦斯突出的瓦斯能介质条件的煤体称为瓦斯突出煤体。从地质学的角度来看，瓦斯突出煤体是受到构造强烈挤压和剪切破坏作用下形成的高分散相多孔介质，煤的微空隙、微裂隙十分发育并且具有各向异性特征。其宏观结构表现为典型的粒状、块状或者土状和鳞片状。瓦斯突出煤体在高地应力作用下,很容易使裂隙闭合而形成"煤砖",煤的透气性大大降低甚至不透气。富含高压瓦斯的瓦斯突出煤体能够聚集大量的弹性能,尤其是结构严重破坏的糜棱煤,能将瓦斯全部溶解于体积内,彼此失去机械联系的破碎的煤颗粒在瓦斯气体介质中产生流变性,形成气固结合的煤溶体,容易形成具有携带破碎烧煤能力的高压瓦斯流。

2.2.2 瓦斯突出煤体的变形特性

何继善院士和吕绍林教授经过计算、统计、分析得出了瓦斯突出煤体的弹性参数表(见表 2-1)。他们认为煤体的变形特征主要是指弹性变形阶段煤体在力的作用下形状和大小的变化,常用泊松比和弹性模量两个参数来表示。此外,剪切模量、体积模量和拉梅常数都能用弹性模量(E)和泊松比(μ)计算出来。

表 2-1   **瓦斯突出煤体的弹性参数表**[6]

弹性参数	瓦斯突出煤体	非突出煤体	备 注
弹性模量/MPa	2 100	6 400	
泊松比	0.364	0.175	
剪切模量/MPa	923.97	27 234	
体积模量/MPa	3 860.3	4 923.1	
拉梅常数	2 060.3	1 466.4	

$$G = \frac{E}{2(1+\mu)} \tag{2-1}$$

$$K = \frac{E}{3(1-2\mu)} \tag{2-2}$$

$$\lambda = \frac{E\mu}{(1+\mu)(1-2\mu)} \tag{2-3}$$

式中 E——弹性模量,MPa;

      μ——泊松比,无量纲;

      G——剪切模量,MPa;

      K——体积模量,MPa;

      λ——拉梅常数,无量纲。

表中列出的泊松比(μ)和弹性模量(E)是实验结果的平均值。从表中可以明显地看出,瓦斯突出煤体和非突出煤体的弹性模量(E)和泊松比(μ)存在很大差异,这表明,瓦斯突出煤体与非突出煤体在变形性质上具有很大的不同。

从表 2-1 瓦斯突出煤体的弹性参数表[6]还可看出,瓦斯突出煤体的弹性模量基本上为非突出煤体的 1/3。这说明在瓦斯突出煤层中存在着不同类型煤体的弹性潜能的差异,此种差异为煤体的选择性破坏提供了力学物质基础。瓦斯突出煤体的泊松比约为非突出煤体的 2 倍。瓦斯突出煤体的泊松比大于非突出煤体说明,在同样弹性受力条件下,瓦斯突出煤体先于非突出煤体发生破坏。

2.2.3　预测瓦斯突出危险区的可行性分析

前人的研究结果表明,包括地震技术的地球物理方法是研究煤与瓦斯突出的重要手段。地震波在地下传播的过程中介质质点间的应力与应变关系可由广义虎克定律来描述,如式(2-4)所示,将应变与位移间的关系代入此式,可得式(2-5),再对式(2-5)两边求时间导数即可获得如式(2-6)所示的应力与质点振动速度间关系的一阶表达式。

$$\sigma = C_{ijkl} = C_{ijkl}e_{kl} \quad (i,j,k,l=1,2,3) \tag{2-4}$$

$$\sigma_{ij} = C_{ijkl}u_{kl} \quad l = \frac{\delta}{\delta_{xl}} \tag{2-5}$$

$$\sigma_{ij} = C_{ijkl}v_{kl} \tag{2-6}$$

另外,由式(2-7)所示的运动微分方程可知,当不计应力并将质点位移的二阶时间偏导数表示成质点震动速度的一阶时间偏导数时,即可获得如式(2-8)所示的应力—速度关系。

$$\sigma_{ij,j} + \rho f_i = \rho \dot{u}_i \tag{2-7}$$

$$\rho \dot{v} = \sigma_{ij,j} \tag{2-8}$$

联合式(2-8)和式(2-6)可得如式(2-9)所示的二维一阶应力—速度方程组:

$$\begin{cases} \rho \dot{v}_1 = \sigma_{11,1} + \sigma_{13,3} \\ \rho \dot{v}_2 = \sigma_{13,1} + \sigma_{33,3} \\ \dot{\sigma}_{11} = C_{11}v_{1,1} + C_{13}v_{1,3} \\ \dot{\sigma}_{33} = C_{1,3}v_{1,1} + C_{3,3}v_{3,3} \\ \dot{\sigma}_{13} = C_{55}(v_{1,3} + v_{3,1}) \end{cases} \tag{2-9}$$

其中

$$\begin{cases} C_{11} = C_{33} = \lambda + 2\mu = \rho V_P^2 \\ C_{12} = \lambda \\ C_{55} = \mu = \rho V_S^2 \end{cases}$$

式中,ρ 为密度;λ 为拉梅常数;μ 为泊松比。

由此可以看出,对于煤体来说,地震波在其中传播时主要受煤体的密度、泊松比和拉梅常数等弹性模量的控制。瓦斯突出煤体和非突出煤体在密度和力学及变形参数上都存在着差异,地震波在其中的传播的速度必然不同。因此,可以说煤体结构的地震波特征是瓦斯突出煤体和非突出煤体物性差异的一个标志,构成了瓦斯突出力学的物理基础。本研究在试验矿区进行了井下实测,得到试验矿区井下 400 m 处瓦斯突出煤体的弹性模量小于 3 GPa、泊松比大于 0.4;非突出煤体的弹性模量小于 6.4 GPa,泊松比小于 0.2。

综上所述,瓦斯突出煤体的这些特性与非瓦斯突出煤体的差异必然会引起地震属性的变化,这为利用地震技术预测瓦斯突出煤体和煤与瓦斯突出危险区提供了理论依据,这也说明了利用地震正演模拟、地震属性技术和人工智能方法来区分瓦斯突出煤体和非瓦斯突出煤体是可行的。

2.3　地质构造对瓦斯赋存与富集的控制作用

在构造作用下,煤层发生变形和位移,从而引起煤中瓦斯的运移和富集。构造作用会导致煤层原有的瓦斯重新分布,对煤中瓦斯的保存、排放、富集、运移具有重要的控制作用,一个地区的构造分区通常对瓦斯的分布及突出起着关键作用。本节以晋城矿区和淮南矿区为例,阐述不同地质构造对瓦斯的影响。

2.3.1 区域构造及演化对瓦斯赋存的影响

区域地质构造控制着煤层瓦斯含量的区域分布。煤与瓦斯突出的地质条件和煤层瓦斯赋存状态是含煤地层经过多次构造运动后共同作用的结果。在历次构造运动中,板块活动、旋转、剪切、伸展、拉张、碰撞、挤压都会导致矿区构造发生隆起、坳陷、断裂、褶皱等活动,进而影响到深层煤岩变质或岩浆热变质条件下的瓦斯生成因素,影响到隆起、剥蚀、风化作用条件下的瓦斯保存条件,影响到构造挤压、剪切作用下的煤层结构破坏而形成构造煤的发育特征等。因此,在板块构造理论和区域构造演化理论的基础上,研究矿区所在的大地构造位置及其构造演化历史,做到区域构造控制井田构造,井田控制采区、采面,有助于进一步研究瓦斯赋存的分区、分带和煤与瓦斯突出危险区的分布特征。

（1）区域构造对晋城矿区瓦斯赋存的控制作用

沁水盆地南端,主要指沁水—固县—高平一线以南的晋城地区。该区位于沁水大型复向斜南端,南部以煤层风化带为界,风化带深度在180 m左右。其东部为NNE向展布的伊候山断褶带(获鹿—晋城断褶带南段);西部为近轴至NE、NNE向展布的土沃—寺头弧形断裂带,南部为近EW向展布的驾岭-南岭断裂带;北部为NW向展布的河西断裂带。区段内构造类型主要为一系列轴向NNE向和近S—N向的宽缓褶皱,反映了燕山期NWW-SEE向的挤压作用。总体构造东侧为向北西倾斜,南侧为向北倾斜的单斜构造,煤层倾角一般5°～10°,煤层埋深在300～1 200 m之间,如图2-1为沁水盆地南端构造纲要图。

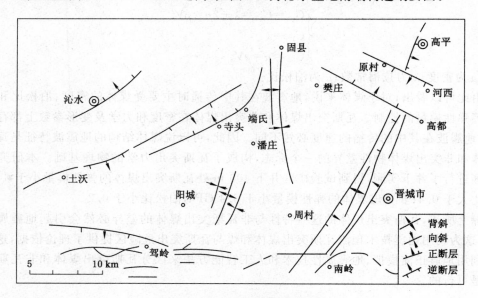

图 2-1 沁水盆地南端构造纲要图

（2）区域构造对淮南矿区瓦斯赋存的控制作用

淮南煤田位于华北板块南缘,构造发育受大别山造山带的控制作用十分显著。印支期,华北板块与扬子板块碰撞拼贴,扬子板块向华北板块由南向北最先俯冲,各条构造带做陆内俯冲,加之华北板块向南推挤,秦岭—大别山地块高度收缩,逆冲抬升,大别山造山带隆起。秦岭造山带这种自南向北的单向陆内俯冲、地壳中逆冲岩片或俯冲地块相互叠置的构造过程,必然导致造山带南北边缘在造山的负荷作用下,岩石圈挠曲下沉,从而形成双侧前陆盆地。秦岭造山带北缘,晚古生代弧后合肥前陆盆地继续发生前缘沉降,盆地北缘的舜耕山断裂为前陆冲断层,而淮南煤田正位于近东西向展布的前陆褶皱冲断带内。

淮南区域构造的几何配置和组合形式显示了由南向北的推挤作用,并构成两翼对冲推覆构造格局(见图2-2)。由于矿区内近东西向的冲推覆构造的发育,使得区内以挤压作用为主,形成了应力集中区,煤层瓦斯释放困难,具有良好的保存条件,从而导致了淮南矿区矿井为高瓦斯矿井;同时,在较高应力的作用下,也具备了煤与瓦斯突出的地质动力条件,因此,淮南矿区也存在着大量的突出矿井,瓦斯富集、突出现象严重。

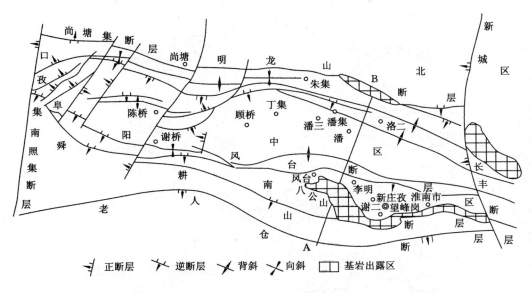

图 2-2 淮南矿区区域构造平面示意图

2.3.2 井田构造与瓦斯赋存的关系

(1)褶皱构造与瓦斯赋存的关系

一般巷道中的小型褶曲对瓦斯含量影响不大,起影响作用的主要是大、中型褶曲。一般而言,矿区的大型向斜相对埋藏深度深,大型背斜相对埋藏浅,这种差异对瓦斯含量有不同影响,往往是前者大于后者。大型背斜中和面上、下的瓦斯含量又不相同:中和面以上,常存在张裂隙,瓦斯易逸散,故含量低;中和面以下,以挤压作用为主,常形成封闭条件,瓦斯含量相对较高。

矿井范围内的中型褶曲,其瓦斯含量有两种情况:当围岩的封闭条件较好时,背斜较向斜瓦斯含量高。这是因为在封闭系统中,瓦斯只能沿煤层向高处运移,特别是在倾伏背斜转折端,瓦斯运移距离长(见图2-3),面积往上逐渐缩小,阻力变大,故瓦斯含量高;在封闭条件差,围岩透气性较好的情况下,上述运移条件被破坏,背斜中的瓦斯容易沿张裂隙逸散,因此向斜部位相对来说瓦斯含量高。

褶皱类型和褶皱复杂程度对瓦斯赋存有相当大的影响。闭合而完整的背斜构造加上良好的盖层是最有利于瓦斯赋存的构造,在其轴部煤层内通常富集着大量高压瓦斯,形成所谓的"气顶"[见图 2-4(a),2-4(b)];一

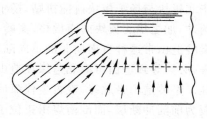

图 2-3 背斜转折端瓦斯的运移[7]

般情况下倾伏背斜的轴部比相同埋深的翼部瓦斯含量要高,但这种情况也不是绝对的,若背斜轴的顶部岩层因为某种原因透气时,瓦斯会流失,轴部瓦斯含量反而会比相同埋深翼部的瓦斯含量低;向斜构造轴部的瓦斯含量一般比两翼高,这是由于轴部岩层透气性较低,有利于在该部位赋存更多的瓦斯[见图 2-4(e)]。

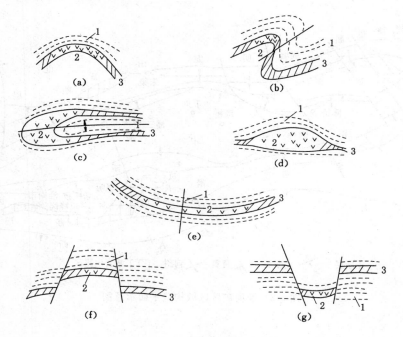

图 2-4 几种常见的瓦斯储存结构[8]

1——不透气性岩层;2——瓦斯含量增高部位;3——煤层

因受构造影响导致煤层局部变厚部位[见图 2-4(c),2-4(d)]的瓦斯含量通常也会增高,其原因在于变厚煤层在周围构造挤压作用下被压薄,形成相对封闭的地质环境,有利于瓦斯的保存;同样,封闭性断层与致密岩层封闭而形成的地垒或地堑构造也能为瓦斯赋存提供条件[见图 2-4(f),2-4(g)],特别是当地垒构造有深部气源时,瓦斯含量会明显增大。

此外,紧密褶皱地区受到强烈构造作用而应力集中,同时这些地区又常分布着塑性较强、延伸性较好、易褶不易断的岩层,而这些岩层往往是屏障层,有利于瓦斯的聚集和保存。

晋城矿区寺河矿矿井位于沁水复式向斜盆地的南端东翼,处于晋获褶断带、土沃—寺头断裂带及阳城西哄哄—晋城石盘 EW 向断裂带之间。井田内发育了一系列 SN、NNE 向展布的背、向斜和断层。褶皱宽缓,断层较为稀少,且规模不大。

寺河矿井采掘时瓦斯涌出量较大,矿井瓦斯涌出主要来自 3# 煤层,占矿井瓦斯涌出量的 97%,2004 年鉴定瓦斯绝对涌出量为 386 m³/min,相对涌出量为 25.28 m³/t,为高瓦斯矿井。井田内发育了一系列 SN～NNE 向展布的褶皱和断层,构造煤比较发育,瓦斯含量较大,例如西区总回风巷区域瓦斯压力为 1.25～1.81 MPa,瓦斯含量 12.7～19.52 m³/t,平均 16.6 m³/t。从寺河矿西区的矿井瓦斯含量等值线图可以看出,向斜轴部地带瓦斯含量明显增高,而背斜轴部地带则瓦斯含量较周围降低(见图 2-5),瓦斯含量大小与煤层底板构造形态关系较密切。

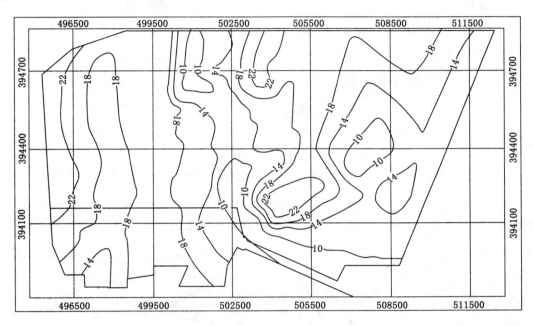

图 2-5　寺河矿西区的矿井瓦斯含量等值线图

(2) 断裂构造与瓦斯赋存的关系

地质构造中的断层对瓦斯赋存环境有较大影响,这是因为其破坏了煤层的完整性结构,导致煤层透气性发生了变化。断层对煤层瓦斯含量的影响相当复杂,一要看断层的性质,二是看与煤层接触的岩层的透气性[9]。

开放性断层通常会导致断层附近的煤层瓦斯含量降低,当与煤层接触的对应岩层透气性较大时,煤层瓦斯含量的降幅会更大[见图 2-6(a),(b)]。

封闭性断层对瓦斯赋存的影响取决于与煤层接触的对应岩层的透气性质。当岩层的透气性较低时,煤层中通常具有较高的瓦斯含量;若断层的规模比较大,断距也较长时,与煤层接触的对应岩层的不透气往往会降低,所以大的断层附近煤层内的瓦斯含量会降低[见图 2-6(c),(d)]。

以淮南矿区潘一矿为例,潘一井田位于潘集背斜南翼及东西部倾伏转折端南翼,地层走向自东向西为 N30°E～N60°W,倾向 SE～SW,倾角由浅入深逐渐变缓(20°～7°)。井田内以斜切张扭性断层为主,压扭性断层次之。张扭性断层按走向可分为 2 组:一组为 NEE 及 EW 向,倾向 SE 及 S,倾角 50°～75°,落差大小不一,为该井田主要断层,是影响矿井开拓、生产的主要地质因素。另一组走向为 NW 及 NWW 向,倾向 SW 及 NE,倾角 50°~75°,落差较小,有些仅呈裂隙发育。井田内主要压扭性断层为走向和背斜轴轴向基本一致或二者交角 20°~30°的逆断层,其落差较大,是确定井田边界及采区边界的地质依据。

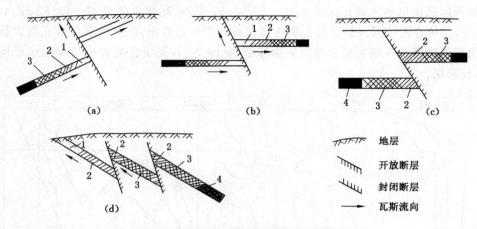

图 2-6　断层对煤层瓦斯含量的影响[8]

1——瓦斯散失区;2——瓦斯含量降低区;3——瓦斯含量异常增高区;4——瓦斯含量正常增高区

根据潘一矿瓦斯压力样本数据,可计算得到瓦斯含量等值线图,瓦斯含量等值线图不但直观地显示了瓦斯含量的变化情况,而且对瓦斯含量的梯度也有所反映(见图 2-7)。

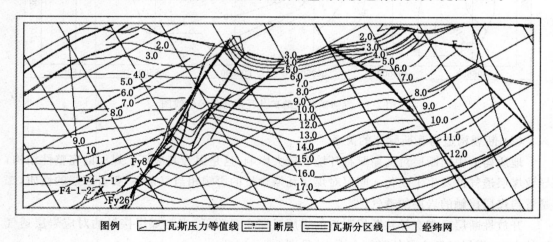

图 2-7　潘一矿 13-1 煤层瓦斯含量等值线图

所示为潘一矿 13-1 煤层瓦斯含量等值线图。从图中看出,在断层构造部位,等值线都发生错移、弯曲等变化,说明断层构造对瓦斯含量有着较大的影响。

2.4　瓦斯突出煤体的物理力学特性测试

煤岩随变质成岩的过程不同,其结构与构造差异很大,瓦斯含量变化也很大。不同瓦斯含量的煤岩其物理力学性质也会存在差异,这是含瓦斯煤具有地球物理特性和响应及本研究能否取得预期效果的基础。因此,下文利用现场试验对此进行讨论。由于构造作用导致煤岩体结构破坏,而引起煤体结构破坏,故实验中的松软、破碎煤岩有时需要加工为型煤,方可进行实验。

2.4.1　含瓦斯煤的力学性质[10]

由于煤体较松软,难以制备试样,故将煤体破碎成粒度小于 0.4 mm 的煤粉后,再在 150 MPa 压力下压制成型,规格为 ϕ 24.8 mm×51 mm,作为模拟材料,样品来自鹤壁六矿。

型煤的三轴抗压强度实验结果如图 2-8 所示,实验成果的变异系数小于 4%。强度与侧压表现出较好的线性关系,可用线性回归方程形式为:

$$\sigma_1 = m\sigma_3 + b \tag{2-10}$$

式中　σ_1, σ_3——最大、最小主应力,MPa;

　　　m, b——σ_1 与 σ_3 的相关系数。

回归系数 m, b 受到煤的孔隙瓦斯压力、力学性质等因素的影响。从实验结果可以看出,煤中的孔隙压力越高,强度越低。因此,含瓦斯煤的力学强度是低于正常煤岩的。

如果煤样在不同瓦斯压力下分别有:

瓦斯压力

$$p_1 : \sigma_1 = m\sigma_3 + b_1 \tag{2-11}$$

瓦斯压力

$$p_2 : \sigma_1 = m\sigma_3 + b_2 \tag{2-12}$$

式中　σ_1, σ_3——最大、最小主应力,MPa;

　　　m, b_1, b_2——σ_1 与 σ_3 的相关系数。

因瓦斯压力不同导致的煤岩强度变化量为 $b_1 - b_2$,为固定值。在瓦斯压力一定、侧压一定的条件下,煤岩强度变化量的绝对值不变。令:

$$K_{Xn}(p) = (\sigma_1 - \sigma_{1\,Xn})/\sigma_1 \tag{2-13}$$

式中　$K_{Xn}(p)$——含某种气体 Xn 并在孔隙压力 p 下煤岩强度下降的相对值,MPa;

　　　σ_1, $\sigma_{1\,Xn}$——煤岩在吸附气体 Xn 前后的强度,MPa。

从实验成果图 2-8 型煤的 $\sigma_1 - \sigma_3$ 曲线图 2-9 型煤吸附瓦斯后强度相对减少量可知:

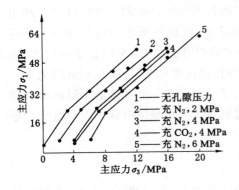

图 2-8　型煤的 $\sigma_1 - \sigma_3$ 曲线

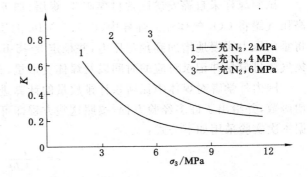

图 2-9　型煤吸附瓦斯后强度相对减少量

① 当瓦斯压力一定时，K 值与侧压呈反向趋势，随着侧压与瓦斯压力之差的增加，瓦斯对煤岩强度的作用变小。

② 如果侧压不变，则瓦斯压力与 K 值成正向关系。

当瓦斯孔隙压力等于 0 时，煤岩强度与侧压的关系可用 $\sigma_1 = A + B_{\sigma_3}$ 表示；当瓦斯压力为 p 时，则为

$$\sigma_1 - p = A + B(\sigma_3 - p) \tag{2-14}$$

利用二元线性回归，煤岩强度与侧压和瓦斯压力关系的关系可用下式表示：

$$\sigma_1 - p = A_0 + A_1(\sigma_3 - \eta p P) \tag{2-15}$$

表 2-2 给出了型煤的二元线性回归得到的系数，其实测值与回归值偏差小于 4%，F 检验表明各回归方程均是显著的。

表 2-2　　　　　　　　　　型煤强度与侧压、瓦斯压力的回归方程系数

孔隙气体	A_0	A_1	η	应力区间/MPa
N₂	4.01	5.98	1.06	$0 \leqslant \sigma_3 - P < 3, P \leqslant 6$
	12.3	3.44	1.20	$3 \leqslant \sigma_3 - P \leqslant 14, P \leqslant 6$
CH₄	4.08	5.91	1.07	$0 \leqslant \sigma_3 - P < 3, P \leqslant 4$
	11.8	3.47	1.19	$3 \leqslant \sigma_3 - P \leqslant 12, P \leqslant 4$
CO₂	4.46	5.73	1.17	$0 \leqslant \sigma_3 - P < 3, P \leqslant 4$
	12.1	3.43	1.35	$3 \leqslant \sigma_3 - P \leqslant 12, P \leqslant 4$

从表 2-2 可以看出，煤岩吸附不同的气体时，η 值是不同的，CO_2 的 η 值最大，N_2 的 η 值略大于 1。在考虑 N_2 的吸附作用时，若仅有游离瓦斯的作用，则 η 值为 1。$\eta = 1$ 表示游离瓦斯抵消了部分主应力，其大小等于瓦斯压力。这表明瓦斯孔隙压力不只是孔隙率所涉及的那部分面积，还作用在煤体的整个断面上。所以，在暴露的煤壁上，因瓦斯压力梯度所造成的指向巷道空间方向的推力等于瓦斯压力乘以巷道断面，而不需要考虑孔隙率的影响。

2.4.2　瓦斯排放与煤体变形规律[11]

试验煤样采自潞安矿区常村煤矿 3# 煤层，加工成边长为 500 mm 的立方体试件。利用高压气罐将 CO_2 气体注入煤样中，以 1.5 MPa 的压力注气，使煤样吸附至饱和状态。然后将垂向压力缓慢地增加到预定压力，并稳定 3～5 h。然后打开排气孔，采用排水取气法，收集气体排放量并记录对应的时间以及煤体变形量，直到排放速度小于 0.01 L/min 时为止。

国内外学者对煤体中瓦斯累计排放量的计算进行了广泛研究，证明其是时间的单调递增函数，并给出了许多经验方程，按照这些方程即可得到煤体变形量随时间的变化规律。根据本次实验采用如下公式：

$$\varepsilon = \frac{t}{a + bt} \tag{2-16}$$

在式（2-16）中，当 $t = 0$ 时，瓦斯排量为零，煤体的变形量为 $\varepsilon = 0$；当 $t \to \infty$ 时，表明瓦斯排放枯竭，瓦斯极限排量为 Q_∞，煤体的极限变形量为 $\varepsilon_\infty = 1/b$。

令 $\varepsilon_1 = \varepsilon^{-1}$，$t_1 = t^{-1}$，式（2-16）可以转换为

$$\varepsilon_1 = at_1 + b \qquad\qquad (2\text{-}17)$$

根据式(2-17)对数据进行整理得到图 2-10 和图 2-11,回归分析结果分别列在表 2-3 煤体变形量与气体排放量及时间的拟合结果中。由实验成果可知:煤体变形与瓦斯排量服从抛物线关系,变形量与瓦斯排放时间存在非线性对应关系。

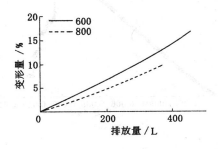

图 2-10　煤体变形与瓦斯排放量的关系曲线　　图 2-11　煤体变形与瓦斯排放时间的关系曲线

从图 2-10 及图 2-11 可以看出气体排放总量取决于煤体的加载应力。比如煤体埋深 600 m 时(相当于垂向加载应力 15 MPa)的气体排放总量是埋深 800 m 时(相当于垂向加载应力 20 MPa)排放量的 1.27 倍,垂向变形量的 1.73 倍。

表 2-3　　　　　　　　　**煤体变形量与气体排放量及时间的拟合结果**

深度/m	回归公式	相关系数
600	$\varepsilon = 4\,\text{E-}6q^2 + 0.0358q - 0.5038$	0.9990
	$\varepsilon = t/(20.86 + 0.0567t)$	0.9918
800	$\varepsilon = 3\,\text{E-}5\,q^2 + 0.0154q - 0.5395$	0.9977
	$\varepsilon = t/(65.003 + 0.1251t)$	0.9424

2.4.3　寺河矿煤岩力学性质

试验煤样采自晋城矿区寺河煤矿 3# 煤层,在大煤样上直接钻取试样,规格为 $\phi50\times100$ mm(1# 样品高 81 mm)(见图 2-12)。实验仪器采用中国矿业大学深部岩土力学与地下工程国家重点实验室 MTS 电液伺服岩石力学实验系统,分别采用 0.5,1.0,2.0,4.0 MPa 的围压进行三轴压缩实验,直至煤样破坏,全过程记录轴向、径向应变。

实验结果如图 2-13 三轴应力下煤样 $\sigma_1 - \varepsilon$ 曲线(σ_1 单位:MPa)所示,即使在不同的围压条件下,样品的应力一应变近似呈线性关系,塑性变形不明显,原因一则实验围压不大,二则说明煤岩性脆,不易产生塑性变形。

弹性模量一般根据单轴压缩实验结果计算,由于 1# 试样围压很小,故根据 1# 试样的实验结

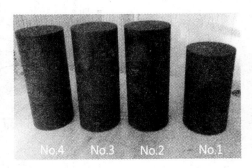

图 2-12　三轴力学强度实验样品

果计算得到：弹性模量 $E = 5\ 772$ MPa；泊松比 $\mu = 0.34$。

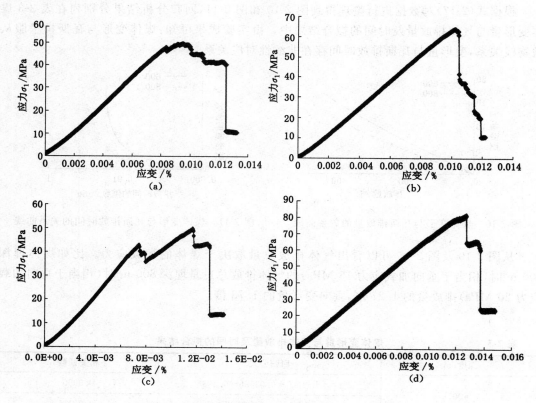

图 2-13 三轴应力下煤样 $\sigma_1 - \varepsilon$ 曲线（σ_1 单位：MPa）

(a) 1#样品（围压 0.5 MPa）；(b) 2#样品（围压 1.0 MPa）

(c) 3#样品（围压 2.0 MPa）；(d) 4#样品（围压 4.0 MPa）

3#试样的实验结果显示出明显的离散性，可能受煤岩内部裂隙影响，故根据 1#、2#、4# 试样绘制莫尔圆和包络线（见图 2-14），近似得到：内聚力 $C = 11$ MPa；内摩擦角 $\varphi = 47°$。

以上计算出的煤岩力学参数，可供物理模拟或反演时参考。

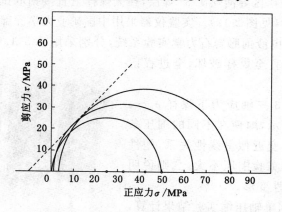

图 2-14 1#、2#、4#试样极限莫尔圆及包络线

2.5　本章小结

本章围绕煤与瓦斯突出危险区定量预测目标,结合研究矿区实际及实验室数据,讨论了瓦斯突出危险区预测的地球物理学基础和地质构造影响。

① 论述了煤田地震预测的基础理论、煤田地震资料处理方法、煤田地震波数值模拟及相关的地震属性提取技术。

② 讨论了瓦斯突出的地球物理基础,如瓦斯突出煤体的结构特征、变形特征等,对使用地震技术预测瓦斯提出危险区的可行性进行了分析,分析了地质构造对瓦斯赋存与富集的影响。

③ 论述了瓦斯突出煤体的力学性质,总结归纳了对瓦斯排放与煤体变形的规律,给出了晋城矿区寺河煤矿煤岩的力学性质试验分析。

第3章　支持向量机理论及地震属性的特征优化

传统统计学是基于样本数目趋于无穷大时的渐进理论,而在实际中,由于受各种条件的影响或限制,样本数往往是有限的,因此多数传统统计分析的方法在处理这些问题时存在较大的局限性。SVM 算法建立在统计学习理论的结构风险最小化原理和 VC 维理论的基础上,避免了局部最优解,在解决有限样本、非线性及高维数据空间等分类问题中具有很多优势。通过分析地震属性数据,结合支持向量机的特征提取算法,提出了粗糙集理论进行支持向量机的特征优化算法,分析了使用粗糙集理论对支持向量机的特征获取问题进行优化,并进一步改进了 RS 提取地震属性的方法和流程。

3.1　统计学习理论

现实世界中存在很多人们无法准确认识的事物或现象,如何从一些观测数据入手发现其存在的规律,进而运用这些规律对未来数据进行预测,以减少盲目性的判断是人们不断追求的目标,统计学分析就是达到上述目的的方法之一。在过去的几十年中,人们对统计学进行了大量和深入的研究,取得了很多成果。但传统统计学是基于样本数目趋于无穷大时的渐进理论,而在实际中,由于受各种条件的影响或限制,样本数往往是有限的,因此多数传统统计分析的方法在处理这些问题时存在较大的局限性。针对这个问题,Vapnik 等人[12,13]在20 世纪 60 年代开始研究有限样本情况下的机器学习问题,在综合多种方法的基础上,逐渐提出了统计学习理论(Statistical Learning Theory,SLT),使其能够对有限(小)样本的问题进行学习,同时也提出了一种理论框架和通用方法——支持向量机(Support Vector Machine,SVM)算法。自 90 年代中期以来,SVM 方法已成为国内外众多学者研究的热点,被广泛应用于数据挖掘、模式识别、系统控制等研究领域,取得了丰硕的成果。

Vapnik 等人提出的统计学习理论(SLT)主要内容包括[14]:经验风险最小化准则下统计学习一致性条件及相关定义;在上述条件下去体现学习机推广能力的界;在这些界的基础上形成的有限样本归纳推理原则;实现新原则的算法。

统计学习理论的基本思路可概述为[15-25]:

对于训练样本集$(x_1,y_1),(x_2,y_2),\cdots,(x_i,y_i)$,其中 $i=1,2,\cdots,l,x_i\in\mathbf{R}^d,y_i\in\mathbf{R}$,统计学习理论的目标是找到合适的函数 $f(x)$,使风险函数:

$$R[f]=\iint_{XY}(y-f(x))^2P(x,y)\mathrm{d}x\mathrm{d}y \tag{3-1}$$

达到最小。由于概率分布函数 $P(x,y)$无法确定,导致式(3-1)无法计算。为了计算合适的 $f(x)$,人为使用经验风险函数 $R_{emp}[f]$代替上述风险函数,则:

$$R_{emp}[f]=\frac{1}{l}\sum_{i=1}^{l}(y-f(x_i))^2 \tag{3-2}$$

依据大数定理,经验风险函数只有在样本数 l 趋于无穷大且函数集足够小的条件下成立。因此,SLT 用结构风险函数 $R_h[f]$ 替代 $R_{emp}[f]$,$R_h[f]$ 已被证明可用下式求得:

$$\min_{S_h}\left\{R_{emp}[f]+\sqrt{\frac{h[\ln(2l/h)+1]-\ln(\delta/4)}{l}}\right\} \tag{3-3}$$

式中,l 为训练样本个数;S_h 为 VC 维空间结构;h 为 VC 维数,表示学习能力;$1-\delta$ 表示计算可靠程度的参数。

为了研究学习过程一致收敛的速度和推广性,统计学习理论定义了多个关于函数集学习性能的参数,如下:

(1) VC 维

对一个指示函数集,如果能使用函数集中的函数将 h 个样本以 2^h 种可能的形式分开,则称函数集能够把 h 个样本打散。函数集的 VC 维就是能够打散的最大样本数目。VC 维反映了函数集的学习能力量[26]。比如,对于 2 维空间线性分类面函数:$y=w_0+w_1x_1+w_2x_2$,其能够以任意方式打散(分类)的最大样本数为 3,如图 3-1 所示为 3 个样本打散示意图。

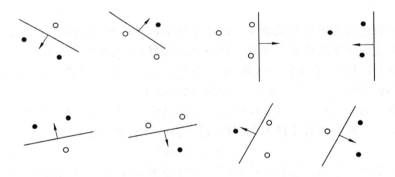

图 3-1　3 个样本打散示意图

(2) 结构风险最小化(SRM)

在有限样本的条件下,统计学习理论强调期望风险($R(f)$)和经验风险($R_{emp}(f)$)之间需要满足一定的关系。如对于二分分类的问题,统计学习理论要求指示函数集中的全部函数的经验风险($R(f)$)和实际风险($R_{emp}(f)$)之间至少有 $1-\delta$ 的概率满足下面的关系:

$$R(f)\leqslant R_{emp}(f)+\sqrt{\frac{h[\ln(2l/h)+1]-\ln(\delta/4)}{l}} \tag{3-4}$$

可简化为:

$$R(f)\leqslant R_{emp}(f)+\Phi(h/l) \tag{3-5}$$

式中,$\Phi(h/l)$ 为置信区间,区间的大小与 VC 维 h 呈正相关关系,与样本数 l 呈反相关关系。右端为结构风险,表明了期望风险 $R(f)$ 的上界。经验风险的大小依赖于 VC 维的大小,如果 VC 维变大,会导致置信区间增大。因此,如果想要使期望风险最小,就必须选择合适的 h 和 l,这就是结构风险最小化归纳原则。结构风险最小化归纳原则可以使用图 3-2 结构化风险最小示意图表示。

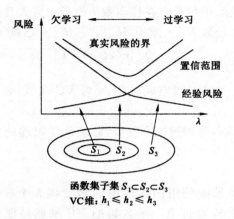

图 3-2　结构化风险最小示意图

3.2　支持向量机分类

　　支持向量机作为有限样本机器学习的理论框架和通用方法,有着严格的理论基础,被广泛应用于分类边界问题的研究。其基本思路是:假设样本数据集是分布在二维平面上的点集,而且不同的分类聚集在不同的区域,基于分类边界的支持向量机的研究方法是通过样本集的训练,找到不同分类之间的边界。其规范化的描述如下[14,27]:

　　给定样本集为$(x_1,y_1),(x_2,y_2),\cdots,(x_i,y_i)$,其中 $i=1,2,\cdots,l,x_i\in\mathbf{R}^d,y_i\in\{-1,1\}$。假设存在一个超平面能够对该样本集进行线性划分,该超平面记为:

$$\{w\cdot x\}+b=0 \qquad\qquad (3-6)$$

　　如果样本集中的全部向量都能被某超平面正确划分,而且距离超平面最近的异类向量之间的距离最大,则该超平面即为最优分类面[14],距离超平面最近的异类向量被称为支持向量,一组支持向量可确定唯一的一个超平面,支持向量机的概念可用图 3-3 最优分类面示意图表示。

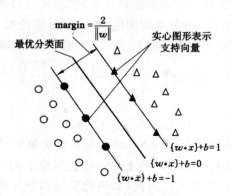

图 3-3　最优分类面示意图

　　求最优分类面(最大间隔法)可以描述为如下:

已知：$(x_1, y_1), (x_2, y_2), \cdots, (x_i, y_i)$，其中 $i = 1, 2, \cdots, l, x_i \in \mathbf{R}^d, y_i \in \{-1, 1\}$

求解：

$$\min \frac{1}{2} \| w \|^2 \tag{3-7}$$

$$\text{s. t.}\quad y_i [(\{w \cdot x_i\} + b)] \geqslant 1 \ (i = 1, 2, \cdots, l)$$

目标：最优分类面

$$\{w \cdot x\} + b = 0 \tag{3-8}$$

求最优分类面是一个二次凸规划问题，因为目标函数和约束条件都是凸的，所以存在唯一全局最小解。

将最优分类面进行进一步研究，发现其可分分类为线和分类面。对于二维数据来说，训练样本数据集中不同分类之间的边界可以是直线边界（称为线性划分），也可以是曲线边界（非线性划分）；对于多维数据（如 N 维），可以将支持向量作为 N 维空间中的点，而分类边界就是 N 维空间中的面，称为超面（超面比 N 维空间少一维）。线性分类器使用超平面类型的边界，非线性分类器使用超曲面。下面详细讨论这两种情况。

3.2.1　线性 SVM

当样本集能被直线（二维数据）或一个超平面（多维数据）划分时，此分类问题就是线性 SVM，其主要目标是寻找最优分类面，即不仅要将样本集中的两类点全部正确分开，而且还要求两类间的空隙最大。前者保证了经验风险最小，后者实现了真实风险最小，从而实现结构风险最小的原则。

d 维空间中线性判别函数为 $f(x) = w \cdot x + b$，最优分类面方程为 $w \cdot x + b = 0$，将判别函数进行合并，使两类中的全部样本满足 $|f(x)| \geqslant 1$。此时，离最优分类面距离最近的样本满足条件 $|f(x)| = 1$，而且最优分类面能够正确地划分所有样本的类别，即满足

$$y_i(w \cdot x_i + b) - 1 \geqslant 0, (i = 1, 2, \cdots, n) \tag{3-9}$$

使式(3-9)条件成立的样本即为支持向量，两类样本的分类间隔（Margin）为：

$$\text{Margin} = \frac{2}{\| w \|} \tag{3-10}$$

此时，最优分类面问题也就转换成了约束优化的问题，即在式(3-9)的约束下，求函数

$$\Phi(w) = \frac{1}{2} \| w \|^2 = \frac{1}{2}(w^{\mathrm{T}}w) \tag{3-11}$$

的最小值。为求式(3-9)的最小值，需要定义拉格朗日函数：

$$L(w, b, a) = \frac{1}{2}w^{\mathrm{T}}w - \sum_{i=1}^{n} a_i [y_i(w^{\mathrm{T}}x_i + b) - 1] \tag{3-12}$$

式中，$a_i \geqslant 0$ 是拉格朗日系数，问题变成了对 w 和 b 求拉格朗日函数的最小值。分别对式(3-12)中的 w、b、a_i 求偏微分并令其等于 0，可得：

$$\frac{\partial L}{\partial w} = 0 \Rightarrow w = \sum_{i=1}^{n} a_i y_i x_i$$

$$\frac{\partial L}{\partial b} = 0 \Rightarrow \sum_{i=1}^{n} a_i y_i = 0$$

$$\frac{\partial L}{\partial a_i} = 0 \Rightarrow a_i \left[y_i (w^{\mathrm{T}} x_i + b) - 1 \right] = 0$$

上述三式加上式(3-9)的约束条件即把问题转化为二次规划的对偶问题:

$$\begin{cases} \max \sum_{i=1}^{n} a_i - \frac{1}{2} \sum_{i=1}^{n} \sum_{j=1}^{n} a_i a_j y_i y_j (x_i^{\mathrm{T}} x_j) \\ \mathrm{s.t.} \quad a_i \geqslant 0, i = 1, \cdots, n \\ \qquad \sum_{i=1}^{n} a_i y_i = 0 \end{cases} \tag{3-13}$$

式(3-13)是约束条件下的二次函数机制求解问题,可知存在唯一的最优解。如果 a_i^* 是最优解,那么

$$w^* = \sum_{i=1}^{n} a_i^* y_i x_i \tag{3-14}$$

a_i^* 就是支持向量(不为零的样本),最优分类面上的向量就是支持向量的线性组合。

b^* 通过约束条件 $a_i \left[y_i (w \cdot x_i + b) - 1 \right] = 0$ 求解,得到的最优分类函数如下:

$$f(x) = \mathrm{sgn}((x^*)^{\mathrm{T}} x + b^*) = \mathrm{sgn}\left(\sum_{i=1}^{n} a_i^* y_i x_i^* x + b^* \right) \tag{3-15}$$

3.2.2　非线性SVM

当使用一个超平面不能把样本中的两类点完全分开时或超平面对间隔的要求达不到时,就需要引入松弛变量 $\xi_i (\xi_i \geqslant 0, i = 1, \cdots, l)$,使约束条件(超平面方程)转化为:

$$y_i \{ [(w \cdot x_i) + b] + 1 \} \geqslant 1 - \xi_i$$

在 $0 < \xi_i < 1$ 区间,样本 x_i 能被划分到正确的分类中,而在 $\xi_i \geqslant 1$ 时,样本 x_i 被划分到错误的分类中。因此,引入目标函数:

$$\psi(w, \xi) = \frac{1}{2} w^{\mathrm{T}} w + C \sum_{i=1}^{n} \xi_i \tag{3-16}$$

其中,C 是惩罚因子(或正常数因子),SVM算法能够通过二次规划来实现:

$$\begin{cases} \max \sum_{i=1}^{n} a_i - \frac{1}{2} \sum_{i=1}^{n} \sum_{j=1}^{n} a_i a_j y_i y_j (x_i^{\mathrm{T}} x_j) \\ \mathrm{s.t.} \quad 0 \leqslant a_i \leqslant C, i = 1, \cdots, n \\ \qquad \sum_{i=1}^{n} a_i y_i = 0 \end{cases} \tag{3-17}$$

3.3　支持向量机核函数

在对样本集进行二分分类时,如果使用超平面不能在原始空间中能得到较好的分类结果,就需要使用超曲面作为分界面,获取超曲面的过程如下:

首先利用非线性变换 Φ 将输入样本的低维空间映射到一个高维空间,其次在新的高维空间中获取最优线性分类面,其中非线性变换是利用定义恰当的核函数来实现的,令:

$$K(x_i, x_j) = \Phi(x_i) \cdot \Phi(x_j) \tag{3-18}$$

使用核函数 $K(x_i,x_j)$ 替换最优分类平面中的点积 $x_i^T \cdot x_j$，就实现了将输入样本的低维空间映射到新的高维空间的过程，优化函数变成了：

$$Q(a) = \sum_{i=1}^{n} a_i - \frac{1}{2} \sum_{i=1}^{n} \sum_{j=1}^{n} a_i a_j y_i y_j K(x_i,x_j) \tag{3-19}$$

对应的判别函数式变为：

$$f(x) = \text{sgn}[(w^*)^T \Phi(x) + b^*] = \text{sgn}(\sum_{i=1}^{n} a_i^* y_i K(x_i,x_j) + b^*) \tag{3-20}$$

式中，x_i 是支持向量，x 是未知向量。式(3-20)就是 SVM 分类器。

通过核函数将分类样本在低维空间线性不可分的问题通过非线性映射到高维特征空间，则实现线性可分的过程可用图 3-4 核函数示意图表示。

核函数方法的优点[26]：

① 减少了直接变换时特征空间的运算，能极大地降低计算的代价，避免了"维灾难"；

② 采取核函数的方法后，就不必要知道非线性变换函数 $\Phi(\cdot)$ 的形式；

③ 特征空间的维数不受限制；

④ 核函数比较容易确定，只要是满足 Mercer 条件的函数都可。

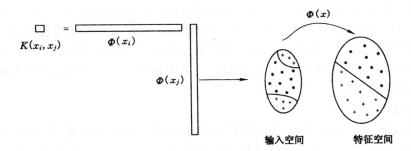

图 3-4　核函数示意图

到目前为止，研究人员针对不同的研究给出了多种不同的核函数，但常用的核函数主要有以下四种[28]：

① 线性核函数，即

$$K(x_i,x_j) = x_i^T \cdot x_j \tag{3-21}$$

② 多项式核函数，即

$$K(x,x_i) = [(x^T \cdot x_i) + 1]^q \tag{3-22}$$

③ RBF 核函数（径向基函数），即

$$K(x,x_i) = \exp\left\{ -\frac{\| x - x_i \|^2}{\gamma^2} \right\} \tag{3-23}$$

④ Sigmoid 核函数，即

$$K(x,x_i) = \tan h[v(x^T \cdot x_i) + c] \tag{3-24}$$

一般情况下，对于不同的分类问题应选择不同的核函数，但在上述四种核函数中，由于 RBF 核函数具有良好的形态，所以在实际应用中使用最为广泛。

3.4 核函数的参数选择问题

SVM 是基于结构化风险最小化原则的分类算法,其求解可转化为一个凸二次规划问题,求得的解具有全局最优性和唯一性,与其他分类算法相比具有特有的优势。其不足之处在于分类性能受多种因素的影响,其中三个因素的影响最大:一是惩罚因子 C 值的大小,二是核函数选择,三是核函数参数选择。如何确定这几个因素将直接影响分类的效果,如果使用了不合适的参数,会导致分类结果的偏离甚至造成分类失败,从而使分类器不能满足实际应用的需求。所以惩罚因子 C 值、核函数形式及其参数的选择是 SVM 分类研究中面临的一个重要问题。下面将分别对其讨论。

(1)惩罚因子 C 值的影响

惩罚因子 C 值是为了确定样本空间中机器学习的置信范围和经验风险比例而设置的,不同的样本空间中最优 C 值的大小也不尽相同。研究人员不同反复试验发现惩罚因子 C 值具有一定的规律:① 即伴随 C 的增大,测试精度首先提高,在达到一定的阀值后,测试的精度反而会下降;② 伴随着 C 的增大,支持向量的数目开始减少,直到为 0。文献[29]中通过实验比较发现,常数 C 的值对训练结果有比较大的影响,一般情况下,训练样本越多,训练结果对常数 C 的变化越迟钝;反之,如果训练样本较少,常数 C 取较大值时容易导致模型过拟合训练样本数据,当然常数 C 的最佳取值也与具体的问题有较大的关系。建议在不同类的样本数据不均衡的情况下,对样本数目较少的类增大常数 C 的值,对样本数目较大的类的常数 C 的值则应该适当减少[30]。

(2)核函数选择

截至目前,研究人员已经给出了多种形式的核函数,不同的核函数对 SVM 的分类性能有不同的影响,本章中主要考虑 3.3 节给出的四种核函数。一般来说多项式核函数有较好的全局性质,具有很强的推广能力;RBF 核函数的局部性很强,其学习能力随参数的 λ 增加而减少;Sigmoid 核函数是一个包含隐层的多层感知器。在多数情况下,应首先考虑 RBF 核函数,这是因为 RBF 核函数具有良好的形[31,32]。

(3)核函数参数

由于不同的核函数的参数选择方法不尽相同,因此无法给出一种具体适应不同核函数的不同参数的选择方法。但很多学者也对此进行了相关研究,将这些方法划分为三类:第一类是先确定决定 SVM 推广能力的准则,之后依据优化该准则的方法确定参数;第二类是通过引入矩阵相似度量的概念,利用校准的方法优化核参数;第三类是把智能优化方法引入到核参数的选择过程中。

3.5 基于支持向量机的地震特征优化

本章研究的支持向量机分类模型需要提取地震属性作为特征维数,地震属性数据不同于普通的分类特征维数,具有大量的不确定性,需要从叠前与叠后地震数据中提取的运动学、动力学和统计学的特殊测量值。特别是煤层构造或岩性变化在速度、密度及其他弹性参量的差异导致了地震波在传播时间、相位、频率、振幅等方面存在异常。当煤层构造有较大变化时,在地震剖面上可明显看到地震波同相轴的变化(如相位、振幅的变化)。对于煤层中的小构造异常,目前还无法使用人工方法识别。从而有必要针对地震数据的特点、特征提取方法的应用进行针对性分析和试验。

3.5.1　地震属性分类

目前地震属性还没有统一的分类标准,许多学者给出了多种分类方法。如按照煤田地震勘探的需求,依据动力学特征将地震属性分成八类:相位、波形、相关、时间、振幅、频率、速度、吸收衰减;按照提取方式可分为同相轴属性和数据体属性。

(1)同相轴属性

与某个界面有关的地震属性就是同相轴属性。常用的提取方法包括单道分时窗提取法、多道分时窗提取法和瞬时提取法。单道分时窗提取法是在一个地震道上用"可变时窗"提取各类属性参数,通过解释出的反射同相轴定义可变时窗的上界和下界,常用的方法包括分形分维属性参数、时间域属性参数和频率域属性参数;多道分时窗提取法是在多个地震道上用可变时窗提取各类属性参数;瞬时提取法提取的三个属性是:瞬时振幅、瞬时相位和瞬时频率。

(2)数据体属性

对整个三维地震数据体提取的属性称为数据体属性,该方法能够完整描述一个三维属性体,优点是能够提供逐道之间地震信号连续性和相似性的有用信息,从而将固定的三维数据体转化为能反映一定地球物理特征的新三维数据体。常用的方法包括方差数据体、相干数据体。

3.5.2　地震属性优化的方法

地震属性优化就是运用数学方法或专家经验,分析不同地震属性间的相关性,从中筛找出对预测目标最有效、个数最少的地震属性或地震属性组合,提高支持向量机的预测精度,改善处理效率。

因为不同的地震属性对不同岩性的敏感程度是不同的,而且在描述不同的对象时所起的作用也不一样,所以在进行地震储层预测时,需要首先引入与储层预测相关的各种地震属性,地震属性的分析一般要经历从少到多、又从多到少的过程。从少到多,指在设计预测的初期尽可能多地引入与储层预测有关的属性,充分利用一切对预测有用的信息,改善预测效果。当然属性的增加也会带来负面的影响,具体体现在部分地震属性会对目的层的预测起干扰作用,因此需要删除这些无关的地震属性;过多的地震属性会导致计算时占用大量的存储空间和计算时间,使预测计算的工作量大增;预测中使用的属性个数与训练的样本数目密切相关,当样本数一定时,过多的属性会导致分类精度下降;预测中使用太多与目的层相关性非常小的属性,会影响相关性大的属性的作用,从而导致预测的精度降低。因此,在进行具体预测时,应从繁多的地震属性中优选出最优的地震属性或属性组合,即进行从多到少的优化。

常用的地震属性优化方法包括地震属性降维映射与地震属性选择两大类方法[34]。

(1)地震属性降维映射

地震属性降维映射是指将地震属性的高维空间映射到一个低维空间中,降低分析的难度,常用的方法包括 K-L 变换和主分量分解法。这些方法都能将原有的高维地震属性空间映射到低维空间中,其不足是预测过程中原地震属性的物理意义已不明确。

(2)地震属性选择

地震属性选择的目的是运用数学算法或专家经验对属性进行优选。在做优化算法时,必须设计好目标函数。不同的方法有不同的目标函数,灵活选择和组合各种优选方法是优化算法的关键。有自动优选、专家优选和专家与自动相结合优选三种方式。

根据上述的几类优化方法,在具体实验中,一般可以应用以下五种方法进行地震属性优化。

① 相关性分析。尽管地震属性的种类众多,但它们之间并不是完全相互独立的,某些属性反映的是类似的信息,某些属性则是互不相关的,而且不同属性对储层参数的影响大小也不一样。因此,在进行地震属性参数预测储层参数时,必须系统分析不同地震属性间的相关性,找到最能反映储层参数本质特征、彼此相互独立的地震属性参数,忽略与储层参数本质特征不相关的属性。

② 聚类分析方法。聚类分析是一种不需要先验知识的分类算法,其假定分类对象本身所具有的属性是互不相关的,仅依靠对象本身所具有的属性即可将彼此相似的对象划分为一类,彼此间不同的对象划分到不同的类别中,从而达到分类的目标。这种分类方法对传统地质学建立的一些定性分类系统是一种挑战,有可能得到更加客观的分类结果。

③ 主因子分析方法。主因子分析方法定量研究变量间的相互关系。在地震属性优化分析中,该方法可在众多的地震属性中找出最能反映储层参数本质特征的地震属性,从而舍弃无关或作用很小的属性。常用的因子分析方法有 Q 型因子分析、R 型因子分析和对应分析三种类型。

④ 粗糙集(Rough Sets,RS)分析方法。粗糙集理论[36,37]具有分析和处理不完整、不精确信息,发现数据间关系,提取有用信息,简化信息处理的能力,是一种新的有效的知识表示形式。粗糙集理论的核心是在保持分类能力不变的前提下,通过对属性的约简,找到对分类起关键作用的属性,从而达到简化知识的目的。目前粗糙集理论广泛应用于模式识别、机器学习、数据挖掘、智能控制、专家系统以及决策分析等领域,并取得了一定的成果。本书将采用 RS 方法进行分析讨论。

⑤ GA-BP 算法。BP 神经网络是一种典型的有导师的多层前馈神经网络。它存在突出的缺点:收敛速度太慢,而且可能收敛到局部极小。为了克服这些缺点,对 BP 方法加以改进,将遗传算法(GA)与 BP 算法相结合形成一种有效的 GA-BP 算法。

3.5.3　基于粗糙集的地震属性优化

针对地震属性特点,研究中采用粗糙集理论进行地震属性的特征优化和提取,以便试验中进行支持向量机的分类,以下内容将进行粗糙集理论分析。

粗糙集(Rough sets)[36]是数学家 Pawlak 提出的一种分析不精确、不完备信息的理论。其核心问题之一是属性约简,即在维持知识库分类能力的前提下,选择对分类起关键作用的属性,从而达到简化分类的目的。对此,很多学者研究了多种信息系统中的属性约简方法[38-47],其中涉及的一些定义如下。

(1)知识库

知识库[48]可用式 $K=(U,R)$ 表示，U 表示非空对象有限集，R 表示 U 上的一组等价关系。若 r 是 R 中的一个等价关系，则 U/r 表示 r 的所有等价类构成的集合，$[x]r$ 表示包含元素 $\in U$ 的 r 等价类。若 $P\subseteq R$，且 $P\neq\varnothing$，则 $\bigcap P$ 也是一个等价关系，称为 P 上的不可区分关系，记为 $ind(P)$，且有：

$$[x]_{ind(P)}=\underset{r\in P}{I}[x] \tag{3-25}$$

（2）上下近似集、正负和边界域

知识库 $K=(U,R)$，对于每个子集 $X\subseteq U$ 和一个等价关系 $r\in ind(K)$，定义以下子集：

下近似集定义为：$\underline{r}X=\bigcup\{Y\in U/r|Y\subseteq X\}$；

上近似集定义为：$\bar{r}X=\bigcup\{Y\in U/r|Y\cup X\neq\varnothing\}$；

$posr(x)=\underline{r}X$，$Neg_r(x)=U-\bar{r}X$ 和 $Bn_r=\bar{r}X-\underline{r}X$ 分别称为 X 的 r 正域、负域、边界域。

（3）决策系统

设四元组 $S=(U,A,V,f)$ 是一个知识表达系统，U 表示非空对象有限集，A 表示属性的非空有限集，$A=C\cup D$，C 为条件属性集，D 为决策属性集；V 是所有属性值域的非空有限集合；f 是信息函数或决策表。

（4）知识约简

令 R 为一等价关系，$P\in R$，如果 $ind(R)=ind(R-\{P\})$，则称 P 为 R 中不必要的；否则称 P 为 R 中必要的。

一个知识库 $K=(U,R)$，R 为一族等价关系，$P\subseteq R$ 且 $P\neq\varnothing$，若 $Q\subseteq P$ 且满足如下条件：①$ind(Q)=ind(P)$；②Q 是独立的，对于每个 $q\subseteq Q$ 都是 Q 中必要的，也就是 $ind(Q)\neq ind\{Q-\{q\}\}$。$Q$ 是 P 的一个约简，P 中所有约简集的交集为 P 的核，表示为 $Core(P)$。

（5）属性的依赖度与重要度[49]

给定一个决策表 $K=(U,C\cup D,V,F)$，且 $R\subseteq C,B\subseteq V$。当 $k=\sigma_R(D)=|posr(D)|/|U|$ 时，称属性 D 是 $k(0\leqslant k\leqslant1)$ 度依赖于属性 R 的。当 $k=1$ 时，称 D 完全依赖于 R；当 $0<k<1$ 时，称 D 粗糙（部分）依赖于 R；当 $k=0$ 时，称 D 完全独立于 R。

属性 $b\in B$ 在 B 中的重要性 $SIG(b,B,V)=H(V|(B-\{b\}))-H(V|B)$，且 $Core(A)=\{a\in R|SGF(a,R)>0\}$。由上述可知，属性关于属性集的重要性由去掉后所引起的条件信息量的变化大小度量。$SIG(b,B,V)$ 值越大，说明在已知条件下，属性对于决策就越重要。若 $SIG(b,B,V)=0$，表示属性对决策属性不起作用，属性可以约去。

（6）独立关系

设 P 和 Q 为论域上的等价关系簇，$R\in P$，若 P 的任一关系 R 都是 Q 必要的关系，则称 P 为 Q 独立的。

（7）置信度与支持度

在 $A\Rightarrow B$ 的决策规则中：

置信度：$confidence(A\Rightarrow B)$，为 A 和 B 的元组数/只包含 A 的元组数$\times100\%$；

支持度：$support(A\Rightarrow B)$，为 A 和 B 的元组数/元组总数$\times100\%$

（8）定理[50]

条件属性集 X 的核是决策属性集 Y 完全依赖的条件属性集的子集的交集，如下式：

$$Core(X) = \bigcap X_i (X_i = X - \{x_i\} \wedge \sigma_{x_i}(D) = 1) \tag{3-26}$$

（9）OCCAM 原理[51]

粗糙集理论的优点是不需要任何除处理问题所需的数据集合之外的先验信息，依据样本数据删除的冗余信息，属性间的依赖性及重要性，即可抽取分类规则、提炼隐含知识。

为了判定某些属性的重要性，需要先从系统的运行情况决策表中去掉这些属性，然后再考虑没有这些属性后分类会发生的变化，如果没有这些属性会使分类的结果变化较大，则说明这些属性的重要性很高；若没有这些属性对分类结果的影响较小，说明这些属性的重要性较低。属性约简就是在保证分类能力的前提下删除属性集中作用不大的冗余属性[52]。它不会改变决策表的分类和决策能力，反而会提高系统潜在的清晰度。不但能处理模糊类的数据和不完整数据，而且也能从数据库中发现异常，去除噪声的干扰。属性约简反映了一个信息系统的本质信息，求解一个信息系统的全部约简或计算出最佳约简都是 *NP-hard* 难题。

另外，一个知识表达系统的决策表的约简不是唯一的，即一个属性子集可以有多种简化方案，具体使用哪一种可根据具体问题进行相关的优化。

粗集理论决策分析方法的处理过程如图 3-5 所示，可概括为以下几个步骤：

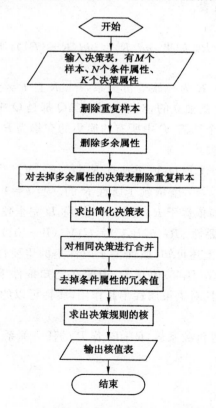

图 3-5　RS 理论决策分析方法的处理流程图

① 删除重复的样本；

② 删除不需要的属性；

③ 删除不需要属性后的决策表中的重复样本；

④ 求出简化约简表；

⑤ 求出决策规则。

粗集理论只能够处理量化后的数据，因此需要对提取的地震属性参数进行量化处理。连续条件属性量化是制约粗集理论应用的关键。本研究将采用自组织神经网络进行量化，使得最终的分类数更接近自组织神经网络的最佳分类数，该方法是基于可辨识矩阵的启发式算法[53]。

设有决策表 $S=(U,C\cup D,V,F)$，其中 $C=\{a_1,a_2,\cdots,a_k\}$，$a_j(j=1,2,\cdots,k)$ 为条件属性，$D=\{d\}$ 为决策属性。$C\cap D=\varnothing$，$a_j(x_j)$ 是记录样本 x_j 在条件属性 a_j 上的值，即 $a(x)=F(a,x)$，$d(x_j)$ 是样本 x_j 在决定属性 d 上的值。可辨识矩阵 $M(S)=[w_{ij}]_{n\times n}$，其中 w_{ij} 表示可辨识样本 x_i 和 x_j 的条件属性子集合，具体如下：

$$w_{ij}=\begin{cases}\{a_t\,|\,a_t\in C\wedge F(a,x_i)\ F(a,x_j)\} & d(x_i)\neq d(x_j)\\ 0 & d(x_i)\neq d(x_j)\end{cases} \tag{3-27}$$

其中，$i,j=1,2,\cdots,n$，这里为样本数($n=|U|$)，$t=1,2,\cdots,k$，t 为条件属性数目。

因为每一个可辨识矩阵 $M(S)$ 对应唯一一个可辨识函数 $fM(S)$，因此根据可辨识矩阵，得到地震属性约简思路(见图 3-6)。

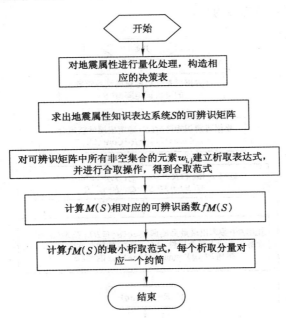

图 3-6　地震属性约简的处理流程图

① 对地震属性进行量化处理，构造相应的决策表；

② 求出地震属性知识表达系统 S 的可辨识矩阵 $M(S)$；

③ 对可辨识矩阵中所有非空集合的元素 $w_{i,j}$，建立析取表达式，并进行合取操作，得到合取范式；

④ 根据合取范式，计算可辨识矩阵 $M(S)$ 相对应的可辨识函数 $fM(S)$；

⑤ 计算可辨识函数 $fM(S)$ 的最小析取范式,其中与每个析取分量对应一个约简,这个约简为地震属性约简结果。

然而根据合取范式,求得可辨识函数 $fM(S)$ 并不容易,而可辨识矩阵中的属性是能够区分知识系统或决策表中某些对象的属性的。一般来说,属性在区别可辨识矩阵中出现的频率越高,说明该属性的区分能力就越强,也越能体现该属性的重要性[54]。本研究采用如下算法,即根据频度的启发式约简算法。算法思想:以属性的核为基础,以频度作为选择属性的启发信息,这样就可以把分类能力强的属性添加到约简属性集合中,流程图如图 3-7 所示。属性频度约简算法的实现步骤如下:

假设属性 ak 在可辨识矩阵中出现的频率次数为 $P(ak)$,C 为条件属性或地震属性集合,w_{ij} 为可辨识矩阵。

① 计算出已量化后地震属性决策表 S 的可辨识矩阵 $M(S)$;

② 根据可辨识矩阵 $M(S)$ 确定出属性核集合 $Core(C)$,令 $R=Core(C)$;

③ $Q=\{w_{ij}|w_{ij}\cap R\neq\varnothing;i\neq j;i,j=1,2,\cdots,n\}$,$M(S)=M(S)-Q$,$B=C-R$;

④ 找出 B 中频率出现最高的属性 $aq(aq\in B)$:在 $M(S)$ 中计算属性 B 中每个属性 $ak(ak\in B)$ 的频率次数 $P(ak)$,得到 $P(aq)=\max\{P(ak)\}$,确定 aq;

⑤ $R=R\cup\{aq\}$;

⑥ 重复③,直到 $M(S)$ 为 $\varnothing$ 为止。

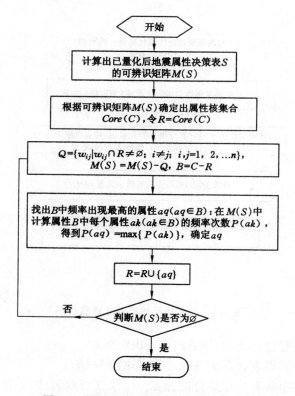

图 3-7　属性频度约简算法的处理流程图

通过该方法后得到的集合 R 即为决策表的一个约简,也是地震属性的一个约简结果。

这种方法是根据可辨识矩阵先求出属性的核,然后在核的基础上逐步求出属性约简。

3.6　本章小结

　　本章介绍了统计学习理论的基本思想,包括 VC 维、结构化风险最小准则等关键技术。论述了统计学习理论中的代表性算法支持向量机(SVM)的分类,包括线性 SVM 和非线性 SVM 及其区分这两种分类算法的最优分类面,研究了支持向量机常用的核函数,探讨了核函数和核参数选择问题,为后续章节的预测模型应用奠定了理论基础。

　　针对支持向量机的特征提取算法,研究了地震属性优化的必要性及主要的优化方法,包括相关分析、聚类分析、主成分分析等。并且提出了基于粗糙集理论进行支持向量机的特征优化算法,分析了使用粗糙集理论对支持向量机的特征进行优化的方法,并进一步改进了 RS 提取地震属性的方法和流程。

第4章 基于地震正演模拟和 SVM 的煤与瓦斯突出危险区预测方法研究

4.1 地震正演模拟方法

4.1.1 等效介质理论基本原理

大自然中的岩石是一种复杂的胶结物,人们在研究弹性波在其中的传播规律时,由于数学计算的原因,不可能完全模拟实际岩石情况,于是设计了不同的数学物理地质模型来等效实际地质模型,并力求尽可能地趋近于实际地质模型。这就是等效介质理论的基本思想。

煤层是富含各种层理、节理、孔隙,甚至其他液相或气相的复杂介质,通常情况下将它简化为均匀各向同性介质是不准确的。一般来说,对于只含有水平层理的煤层,可以使用 Backus 等效介质理论来计算其物性参数;对于节理和孔隙都较为发育的煤层,可以使用 Hudson 等效介质理论计算其物性参数[55,56]。

4.1.1.1 Backus 等效介质理论

Backus 等效介质理论[56]是一种针对细层层状介质的弹性参数估算方法,对于只含有水平层理的煤层,可用其来估算煤层弹性参数。

对于水平横向各向同性介质(即 HTI 介质),其弹性刚度张量可以写成如下的简洁的矩阵形式:

$$\begin{bmatrix} c_{11} & c_{12} & c_{13} & c_{14} & c_{15} & c_{16} \\ c_{21} & c_{22} & c_{23} & c_{24} & c_{25} & c_{26} \\ c_{31} & c_{32} & c_{33} & c_{34} & c_{35} & c_{36} \\ c_{41} & c_{42} & c_{43} & c_{44} & c_{45} & c_{46} \\ c_{51} & c_{52} & c_{53} & c_{54} & c_{55} & c_{56} \\ c_{61} & c_{62} & c_{63} & c_{64} & c_{65} & c_{66} \end{bmatrix} = \begin{bmatrix} a & b & f & 0 & 0 & 0 \\ b & a & f & 0 & 0 & 0 \\ f & f & c & 0 & 0 & 0 \\ 0 & 0 & 0 & d & 0 & 0 \\ 0 & 0 & 0 & 0 & d & 0 \\ 0 & 0 & 0 & 0 & 0 & m \end{bmatrix}, m = \frac{1}{2}(a-b)$$

其中,a、b、c、d 和 f 是 5 个独立的弹性常数。Backus(1962)论证过,在长波长极限下,一个由多层横向各向同性材料组成的层状介质,是等效各向异性的,其等效刚度是:

$$\begin{bmatrix} A & B & F & 0 & 0 & 0 \\ B & A & F & 0 & 0 & 0 \\ F & F & C & 0 & 0 & 0 \\ 0 & 0 & 0 & D & 0 & 0 \\ 0 & 0 & 0 & 0 & D & 0 \\ 0 & 0 & 0 & 0 & 0 & M \end{bmatrix}, M = \frac{1}{2}(A-B)$$

其中:

$$A = \langle a - f^2 c^{-1} \rangle + \langle c^{-1} \rangle^{-1} \langle f c^{-1} \rangle^2$$

$$B = \langle b - f^2 c^{-1} \rangle + \langle c^{-1} \rangle^{-1} \langle f c^{-1} \rangle^2$$

$$C = \langle c^{-1} \rangle^{-1}$$

$$F = \langle c^{-1} \rangle^{-1} \langle f c^{-1} \rangle$$

$$D = \langle d^{-1} \rangle^{-1}$$

$$M = \langle m \rangle$$

括号〈 〉表示对括号内属性按体积比的加权平均,常被称为 Backus 平均。如果每一个单层是各向同性,则等效介质仍然是横向各向同性,但描述每一个单层的独立弹性常数数目减少为 2:

$a = c = \lambda + 2\mu, b = f = \lambda, d = m = \mu$ 则,等效介质属性为:

$$A = \langle \frac{4\mu(\lambda+\mu)}{\lambda+2\mu} \rangle + \langle \frac{-1}{\lambda+2\mu} \rangle^{-1} \langle \frac{\lambda}{\lambda+2\mu} \rangle^2$$

$$B = \langle \frac{2\mu\lambda}{\lambda+2\mu} \rangle + \langle \frac{1}{\lambda+2\mu} \rangle^{-1} \langle \frac{\lambda}{\lambda+2\mu} \rangle^2$$

$$C = \langle \frac{1}{\lambda+2\mu} \rangle^{-1}$$

$$F = \langle \frac{1}{\lambda+2\mu} \rangle^{-1} \langle \frac{\lambda}{\lambda+2\mu} \rangle$$

$$D = \langle \frac{1}{\mu} \rangle^{-1}$$

$$M = \langle \mu \rangle$$

式中,λ 和 μ 分别为介质的拉梅系数和剪切模量。

4.1.1.2　Hudson 等效介质理论

裂隙介质中,由于裂隙形状各异,分布不均匀,要精确求解裂隙介质的弹性张量,目前尚无有效的方法。Hudson 在一定假设条件下给出了求解裂隙各向异性(EDA)介质弹性张量的方法和近似表达式[56]。

Hudson 假设为:

① 介质包含比地震波长小得多的定向的疏排列裂隙;

② 裂隙是分离的、薄的扁球体,即隙间没有流体流动,纵横比较小;

③ 裂隙内充满了气体、液体或是一种比骨架岩石的体模量和剪切模量更小的软弱固体;

④ 裂隙是排列的,因此岩石是有效各向异性的。

在此假设基础上,若裂隙为平面圆形,裂隙密度数为 n,平均半径为 a,则介质的有效弹性模量(或总模量)可表示为[57]:

$$C_{ijkl} = C_{ijkl}^0 + C_{ijkl}^1 + C_{ijkl}^2 \tag{4-1}$$

式中,C_{ijkl}^0 是背景岩石(或围体)决定的弹性张量;C_{ijkl}^1 和 C_{ijkl}^2 分别为裂隙内物质(或包体)一阶和二阶相互作用形成的弹性模量。

C_{ijkl}^1 为所有 m 组裂隙所形成的一阶扰动量的总和,即

$$C_{ijkl}^1 = \sum_{k=0}^{m} C_k^1 \tag{4-2}$$

C_{ijkl}^2 为全部裂隙与裂隙之间的相互作用形成的二阶扰动量之和,即

$$C_{ijpq}^2 = C_{ijrs}^1 \chi_{rskl} C_{klpq}^1 \tag{4-3}$$

$$\chi_{rskl} = [\delta_{rk}\delta_{sl}(4+\beta^2/\alpha^2) - (\delta_{rl}\delta_{sk}+\delta_{rs}\delta_{kl})(1-\beta^2/\alpha^2)]/(15\mu) \tag{4-4}$$

其中,α,β 和 μ 分别为背景介质中的纵波速度、横波速度和剪切模量,δ_{ij} 为克罗内克符号且有

$$\delta_{ij} = \begin{cases} 1, & i=j \\ 0, & i \neq j \end{cases} \tag{4-5}$$

(1) 一阶扰动量计算

含多组裂隙介质的一阶扰动量的计算可依据 Hudson 的理论,即计算任一裂隙的一阶扰动量时不考虑其他裂隙的影响,含多组裂隙介质的一阶扰动量为每个裂隙产生的一阶扰动量之和。对于任意一组垂直裂隙,Crampin 给出了当裂隙方向与 X 轴平行时,根据裂隙纵横比 d、裂隙密度 ε、各向同性背景介质的 Lame 常数 λ 和 μ 以及裂隙填充物的 Lame 常数 λ' 和 μ' 的参数所计算的一阶扰动量。

$$C_{iII}^1 = -\frac{\varepsilon}{\mu} \times \begin{bmatrix} (\lambda+2\mu)^2 & \lambda(\lambda+2\mu) & \lambda(\lambda+2\mu) & 0 & 0 & 0 \\ \lambda(\lambda+2\mu) & \lambda^2 & \lambda^2 & 0 & 0 & 0 \\ \lambda(\lambda+2\mu) & \lambda^2 & \lambda^2 & 0 & 0 & 0 \\ 0 & 0 & 0 & 0 & 0 & 0 \\ 0 & 0 & 0 & 0 & \mu^2 & 0 \\ 0 & 0 & 0 & 0 & 0 & \mu^2 \end{bmatrix} D \tag{4-6}$$

II 表示裂隙的法向与 X 轴平行,D 为对角矩阵:

$$D = \begin{bmatrix} U_{11} & 0 & 0 & 0 & 0 & 0 \\ 0 & U_{11} & 0 & 0 & 0 & 0 \\ 0 & 0 & U_{11} & 0 & 0 & 0 \\ 0 & 0 & 0 & 0 & 0 & 0 \\ 0 & 0 & 0 & 0 & U_{33} & 0 \\ 0 & 0 & 0 & 0 & 0 & U_{33} \end{bmatrix} \tag{4-7}$$

其中

$$\begin{aligned}
U_{11} &= (4/3)[(\lambda+3\mu)/(\lambda+\mu)]/(1+K) \\
U_{33} &= (16/3)[(\lambda+2\mu)/(3\lambda+4\mu)]/(1+M) \\
K &= [(k'+(4/3)\mu')/(\pi d\mu)][(\lambda+2\mu)/(\lambda+\mu)] \\
M &= [4\mu'/(\pi d\mu)][(\lambda+2\mu)/(3\lambda+4\mu)] \\
k' &= \lambda'+(2/3)\mu'
\end{aligned} \tag{4-8}$$

因此,当裂隙的法向与 X 轴之间的夹角为 ϕ 时,应用 Bond 变换矩阵 M 与 N($N^{-1} = M^T$,$M^{-1} = N^T$),可将裂隙介质的弹性系数矩阵写成:

$$M_i C^0 M_i^T + C_{iII}^1 \tag{4-9}$$

然后将其旋转到原来的坐标系中:

$$M_i^{-1} M_i C^0 M_i^T (M^T)^{-1} + M_i^{-1} C_{iII}^1 (M_i^T)^{-1} \equiv C^0 + N_i^T C_{iII}^1 N_i \tag{4-10}$$

所以,当多组裂隙存在时总的一阶扰动量为:

$$C^1 = \sum_{i=1}^{m} N_i^{\mathrm{T}} C_{iII}^1 N_i \tag{4-11}$$

N_i 为第 i 组裂隙方向与 X 轴间的夹角 ϕ_i 函数。

（2）二阶扰动量计算

二阶扰动量的计算方法不同于一阶扰动量的计算,需要把整个裂隙系统作为一个整体来对待,计算公式可参考式(4-3)。对于四阶张量的弹性系数 C_{ijkl} 可以依据 $11\rightarrow1,22\rightarrow2,33\rightarrow3,23,32\rightarrow4,13,31\rightarrow5,12,21\rightarrow6$ 的顺序表示成一个 6 阶矩阵。同样可将式(4-4)展开,则 χ_{ijkl} 表示成矩阵的形式为

$$\chi = \begin{bmatrix} \chi_{11} & \chi_{12} & \chi_{13} & 0 & 0 & 0 \\ \chi_{21} & \chi_{22} & \chi_{23} & 0 & 0 & 0 \\ \chi_{31} & \chi_{32} & \chi_{33} & 0 & 0 & 0 \\ 0 & 0 & 0 & \chi_{44} & 0 & 0 \\ 0 & 0 & 0 & 0 & \chi_{55} & 0 \\ 0 & 0 & 0 & 0 & 0 & \chi_{66} \end{bmatrix} \tag{4-12}$$

其中：

$$\begin{aligned} &\chi_{11} = \chi_{22} = \chi_{33}(2+3A)/15\mu \\ &\chi_{12} = \chi_{21} = \chi_{13} = \chi_{31} = \chi_{23} = \chi_{32} = (A-1)/15\mu \\ &\chi_{44} = \chi_{55} = \chi_{66} = (4A+6)/15\mu \\ &A = \frac{\beta^2}{\alpha^2} = \frac{\mu}{\lambda+2\mu} \end{aligned} \tag{4-13}$$

因此,式(4-3)也可写成矩阵相乘的形式 $C^2 = C^1 \chi C^1$,据此可求得二阶扰动量,之后依据式(4-1)计算裂隙介质的等效弹性常数。

在式(4-8)下,很容易获得裂隙充满水和干裂隙这两种情况下[58]的 U_{11} 和 U_{33},当饱和裂隙为水充填时,$\mu'=0,k'=\lambda'=2.25\times10^9\ \mathrm{N\cdot m^{-2}}$。因此,对于薄裂隙 $d\approx0$ 的条件下,$U_{11}=0,U_{33}=(16/3)(\lambda+2\mu)/(3\lambda+4\mu)$;当裂隙为干时,$\mu'=\lambda'=0$,因此,$U_{11}=(4/3)(\lambda+2\mu)/(\lambda+\mu),U_{33}=(16/3)(\lambda+2\mu)/(3\lambda+4\mu)$。

利用上述公式,只要给出介质的纵横波速度、裂隙密度、裂隙纵横比、裂隙充填物质类型,便可以计算出相应介质的弹性参数,根据这些参数便可实现双相介质的波场模拟。

4.1.2　有限差分方法计算正演模拟

4.1.2.1　有限差分法简介

在介质的弹性波或声波场数值模拟中,有限差分数值正演模拟是常用的方法之一。传统有限差分计算方法的问题是有可能产生不期望的数值频散,从而导致数值模拟结果的分辨率不高。产生上述问题的主要原因是在基于波动方程的求解过程中,多数情况下运用离散化的有限差分方程去逼近波动方程,使得连续的相速度变成了离散间隔的函数。这样,当波长内采样较少时,就会产生数值频散。

有限差分法作为一种常用的正演模拟方法,近几年来得到了广泛的关注和认可,其技术

已相对比较成熟，但精度还有待进一步提高。Alterman 等人在 1970 年最先将有限差分法应用于地震波动方程模拟中；而 Alford 等人则研究了提高有限差分法精度的方法[59]；Virieux 给出了稳定的二阶弹性波有限差分格式[60]，它的优点是适用于任何泊松比的介质；Levander 将 Virieux 的方法进行了推广，即把二阶弹性波有限差分格式推广到到空间四阶、时间二阶的情况[61]；Crase 提出了一种精度可达任意阶的高阶交错网格法[62]，其不足在于大幅度增加了算法的复杂度（时间复杂度和空间复杂度要远大于低阶有限差分算法的复杂度）。Magnier 等人提出了最小网格有限差分法；周家纪和贺振华尝试使用大网格快速差分算法模拟地震波的传播，优点是空间网格可以取得很大，而且能极大地减少计算时间。

4.1.2.2　有限差分的空间高精度近似

（1）规则网格的任意偶数阶精度有限差分系数计算公式

根据 6 点的中心差分可推导函数 $u(x)$ 的一阶导数的 6 阶精度差分公式及差分系数[50,51]。设 $u(x)$ 有 7 阶导数，则 $u(x)$ 在 $x=(i\pm1)\Delta x$ 处的 7 阶泰勒展开式分别为

$$u_{i+1}=u_i+\Delta x\frac{\partial u_i}{\partial x}+\frac{\Delta x^2}{2!}\frac{\partial^2 u_i}{\partial x^2}+\frac{\Delta x^3}{3!}\frac{\partial^3 u_i}{\partial x^3}+\frac{\Delta x^4}{4!}\frac{\partial^4 u_i}{\partial x^4}$$
$$+\frac{\Delta x^5}{5!}\frac{\partial^5 u_i}{\partial x^5}+\frac{\Delta x^6}{6!}\frac{\partial^6 u_i}{\partial x^6}+\frac{\Delta x^7}{7!}\frac{\partial^7 u_i}{\partial x^7}+o(\Delta x^8) \tag{4-14}$$

$$u_{i-1}=u_i-\Delta x\frac{\partial u_i}{\partial x}+\frac{\Delta x^2}{2!}\frac{\partial^2 u_i}{\partial x^2}-\frac{\Delta x^3}{3!}\frac{\partial^3 u_i}{\partial x^3}+\frac{\Delta x^4}{4!}\frac{\partial^4 u_i}{\partial x^4}$$
$$-\frac{\Delta x^5}{5!}\frac{\partial^5 u_i}{\partial x^5}+\frac{\Delta x^6}{6!}\frac{\partial^6 u_i}{\partial x^6}-\frac{\Delta x^7}{7!}\frac{\partial^7 u_i}{\partial x^7}+o(\Delta x^8) \tag{4-15}$$

以上两式相减，偶数阶导数项被消除，仅剩下奇数阶导数项有

$$u_{i+1}-u_{i-1}=2\Delta x\frac{\partial u_i}{\partial x}+2\frac{\Delta x^3}{3!}\frac{\partial^3 u_i}{\partial x^3}+2\frac{\Delta x^5}{5!}\frac{\partial^5 u_i}{\partial x^5}+2\frac{\Delta x^7}{7!}\frac{\partial^7 u_i}{\partial x^7}+o(\Delta x^8) \tag{4-16}$$

同理在 $x(i\pm2)\Delta x$ 和 $x=(i\pm3)\Delta x$ 时，可得 $u_{i+2}-u_{i-2}$ 和 $u_{i+3}-u_{i-3}$ 的 7 阶泰勒展开式：

$$u_{i+2}-u_{i-2}=2\cdot2^1\Delta x\frac{\partial u_i}{\partial x}+2\cdot2^3\frac{\Delta x^3}{3!}\frac{\partial^3 u_i}{\partial x^3}+2\cdot2^5\frac{\Delta x^5}{5!}\frac{\partial^5 u_i}{\partial x^5}+2\cdot2^7\frac{\Delta x^7}{7!}\frac{\partial^7 u_i}{\partial x^7}+o(\Delta x^8)$$
$$\tag{4-17}$$

$$u_{i+3}-u_{i-3}=2\cdot3^1\Delta x\frac{\partial u_i}{\partial x}+2\cdot3^3\frac{\Delta x^3}{3!}\frac{\partial^3 u_i}{\partial x^3}+2\cdot3^5\frac{\Delta x^5}{5!}\frac{\partial^5 u_i}{\partial x^5}+2\cdot3^7\frac{\Delta x^7}{7!}\frac{\partial^7 u_i}{\partial x^7}+o(\Delta x^8)$$
$$\tag{4-18}$$

将式（4-16）、式（4-17）和式（4-18）分别乘上 a_1,a_2,a_3 再相加，引入 a_2,a_2,a_3 三个常数的目的是使等式右边仅剩一阶导数项，即

$$a_1(u_{i+1}-u_{i-1})+a_2(u_{i+2}-u_{i-2})+a_3(u_{i+3}-u_{i-3})\chi\Delta x\frac{\partial u_i}{\partial x} \tag{4-19}$$

要使 a_1,a_2,a_3 满足上式，则有：

$$a_1\begin{bmatrix}2\Delta x\frac{\partial u_i}{\partial x}\\2\frac{\Delta x^3}{3!}\frac{\partial^3 u_i}{\partial x^3}\\2\frac{\Delta x^5}{5!}\frac{\partial^5 u_i}{\partial x^5}\end{bmatrix}+a_2\begin{bmatrix}2\cdot2^1\Delta x\frac{\partial u_i}{\partial x}\\2\cdot2^3\frac{\Delta x^3}{3!}\frac{\partial^3 u_i}{\partial x^3}\\2\cdot2^5\frac{\Delta x^5}{5!}\frac{\partial^5 u_i}{\partial x^5}\end{bmatrix}+a_3\begin{bmatrix}2\cdot3^1\Delta x\frac{\partial u_i}{\partial x}\\2\cdot3^3\frac{\Delta x^3}{3!}\frac{\partial^3 u_i}{\partial x^3}\\2\cdot3^5\frac{\Delta x^5}{5!}\frac{\partial^5 u_i}{\partial x^5}\end{bmatrix}=\begin{bmatrix}\Delta x\frac{\partial u_i}{\partial x}\\0\\0\end{bmatrix} \tag{4-20}$$

化简可得系数矩阵：

$$\begin{bmatrix} 1 & 2^1 & 3^1 \\ 1 & 2^3 & 3^3 \\ 1 & 2^5 & 3^5 \end{bmatrix} \begin{bmatrix} a_1 \\ a_2 \\ a_3 \end{bmatrix} = \begin{bmatrix} \dfrac{1}{2} \\ 0 \\ 0 \end{bmatrix} \tag{4-21}$$

求解系数方程(4-21)，可得：

$$a_1 = \frac{3}{4}, a_2 = \frac{3}{20}, a_3 = \frac{1}{60} \tag{4-22}$$

特别要注意的是，式(4-21) 中的三个常数值只是使式(4-19) 的左右两边约等，因为该式的右边舍去了含 Δx^7 以后的高阶项。因此有：

$$\frac{\partial u_i}{\partial x} = \frac{a_1(u_{i+1} - u_{i-1}) + a_2(u_{i+2} - u_{i-2}) + a_3(u_{i+3} - u_{i-3})}{\Delta x} + \frac{\Delta x^7}{\Delta x}(\cdots) + \cdots \tag{4-23}$$

由式(4-23) 可看出，一阶导数的截断项里 Δx 的最低次为 6 次，所以称上式为 6 阶精度。

同理可推导出 $2L$ 阶精度中心有限差分系数计算公式，具体步骤如下：

首先设 $u(x)$ 存在 $2L+1$ 阶导数。则 $u(x)$ 在 $x = x_0 \pm m\Delta x$ 处的 $2L+1$ 阶泰勒展开式为：

$$u(x_0 \pm m\Delta x) = u(x_0) + \sum_{i=1}^{2L+1} \frac{(\pm m)^i (\Delta x)^i}{i!} u^{(x_0)} + o(\Delta x^{2L+2}), m = 1, 2, \cdots, L \tag{4-24}$$

又

$$u(x_0 + m\Delta x) - u(x_0 - m\Delta x) = 2\left[m\Delta x \frac{\partial uz(x_0)}{\partial x} + \sum_{i=1}^{L-1} \frac{(m)^{2i+1}(\Delta x)^{2i+1}}{(2i+1)!} \right.$$
$$\left. u^{(2i+1)}(x_0) + o(\Delta x^{(2L+2)}) \right] \tag{4-25}$$

则一阶导数的 $2L$ 阶精度中心差分近似式可表示为：

$$\left. \frac{\partial u(x)}{\partial x} \right|_{x=x_0} = \frac{\sum_{m=1}^{L} a_m [u(x_0 + m\Delta x) - u(x_0 - m\Delta x)]}{\Delta x} + \frac{e_L u^{(2L+1)}(x_0) \Delta x^{2L+1}}{\Delta x} + \frac{o(\Delta x^{2L+2})}{\Delta x} \tag{4-26}$$

将上述 L 个方程代入化简有：

$$\frac{1}{2}\Delta x u^{(1)}(x_0) = \sum_{m=1}^{L} m\Delta x a_m u^{(1)}(x_0) + \sum_{m=1}^{L}\sum_{i=1}^{L-1} \frac{(m)^{(2i+1)} \Delta x^{(2i+1)}}{(2i+1)!} a_m u^{(2i+1)}(x_0) +$$
$$\sum_{m=1}^{L} \frac{m^{(2L-1)}}{(2L-1)!} a_m \Delta x^{(2L+1)} u^{(2L+1)}(x_0) + o(\Delta x^{2L+2}) \tag{4-27}$$

式(4-26) 中，差分系数由以下方程确定：

$$\begin{bmatrix} 1 & 2^1 & \cdots & L^1 \\ 1 & 2^3 & \cdots & L^3 \\ \vdots & \vdots & & \vdots \\ 1 & 2^{2L-1} & \cdots & L^{2L-1} \end{bmatrix} \begin{bmatrix} a_1 \\ a_2 \\ \vdots \\ a_L \end{bmatrix} = \begin{bmatrix} \dfrac{1}{2} \\ 0 \\ \vdots \\ 0 \end{bmatrix} \tag{4-28}$$

解线性方程(4-27)可得：

$$a_m = \frac{(-1)^{(m+1)} \displaystyle\prod_{i-1, i \neq m}^{L} i^2}{2m \displaystyle\prod_{i=1}^{m-1}(m^2 - i^2) \prod_{i=m+1}^{L}(i^2 - m^2)} \qquad (4\text{-}29)$$

中心差分近似截断误差系数为：

$$e_L = \frac{2}{(2L+1)!} \sum_{m=1}^{L} m^{(2L+1)} a_m \qquad (4\text{-}30)$$

当 $L \to \infty$ 时，有：

$$a_m = \frac{(-1)^{m+1}}{m}, e_L = 0 \qquad (4\text{-}31)$$

因此有：

$$\left. \frac{\partial u(x)}{\partial x} \right|_{x=x_0} \approx \sum_{m=1}^{L} \frac{a_m[u(x_0 + m\Delta x) - u(x_0 - m\Delta x)]}{\Delta x} \qquad (4\text{-}32)$$

其中，一阶导数的中心差分算子长度为 $2L$。

（2）交错网格的任意偶数阶精度有限差分系数计算公式

如图 4-1 一维有限差分计算网格示意图所示，对于常规网格上 $u(x)$ 在 i 点上的一阶导数 6 阶精度 6 点格式中心差分的差分系数计算由 $u_{i+1}, u_{i-1}, u_{i+2}, u_{i-2}, u_{i+3}, u_{i-3}$ 这 6 点确定。而对于交错网格，$u(x)$ 在 i 点一阶导数的 6 阶精度的差分系数的计算则由 $u_{i+1}, u_{i-1}, u_{i+3}, u_{i-3}, u_{i+5}, u_{i-5}$ 这 6 点来确定。

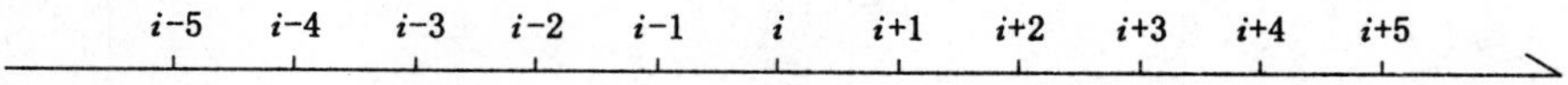

图 4-1　一维有限差分计算网格示意图

根据泰勒展开式有：

$$a_1(u_{i+1} - u_{i-1}) + a_2(u_{i+3} - u_{i-3}) + a_3(u_{i+5} - u_{i-5}) = 2\Delta x \frac{\partial u_i}{\partial x} \qquad (4\text{-}33)$$

系数矩阵为：

$$\begin{pmatrix} 1 & 3^1 & 5^1 \\ 1 & 3^3 & 5^3 \\ 1 & 3^5 & 5^5 \end{pmatrix} \begin{pmatrix} a_1 \\ a_2 \\ a_3 \end{pmatrix} = \begin{pmatrix} 1 \\ 0 \\ 0 \end{pmatrix} \qquad (4\text{-}34)$$

求线性方程(4-33)可得：

$$a_1 = \frac{75}{64}, a_2 = -\frac{25}{384}, a_3 = \frac{3}{640}$$

类似地，如果要用离散点 $u_{i-2}, u_{i-1}, u_i, u_{i+1}, u_{i+2}, u_{i+3}$ 确定 $i + \frac{1}{2}$ 网格点上的一阶导数，根据式(4-32)有：

$$\frac{1}{2}\Delta x \frac{\partial u_{i+\frac{1}{2}}}{\partial x} = a_1(u_{i+1} - u_i) + a_2(u_{i+2} - u_{i-1}) + a_3(u_{i+3} - u_{i-2}) \qquad (4\text{-}35)$$

若算子的对称点为 i，再取此时的网格剖分的间距为 $h = \frac{1}{2}\Delta x$，则式(4-35)可改写成：

$$h \frac{\partial u_i}{\partial x} = \sum_{m=1}^{3} a_m \left(u_{i+\frac{(2m-1)}{2}} - u_{i-\frac{(2m-1)}{2}} \right) \tag{4-36}$$

同理,可以推导出交错网格任意 $2L$ 阶精度有限差分系数计算公式。设 $u(x)$ 有 $2L+1$ 阶导数,则 $u(x)$ 在 $x = x_0 \pm \frac{(2m-1)}{2}h$ 处的 $2L+1$ 阶泰勒展开式为:

$$u\left[x_0 \pm \frac{(2m-1)}{2}h\right] = u(x_0) + \sum_{i=1}^{2L+1} \frac{\left(\pm \frac{2m-1}{2}\right)^i (h)^i}{i!} u^{(i)}(x_0) + o(h^{2L+2}) \tag{4-37}$$

由于交错网格一阶导数 $2L$ 阶精度差分近似式可表示为:

$$h \frac{\partial u(x)}{\partial x}\Big|_{x=x_0} = \sum a_m \left\{ u\left[x_0 + \frac{(2m-1)}{2}h\right] - u\left[x_0 - \frac{(2m-1)}{2}h\right] \right\} +$$
$$e_L u^{(2L+1)}(x_0) h^{2L+1} + o(h^{2L+2}) \tag{4-38}$$

将上述 L 个方程代入化简有:

$$hu^{(1)}(x_0) = \sum_{m=1}^{L} (2m-1) h a_m u^{(1)}(x_0) + \sum_{m=1}^{L} \sum_{i=1}^{L-1} \frac{(2m-1)^{(2i+1)} h^{(2i+1)}}{(2i+1)!} a_m u^{(2i+1)}(x_0)$$
$$+ \sum_{m=1}^{L} \frac{(2m-1)^{(2L+1)}}{(2L+1)!} a_m h^{(2L+1)} u^{(2l+1)}(x_0) + o(h^{2L+2}) \tag{4-39}$$

式中,差分分数由以下方程确定:

$$\begin{bmatrix} 1 & 3^1 & \cdots & (2L-1)^1 \\ 1 & 3^3 & \cdots & (2L-1)^3 \\ \vdots & \vdots & \ddots & \vdots \\ 1 & 3^{2L-1} & \cdots & (2L-1)^{2L-1} \end{bmatrix} \begin{bmatrix} a_1 \\ a_2 \\ \vdots \\ a_L \end{bmatrix} = \begin{bmatrix} 1 \\ 0 \\ \vdots \\ 0 \end{bmatrix} \tag{4-40}$$

当

A. $L=1$ 时,$a_1 = 1$,$e_1 = \frac{1}{24}$

B. $L=2$ 时,$a_1 = \frac{9}{8}$,$a_2 = -\frac{1}{24}$,$e_2 = -\frac{3}{640}$

C. $L>2$ 时,有

$$a_m = \frac{(-1)^{(m+1)} \prod_{i-1, i \neq m}^{L} (2i-1)^2}{(2m-1) \prod_{i=1}^{L-1} \left[(2m-1)^2 - (2i-1)^2 \right]} \tag{4-41}$$

截断误差系数为:

$$e_L = \frac{2}{(2L+1)!} \sum_{m=1}^{L} \left(\frac{2m-1}{2} \right)^{(2L+1)} a_m \tag{4-42}$$

D. $L \to \infty$ 时,有

$$a_m = \frac{4(-1)^{m+1}}{\pi(2m-1)^2}, e=0 \tag{4-43}$$

因此有:

$$\frac{\partial u(x)}{\partial x}\Big|_{x=x_0} = \sum_{m=1}^{L} \frac{a_m \left\{ u\left[x_0 + \frac{(2m-1)}{2}h\right] - u\left[x_0 - \frac{(2m-1)}{2}h\right] \right\}}{h} \tag{4-44}$$

（3）规则网格和交错网格上一阶导数的有限差分法的精度

以函数 $u(x) = \mathrm{e}^{\mathrm{i}\omega x}$ 的一阶导数计算，来考察虚谱法、中心有限差分和交错网格有限差分法的精度。对于虚谱法，有：

$$\frac{\partial \mathrm{e}^{\mathrm{i}\omega x}}{\partial x} = i\omega \mathrm{e}^{\mathrm{i}\omega x} \tag{4-45}$$

而高阶中心有限差分法可表示为：

$$\frac{\partial \mathrm{e}^{\mathrm{i}\omega x}}{\partial x} \approx \left(\frac{\mathrm{i}}{h}\right)\mathrm{e}^{\mathrm{i}\omega x}\sum_{i=1}^{L}a_l\sin(l\omega h) \tag{4-46}$$

交错网格的高阶有限差分法可表示为：

$$\frac{\partial \mathrm{e}^{\mathrm{i}\omega x}}{\partial x} \approx \left(\frac{2\mathrm{i}}{h}\right)\mathrm{e}^{\mathrm{i}\omega x}\sum_{i=1}^{L}a_l\sin\left(\frac{2l-1}{2}\omega h\right) \tag{4-47}$$

式中，L 表示 $l/2$ 算子长度；h 表示空间采样间隔。

图 4-2 差分算子振幅与虚谱法差分算子振幅谱对比为不同阶数的中心差分算子和交错网格差分算子振幅与虚谱法差分算子振幅谱的对比。图中，曲线自下而上，$L=1\sim10$，即差分精度为 $2\sim20$ 阶。图中直线对应虚谱法差分算子。从图 4-2 差分算子振幅与虚谱法差分算子振幅谱对比中可以看出，一阶导数的不同长度（或差分精度）中心差分算子在 Nyquist 频率或波数（或 1/网格点数=0.5）时，振幅谱为零，即中心差分算子精度不能到达虚谱差分算子的精度；而交错网格点差分算子的振幅在接近 Nyquist 频率或波数时，略偏离虚谱差分算子的谱线，但随着差分算子长度的增加，这种偏差越来越小。可见，交错网格差分算子的精度可以到达虚谱差分算子的精度，即每波长 2 个网格点。

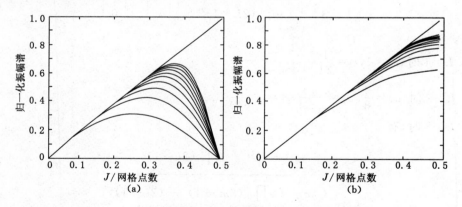

图 4-2　差分算子振幅与虚谱法差分算子振幅谱对比

另外，规则网格和交错网格是 $u^{(1)}(x)$ 的近似误差系数比，二阶近似时，为 $\delta_2 = \left(\frac{1}{24}\right)/\left(\frac{1}{6}\right)=0.25$；四阶近似时，为 $\delta_4 = \left(\frac{3}{640}\right)/\left(\frac{1}{30}\right)=0.141$；对于 n（n 为偶数）阶近似时，有

$$\delta_n = \left\{\frac{n!}{2^n\left[(n/2)!\right]^2}\right\}^2 \tag{4-48}$$

从上式可以看出随着阶数 n 的增加（$n\to\infty$ 对应于虚谱法），交错网格的局部精度迅速提高。

（4）规则网格和交错网格上一阶导数的有限差分系数的收敛性

从式（4-31）、式（4-43）可以看出，随着阶数的不断增高，规则网格上的差分系数收敛于 $\dfrac{(-1)^{m+1}}{m}(m=1,2,\cdots)$（对应于虚谱法）；而交错网格收敛于 $\dfrac{4(-1)^{m+1}}{\pi(2m-1)^2}(m=1,2,\cdots)$（对应于虚谱法），即规则网格的差分系数收敛速度为 $o\left(\dfrac{1}{m}\right)$，而在交错网格上收敛的速度为 $o\left(\dfrac{1}{m^2}\right)$。可见，交错网格的有限差分的权重衰减很快，因此交错网格法的差分算子局部特性更好，收敛性好。

图 4-3 所示为规则网格、交错网格上一阶导数的 20 点差分算子和相应的虚谱差分算子的对比。

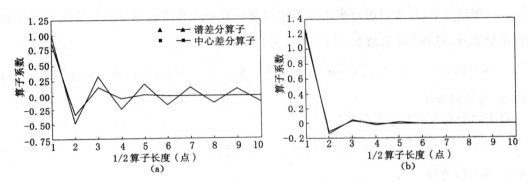

图 4-3　一阶导数的 20 点差分算子和相应的虚谱法算子的对比

（a）规则网格；（b）交错网格

4.1.2.3　有限差分的时间高精度近似

（1）一阶时间导数的差分算法

有限差分的时间近似与空间近似的原理相同，对于波场函数 $u(x,z,t)$（本研究所有讨论在空间域中都基于二维 xoz 平面，x 向右为正，z 向下为正，设 $u(x,z,t)$ 存在时间的 3 阶导数，则 $u(x,z,t)$ 在 $t=(n\pm1/2)\Delta t$ 处的 3 阶泰勒展开式为：

$$u^{n^+}(x,z)=u^n(x,z)+\frac{\Delta t}{2}\frac{\partial u^n(x,z)}{\partial t}+\frac{1}{2^2}\frac{\Delta t^2}{2!}\frac{\partial u^n(x,z)}{\partial t^2}+\frac{1}{2^3}\frac{\Delta t^3}{3!}\frac{\partial u^n(x,z)}{\partial t^3}+o(\Delta t^4)$$

$$(4-49)$$

$$u^{n^-}(x,z)=u^n(x,z)-\frac{\Delta t}{2}\frac{\partial u^n(x,z)}{\partial t}+\frac{1}{2^2}\frac{\Delta t^2}{2!}\frac{\partial u^n(x,z)}{\partial t^2}-\frac{1}{2^3}\frac{\Delta t^3}{3!}\frac{\partial u^n(x,z)}{\partial t^3}+o(\Delta t^4)$$

$$(4-50)$$

其中，$u^{n^+}(x,z)$ 表示 $t=(n+1/2)\Delta t$ 时刻的值，$u^{n^-}(x,z)$ 表示 $t=(n-1/2)\Delta t$ 时刻的值。

以上两式相减有：

$$u^{n^+}(x,z)=u^{n^-}(x,z)+\Delta t\frac{\partial u^n(x,z)}{\partial t}+\frac{1}{3!}\left(\frac{\Delta t}{2}\right)^3\frac{\partial u^n(x,z)}{\partial t^3}+o(\Delta t^4) \qquad (4-51)$$

式（4-51）两边同除以 Δt 并移项有：

$$\frac{\partial u^n(x,z)}{\partial t}=\frac{u^{n^+}(x,z)-u^{n^-}(x,z)}{\Delta t}+\frac{1}{3!}\frac{\Delta t^2}{2^3}\frac{\partial u^n(x,z)}{\partial t^3}+o(\Delta t^4)$$

$$= \frac{u^{n^+}(x,z) - u^{n^-}(x,z)}{\Delta t} + o(\Delta t^2) \tag{4-52}$$

舍掉 $o(\Delta t^2)$ 项得：

$$u^{n^+}(x,z) \approx u^{n^-}(x,z) + \Delta t \frac{\partial u^n(x,z)}{\partial t} \tag{4-53}$$

此公式为时间二阶精度差分公式。

同理对于时间上 $2N$ 阶精度的差分格式如下：

$$u^{n^+}(x,z) = u^{n^-}(x,z) + 2\sum_{n=1}^{N} \frac{1}{(2n-1)!} \left(\frac{\Delta t}{2}\right)^{2n-1} \frac{\partial^{2n-1}}{\partial t^{2n-1}} u^n(x,z) + o(\Delta t^{2N}) \tag{4-54}$$

其中,当 $N=1$ 时,为时间二阶差分精度;当 $N=2$ 时,为时间四阶差分精度。

（2）二阶时间导数的差分算法

二阶时间导数 $\frac{\partial^2 u}{\partial t^2}$ 的高阶有限差分近似是通过波动方程将时间导数转换成空间导数。利用泰勒展开,得到 $2M$ 阶精度的时间差分近似,即

$$u^{n+1}(x,z) = 2u^n(x,z) - u^{n-1}(x,z) + 2\sum_{m=1}^{M} \frac{\Delta t^{2m}}{(2m)!} \frac{\partial^{2m}}{\partial t^{2m}} u^n(x,z) + o(\Delta t^{2M}) \tag{4-55}$$

式中 Δt 为时间步长。

对于二阶双曲型波动方程有：

$$\frac{\partial^{2m} u^n(x,z)}{\partial t^{2m}} = \frac{\partial^{2(m-1)}}{\partial t^{2(m-1)}} \times \left\{ v^2 \left[\frac{\partial^2 u^n(x,z)}{\partial x^2} + \frac{\partial^2 u^n(x,z)}{\partial z^2} \right] \right\} \tag{4-56}$$

式中, v 为声波速度。

通过式（4-56）即可实现了时间导数到空间导数的转换。

4.2 含瓦斯煤层的地震剖面正演模型的建立

地震正演模拟是基于假设或解释的地质模型而进行地震振幅定量解释的一个常用方法,它由建立合成地震模型而实现,并达到从模型中获取数据的目的[63]。地震正演模拟是研究地质体地震特征的一个很重要的方法,它为实际地震资料的解释提供了一定的理论基础。为了研究不同煤体结构的地震响应,模拟不同煤层结构的正演地震剖面,本章根据表4-1 列出的煤层及其顶底板常见物性参数和表 4-2 不同煤体的地质模型所示的 16 个常见基本地质模型,正演模拟出了 16 个基本地震剖面。

表 4-1   **煤层及其顶底板常见物性参数**[65]

岩　性	$V_P/(m/s)$	$V_S/(m/s)$	$\rho/(g/cm^3)$
原生煤	2 400	1 259.4	1.500
含层理煤	2 421	1 267	1.63
含孔隙煤	1 815	1 072	1.5
软分层构造煤	650	196	1.25
泥岩	3 170	1 585	2.360
砂岩	3 601	2 172	2.562

　　根据表 4-1 中所示,将煤分为原生煤、软分层构造煤、含层理煤、含孔隙煤 4 类,一般来说,含孔隙煤与软分层构造煤的孔隙发育较好,利于瓦斯富集,认为是含瓦斯煤层。

表 4-2　　　　　　　　　　　　　　　　　不同煤体的地质模型

名　　　称	煤层岩性	顶板岩性	底板岩性	煤层产状
模型 1-1	原生煤	砂岩	砂岩	水平
模型 1-2	含层理煤	砂岩	砂岩	水平
模型 1-3	含孔隙煤	砂岩	砂岩	水平
模型 1-4	软分层构造煤	砂岩	砂岩	水平
模型 2-1	原生煤	泥岩	泥岩	上倾 16°
模型 2-2	含层理煤	泥岩	泥岩	上倾 16°
模型 2-3	含孔隙煤	泥岩	泥岩	上倾 16°
模型 2-4	软分层构造煤	泥岩	泥岩	上倾 16°
模型 3-1	原生煤	泥岩	泥岩	水平
模型 3-2	含层理煤	泥岩	泥岩	水平
模型 3-3	含孔隙煤	泥岩	泥岩	水平
模型 3-4	软分层构造煤	泥岩	泥岩	水平
模型 4-1	原生煤	泥岩	砂岩	下倾 16°
模型 4-2	含层理煤	泥岩	砂岩	下倾 16°
模型 4-3	含孔隙煤	泥岩	砂岩	下倾 16°
模型 4-4	软分层构造煤	泥岩	砂岩	下倾 16°

　　表 4-2 不同煤体的地质模型涉及三种不同产状的基本地质模型,分别为水平煤层地质模型、上倾煤层地质模型和下倾煤层地质模型,如图 4-3 一阶导数的 20 点差分算子和相应的虚谱法算子的对比所示。其中,煤层厚度均为 6 m,模型长度 1 000 m,深度 1 000 m。水平煤层地质模型煤层埋深为 350 m,上倾煤层地质模型煤层起点深度 600 m,终点深度 300 m,下倾煤层地质模型煤层起点深度 300 m,终点深度 600 m。模型中各地质体的参数见表 4-2 不同煤体的地质模型。

　　对于表 4-2 不同煤体的地质模型和图 4-4 不同煤层产状的地质模型所建立的地质模型,再利用有限差分法正演其地震剖面。正演时网格大小设定为 0.2 m×0.2 m,道间距为 10 m,时间采样间隔为 0.25 ms,震源采用主频为 60 Hz 的雷克子波。以此得到图 4-5 4 个不同模型对应的地震正演剖面所示的部分正演地震剖面。

　　一般而言,波的负相位为煤层顶板,波的正相位为煤层底板。从图 4-5 所示 4 个不同模型对应的地震正演剖面中可以看到,软分层构造煤的人工合成地震记录的正负相位能够分开,即煤层顶底板分别为独立的反射波。而原生煤、含层理煤以及含孔隙煤的地震记录为一个复合波,基本无法分开煤层顶底板。这三种煤的合成记录肉眼看上去差别不大,但其中包含的运动学和动力学等地震属性值有一定的区别,属性值提取方法详见第 4.3 节。

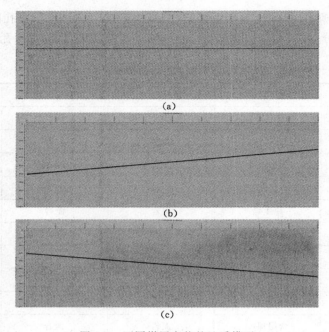

图 4-4　不同煤层产状的地质模型

(a)水平煤层地质模型;(b) 上倾煤层地质模型;(c) 下倾煤层地质模型

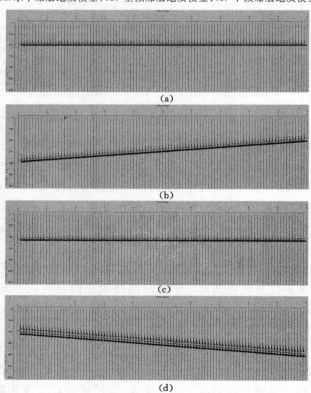

图 4-5　4 个不同模型对应的地震正演剖面

(a) 模型 1-1;(b) 模型 2-2;(c) 模型 4-3;(d) 模型 4-4

为了更加深入研究基于地震正演模拟的煤与瓦斯突出危险区预测方法,本研究以所建立的 16 个基本含瓦斯煤层的地质和地球物理模型为基础,根据煤矿常见的地质条件,建立了三个复杂的含瓦斯煤层的地质和地球物理典型模型,并正演模拟出了其典型地震剖面,对其地震振幅属性进行了详细分析。

依据董守华教授等人的研究成果,认为煤层中的瓦斯含量与构造、埋深、煤层顶底板、煤厚有关,因而根据矿井常见的地质条件,设计水平单相介质、双相介质、顶板岩性变化、煤层厚度变化的模型,建立的典型地质模型如下:

图 4-6 所示为长 1 500 m、深 400 m 的二维水平层状地质模型,该地质模型是根据山西省沁水盆地实际的煤层气地质情况而建立。共分为七层,第一层:砂岩,厚 200 m,ρ=2.8 g/cm^3,V_P=3 600 m/s,V_S=2 400 m/s;第二层:砂质泥岩,厚 16 m,ρ=2.6 g/cm^3,V_P=2 700 m/s,V_S=1 700 m/s;第三层:3 煤,厚 6.0 m,ρ=1.46 g/cm^3,V_P=2 100 m/s,V_S=1 250 m/s;第四层:砂质泥岩,厚 12 m,ρ=2.6 g/cm^3,V_P=2 700 m/s,V_S=1 700 m/s;第五层:砂岩,厚 40 m,ρ=2.8 g/cm^3,V_P=3 600 m/s,V_S=2 400 m/s;第六层:9 煤,厚 2 m,ρ=1.46 g/cm^3,V_P=2 100 m/s,V_S=1 250 m/s;第七层:砂岩,厚 3 m,ρ=2.9 g/cm^3,V_P=3 900 m/s,V_S=2 600 m/s;模型的网格剖分采用 750×200,网格间距为 2 m,采样间隔为 Δt=0.25 ms,纯纵波源激发,震源分为 40 Hz、60 Hz、80 Hz 三种主频的雷克子波,震源位于(2 m,10 m)位置,道距是 10 m,24 次叠加。

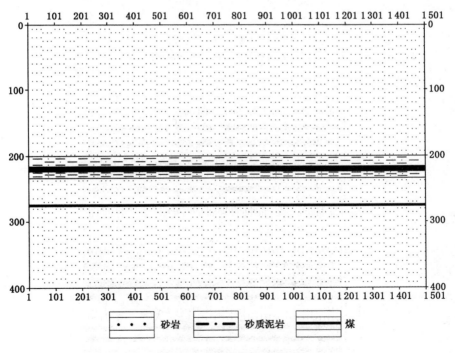

图 4-6　水平层状地质模型

(1)煤层水平模型的叠后地震响应

① 煤层为单相介质的模型

模拟各层均为各向同性介质的地震记录,以便与各层为双相介质的记录比较。应用空间十阶交错网格差分方法,得到如图 4-7 主频为 40 Hz 的剖面、图 4-8 主频为 60 Hz 的剖面,该图分别表示在主频为 40 Hz、60 Hz 的纵波叠加剖面和转换波的叠加剖面。

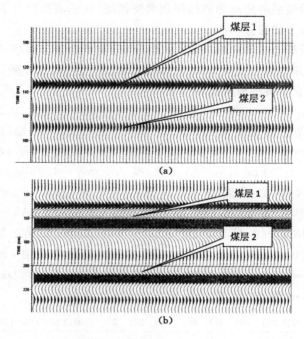

图 4-7 主频为 40 Hz 的剖面

(a) 纵波叠加剖面;(b) 转换波剖面

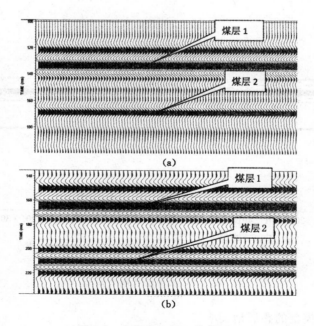

图 4-8 主频为 60 Hz 的剖面

(a) 纵波叠加剖面;(b) 转换波剖面

　　提取纵波和转换波叠加剖面最大振幅属性,得到不同主频下 3 煤层纵波与转换波最大振幅属性(见图 4-9)。主频越高,纵波最大振幅越大;高频时,转换波最大振幅相差不大。

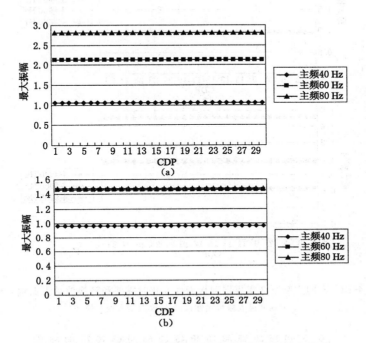

图 4-9　不同主频下 3 煤纵波与转换波最大振幅属性
(a) 纵波最大振幅属性;(b) 转换波最大振幅属性

　　② 煤层顶板岩性变化单相介质的模型
　　当顶板岩性发生变化时,即第二层砂质泥岩参数 $\rho=2.46$ g/cm³,$V_P=2\,550$ m/s,$V_s=1\,500$ m/s,其他参数不变。论文应用空间十阶交错网格差分方法,得到主频为 40 Hz、60 Hz、80 Hz 的 3 煤层纵波叠加剖面和转换波的叠加剖面,提取纵波和转换波叠加剖面的最大振幅属性。
　　研究表明,通过提取纵波和转换波叠加剖面最大振幅属性,可以得出 3 煤纵波和转换波最大振幅随主频增加,最大振幅值变大。图 4-10 所示为不同主频下 3 煤煤层顶板岩性变化时纵波和转换波最大振幅属性。
　　(2) 顶板厚度变化的地震响应
　　当煤层倾斜,倾角为 10°时,模型水平长度为 16/tan 10°＝90.74 m(图 4-11 顶板厚度变化煤层模型与剖面),第二层:砂质泥岩,厚 0～16 m,$\rho=2.6$ g/cm³,$V_P=2\,700$ m/s,$V_s=1\,700$ m/s;其他参数不变。模型的网格剖分采用 600×600,网格间距为 0.5 m,采样间隔为 $\Delta t=0.25$ ms,纯纵波源激发,震源为 80 Hz 主频的雷克子波。
　　通过对叠加剖面提取煤层最大振幅的属性,可得如图 4-12 顶板砂质泥岩厚度对 3 煤反射波最大振幅影响。

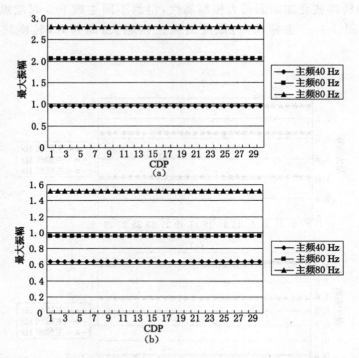

图 4-10 不同主频下 3 煤煤层顶板岩性变化时纵波和转换波最大振幅属性

（a）纵波最大振幅属性；（b）转换波最大振幅属性

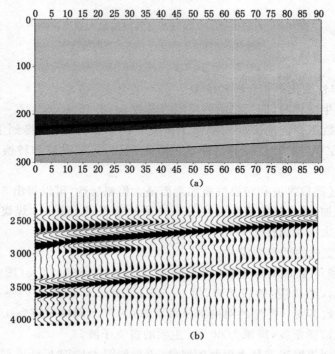

图 4-11 顶板厚度变化煤层模型与剖面

（a）顶板厚度变化煤层模型；（b）图（a）模型的地震剖面

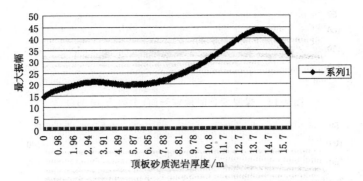

图 4-12　顶板砂质泥岩厚度对 3 煤反射波最大振幅影响

由此可见,当顶板砂质泥岩厚度在 0～2.8 m 时,3 煤层最大振幅的值受到尖灭的影响变大;在 2.8～6.86 m 时,3 煤层最大振幅的值变化不大;在 6.86～13.96 m 时,3 煤层最大振幅的值变大,其主要原因为煤层反射波和顶板反射波复合;顶板砂质泥岩厚度在 13.96～16 m 时,此时与顶板砂质泥岩厚度 16 m 时 3 煤最大振幅之差百分比变化范围从 31.1% 逐渐减小到零,其原因是随着 3 煤顶板砂质泥岩厚度增大,煤层和顶板反射波分离,煤层顶板厚度的变化对 3 煤层反射波没有影响了。

(3) 煤层厚度变化模型

改变模型,煤层底界面是水平的,但煤层厚度发生变化,从 0～42.162 m,如图 4-13 所示,模型水平长度 300 m,震源为 40 Hz、60 Hz 及 80 Hz 三种主频的雷克子波,可得图 4-13 煤层厚度变化的地质模型、图 4-14 煤厚变化时地震剖面(主频为 40 Hz)、图 4-15 煤厚变化时地震剖面(主频为 60 Hz)的叠加剖面图,取煤层反射波的最大振幅绘制于图 4-16 煤厚变化时地震剖面(主频为 80 Hz)、图 4-17 煤层反射波最大振幅属性曲线图(主频 40 Hz)、图 4-18 煤层反射波最大振幅属性曲线图(主频 60 Hz)。由图分析可知,随着煤层厚度的变化,反射波的最大振幅也发生变化。子波频率不同时,各道记录的最大振幅值也是不同的,但反射波振幅曲线变化的趋势比较相似。

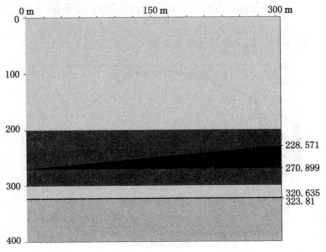

图 4-13　煤层厚度变化的地质模型

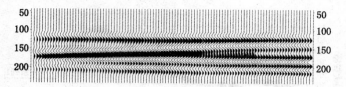

图 4-14　煤厚变化时地震剖面（主频为 40 Hz）

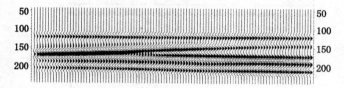

图 4-15　煤厚变化时地震剖面（主频为 60 Hz）

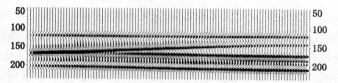

图 4-16　煤厚变化时地震剖面（主频为 80 Hz）

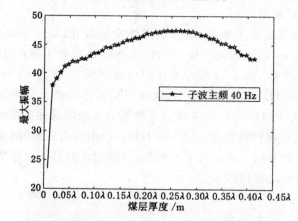

图 4-17　煤层反射波最大振幅属性曲线图（主频 40 Hz）

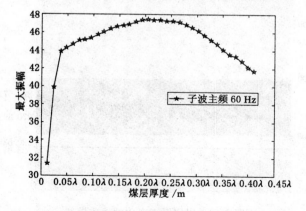

图 4-18　煤层反射波最大振幅属性曲线图（主频 60 Hz）

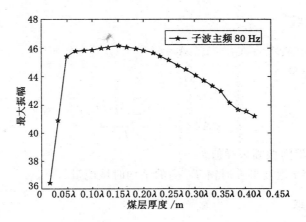

图 4-19　煤层反射波最大振幅属性曲线图(主频 80 Hz)

由图 4-17 至图 4-19 得到,当煤层厚度<1/4 波长时,随着煤厚的增加,最大振幅不断增加,仅在[0,λ/20]区间内,最大振幅与煤层厚度存在线性关系。煤层厚度小于调谐厚度,用最大振幅反演煤层厚度,宜采用低频资料,并按非线性关系建立相关模型。

4.3　基于正演地震剖面的地震属性提取

地震属性技术的关键在于属性提取,不同的属性有不同的提取方法,有关属性的提取方法和算法如下:

4.3.1　时间属性提取

可从图 4-20 所示的波形函数 $f(t)$ 中提取出属性参数。

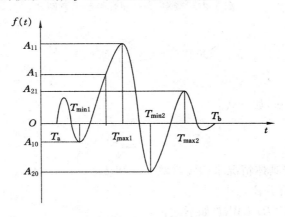

图 4-20　时间、振幅属性参数示意图

(1) 波谷相位时间:T_{min1}、T_{min2}。

(2) 波峰相位时间:T_{max1}、T_{max2}。

4.3.2 振幅属性提取

（1）波峰波谷振幅：$A_1 = A_{11} - A_{10}$、$A_2 = A_{21} - A_{20}$。

（2）时域平均能量

$$AT(i) = \frac{\sum_{t_j = t_1}^{t_2} A_j^2(t)}{T_L} \tag{4-57}$$

式中　$A_j(t)$——t_j 瞬间振幅采样值。

　　　$AT(i)$——第 i 道波形在时窗 T_L 内的平均时域能量。

4.3.3 频率属性提取

（1）宽频带总能量

如图 4-21 频率、相位属性参数示意图所示，一定频带范围内的 $[f_{WL}, f_{WH}]$ 能量之和，即为计算这一频带范围内能量谱线下的面积。因此，宽频带总能量 $QFW(i)$ 如下式：

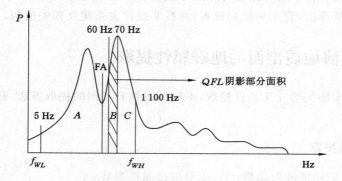

图 4-21　频率、相位属性参数示意图

$$QFW(i) = \sum_{f=f_{WL}}^{f_{WH}} A_i^2(f) \tag{4-58}$$

（2）主频带能量

主频带能量 $QFL(i)$ 如下式：

$$QFL(i) = \sum_{f=f_{ML}}^{f_{MH}} A_i^2(f) \tag{4-59}$$

以此类推，可依据具体情况来确定参数 f_{MH} 和 f_{ML}。

（3）主频带能量百分比

主频带能量百分比 $RFLW(i)$ 如下式：

$$RFLW(i) = \frac{QFL(i)}{QFW(i)} \times 100\% \tag{4-60}$$

如图 4-21 频率、相位属性参数示意图所示，$RFLW(i)$ 表示的比值为以 f_L 为中心而宽度为 10 Hz 的面积 B 与总面积（$A+B+C$）之比。

（4）低频带能量

低频带能量 $Qf(i)$ 如下式：

$$Qf(i) = \sum_{f=5}^{35} A_i^2(f) \tag{4-61}$$

（5）平均频率

平均频率 $FA(i)$ 如下式：

$$\sum_{f=f_{WL}}^{FA} A_i^2(f) = \sum_{f=FA}^{f_{WH}} A_i^2(f) \tag{4-62}$$

（6）峰值频率

峰值频率 $FM(i)$ 是振幅谱曲线 $A_i(f)$ 的极大值所对应的频率。

4.3.4 相位属性提取

（1）峰频相位

峰值频率所对应的相位为 $PHM(i)$。

（2）平均频率相位

平均频率所对应的相位为 $PHA(i)$。

4.3.5 波形属性提取

1977 年，法国数学家 Mandelbrot 首次提出分形几何学的设想，在 20 世纪 80 年代以来已成为热门学科之一，它为非均匀性、突变性、差异性和间断性的研究提供了一种行之有效的工具。用分形方法进行波形属性提取分析涉及的指标主要有关联维、容量维。

（1）关联维

设有时间序列 $x_i = \{x_1, x_2, \cdots, x_n\}$，其中 $x_i = x(t_i)$。将上述时间序列重新排列，建立一个 d 维向量相空间 $\{X_i\}$：

$$
\begin{aligned}
X_1 &= (x(t_1), x(t_1+\tau), \cdots, x(t_1+(d-1)\tau)) \\
X_2 &= (x(t_2), x(t_2+\tau), \cdots, x(t_2+(d-1)\tau)) \\
&\vdots \\
X_i &= (x(t_i), x(t_i+\tau), \cdots, x(t_i+(d-1)\tau))
\end{aligned} \tag{4-63}
$$

式中，τ 是延迟时间，它是原时间序列 $\{x_i\}$ 的间隔的 Δt 的整数倍。τ 的选择应保证式(4-63)给出的各向量是线性无关的。

建立一个相空间后，任给一个标度 ε，然后检查有多少点对 (X_i, X_j) 之间的距离小于 ε，把距离小于 ε 的点对在所有点对中所占的比例记为：

$$C_2(\varepsilon) = \frac{1}{N^2} \sum_{\substack{i,j=1 \\ i \neq j}}^{N} \theta(\varepsilon - \| X_i - X_j \|) \tag{4-64}$$

式中 $\theta(x)$——Heaviside 函数

$$\theta(x) = \begin{cases} 1 & x < 0 \\ 0 & x \geqslant 0 \end{cases} \tag{4-65}$$

显然，$C_2(\varepsilon)$ 随着 ε 的增大而增大。

若 ε 选得太大，则一切点对的距离都不会超过它，$C_2(\varepsilon) = 1$；若 ε 选得太小，噪声在任何一维上都起作用，因此 $C_2(\varepsilon) \rightarrow 0$。只有当 ε 位于一适当的区域内（一般称为标度区），$C_2(\varepsilon)$

随 ε 的变化呈幂函数形式 $C_2(\varepsilon) \propto \varepsilon D$。

绘制一张 $\lg C_2(\varepsilon)$ 对 $\lg \varepsilon$，然后用直线拟合，其斜率就是关联维 D_2（见图 4-22）。

（2）容量维

由于地震记录是一混沌序列，具有分形特性，所以有：

$$E(f) \propto f^{\beta} \tag{4-66}$$

由于

$$A(f) = \sqrt{E(f)} \tag{4-66}$$

所以

$$A(f) \propto f^{\beta/2} \tag{4-67}$$

令

$$D_f = \beta/2 \tag{4-68}$$

有

$$A(f) \propto f^{D_f} \tag{4-70}$$

绘制一张 $\lg A(f) - \lg f$ 的曲线图，并用直线拟合，其斜率就是容量维 D_f（见图 4-23）。

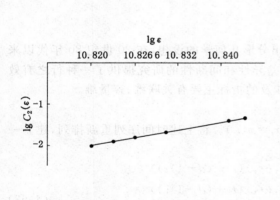

图 4-22　时间序列的关联维计算

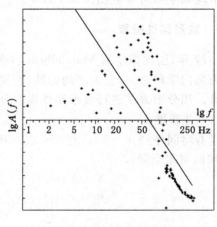

图 4-23　容量维计算

（3）二维分形参数

从三维地震数据体中提取时间切片或者是任意方向的剖面，然后在时间切片或是地震剖面上开一窗口。无论是哪一种情况，都可将窗口内的地震数据视为一幅图像。在地震剖面上为一时间窗口，其大小为 $N_0 \times N_1$ 个像素，N_0 代表叠加道数，N_1 代表各道的样点数；而时间切片上为一空间窗口，由 $M_1 \times M_2$ 个像素组成，M_1 代表主测线数，M_2 代表联络测线数。

计算尺度向量 $\boldsymbol{SR} = [dr(1), dr(2), \cdots, dr(k), \cdots, dr(n)]$，其中 $dr(1) = 1$，$dr(n) =$ 最大可能的尺度，$dr(k) < dr(k+1)$，k 为整数，$dr(k)$ 为两个像素之间的距离 Δr_k，且按 Δr 单调递增方式排列。

计算像素对个数向量 $\boldsymbol{PPN} = [ppn(1), ppn(2), \cdots, ppn(k), \cdots, ppn(n)]$，它由每一个不同的尺度对应的所有可能像素对的个数构成，其中 $ppn(k)$ 是距离为 Δr_k 的像素对的总数。

计算多尺度强度差向量 $\boldsymbol{MSID} = [di(1), di(2), \cdots, di(k), \cdots, di(n)]$，每一个 $\boldsymbol{MSID}$ 向

量的分量值是距离为某一定值的所有点对的绝对强度差值的平均,其中 $di(k)$ 是距离为 $dr(k)$ 的所有像素对的绝对强度差值的平均。

$$di(k) = \frac{\sum\limits_{x1=0}^{M1-1}\sum\limits_{y1=0}^{M1-1}\sum\limits_{x2=0}^{M2-1}\sum\limits_{y2=0}^{M2-1} \mid X(x_2,y_2)-X(x_1,y_1) \mid}{ppn(k)} \qquad (4\text{-}69)$$

其中 x_1,y_1,x_2,y_2 必需满足 $\sqrt{(x_2-x_1)^2+(y_2-y_1)^2}=\Delta r_k$。

选取适当的尺度(计算出点间距的最大值和最小值),求出向量 **SR** 和向量 **MSID** 的每一个分量的对数,然后用最小二乘法拟合出斜线的斜率 P,则可以得到二维分形值。

4.3.6　相关属性提取

利用相邻地震道数据可以求取相似系数:

$$R_{xy}(i) = \frac{\sum\limits_{t_j=t_1}^{t_2} x_j(t) \cdot y_j(t)}{\sqrt{\sum\limits_{t_j=t_1}^{t_2} x_j^2(t) \cdot \sum\limits_{t_j=t_1}^{t_2} y_j^2(t)}} \qquad (4\text{-}70)$$

其中,$t_1=T-T_{L/2}$,$t_2=T+T_{L/2}$。

式中　$R_{xy}(i)$——第 i 道的相似系数;

　　　T_L——时窗长度 $T_L=T_b-T_a$;

　　　$x_j(t)$、$y_j(t)$——相邻道 t_j 瞬间振幅采样值;

　　　T——时窗中心时间。

4.3.7　谱分解属性提取

地震谱分解是指通过对地震道进行连续时频分析后来获取地震频谱。使用谱分解技术能提高地震资料对薄储层的解释分析预测能力,还能从常规宽频地震数据体中提取出更丰富的有用地质信息,从而达到提高对特殊地质体的解释识别水平[65]。地震谱分解解释技术是一种基于时频分析的地震属性分析技术,它为频率域分析、解释地震数据提供了一种新途径。谱分解方法的流程是运用连续时频分析法将地震数据体从时间域转换到频率域,然后求出每个地震道的时间样点频谱,按照频率重新排出产生共频率的数据体、剖面和时间切片以及层切片,再利用可视化等解释工具对各单一频率的数据进行对比、分析和解释[66]。

实际上,地震谱分解是通过对每个地震道的时间样点进行连续时频分析来获取频谱的,常用的算法是连续小波变换(CWT)。地震信号 $s(t)\in L^2(R)$ 的连续小波变换就是其与小波序列的内积[67]

$$F_w(\tau,\alpha) \leqslant s(t),\psi_a\tau(t) >= \frac{1}{\sqrt{\alpha}}\int s(t)\psi^*\left(\frac{t-\tau}{\alpha}\right)\mathrm{d}t \qquad (4\text{-}71)$$

上式中,F_w 为信号时间—尺度分布;$\psi(t)$ 为一母小波;$\alpha,\tau\in R$,且 $\alpha>0$,α 为尺度,τ 为时移;ψ^* 为 $\psi(t)$ 缩放位移后的共轭复数。小波变换是一种时间—尺度域的分析方法,非单频,尺度对应于频宽。然而 Morlet 小波的中心频率与尺度成反比,有利于进行尺度和频度的刻度。

4.4 基于地震属性和 SVM 的预测模型研究

本章运用 SVM 的分类理论研究煤与瓦斯突出危险区的预测问题[69]。煤与瓦斯突出不是单纯的地质问题，而是涉及煤层地质、岩石力学、开发方法等多种因素的相互作用而突然发的生一种灾害，是一种作用机制极其复杂的一种现象。将地震属性（在前面已讨论）和 SVM 分类方法引入到煤与瓦斯的预测研究中，具有以下几个优势：

① SVM 能够有效处理有限样本的分类问题。SVM 是基于统计学理论的分类方法，具有坚实的理论基础，能够解决利用地震属性对煤与瓦斯危险突出区预测时所面临的样本数较少的问题。

② 较好的推广能力。SVM 理论的一个重要准则是风险最小化原则，该原则不但能够有效地控制模型的误差，而且能够对未知数据进行较好的预测，使其具有较好地推广能力，从而保证了模型使用的一致性。

③ 避免维灾难。SVM 的分类方法不同于聚类分析、神经网络等分类算法，其是将输入样本的低维特征空间映射到一个高维特征空间中，实现使用最优超平面分类的目的，能够有效避免分类算法在面临高维空间数据时所面临的"维灾"问题。

4.4.1 基于地震属性和 SVM 的煤与瓦斯突出危险区预测模型

使用 SVM 方法对煤与瓦斯突出区预测实际上通过非线性变换（核函数）将输入样本（属性为地震属性）的低维特征空间映射到一个高维特征空间，然后通过计算最优分类超面将预测数据集划分到不同的类别中，其数学模型见式(3-13)所示。

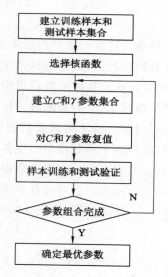

图 4-24　SVM 模型建立流程

SVM 分类模型的建立分为三个步骤：

① 数据预处理。数据预处理的任务是对训练样本数据进行筛选、过滤、变换，以消除错

误数据,并将训练样本数据转换为适合 SVM 算法使用的数据。

② 模型训练。模型训练是使用训练样本数据集训练 SVM 模型,得到相应的参数,由此建立 SVM 的分类模型(初始模型)。

③ 验证测试。验证测试的目的使用第二步骤建立的 SVM 分类模型对测试样本进行测试,以验证模型的正确性。

整个模型的建立过程是一个不断反复进行的过程,通过上述基本步骤的多次尝试以得到最优的模型参数,整个模型建立的过程如图 4-24 所示。

其中,训练样本和测试样本的特征属性(地震属性)由 4.4 节确定,是模型的输入样本,将煤与瓦斯突出危险区的分类评价集(突出、不突出)作为模型的输出,采用的核函数及相关参数的选择方法在 4.4.2 节进行讨论。

4.4.2　预测模型影响因子选择

煤与瓦斯突出危险区的影响因子涉及众多的因素,这在本书的第二章已经进行了较为充分的论述,以下仅讨论涉及煤与瓦斯突出危险区预测模型的影响因素。通过分析,发现涉及预测模型的影响因素主要分两大类:

(1) 地震属性选择

地震属性综合反映了煤层围岩性质、煤质、瓦斯含量等众多特性,这些属性是作为样本数据的属性而参与模型的训练和预测的,其对煤与瓦斯突出危险区预测的影响是不尽相同的。具体的选择方法和考虑在本书第三章中已详述,这里不再讨论。

(2) SVM 模型参数选择

SVM 是基于结构化风险最小化原则的分类算法,求得的解具有全局最优性和唯一性,与其他分类算法相比具有特有的优势。其不足之处在于分类性能受多种因素的影响,其中三个因素的影响最大:

① 核函数选择。核函数的作用是将样本低维空间映射到高维空间,从而便于最优超平面将未知数据划分到不同的分类中。核函数的形式众多,适用范围也不尽相同,本研究选择 RBF 核函数,这是因为 RBF 核函数不仅符合 SVM 的思想,而且将样本的低维空间映射到高维空间时计算量花费不大。

② 惩罚因子 C 值选择。惩罚因子 C 是为确定样本空间中机器学习的置信范围和经验风险比例而设置的,不同的样本空间中最优 C 值的大小也不尽相同。研究表明,伴随 C 的增大,测试精度首先提高,在达到一定的阈值后,测试的精度反而会下降;随着 C 的增大,支持向量的数目开始减少,直到为 0。

③ 核函数参数选择。RBF 核函数仅有一个参数,反映了从样本特征空间到映射高维空间的复杂程度。如果核函数的取值不恰当,SVM 就无法获得预期的学习能力。对于核函数选择方法比较多,如经验选择法、梯度下降法、交叉验证法、遗传算法、人工免疫算法等,本章选择经过交叉验证网格搜寻法来确定。

4.4.3　SVM 参数选择算法

① 数据预处理;

② 对数据进行归一化处理;

③ 给惩罚因子 C 和核参数 γ 赋初值；

④ 利用交叉验证法计算不同组合的平均正确率排序,确定正确率最高的参数组合为模型的最佳参数；

⑤ 惩罚因子 C 和核参数 γ 步长增加,转到步骤④,直至所有的参数组合都进行完毕；

⑥ 选择正确率最高的参数组合为模型的最优参数。

4.5 应用实例

为了验证上述方法的正确性和可行性,本章以沁水盆地山西晋城无烟煤矿业集团有限责任公司寺河煤矿井田为例,建立了该地区的地质和地球物理模型,通过有限差分正演模拟方法获得了正演地震剖面,通过对地震剖面煤层反射波的属性分析,获得了相应的地震属性,再以地震属性为基础,运用 SVM(支持向量机)方法对煤与瓦斯突出危险区进行了预测。

4.5.1 试验研究区概况

寺河矿井位于山西省晋城市西偏北方向,属山西省晋城市所辖,跨沁水、阳城、泽州三县,距沁水县城 53 km,距晋城市区 55 km。区域范围包括原寺河井田、潘庄井田(包括一号、二号)、大宁二号井田的范围。井田煤系地层主要为二叠系下统山西组(P_1s)、石炭系上统太原组(C_3t),平均总厚度 136.02 m,含煤 15 层,其中山西组 $3^\#$ 煤层和太原组 $9^\#$、$15^\#$ 煤层可采。主采 $3^\#$ 煤层属山西组(P_1s),煤层倾角 $2°\sim10°$,开采条件良好,为低一中灰、高强度的无烟煤,煤质变化程度小,厚度 $4.45\sim8.75$ m,平均厚度 6.31 m,可采系数为 100%,属稳定可采煤层。直接顶一般为砂质泥岩或粉砂岩,常有薄层碳质泥岩或泥岩伪顶,伪顶及直接顶较松软,开采时成片或成层垮落;基本顶为细粒或中粒砂岩,基本顶较稳定,一般不易垮落。底板多为黑色泥岩、砂质泥岩、粉砂岩,局部细粒砂岩,有底鼓现象。

4.5.2 研究区含瓦斯煤层地质和地球物理模型的建立

为了使所建立的正演模拟结果与实际情况相吻合,本次收集了勘探 5 线、6 线、8 线和 9 线等四个勘探线的钻孔柱状图和瓦斯含量数据,再以这些数据为基础计算出煤层的物性参数。区内勘探 8 线钻孔揭露的煤层结构如表 4-3 所示,由表 4-3 可知,井 8-1 和井 8-5 的瓦斯含量较低,煤层呈含水平层理的厚层状结构,对于此类煤层可以用 Backus 等效介质理论来计算煤层的物性参数,其中煤层的物性参数采用原生煤的物性参数,水平层理或夹矸的物性参数采用泥岩的物性参数。当水平层理或夹矸所占体积百分比为 15% 时,此时煤层的物性参数如表 4-3 所示。井 8-3 和井 8-4 的瓦斯含量较高,煤层呈均一结构,为孔隙型煤,此时可采用 Hudson 等效介质理论来计算煤层的物性参数,煤层骨架的物性参数采用如表 4-3 所示的原生煤物性参数。当煤层的孔隙度为 15% 时,煤层的物性参数如表 4-3 的含孔隙煤所示。在本区中,勘探 9 线中的井 9-3 的煤层松软,无法取芯,而且瓦斯含量非常高,为 21.86 m³/t,对其正演时采用表 4-3 的软分层构造煤物性参数。

表 4-3　　　　　　　　　　　　勘探 8 线钻孔揭露的煤层结构

井　号	8-1	8-3	8-4	8-5
瓦斯含量	5.91 m³/t	10.26 m³/t	10.34 m³/t	5.54 m³/t
煤层结构	煤(4.67 m) 夹矸(0.25 m) 煤(1.0 m)	煤(0.2 m) 夹矸(0.2 m) 煤(3.91 m)	煤(5.78 m)	煤(4.58 m) 夹矸(0.22 m) 煤(1.28 m)
煤质描述	厚层状,阶梯状断口	均一结构,参差状断口	均一结构,参差状断口	厚层状,贝壳状断口
顶板岩性	粉砂岩	粉砂岩	粉砂岩	粉砂岩
底板岩性	粉砂岩	碳质泥岩(0.1 m) 细粒砂岩	碳质泥岩(0.1 m) 细粒砂岩	碳质泥岩(0.1 m) 细粒砂岩

根据表 4-3 所示的含瓦斯煤层的物性参数,结合实际地震剖面即可建立勘探线的地质与地球物理模型。以勘探 8 线为例,其实际地震剖面如图 4-25(a)所示,在进行建模时根据实际地震剖面可以控制煤层的空间形态分布,对于煤层的顶底板采用如表 4-3 所示的砂岩参数,在图中钻孔的位置输入对应钻孔的物性参数(见表 4-4),对于没有钻孔的位置其物性参数根据钻孔物性参数分段线性插值获得。根据等效介质理论,最终获得如图 4-25(b)所示的勘探 8 线地质与地球物理模型,图中煤层颜色的差异表示了其物性参数的不同。对于区内的勘探 5 线、6 线和 9 线,采用同样的方法建立其对应的地质与地球物理模型。

表 4-4　　　　　　　　　　　　煤系地层物性参数[65]

岩　性	V_P/(m/s)	V_S/(m/s)	ρ/(g/cm³)
原生煤	2 400	1 259.4	1.50
含层理煤	2 421	1 267	1.63
含孔隙煤	1 815	1 072	1.50
软分层构造煤	650	196	1.25
泥岩	3 170	1 585	2.36
砂岩	3 601	2 172	2.56

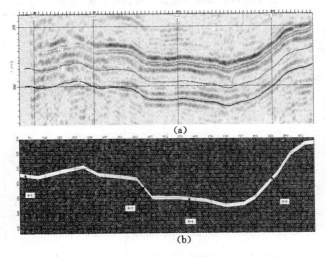

(a)

(b)

图 4-25　8 线实际地震剖面和地质与地球物理模型

(a) 8 线实际地震剖面;(b) 8 线地质与地球物理模型

4.5.3 研究区正演地震剖面的生成及地震属性的提取

对于图 4-25 所建立的地质与地球物理模型,利用有限差分的方法正演其地震剖面。正演模型的网格大小设定为 $0.2\ \text{m}\times0.2\ \text{m}$,模型长 $1\ 000\ \text{m}$,深也设定为 $1\ 000\ \text{m}$。在对模型进行正演时,地震道间距 $\Delta x=10\ \text{m}$,时间采样间隔 $\Delta t=0.25\ \text{ms}$,震源采用主频为 $60\ \text{Hz}$ 的雷克子波。通过正演模拟获得了区内勘探 5 线、6 线、8 线和 9 线的正演地震剖面,如图 4-26 区内勘探线正演地震剖面所示。

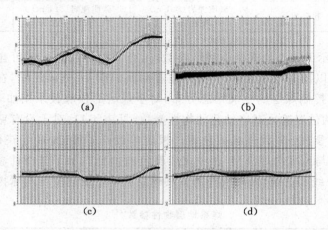

图 4-26　区内勘探线正演地震剖面
(a) 勘探 5 线;(b) 勘探 6 线;(c) 勘探 8 线;(d) 勘探 9 线

在完成上述地震剖面的正演模拟之后,提取出各勘探线煤层反射波的地震属性,包括谱分解属性、振幅属性、频率属性、相关属性和分形分维属性等,详见表 4-5 正演模拟所得谱分解属性值和属性值(部分)所示。

表 4-5　　　　　　　　　正演模拟所得谱分解属性值和属性值(部分)

钻孔序号	井号	A_{mp}	A_1	R_{flw}	D_f	T_{max1}	F_a	P_{ha}	Q_f	R_{xy}	T_{td2}	瓦斯含量 /$(\text{m}^3\cdot\text{t}^{-1})$
1	5-1	988	10 615	0.22	1.67	14.30	60.70	0.80	5.13	0.99	3.33	15.27
2	5-3	786	9 796	-0.20	1.83	13.00	61.00	1.42	5.35	0.98	3.54	14.23
3	5-4	769	8 968	0.21	1.84	17.33	55.67	0.36	6.01	0.97	3.27	9.31
4	5-7	697	9 490	0.21	1.88	13.67	66.33	0.48	3.65	0.97	3.46	4.65
5	6-1	386	3 391	0.01	0.56	14.67	30.67	0.09	27.22	0.98	2.09	20.07
6	6-3	582	2 302	0.01	0.71	15.00	33.00	0.00	28.54	1.00	2.89	9.08
7	6-5	569	3 127	0.01	0.75	12.67	27.33	0.85	24.16	1.00	2.03	18.52
8	8-1	453	8 133	0.19	1.79	14.33	75.00	0.33	1.95	0.87	3.28	5.91
9	8-3	612	8 354	0.21	1.65	16.00	70.00	0.64	2.58	0.96	3.49	10.26
10	8-4	991	10 464	0.21	1.16	15.33	71.33	0.64	2.55	0.96	3.26	10.34
11	8-5	401	6 739	0.21	1.76	12.67	67.00	1.06	3.29	0.98	3.62	5.54

续表 4-5

钻孔序号	井号	A_{mp}	A_1	R_{flw}	D_f	T_{max1}	F_a	P_{ha}	Q_f	R_{xy}	T_{td2}	瓦斯含量 /(m³·t⁻¹)
12	9-1	661	3430	0.20	2.08	14.00	70.00	0.05	3.20	0.98	3.54	9.58
13	9-2	376	2777	0.20	2.01	14.67	73.00	0.63	2.35	0.97	3.36	4.06
14	9-3	994	3257	0.20	1.63	14.67	61.33	0.37	7.20	1.00	3.17	21.86
15	9-5	362	2786	0.19	1.92	14.67	73.67	0.53	2.25	0.98	3.45	6.66

注：A_{mp} 为谱分解属性，A_1 为波峰波谷振幅，R_{flw} 为主频带能量百分比，D_f 为容量维，T_{max1} 为波峰相位时间，F_a 为平均频率，P_{ha} 为平均频率相位，Q_f 为低频带能量，R_{xy} 为相似系数，T_{td2} 为二维分形参数。

4.5.4　基于 SVM(支持向量机)的煤与瓦斯突出危险区预测模型研究

4.5.4.1　模型的构建及核函数参数的确定

本研究采用 LibSVM 软件包构建瓦斯富集区预测模型。LibSVM 软件包提供的核函数形式包括 RBF 核函数、线性核函数、多项式核函数、指数基核函数和双层神经网络核函数等多种形式[21]。在以上核函数中，经过多次运算和比较各个核函数的预测精度，发现 RBF 核函数稳定性较强，因此本研究选择 RBF 核函数构建识别模型。在参数选择上面，采用核函数将实际问题转换到高维空间，其中，C 和 γ 是 RBF 核函数必备的两个参数[21]，本研究采用一种基于交叉验证的网格搜寻方法来确定 C 和 γ 的取值。

为了利用有限钻孔数据实现对煤层瓦斯的预测，本研究将所获得的 15 口已知钻孔的瓦斯含量和地震属性按钻孔随机分成两组，即训练样本组和测试样本组。训练样本组的钻孔包括井 8-4、井 8-5、井 9-2、井 5-1、井 5-4、井 5-7、井 6-3、井 9-5、井 9-3 和井 6-1 等 10 个钻孔，测试样本组的钻孔包括井 8-1、井 8-3、井 9-1、井 5-3 和井 6-5 等 5 个钻孔。在进行地震属性提取时，所选取的时窗为沿煤层上下各 15 ms，频带范围选取 10～120 Hz。对于地震属性预测来说，如果所输入的属性值太多会造成数据冗余，降低预测精度。因此，对于全部训练样本的 16 类地震属性，利用粗糙集的属性约简算法进行属性约简，由于 RS 理论只适宜分析量化数据，因此，首先要将数据表中决策属性用数来表示，连续条件属性量化。数据表中每个样本对应 16 个地震属性(它们是有关地震波主频、能量、时间域、相关系数等方面的属性)为条件属性 $C=(C_1,C_2,\cdots,C_{16})$，需量化。但是后续研究中需要进行 SVM 的预测，而 SVM 所用数据本身就是归一化的数据，所以量化前首先进行归一化处理，然后对于归一化的数据建立量化矩阵 C。根据流程图 4-27 约简后的属性与瓦斯含量之间的关系(此处的瓦斯含量值为归一化值)所示，得到了可辨识矩阵 $\boldsymbol{M}(S)$，根据流程 3～6 步骤，得到最终约简属性。本章提出的方法具有较好的约简效果，能在不影响决策表所表达的知识信息的情况下最大限度地删除冗余属性。

根据 RS 得到的地震属性，并综合前述地震属性值分析结果及谱分解属性分析结果，发现 A_{mp}—谱分解属性、R_{flw}—主频带能量百分比、T_{max1}—波峰相位时间和 R_{xy}—系数等 4 类属性是最重要的属性，它们与瓦斯含量之间的关系如图 4-27 所示。进行样本训练时，将属性约简后的 4 类归一化属性值输入 LibSVM 软件，经过交叉验证网格搜寻确定核函数的 C 和 γ 取值，结果如图 4-27 约简后的属性与瓦斯含量之间的关系(此处的瓦斯含量值为归一化值)所示，显然 RBF 核函数的 $C=32$，$\gamma=0.007\ 812\ 5$。

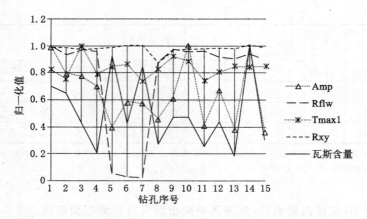

图 4-27　约简后的属性与瓦斯含量之间的关系

（此处的瓦斯含量值为归一化值）

图 4-28 所示为基于 LibSVM 算法确定 RBF 核函数参数精度等值线图,在同一等值线上的精度相等。横坐标为参数 $\log_2 C$,纵坐标为 $\log_2 \gamma$,通过搜索,最后解算出精度最佳的 C 和 γ 取值。

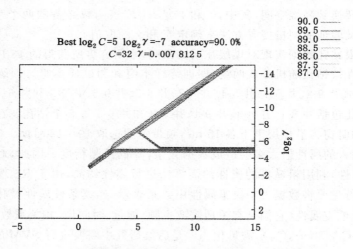

图 4-28　LibSVM 算法确定 RBF 核函数参数等值线图

4.5.4.2　预测模型的检验

由于瓦斯含量预测影响因素很多,且瓦斯含量的测定也很困难,目前难以建立有效的预测模型来直接预测瓦斯含量,因此有效预测煤与瓦斯突出危险区更具有实际意义。国家煤矿安全监察局于 2009 年公布了新的《防治煤与瓦斯突出规定》,将 8 m^3/t 作为煤与瓦斯突出危险区与无突出危险区的分界点[68]。本研究利用 SVM(支持向量机)的分类算法,以 8 m^3/t 作为煤与瓦斯突出危险区与非突出危险区的分界点,对煤与瓦斯突出危险区与非突出危险区进行分类预测,将瓦斯含量大于 8 m^3/t 的钻孔所在区域视为具有突出危险区,分类值设为 1；瓦斯含量小于 8 m^3/t 的钻孔所在区域视为非突出危险区,分类值设定为 0。根据如上约定,将 5 组测试样本输入前面所建立的瓦斯预测模型,所预测的结果如表 4-6 所示,由表 4-6 可知,本章对 5 组测试样本总的预测精度为 80%。其对于井 8-1、井 8-3、井 5-3 和井 6-5 的分类预测是成功的,而对于井 9-1 的预测是失败的。

表 4-6　　　　　　　　　　　预测模型对测试样本的预测结果统计

井　号	实际数据	实际数据分类	预测结果分类	结果对比
8-1	5.91	0	0	一致
8-3	10.26	1	1	一致
9-1	9.58	1	0	不一致
5-3	14.23	1	1	一致
6-5	18.52	1	1	一致

　　分析表 4-6 预测模型对测试样本的预测结果统计所示的煤与瓦斯突出危险区预测模型预测结果,发现对于预测结果正确的井 8-1、井 8-3、井 5-3 和井 6-5 来说,其瓦斯含量数值距分界点值 8 较远;而预测失败的井 9-1,其瓦斯含量数值距分界点值 8 较近。因此,本研究所建立的突出危险区预测模型,其对于距离分界点值较远的钻孔预测精度高,而对于距离分界点值较近的钻孔预测精度较低。为了克服本研究所使用测试样本数量的不足,利用所获得的瓦斯预测模型及参数对训练样本进行回代预测(即为了测试模型的自预测精度,代入建模前的训练样本进行模型的检验,根据预测精度来定量评价模型的优劣),其预测精度达到了 90%。

4.6　本章小结

　　本章提出了一种基于地震正演模拟和 SVM 的煤与瓦斯突出危险区预测方法,并使用寺河矿数据对提出的模型进行了验证。通过研究等效介质理论基本原理,包括 Backus 等效介质理论和 Husdson 等效介质理论,应用了有限差分方法进行地震正演模拟的基本方法,建立了含瓦斯煤层的地震正演剖面模型。基于地震正演剖面的 RS 地震属性提取方法,对于寺河矿井的地震属性数据进行实测,从十六个属性数据中,进行 RS 地震属性的优化,得到 A_{mp}——谱分解属性、R_{flw}——主频带能量百分比、T_{max1}——波峰相位时间和 R_{xy}——系数等 4 类属性是最重要的属性。对于优化后的特征,运用 SVM 对煤与瓦斯突出危险区进行预测。模型自身的回代精度能达到 90%,而实际预测精度达到 80%,证明了方法的有效性。

第5章 煤与瓦斯突出危险区预测实证研究
——以淮南矿区张集矿深部采区为例

为了证明了本研究所提出的预测方法的有效性,本章以淮南矿区张集矿深部采区为例,对煤与瓦斯突出危险区预测进行了实证研究。5.1 节介绍了张集矿深部采区的基本情况,包括煤层及煤质特征、瓦斯特征和井田地质构造与分布特征;5.2 节运用 Hudson 等效介质理论和 Backus 等效介质理论,建立了多条勘探线的地质与地球物理模型,并生成了相应的地震正演剖面,实际应用了 RS 方法提取并优化了地震属性;5.3 节应用本研究提出的 SVM 算法构建了三种煤与瓦斯突出危险区预测模型,使用张集矿深部采区瓦斯富集区的数据对预测模型进行了测试和比较,证实了提出方法的有效性和正确性;5.4 节介绍了基于 GIS 的张集矿煤与瓦斯突出预测管理系统开发的有关情况。

5.1 研究区基本情况

5.1.1 交通位置及隶属关系

张集煤矿是淮南矿业(集团)有限责任公司的一座现代化主力矿井,是国家"九五"重点建设项目,原年设计生产能力 400 万 t。矿井中央区于 1996 年 7 月 1 日破土动工,2001 年 11 月 8 日正式投产。2004 年 10 月通过高定位技改,张集矿中央区年生产能力由 400 万 t 提高到 700 万 t。随着年产 300 万 t 的张集煤矿二期的建成,2005 年 10 月 28 日该矿井成为安徽省第一个千万吨级特大型现代化矿井。

张集煤矿位于凤台县城西 20 km 处,行政区划隶属于凤台县张集乡。地理坐标东经 $116°27'05''\sim116°35'38''$,北纬 $32°43'47''\sim32°49'26''$。区内交通方便,淮南~阜阳铁路从矿井南缘通过,矿井中心距张集车站约 5 km,该车站东到蚌埠 141 km,西至阜阳 69 km,分别与京沪、徐阜及京九铁路相接。潘集~谢桥、凤台~张集公路在矿区通过,且与凤台~颍上、凤台~利辛、凤台~蒙城、利辛~颍上等公路相接,可通往各县市。西淝河在工业广场以东 2 km 处贯穿全境,常年有水,可通百吨机帆船,凤台港是淮河上较大的河港之一,内运外输极为方便。

5.1.2 煤层及煤质特征

本区二叠系除上部石千峰组为非含煤段,含煤段总厚 720 m。含有名称煤层 32 层,总厚 33.89 m,含煤系数 4.71%。本区可采煤层 14 层,共分七个含煤段,以第一、二、四段含煤最富,主要可采煤层 5 层,13-1、11-2、8、6、1 煤层,平均总厚为 19.62 m,平均利用总厚为 20.34 m,占可采总厚、利用总厚的 69.35%、64.12%,是全区可采的稳定煤层。次要可采煤层 9 层,其中 20、7-1、13-1 下、9-1、7-2、7-1、4-2 煤层均为大部可采的不稳定煤层,平均总厚 7.82 m,利用总厚 9.99 m,占可采总厚、利用总厚的 27.64%、31.49%;16-1、5 煤层为仅西三采区可采,平均总厚为 0.85 m,平均利用总厚为 1.38 m,占可采总厚、利用总厚的 3.00%、4.35%,为局部可采的不稳定煤层。

13-1 煤层厚度 0~8.28 m,平均厚 4.54 m,上距 16-1 煤层 68.74~111.1 m,平均 89.3 m。煤层结构简单~复杂,一般不含夹矸,局部含夹矸 1~3 层,岩性多碳质泥岩,少见泥岩;煤层可采性指数 99%,基本全区可采,变异系数 26%,为稳定的全区基本可采煤层。顶底板以泥岩为主,少数砂质泥岩、碳质泥岩,个别顶板为中细砂岩、石英砂岩。下距 13-1 煤层底板 15m 左右,普遍发育一层厚约 5 m± 的花斑泥岩,由紫红色、褐色团块构成,含较多菱铁质鲕粒,层位稳定,为很好的标志层。13-1 煤层煤的颜色均为黑色,暗淡油脂光泽,构造以粉末状和块状为主少量片状,参差状断口,内生裂隙发育,视密度为 1.34~1.41;视电阻率为 80~500 Ω·M;煤岩组分以亮煤为主,含暗煤和镜煤条带,宏观煤岩类型属半暗型~半亮型;属中灰煤、中磷煤、特低硫煤。

将张集矿深部采区的 13-1 煤层作为研究对象。

5.1.3　瓦斯特征

表 5-1 是张集煤矿近年来瓦斯鉴定结果表,从表 5-1 中可以看出:张集煤矿瓦斯涌出量较大,2005 年以前中央区被鉴定为高瓦斯矿井。2005 年 4 月,经煤炭科学研究总院重庆分院鉴定,判定张集煤矿 13-1 煤层和 11-2 煤层属于突出煤层,张集煤矿中央区为煤与瓦斯突出矿井(煤科重庆院函〔2005〕4 号)。安徽省发展和改革委员会批准张集矿井中央区瓦斯等级为煤与瓦斯突出矿井(发改能源〔2005〕325 号)并按突出矿井进行管理;张集矿北区自 2005 年投产至 2008 年均为高瓦斯矿井,2009 年 9 月经抚顺煤科院沈阳分院鉴定,6 煤为突出煤层,目前张集矿北区由原先的高瓦斯矿井升级为突出矿井,现按突出矿井进行管理。

表 5-1　　　　　　　　　张集煤矿近年瓦斯等级鉴定结果表

分区	年 份	绝对瓦斯涌出量/(m³·min⁻¹)	相对瓦斯涌出量/(m³·t⁻¹)	鉴定结果
中央区	2001	43.05	10	高瓦斯矿井
	2002	58.6	5.41	高瓦斯矿井
	2003	76.46	6.46	高瓦斯矿井
	2004	114.56	9.65	高瓦斯矿井
	2005	93.57	8.1	高瓦斯矿井
	2006	45.62	3.29	突出矿井
	2007	52.325	3.931	突出矿井
	2008	85.758	6.065	突出矿井
北区	2005	48.61	10.18	高瓦斯矿井
	2006	80.91	10.29	高瓦斯矿井
	2007	44.09	4.82	高瓦斯矿井
	2008	75.38	7.08	高瓦斯矿井
	2009	78	6.57	高瓦斯矿井

全井田瓦斯含量 $2.5\sim13.66$ m^3/t，平均为 6.9 m^3/t，处于 $CO_2\sim N_2$ 带、$N_2\sim CH_4$ 和 CH_4 带，且各带界限不明显。根据张集矿井田瓦斯测试成果判断：张集煤矿为煤与瓦斯突出矿井。

5.1.4 井田地质构造与分布特征

张集井田为全隐蔽区，煤系地层上部有巨厚的松散层。钻探揭露地层有第四系松散层、第三系、二叠系以及石炭系和奥陶系，主要含煤地层为石炭系、二叠系。受分区边界断裂控制，地层总体走向自西向东由近东西向转为北东向再转为南北向延伸，具有扇形展布的特点。中央石门以西地层倾角为 $10°$ 左右、以东为 $2°\sim5°$，工业场地以南至谢桥向斜轴部一般为 $15°$，局部 $30°$，并有明显的波状起伏，且矿区内发育有次一级小褶皱，区内断层多为走向北东向的正断层。井田内除北部边缘以及谢桥向斜轴部附近断层较发育外，主体部分构造相对较为简单。谢桥向斜轴西段大致呈北西 $80°$ 走向，过中央石门以后向正东方向延展。中央工业广场南侧轴部隆起，形成了东西两块近于对称的洼地。

矿井南、北边缘断裂发育，井田内部的断裂数量较大、但规模较小。矿井北部边缘及煤矿主体是一组以北西向为主的正断层，北部边缘断层走向大致平行于陈桥背斜轴，呈树枝状发育。往南，断层走向逐渐向南偏转。总体上，断层围绕着背斜的转折端，组成了放射状的断裂系统，显示出背斜在褶皱隆起过程中的张裂性质；在变位特征上，该组正断层大多向南倾斜，呈现出由北向南逐渐下降的阶梯式组合。矿井南缘向斜的深处，是与推覆构造有关的一组逆冲或反冲断层，平面上它们大体平行于向斜轴和阜凤断层伸展，是推覆断裂的分枝，垂向上呈波状及铲式形态，深延并汇入主推覆面。

井田内大部分断层的倾向以南倾为主。张集矿因位于陈桥背斜的南翼，矿井构造主要受与背斜形成有关的南北向构造应力场控制，是以由北向南的挤压扩展趋势为主。张集矿由于受分区边界断裂的控制，地层总体走向自西向东由近东西向转为北东向、再转为南北向延伸，具有扇形展布的特点。地层有明显的波状起伏。区内断层以正断层居多，走向以北东向为主。

张集煤矿从建井至今未发生过煤与瓦斯突出事故，也未出现过明显的瓦斯动力现象。根据勘探资料、生产实际揭露资料、结合《防治煤与瓦斯突出规定》，综合考虑煤层瓦斯含量、瓦斯压力、构造煤的区域分布规律及其控制条件，由于张集煤矿从建矿至今未发生过突出情况，张集煤矿瓦斯含量临界值确定为 8.0 m^3/t，瓦斯压力临界值确定为 0.74 MPa，确定 13-1 煤层 -600 m 以浅为无突出危险区，-600 m 及其以深为突出危险区。张集煤矿为煤与瓦斯突出矿井。

5.2 淮南矿区张集矿深部采区含瓦斯煤层地震正演模拟

为了对本地区的瓦斯富集区进行深入研究，研究中多次深入淮南矿区张集矿、潘三矿进行实地调研，收集了张集矿五东勘探线、四西勘探线、四勘探线、四东勘探线上的五东3、五东10、五东9、五东2、五东8、五东1、五东7、三5、五东4、十六1、L36、221、西四3、215、三9、四2、四5、67-62、四4、67-61、二1、十六2、223、四东2、254、四东1、三6、十六3等28个钻孔以及深部采区其他勘探线上的二十1、三21、L31、二十5、十九1、十九21、十九3、十八1、

十八 2、67－35、十七 2、十六 4 等 12 个钻孔的钻孔柱状图和瓦斯含量数据,同时还收集到了
13-1 煤层瓦斯测试成果表、张集煤矿瓦斯地质图说明书、张集煤矿 13-1 煤层瓦斯地质图和
张集煤矿地形地质图等相关资料。

5.2.1 地质与地球物理模型的建立及其地震正演剖面生成

为了使所建立的正演模拟结果与实际情况最大限度地吻合,依据张集矿深部采区实际
的钻孔资料和瓦斯含量值,对各个钻孔处煤层分别赋予相应煤体类型的弹性参数,对于没有
钻孔的位置其物性参数根据钻孔物性参数分段线性插值获得,再以这些数据为基础计算出
煤层的物性参数。在进行建模时,根据含瓦斯煤层的物性参数,以及实际地震剖面对煤层空
间形态分布的控制,运用 Hudson 等效介质理论和 Backus 等效介质理论,最终获得各勘探
线的地质与地球物理模型,如图 5-1 各勘探线地质与地球物理模型所示。

图 5-1(a)五东勘探线中有 9 个钻孔,其中井五东 3 和井五东 10 瓦斯含量高,认为是构
造煤;井五东 9、井五东 2、井五东 8 和井五东 1 瓦斯含量中等,认为是含孔隙煤;井三 5 和井
五东 4 瓦斯含量较低,认为是原生煤。

图 5-1(b)四西勘探线中有 6 个钻孔,其中井 L36 和井 221 瓦斯含量高,认为是构造煤;
井四西 3 和井 215 瓦斯含量中等,认为是含孔隙煤;井三 9 和井十六 1 瓦斯含量较低,认为
是原生煤。

图 5-1(c)四勘探线中有 7 个钻孔,其中井四 2 和井四 5 瓦斯含量高,认为是构造煤;井
67－62、井四 4 和井 67-61 瓦斯含量中等,认为是含孔隙煤;井二 1 和井十六 2 瓦斯含量较
低,认为是原生煤。

图 5-1(d)四东勘探线中有 6 个钻孔,其中井 223、井四东 2 和井 254 瓦斯含量高,认为
是构造煤;井四东 1、井三 6 和井十六 3 瓦斯含量中等,认为是含孔隙煤。

图 5-1(e)新组合勘探线中有 4 个钻孔,分别是井 L31、井二十 5、井三 21 和井十九 1,瓦
斯含量均很高,认为是构造煤。

对于图 5-1 所示的各条勘探线的地质与地球物理模型,利用有限差分方法正演其地震
剖面,差分网格大小设定为 0.2 m×0.2 m,道间距为 10 m,时间采样间隔为 0.25 ms,震源
采用主频为 60 Hz 的雷克子波。各条线的地震正演剖面如图 5-2 各条勘探线地震正演剖面
所示。

观察图 5-2 所示的 4 条勘探线的地震正演剖面,可以发现,地震波形在不同的区域发生
明显变化,瓦斯含量高的区域地震波反射较强烈,对比图 5-2(e)和其他勘探线的地震正演剖
面也可以得出此结论。为了研究此正演记录的运动学和动力学特点,本研究采用地震属性
技术进行分析。

5.2.2 地震属性分析

对每一条勘探线的地震波形拾取正相位振幅,以拾取的层位时间为中心,开一个上
15 ms、下 15 ms 的时窗,沿着层位时窗提取属性,可得到不同的属性值,部分属性介绍
如下:

图 5-3 五条勘探线的振幅曲线分布图(A_1)为五条勘探线的振幅曲线,纵坐标是波峰波
谷振幅(a1),横坐标是物理模型中的水平位置。

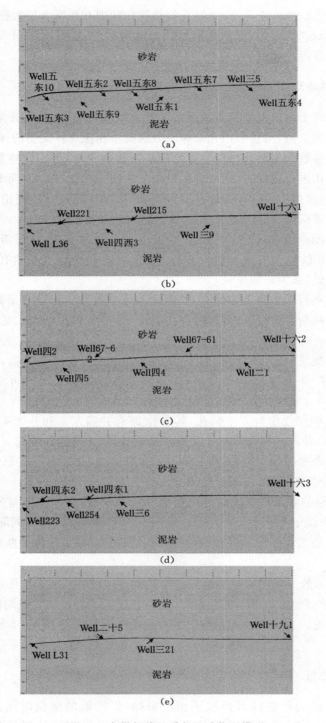

图 5-1　各勘探线地质与地球物理模型

（a）五东勘探线地质与地球物理模型；（b）四西勘探线地质与地球物理模型；

（c）四勘探线地质与地球物理模型；（d）四东勘探线地质与地球物理模型；

（e）新组合勘探线地质与地球物理模型

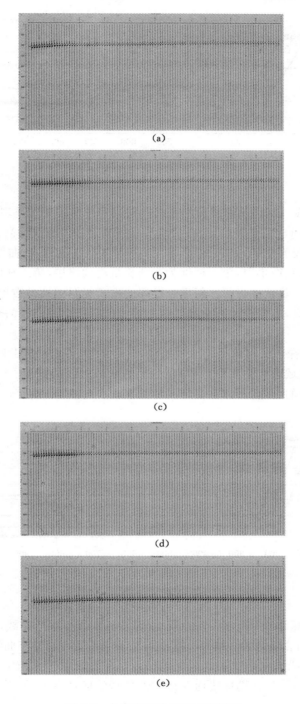

图 5-2　各条勘探线地震正演剖面

（a）五东勘探线地震正演剖面；（b）四西勘探线地震正演剖面；

（c）四勘探线地震正演剖面；（d）四东勘探线地震正演剖面；

（e）新组合勘探线地震正演剖面

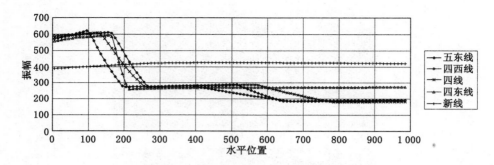

图 5-3　五条勘探线的振幅曲线分布图(A_1)

图 5-3 中，五东线、四西线、四线和四东线的振幅变化曲线大致呈现阶梯状，大致分为三个梯度，以五东线为例，第一梯度，即 0～100 m 左右范围内，曲线为高值；第二梯度，即 200～500 m 范围内，曲线值变低；第三梯度，即 700～1 000 m 范围内，曲线值最低。三个梯度对应了模型中三种含瓦斯煤层：第一梯度为瓦斯含量高的煤层，第二梯度为瓦斯含量中等煤层，第三梯度为瓦斯含量低的煤层。新组合勘探线由于煤层弹性参数单一，均为软分成构造煤，所以其振幅值较高，横向变化不明显。每条勘探线都可以由曲线的转折点判断出此处岩性发生了变化。

图 5-4 为五条勘探线的时域平均能量属性，由五东线、四西线、四线和四东线可以看出，煤层瓦斯含量高的区域曲线为高值，瓦斯含量低的区域曲线为低值。新组合勘探线由于煤层岩性没有发生太大的变化，所以曲线也没有发生较大的波动。

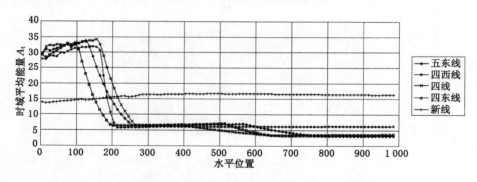

图 5-4　五条勘探线的时域平均能量(A_t)

图 5-5 为五条勘探线的时间域关联维属性，综合各个勘探线的曲线，可以得出，瓦斯含量高的区域为高值，瓦斯含量低的区域为低值，瓦斯含量没有变化时整个曲线的趋势基本不变。

图 5-6 五条勘探线的主频带能量百分比(R_{flw}) 为五条勘探线的主频带能量百分比，新组合勘探线变化不明显，其他勘探线均在瓦斯含量高的区域有波动，基本为低值，在其他区域基本为高值。

图 5-7 五条勘探线的主频(F_{main}) 为五条勘探线的主频属性，新组合勘探线的主频一直在 35～36 之间波动，变化不大，说明此勘探线岩性变化不明显。剩下的四条勘探线，均能反映出岩性变化带来的主频变化，例如五东勘探线，在瓦斯含量高的区域主频最低，瓦斯含量中等的区域主频较高，瓦斯含量较弱的区域主频略有下降。

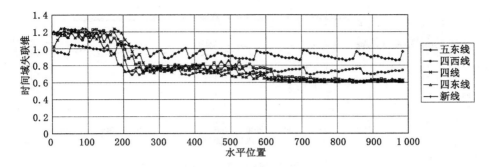

图 5-5　五条勘探线的时间域关联维(T_{d2})

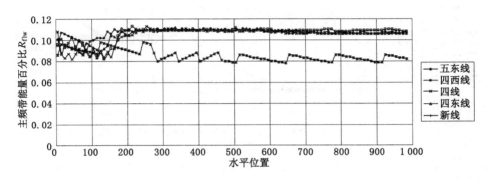

图 5-6　五条勘探线的主频带能量百分比(R_{flw})

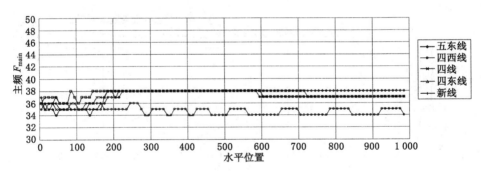

图 5-7　五条勘探线的主频(F_{main})

图 5-8 五条勘探线的主频带能量(Q_{fl})为五条勘探线的主频带能量属性,新组合勘探线变化趋势不明显,其他勘探线均在瓦斯含量高的区域为低值,其他区域为高值。

图 5-9 五条勘探线的低频带能量(Q_f)为五条勘探线的低频带能量,新组合勘探线变化趋势不明显,其他勘探线,在瓦斯含量高的区域有较大波动,基本趋势为高值,在瓦斯含量中等的区域值最低,在瓦斯含量低的区域主频有下降。

图 5-10 五条勘探线的宽频带总能量(Q_{fw})为五条勘探线的宽频带总能量,新组合勘探线变化不明显,其他勘探线均在瓦斯含量高的区域为低值,在瓦斯含量中等的区域能量值变大,在瓦斯含量较弱的区域能量值最高。

图 5-11 五条勘探线的平均频率(F_a)为五条勘探线的平均频率属性,可以看到各个勘探线的平均频率曲线趋势基本没有什么变化。

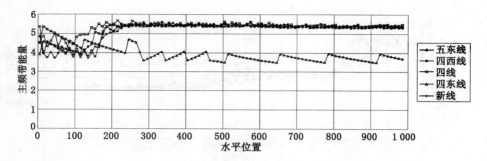

图 5-8 五条勘探线的主频带能量(Q_{fl})

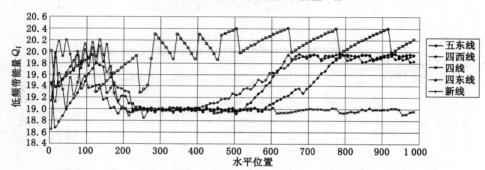

图 5-9 五条勘探线的低频带能量(Q_f)

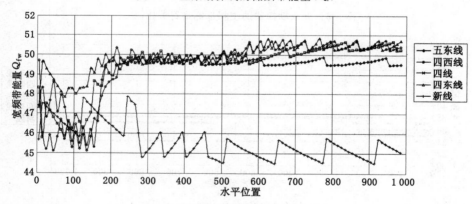

图 5-10 五条勘探线的宽频带总能量(Q_{fw})

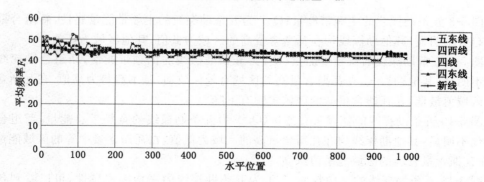

图 5-11 五条勘探线的平均频率(F_a)

5.2.3　地震谱分解分析

在正演地震剖面上，可以大致发现不同煤层的地震记录是不同的，其频率也必然会发生变化。为了研究勘探线模型中的瓦斯含量高煤层与瓦斯含量低煤层的地震波频率变化情况，本章对以上正演模拟结果进行了频谱分析。以五东勘探线为例，图 5-12 五东勘探线的部分谱分解剖面是该勘探线地震正演记录进行谱分解后的剖面显示，横坐标是模型水平位置，即勘探线方向，纵坐标是时间。图 5-12 分别是频率为 5 Hz、100 Hz、200 Hz 的五东勘探线的部分谱分解剖面。在谱分解剖面中，波形在此频段的频率成分愈多，能量则愈强。通常煤层越松软密度越低，其中低频地震响应相对较强，而高频地震响应相对较弱。

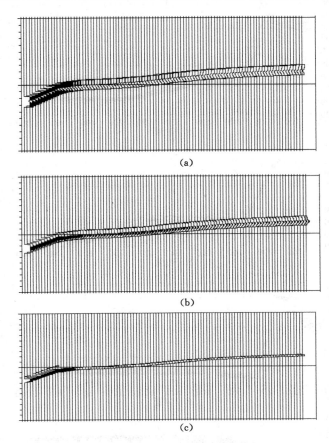

图 5-12　五东勘探线的部分谱分解剖面

(a) 频率为 5 Hz 的谱分解剖面；(b) 频率为 100 Hz 的谱分解剖面；(c) 频率为 200 Hz 的谱分解剖面

从图 5-12 可以发现，在所有频段范围内，模型瓦斯含量高的区域（即模型的前段）能量均较强，与后面瓦斯含量相对较弱的区域能明显地区分出来。

图 5-13 五条勘探线的谱分解曲线为五条勘探线的谱分解曲线，每条勘探线分别按照 15 Hz、25 Hz、35 Hz、45 Hz、60 Hz 进行谱分解，横坐标是模型水平位置，即勘探线方向，纵坐标是谱值（代表能量的强弱）。

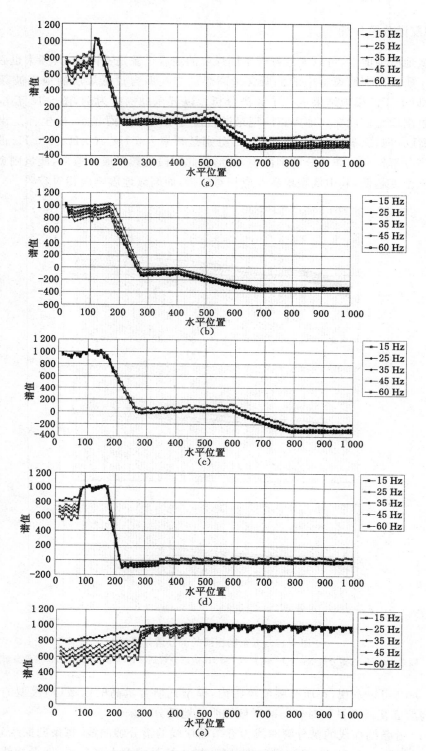

图 5-13　五条勘探线的谱分解曲线

（a）五东线谱分解曲线；（b）四西线谱分解曲线；（c）四线谱分解曲线；

（d）四东线谱分解曲线；（e）新组合线谱分解曲线

以图 5-13(a)五东线谱分解曲线为例,图中每个频率曲线均呈现阶梯状,大致分为三个梯度,第一梯度,即 0~100 m 范围内,曲线为高值;第二梯度,即 200~500 m 范围内,曲线值变低;第三梯度,即 700~1 000 m 范围内,曲线值最低。三个梯度对应了模型中三种含瓦斯煤层:第一梯度为瓦斯含量高的煤层,第二梯度为瓦斯含量中等煤层,第三梯度为瓦斯含量低的煤层。可以发现瓦斯含量高的煤层谱值最大。观察第一梯度谱分解曲线,频率越高谱值越高;第二梯度为瓦斯含量中等的煤层,频率越低谱值越大;第三梯度为瓦斯含量较弱煤层,频率越大谱值绝对值越大。其他勘探线与五东线情况类似。

5.3　基于 SVM 的煤与瓦斯突出危险区预测

5.3.1　预测样本数据的获取

根据地震正演模拟的结果,将 5.2.2 节得到的地震属性值和 5.2.3 得到的谱分解属性值汇总如表 5-2 地震正演模拟所得谱分解属性值和常规地震属性值:

当利用地震属性进行预测时,若所输入的属性值太多会造成数据冗余,降低预测精度。因此,对于全部训练样本的 16 类地震属性,利用第三章的粗糙集的属性约简算法进行属性约简,并根据 5.2.2 节地震属性值分析结果及 5.2.3 谱分解属性分析结果,发现谱分解属性值、时间域关联维、波峰波谷振幅、时域平均能量、主频、主频带能量、主频带能量百分比等 7 类属性是最重要的属性,如表 5-3 与瓦斯含量关联程度大的谱分解属性值和常规地震属性值所列。

5.3.2　模型的构建及核函数参数的确定

本章采用 LibSVM 软件包构建瓦斯富集区预测模型。LibSVM 软件包提供的核函数形式包括 RBF 核函数、线性核函数、多项式核函数、指数基核函数和双层神经网络核函数等多种形式[69]。在以上核函数中,经过多次运算和比较各个核函数的预测精度,发现 RBF 核函数稳定性较强,因此,本章选择 RBF 核函数构建识别模型。在参数选择上,采用核函数将实际问题转换到高维空间,其中,C 和 γ 是 RBF 核函数必备的两个参数[14],本章采用基于交叉验证的网格搜寻方法来确定 C 和 γ 的取值。

为了利用有限钻孔数据实现对煤层瓦斯的预测,将所获得的 32 个已知钻孔的瓦斯含量和地震属性按钻孔随机分成两组,即训练样本组和测试样本组。表 5-4 仅含地震属性的训练样本组数据如表 5-4,测试样本组数据如表 5-5 仅含地震属性的测试样本组数据。

进行样本训练时,将属性约简后的 7 类归一化属性值输入 LibSVM 程序,经过交叉验证网格搜寻确定核函数的 C 和 γ 取值,其中,C 为惩罚参数,γ 为核函数参数。

图 5-14 为基于 LibSVM 软件确定 RBF 核函数参数精度等值线图,在同一等值线上的精度相等。通过搜索,得出有关 C 和 γ 取值的精度最佳表达式,即 LbC=7,Lbg=-1,预测精度达到了 81.25%。显然 RBF 核函数的 C=128,γ=0.5。

表 5-2　地震正演模拟所得谱分解属性值和常规地震属性值

钻孔序号	钻孔号	谱分解属性值	波峰波谷振幅 (A_1)	时域平均能量 (A_t)	时间域关联维 (T_{dz})	主频 (F_{main})	主频带能量 (Q_{fl})	主频带能量百分比 (R_{flw})	宽频带总能量 (Q_w)	平均频率 (F_a)	低频带能量 (Q_f)	容量维 (D_f)	波峰相位时间 (T_{max1})	平均频率相位 (P_{ha})	相关系数 (R_{xy})	二维分形参数 (T_{td2})	主频相位 (P_{hm})
1	五东 3	871.5	570	29.176	1.4	36	4.51	0.095	47.308	47	19.457	-1.028	14	-1.072	1	2.616	-0.6
2	五东 10	853.5	595	30.884	1.357	36	4.814	0.1	48.006	46	19.362	-1.16	14	-1.086	1	2.661	-0.64
3	五东 9	532.5	272	6.309	1.119	38	5.484	0.11	49.86	45	18.999	-1.929	14	-1.341	1	2.946	-0.98
4	五东 2	532.5	278	6.413	1.145	38	5.397	0.109	49.612	44	18.988	-2.084	15	-1.395	1	3.026	-1.07
5	五东 8	537	282	6.662	1.149	38	5.541	0.111	49.989	45	18.948	-1.833	14	-1.288	1	2.905	-0.94
6	五东 1	547.5	288	7.007	1.309	38	5.445	0.109	49.754	44	19.003	-1.985	15	-1.324	1	2.972	-1.01
7	五东 7	386.5	184	3.297	1.242	37	5.45	0.108	50.682	44	19.944	-1.908	14	-1.289	1	2.919	-0.94
8	三 5	393	188	3.448	1.254	37	5.428	0.107	50.619	44	19.946	-1.95	15	-1.316	1	2.942	-0.97
9	五东 4	405	192	3.568	1.25	37	5.406	0.107	50.564	44	19.955	-1.972	15	-1.325	1	2.949	-0.97
10	L36	1024	589	29.734	1.182	37	5.348	0.108	49.7	51	18.648	-0.854	13	-1.02	1	2.561	-0.48
11	221	956	605	32.57	1.321	36	4.425	0.094	46.996	45	19.613	-1.148	14	-1.076	1	2.663	-0.67
12	西四 3	445.5	274	6.26	1.157	38	5.403	0.109	49.642	44	19.009	-2.066	15	-1.387	1	3.02	-1.07
13	215	455	281	6.549	1.177	38	5.376	0.109	49.549	44	18.975	-2.102	15	-1.445	1	3.061	-1.11
14	三 9	328.5	184	3.234	1.263	37	5.308	0.106	50.259	44	19.9	-2.122	15	-1.463	1	3.055	-1.09
15	十六 1	333.5	189	3.394	1.244	37	5.353	0.106	50.395	44	19.93	-2.069	15	-1.39	1	2.999	-1.03
16	四 2	999	575	29.606	1.281	36	4.858	0.101	48.309	49	19.138	-0.946	13	-1.061	1	2.586	-0.53

续表 5-2

钻孔序号	钻孔号	谱分解属性值	波峰波谷振幅 (A_1)	时域平均能量 (A_l)	时间域关联维 (T_{d2})	主频 (F_{main})	主频带能量 (Q_n)	主频带能量百分比 (R_{flw})	宽频带总能量 (Q_{tw})	平均频率 (F_a)	低频带能量 (Q_l)	容量维 (D_l)	波峰相位时间 (T_{max1})	平均频率相位 (P_{ha})	相关系数 (R_{xy})	二维分形参数 (T_{td2})	主频相位 (P_{hm})
17	四 5	989	593	31.669	1.504	36	4.307	0.092	46.652	44	19.759	-1.268	14	-1.114	1	2.712	-0.74
18	67—62	510.5	273	6.185	1.136	38	5.389	0.109	49.596	44	18.988	-2.114	15	-1.424	1	3.047	-1.1
19	四 4	509	279	6.543	1.112	38	5.43	0.109	49.732	44	19.02	-2.002	15	-1.337	1	2.982	-1.02
20	67—61	525	286	6.815	1.216	38	5.379	0.109	49.563	44	18.964	-2.108	15	-1.463	1	3.074	-1.13
21	三 1	370.5	182	3.137	1.256	37	5.353	0.106	50.381	44	19.905	-2.096	15	-1.403	1	3.011	-1.04
22	十六 2	374	182	3.189	1.303	37	5.309	0.106	50.237	44	19.835	-2.091	15	-1.526	1	3.095	-1.14
23	223	838	556	27.828	1.424	36	4.54	0.096	47.388	47	19.415	-1.021	14	-1.063	1	2.613	-0.59
24	四东 2	834	581	30.309	1.381	36	4.506	0.095	47.297	47	19.458	-1.027	14	-1.073	1	2.616	-0.6
25	254	1021.5	583	30.613	1.491	35	4.284	0.092	46.606	44	19.743	-1.215	14	-1.084	1	2.689	-0.67
26	四东 1	517.5	261	5.67	1.102	38	5.673	0.113	50.335	45	18.886	-1.684	14	-1.204	1	2.836	-0.87
27	三 6	471.5	269	6.017	1.152	38	5.383	0.109	49.56	44	18.961	-2.103	15	-1.438	1	3.057	-1.11
28	十六 3	503	274	6.263	1.175	38	5.371	0.108	49.532	44	18.963	-2.108	15	-1.487	1	3.088	-1.15
29	L31	829	387	13.829	1.533	35	3.922	0.086	45.67	44	20.009	-1.252	15	-1.132	1	2.703	-0.7
30	二十 5	839.5	418	16.179	1.471	35	4.051	0.088	46.018	44	19.877	-1.191	14	-1.083	1	2.676	-0.67
31	三 21	992	424	16.733	1.696	34	3.58	0.08	44.747	42	20.315	-1.461	15	-1.187	1	2.802	-0.78
32	十九 1	987	420	16.259	1.614	34	3.697	0.082	45.062	42	20.212	-1.373	15	-1.129	1	2.762	-0.73

注：参数值均为相对值。

表5-3 与瓦斯含量关联程度大的谱分解属性值和常规地震属性值

钻孔序号	钻孔号	谱分解属性值	时间域关联维 (T_{d2})	波峰波谷振幅 (A_1)	时域平均能量 (A_t)	主频 (F_{main})	主频带能量 (Q_n)	主频带能量百分比 (R_{flw})	瓦斯含量 / ($m^3 \cdot t^{-1}$)
1	五东3	871.5	1.4	570	29.176	36	4.51	0.095	12
2	五东10	853.5	1.357	595	30.884	36	4.814	0.1	11
3	五东9	532.5	1.119	272	6.309	38	5.484	0.11	9.5
4	五东2	532.5	1.145	278	6.413	38	5.397	0.109	8.7
5	五东8	537	1.149	282	6.662	38	5.541	0.111	7.8
6	五东1	547.5	1.309	288	7.007	38	5.445	0.109	6.5
7	五东7	386.5	1.242	184	3.297	37	5.45	0.108	4.8
8	三5	393	1.254	188	3.448	37	5.428	0.107	3.6
9	五东4	405	1.25	192	3.568	37	5.406	0.107	2.4
10	L36	1024	1.182	589	29.734	37	5.348	0.108	12.4
11	221	956	1.321	605	32.57	36	4.425	0.094	11
12	西四3	445.5	1.157	274	6.26	38	5.403	0.109	9.5
13	215	455	1.177	281	6.549	38	5.376	0.109	7.7
14	三9	328.5	1.263	184	3.234	37	5.308	0.106	5
15	十六1	333.5	1.244	189	3.394	37	5.353	0.106	3.6
16	四2	999	1.281	575	29.606	36	4.858	0.101	14.5

续表 5-3

钻孔序号	钻孔号	谱分解属性值	时间域关联维 (T_{d2})	波峰波谷振幅 (A_1)	时域平均能量 (A_t)	主频 (F_{main})	主频带能量 (Q_{fl})	主频带能量百分比 (R_{flw})	瓦斯含量 /($m^3 \cdot t^{-1}$)
17	四 5	989	1.504	593	31.669	36	4.307	0.092	11.5
18	67—62	510.5	1.136	273	6.185	38	5.389	0.109	9.7
19	四 4	509	1.112	279	6.543	38	5.43	0.109	8.1
20	67—61	525	1.216	286	6.815	38	5.379	0.109	6.4
21	三 1	370.5	1.256	182	3.137	37	5.353	0.106	5.8
22	十六 2	374	1.303	182	3.189	37	5.309	0.106	5
23	223	838	1.424	556	27.828	36	4.54	0.096	14.3
24	四东 2	834	1.381	581	30.309	36	4.506	0.095	12.1
25	254	1021.5	1.491	583	30.613	35	4.284	0.092	10.2
26	四东 1	517.5	1.102	261	5.67	38	5.673	0.113	9.7
27	三 6	471.5	1.152	269	6.017	38	5.383	0.109	8.5
28	十六 3	503	1.175	274	6.263	38	5.371	0.108	6.1
29	L31	829	1.533	387	13.829	35	3.922	0.086	18.5
30	二十 5	839.5	1.471	418	16.179	35	4.051	0.088	14.5
31	三 21	992	1.696	424	16.733	34	3.58	0.08	14
32	十九 1	987	1.614	420	16.259	34	3.697	0.082	14.4

注：除瓦斯含量外，其他参数值均为相对值。

表 5-4 仅含地震属性的训练样本组数据

钻孔序号	钻孔号	谱分解属性值	时间域关联维 (T_{d2})	波峰波谷振幅 (A_1)	时域平均能量 (A_t)	主频 (F_{main})	主频带能量 (Q_{fi})	主频带能量百分比 (R_{flw})	瓦斯含量/（$m^3 \cdot t^{-1}$）
1	五东 3	871.5	1.4	570	29.176	36	4.51	0.095	12
2	五东 2	532.5	1.145	278	6.413	38	5.397	0.109	8.7
3	五东 1	547.5	1.309	288	7.007	38	5.445	0.109	6.5
4	五东 4	405	1.25	192	3.568	37	5.406	0.107	2.4
5	L36	1024	1.182	589	29.734	37	5.348	0.108	12.4
6	215	455	1.177	281	6.549	38	5.376	0.109	7.7
7	十六 1	333.5	1.244	189	3.394	37	5.353	0.106	3.6
8	四 2	999	1.281	575	29.606	36	4.858	0.101	14.5
9	67—62	510.5	1.136	273	6.185	38	5.389	0.109	9.7
10	四 4	509	1.112	279	6.543	38	5.43	0.109	8.1
11	十六 2	374	1.303	182	3.189	37	5.309	0.106	5
12	254	1021.5	1.491	583	30.613	35	4.284	0.092	10.2
13	十六 3	503	1.175	274	6.263	38	5.371	0.108	6.1
14	四东 1	517.5	1.102	261	5.67	38	5.673	0.113	9.7
15	L31	829	1.533	387	13.829	35	3.922	0.086	18.5
16	十九 1	987	1.614	420	16.259	34	3.697	0.082	14.4

注：除瓦斯含量外，其他参数值均为相对值。

表 5-5　仅含地震属性的测试样本组数据

钻孔序号	钻孔号	谱分解属性值	时间域关联维 (T_{d2})	波峰波谷振幅 (A_1)	时域平均能量 (A_t)	主频 (F_{main})	主频带能量 (Q_{fl})	主频带能量百分比 (R_{flw})	瓦斯含量 / ($m^3 \cdot t^{-1}$)
1	五东 10	853.5	1.357	595	30.884	36	4.814	0.1	11
2	五东 7	386.5	1.242	184	3.297	37	5.45	0.108	4.8
3	五东 9	532.5	1.119	272	6.309	38	5.484	0.11	9.5
4	五东 8	537	1.149	282	6.662	38	5.541	0.111	7.8
5	三 5	393	1.254	188	3.448	37	5.428	0.107	3.6
6	西四 3	445.5	1.157	274	6.26	38	5.403	0.109	9.5
7	221	956	1.321	605	32.57	36	4.425	0.094	11
8	三 9	328.5	1.263	184	3.234	37	5.308	0.106	5
9	二 1	370.5	1.256	182	3.137	37	5.353	0.106	5.8
10	四 5	989	1.504	593	31.669	36	4.307	0.092	11.5
11	67—61	525	1.216	286	6.815	38	5.379	0.109	6.4
12	223	838	1.424	556	27.828	36	4.54	0.096	14.3
13	三 6	471.5	1.152	269	6.017	38	5.383	0.109	8.5
14	四东 2	834	1.381	581	30.309	36	4.506	0.095	12.1
15	三 21	992	1.696	424	16.733	34	3.58	0.08	14
16	二十 5	839.5	1.471	418	16.179	35	4.051	0.088	14.5

注：除瓦斯含量外，其他参数值均为相对值。

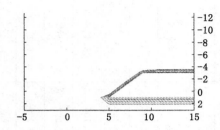

图 5-14　基于 LibSVM 软件确定 RBF 核函数参数精度等值线图

5.3.3　预测模型的检验

　　由于瓦斯含量预测影响因素很多,且瓦斯含量的测定也很困难,目前难以建立有效的预测模型来直接预测瓦斯含量,因此有效预测瓦斯突出危险区更具有实际意义。国家煤矿安全监察局 2009 年公布了新的《防治瓦斯突出规定》,将 8 m³/t 作为瓦斯突出危险区与无突出危险区的分界点[28]。本研究利用 SVM 的分类算法,以 8 m³/t 作为瓦斯突出危险区与非突出危险区的分界点,对瓦斯突出危险区与非突出危险区进行分类预测,将瓦斯含量大于 8 m³/t 的钻孔所在区域视为具有突出危险区,分类值设定为 1;瓦斯含量小于 8 m³/t 的钻孔所在区域视为非突出危险区,分类值设定为 0。根据如上约定,将 16 组测试样本输入前面所建立的瓦斯预测模型,所预测的结果如表 5-4 仅含地震属性的训练样本组数据所示。由表 5-4 可知,本研究对 16 组测试样本总的预测精度为 81.25%。其对于井五东 10、五东 7、五东 9、三 5、221、三 9、二 1、四 5、67-61、223、四东 2、三 21、二十 5 的分类预测是成功的,而对于五东 8、西四 3、三 6 的预测是失败的。

　　通过表 5-6 预测模型对测试样本的预测结果统计可以看出,瓦斯突出危险区预测模型预测结果正确的为井五东 10、五东 7、五东 9、三 5、221、三 9、二 1、四 5、67-61、223、四东 2、三 21、二十 5,其瓦斯含量数值距分界点值 8 较远;而预测失败的井五东 8、西四 3、三 6,其瓦斯含量数值距分界点值 8 较近。因此,本章所建立的突出危险区预测模型,其对于距离分界点值较远的钻孔预测精度高,而对于距离分界点值较近的钻孔预测精度较低。为了克服本章所使用测试样本数量的不足,利用所获得的瓦斯预测模型及参数对训练样本进行回代预测,其预测精度达到了 100%。

表 5-6　　　　　　　　　　　　预测模型对测试样本的预测结果统计

井　号	实际数据	实际数据分类	预测结果分类	结果对比
五东 10	11	1	1	一致
五东 7	4.8	0	0	一致
五东 9	9.5	1	1	一致
五东 8	7.8	0	1	不一致
三 5	3.6	0	0	一致
西四 3	9.5	1	0	不一致
221	11	1	1	一致

井　号	实际数据	实际数据分类	预测结果分类	结果对比
三 9	5	0	0	一致
二 1	5.8	0	0	一致
四 5	11.5	1	1	一致
67-61	6.4	0	0	一致
223	14.3	1	1	一致
三 6	8.5	1	0	不一致
四东 2	12.1	1	1	一致
三 21	14	1	1	一致
二十 5	14.5	1	1	一致

5.3.4　三种预测模型预测结果比较

在 5.3.2 节构建瓦斯富集区预测模型(以下简称模型一),以及 5.3.3 节对预测模型进行检验时,所使用的训练样本组和测试样本组数据均为地震属性值数据,即仅考虑了地震属性因素,其预测精度能达到 81.24%。这些地震属性数据全部来自地震正演模拟的结果,这些数据也是最容易获得的,这为利用地震属性预测瓦斯富集区提供了可能性和可操作性。

(1)基于煤厚、埋深与地震属性的煤与瓦斯突出危险区预测模型

在实际勘探阶段或生产过程中,通过钻孔资料和三维地震勘探的反演解释,还可以获得煤层厚度和埋深两个参数值,本研究尝试将煤厚和埋深两个地质参数与上述地震属性参数进行组合,运用 5.3.2 节和 5.3.3 节所描述的方法构建预测模型二,并对其进行检验(见表5-7)。组合后的含煤厚、埋深与地震属性的训练样本组数据及测试样本组数据如表 5-8、表5-9 所列。

表 5-7　　　　　　　　预测模型二对测试样本的预测结果统计

井　号	实际数据	实际数据分类	预测结果分类	结果对比
五东 10	11	1	1	一致
五东 7	4.8	0	0	一致
五东 9	9.5	1	1	一致
五东 8	7.8	0	0	不一致
三 5	3.6	0	0	一致
西四 3	9.5	1	1	一致
221	11	1	1	一致
三 9	5	0	0	一致
二 1	5.8	0	0	一致
四 5	11.5	1	1	一致

续表 5-7

井　号	实际数据	实际数据分类	预测结果分类	结果对比
67-61	6.4	0	1	不一致
223	14.3	1	1	一致
三 6	8.5	1	1	一致
四东 2	12.1	1	1	一致
三 21	14	1	1	一致
二十 5	14.5	1	1	一致

进行样本训练时,将属性约简后的 9 类归一化属性值输入 LibSVM 程序,经过交叉验证网格搜寻确定核函数的 C 和 γ 取值,其中,C 为惩罚参数,γ 为核函数参数。

图 5-15 所示为基于 LibSVM 软件包确定 RBF 核函数参数精度等值线图,在同一等值线上的精度相等。通过搜索,得出有关 C 和 γ 取值的精度最佳表达式,即 LbC=5,Lbγ=-7,预测精度达到了 87.5%。显然 RBF 核函数的 C=32,γ=0.007 8125。

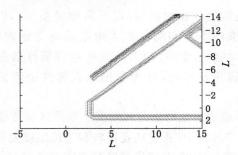

图 5-15　基于 LibSVM 软件确定 RBF 核函数参数精度等值线图

将 16 组测试样本组数据(如表 5-9)输入所建立的煤与瓦斯突出危险区预测模型二,所预测的结果如表 5-9 所示。由表 5-9 可知,本研究对 16 组测试样本总的预测精度为 87.5%。其对于井五东 10、五东 7、五东 9、三 5、西四 3、221、三 9、二 1、四 5、223、三 6、四东 2、三 21、二十 5 的分类预测是成功的,而对于井五东 8、67-61 的预测是失败的。同时,从表 5-11 还发现,对于预测失败的井五东 8 和 67-61 两个钻孔,实际瓦斯含量分别为 7.8 m³/t 和 6.4 m³/t,均低于瓦斯突出危险区与无突出危险区的分界点 8 m³/t,但模型二将其预测分类为瓦斯突出危险区。该预测结果也符合目前的瓦斯预测规范。

(2) 基于煤厚、埋深、瓦斯压力与地震属性的煤与瓦斯突出危险区预测模型

在实际勘探阶段或生产过程中,除了获得煤层厚度和埋深两个参数值外,如果还能获得瓦斯压力参数,则可以将煤厚、埋深、瓦斯压力与地震属性进行组合构建预测模型。根据收集到的 13-1 煤层瓦斯测试成果表,本章尝试将煤厚、埋深和瓦斯压力三个地质参数与上述地震属性参数进行组合,运用 5.3.2 节和 5.3.3 节所描述的方法构建预测模型三,并对其进行检验。组合后的含煤厚、埋深、瓦斯压力与地震属性的训练样本组数据以及测试样本组数据如表 5-10 和表 5-11 所列。

进行样本训练时,将属性约简后的 10 类归一化属性值输入 LibSVM 程序,经过交叉验证网格搜寻确定核函数的 C 和 γ 取值。

表 5-8　含煤厚和埋深与地震属性的训练样本组数据

钻孔序号	钻孔号	煤厚	埋深(地应力)	谱分解属性值	时间域关联维(T_{d2})	波峰波谷振幅(A_1)	时域平均能量(A_t)	主频(F_{main})	主频带能量(Q_h)	主频带能量百分比(R_{flw})	瓦斯含量
1	五东 3	3.33	800.5	871.5	1.4	570	29.176	36	4.51	0.095	12
2	五东 2	4.94	629.88	532.5	1.145	278	6.413	38	5.397	0.109	8.7
3	五东 1	5.25	572.55	547.5	1.309	288	7.007	38	5.445	0.109	6.5
4	五东 4	4.31	477.7	405	1.25	192	3.568	37	5.406	0.107	2.4
5	L36	2.93	728.36	1024	1.182	589	29.734	37	5.348	0.108	12.4
6	215	4.65	602.95	455	1.177	281	6.549	38	5.376	0.109	7.7
7	十六 1	4.17	499.88	333.5	1.244	189	3.394	37	5.353	0.106	3.6
8	四 2	5.93	780.71	999	1.281	575	29.606	36	4.858	0.101	14.5
9	67—62	4.31	652.98	510.5	1.136	273	6.185	38	5.389	0.109	9.7
10	四 4	4.34	613.04	509	1.112	279	6.543	38	5.43	0.109	8.1
11	十六 2	4.35	544.42	374	1.303	182	3.189	37	5.309	0.106	5
12	254	4.18	664.58	1021.5	1.491	583	30.613	35	4.284	0.092	10.2
13	十六 3	0.81	572	503	1.175	274	6.263	38	5.371	0.108	6.1
14	四东 1	6.1	660.5	517.5	1.102	261	5.67	38	5.673	0.113	9.7
15	L31	4.45	872.44	829	1.533	387	13.829	35	3.922	0.086	18.5
16	十九 1	5.98	776.15	987	1.614	420	16.259	34	3.697	0.082	14.4

注:除瓦斯含量,煤厚和埋深外,其他参数值均为相对值。

表 5-9　含煤厚和埋深与地震属性的测试样本组数据

钻孔序号	钻孔号	煤厚	埋深 (地应力)	谱分解属性值	时间域关联维 (T_{d2})	波峰波谷振幅 (A_1)	时域平均能量 (A_t)	主频 (F_{main})	主频带能量 (Q_{fl})	主频带能量百分比 (R_{flw})	瓦斯含量
1	五东 10	5.78	673.8	853.5	1.357	595	30.884	36	4.814	0.1	11
2	五东 7	4.22	530.38	386.5	1.242	184	3.297	37	5.45	0.108	4.8
3	五东 9	5.03	647.67	532.5	1.119	272	6.309	38	5.484	0.11	9.5
4	五东 8	3.86	599.94	537	1.149	282	6.662	38	5.541	0.111	7.8
5	三 5	4.07	496.1	393	1.254	188	3.448	37	5.428	0.107	3.6
6	西四 3	6.05	647.11	445.5	1.157	274	6.26	38	5.403	0.109	9.5
7	221	5.49	684.24	956	1.321	605	32.57	36	4.425	0.094	11
8	三 9	5.33	538.43	328.5	1.263	184	3.234	37	5.308	0.106	5
9	二 1	3.94	557.89	370.5	1.256	182	3.137	37	5.353	0.106	5.8
10	四 5	5.84	691.22	989	1.504	593	31.669	36	4.307	0.092	11.5
11	67-61	4.93	571.49	525	1.216	286	6.815	38	5.379	0.109	6.4
12	223	4.69	763.67	838	1.424	556	27.828	36	4.54	0.096	14.3
13	三 6	4.65	613.86	471.5	1.152	269	6.017	38	5.383	0.109	8.5
14	四东 2	7.95	708.64	834	1.381	581	30.309	36	4.506	0.095	12.1
15	三 21	4.4	755.58	992	1.696	424	16.733	34	3.58	0.08	14
16	二十 5	5.65	772.64	839.5	1.471	418	16.179	35	4.051	0.088	14.5

注：除瓦斯含量、煤厚和埋深外，其他参数值均为相对值。

表5-10 含煤厚、埋深、瓦斯压力与地震属性的训练样本组数据

钻孔序号	钻孔号	煤厚	埋深(地应力)	瓦斯压力	谱分解属性值	时间域关联维(T_{dz})	波峰波谷振幅(A_1)	时域平均能量(A_1)	主频(F_{main})	主频带能量(Q_{fl})	主频带能量百分比(R_{flw})	瓦斯含量
1	五东3	3.33	800.5	3.0	871.5	1.4	570	29.176	36	4.51	0.095	12
2	五东2	4.94	629.88	1.7	532.5	1.145	278	6.413	38	5.397	0.109	8.7
3	五东1	5.25	572.55	0.89	547.5	1.309	288	7.007	38	5.445	0.109	6.5
4	五东4	4.31	477.7	0.1	405	1.25	192	3.568	37	5.406	0.107	2.4
5	L36	2.93	728.36	3.2	1024	1.182	589	29.734	37	5.348	0.108	12.4
6	215	4.65	602.95	1.35	455	1.177	281	6.549	38	5.376	0.109	7.7
7	十六1	4.17	499.88	0.2	333.5	1.244	189	3.394	37	5.353	0.106	3.6
8	四2	5.93	780.71	4.1	999	1.281	575	29.606	36	4.858	0.101	14.5
9	67—62	4.31	652.98	2.1	510.5	1.136	273	6.185	38	5.389	0.109	9.7
10	四4	4.34	613.04	1.4	509	1.112	279	6.543	38	5.43	0.109	8.1
11	十六2	4.35	544.42	0.4	374	1.303	182	3.189	37	5.309	0.106	5
12	254	4.18	664.58	2.3	1021.5	1.491	583	30.613	35	4.284	0.092	10.2
13	十六3	0.81	572	0.95	503	1.175	274	6.263	38	5.371	0.108	6.1
14	四东1	6.1	660.5	2.1	517.5	1.102	261	5.67	38	5.673	0.113	9.7
15	L31	4.45	872.44	5.4	829	1.533	387	13.829	35	3.922	0.086	18.5
16	十九1	5.98	776.15	4	987	1.614	420	16.259	34	3.697	0.082	14.4

注:除瓦斯含量、煤厚、埋深和瓦斯压力外,其他参数值均为相对值。

表 5-11　　含煤厚、埋深、瓦斯压力与地震属性的测试样本组数据

钻孔序号	钻孔号	煤厚	埋深（地应力）	瓦斯压力	谱分解属性值	时间域关联维（T_{d2}）	波峰波谷振幅（A_1）	时域平均能量（A_t）	主频（F_{main}）	主频带能量（Q_n）	主频带能量百分比（R_{flw}）	瓦斯含量
1	五东10	5.78	673.8	2.3	853.5	1.357	595	30.884	36	4.814	0.1	11
2	五东7	4.22	530.38	0.4	386.5	1.242	184	3.297	37	5.45	0.108	4.8
3	五东9	5.03	647.67	2.1	532.5	1.119	272	6.309	38	5.484	0.11	9.5
4	五东8	3.86	599.94	1.3	537	1.149	282	6.662	38	5.541	0.111	7.8
5	三5	4.07	496.1	0.2	393	1.254	188	3.448	37	5.428	0.107	3.6
6	西四3	6.05	647.11	2.05	445.5	1.157	274	6.26	38	5.403	0.109	9.5
7	221	5.49	684.24	2.6	956	1.321	605	32.57	36	4.425	0.094	11
8	三9	5.33	538.43	0.4	328.5	1.263	184	3.234	37	5.308	0.106	5
9	二1	3.94	557.89	0.68	370.5	1.256	182	3.137	37	5.353	0.106	5.8
10	四5	5.84	691.22	2.8	989	1.504	593	31.669	36	4.307	0.092	11.5
11	67—61	4.93	571.49	0.88	525	1.216	286	6.815	38	5.379	0.109	6.4
12	223	4.69	763.67	3.8	838	1.424	556	27.828	36	4.54	0.096	14.3
13	三6	4.65	613.86	1.7	471.5	1.152	269	6.017	38	5.383	0.109	8.5
14	四东2	7.95	708.64	3.0	834	1.381	581	30.309	36	4.506	0.095	12.1
15	三21	4.4	755.58	3.8	992	1.696	424	16.733	34	3.58	0.08	14
16	二十5	5.65	772.64	4	839.5	1.471	418	16.179	35	4.051	0.088	14.5

注：除瓦斯含量、煤厚、埋深和瓦斯压力外，其他参数值均为相对值。

图 5-16 所示为基于 LibSVM 软件确定 RBF 核函数参数精度等值线图,在同一等值线上的精度相等。通过搜索,得出有关 C 和 γ 取值的精度最佳表达式,即 Lb $C=5$,Lb $\gamma=-7$,预测精度达到了 94.117 6%。显然 RBF 核函数的 $C=32$,$\gamma=0.007$ 812 5。

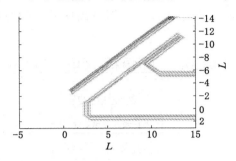

图 5-16　基于 LibSVM 软件确定 RBF 核函数参数精度等值线图

显然,预测模型二,即基于煤厚、埋深与地震属性的煤与瓦斯突出危险区预测模型的预测精度比基于地震属性的煤与瓦斯突出危险区预测模型(模型一)高出了 6.25%;预测模型三,即基于煤厚、埋深、瓦斯压力与地震属性的煤与瓦斯突出危险区预测模型的预测精度比模型二高出了 6.6%。但是模型三所需要的瓦斯压力参数,无论在勘探阶段还是在煤层回采生产阶段都很少测定,数据密度不高,并且测定的难度也比较大,很难达到构建煤与瓦斯突出危险区预测模型的要求。所以,模型三虽然预测精度较高,但缺乏实用性。而对于模型二来说,无论在在实际勘探阶段或煤层回采生产阶段,通过钻孔资料和三维地震勘探的反演解释,都可以获得煤层厚度和埋深两个地质参数值。此外,由表 5-9 可知,虽然模型二将两个实际瓦斯含量低于 8 m³/t 的钻孔五东 8 和 67-61 误分类为瓦斯突出危险区,但该预测结果也符合目前的瓦斯预测规范。因此,将煤层厚度和埋深两个地质参数与地震正演模拟属性数据进行组合构建煤与瓦斯突出危险区预测模型,不仅实现了实际地质资料与数值模拟数据的有机结合,相互补充,也在一定程度上提高了单纯使用数值模拟数据进行预测的精度,具有较强的实用性、时效性和可操作性,从而为利用实际地质资料和叠后地震数据预测瓦斯突出危险区提供了一条新途径。

5.4　基于 GIS 的张集矿煤与瓦斯突出预测管理系统

GIS 是获取、存储、分析和管理空间数据的重要工具,运用 GIS 的方法和原理,进行煤与瓦斯突出区域预测,实现区域预测的定量化、科学化与动态监控,对瓦斯突出预测有重要作用[70-73]。

5.4.1　突出区域预测业务流程

煤层瓦斯含量是一个受埋深、煤厚、地质构造等多种因素影响的变量。要想对其分布规律、突出区域进行系统研究,就涉及与地理坐标有关的多因素综合分析问题,该项研究需要将影响煤与瓦斯突出的构造及地应力分析与数值计算方法、GIS 技术相结合,才能取得预期效果[74]。笔者首先开展了基于煤与瓦斯突出区域预测的煤层地质条件模糊综合评价研究,确定了工作流程(如图 5-17 基于 GIS 的煤与瓦斯突出煤层地质条件综合评价工作程序所示),即首先对影响瓦斯赋集的各种因素进行分析,找出影响瓦斯赋集的主要因素,并进行量化,由其对煤与瓦斯突出的影响规律及影响程度确定其隶属函数及权重。在此基础上,利用模糊综合评价及分类方法确定出用于煤与瓦斯突出区域预测的地质条件综合评价及分类值,据此圈定煤与瓦斯突出区域及类别,进行煤与瓦斯突出预测。图 5-18 用分维数评价断层的计算结果,图 5-19 是用于煤与瓦斯突出区域预测的煤层地质条件模糊综合评价结果。

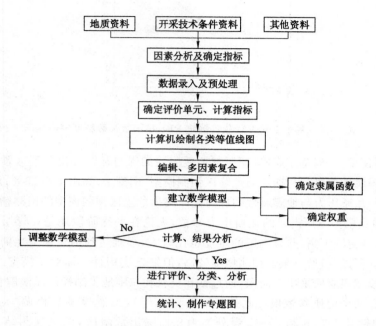

图 5-17　基于 GIS 的煤与瓦斯突出煤层地质条件综合评价工作程序

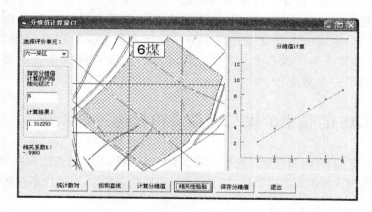

图 5-18　用分维数评价断层的计算结果

5.4.2　系统总体设计

煤与瓦斯突出区域预测涉及的数据量大、信息量多,同时影响因素众多。基于 GIS 技术开发"煤与瓦斯突出区域预测系统"为预测工作提供了集成的数据环境和可视化的分析平台,以 GIS 为结合点,可以实现对矿井图形数据、地震属性数据、预测模型库、专家知识库的

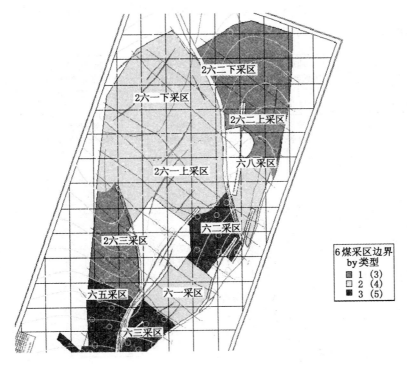

图 5-19　用于煤与瓦斯突出区域预测的煤层地质条件模糊综合评价结果

统一管理,能够进行知识的综合分析、处理和推理,为煤与瓦斯突出预测提供决策支持,这不仅有利于瓦斯突出预测多源信息的复合和多源数据的分析,也容易实现区域预测与防突措施决策的一体化,以提高预测的准确性和决策的科学性[75]。

本系统综合采用瓦斯地质数据、地震属性数据、瓦斯监测数据为预测指标,以粗集、SVM 等建立预测模型,使用数据库统一管理预测数据、预测模型,并根据生产实际研究规划了预测流程,实现了辅助决策与智能推理。软件系统以 ESRI(美国环境系统研究所)的 ArcMap 为基础地理信息平台,ArcMap 简单易学、界面友好,支持多类型数据和多种数据库,在本系统中,利用 VB 调用 ArcGIS 的组件对象模型 ArcObjects 编制成动态链接库,然后链入 ArcMap,对其进行定制与开发,对 SVM 功能模块的调用也通过动态链接库实现,这就很好地实现了系统功能的集成,在国内外相关研究成果的基础上,充分考虑煤矿瓦斯信息管理和突出区域预测现状,根据系统工程的原理和方法,综合运用软件工程、地理信息系统、人工智能、专家系统、数据库技术、瓦斯地质学等多学科知识,采用结构化的系统设计方法和原型法软件开发方法,以关系数据库为数据存储后台存储空间数据和属性数据,建立了煤矿瓦斯信息管理与突出区域预测专家系统,为煤矿瓦斯信息管理提供了 GIS 解决方案,并对煤与瓦斯突出区域危险性进行预测。具体技术架构如图 5-20 煤与瓦斯突出预测管理系统技术架构所示。

对收集的煤矿瓦斯突出相关数据入库形成属性数据库,同时对矿区瓦斯地质图、矿区位置图、井上、下对照图等进行数字化配置后通过空间数据引擎 ArcSDE 存放于 SQL Server 中形成系统空间数据库。采用 Visual C# 语言,结合 ArcGIS Engine 进行开发,实现系统分析功能。煤与瓦斯预测管理系统研发技术路线如图 5-21 煤与瓦斯突出预测管理系统研发技术路线所示。

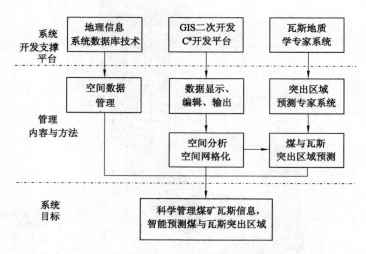

图 5-20　煤与瓦斯突出预测管理系统技术架构

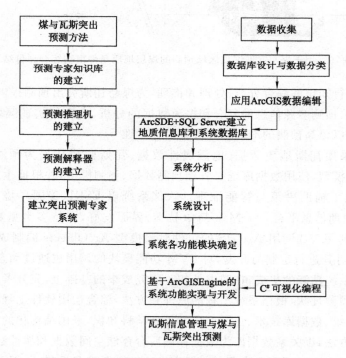

图 5-21　煤与瓦斯突出预测管理系统研发技术路线

　　基于 GIS 的区域危险性预测时,首先进行网格划分和数据前处理;然后通过区域内部自带的数据或通过空间插值得到的数据进行预测;最后将预测结果输出并显示出来。在输出和显示时可按预测结果进行分级渲染加以区分,使其结果更加直观,如图 5-22 煤与瓦斯突出区域预测与 GIS 结合方式所示。

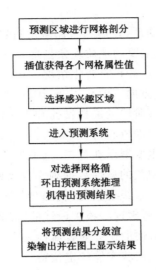

图 5-22　煤与瓦斯突出区域预测与 GIS 结合方式

系统以 ArcGIS Engine 组件为 GIS 平台,采用面向对象高级开发语言 Visual C# 为工具进行开发,系统运行界面如图 5-25 张集矿煤与瓦斯突出预测管理系统所示。

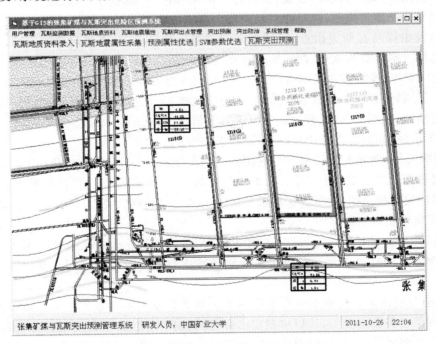

图 5-23　张集矿煤与瓦斯突出预测管理系统

5.4.3　GIS 平台的构建和数据可视化

本系统采取的基本图件是采掘工程平面图、矿井地质图、瓦斯地质图,用到的数据表比较多,主要的数据包括:

（1）瓦斯地质图形数据库

瓦斯地质现象主要包括地质现象、瓦斯和与瓦斯预测防治有关的地勘工程等三个方面。地质现象极为复杂，GIS涉及的最主要的地质现象是地层、断裂、矿体和矿床。对于瓦斯，主要考虑瓦斯的分布以及其在采掘影响下的变化情况。由于瓦斯在煤层中处于连续分布状态，且瓦斯分布在同一煤层中垂直方向上变化很小，因此对于瓦斯分布情况，可以用等值线图来展示。地勘工程主要包括勘探阶段的勘探钻孔和工作面的瓦斯涌出量和瓦斯含量测孔数据资料以及含瓦斯煤系地层的岩性资料等。

瓦斯地质数据在生产实际中主要展示在瓦斯、地质图件上，因此瓦斯、地质图件是本系统图形数据的主要来源。而与之相关的属性数据则主要反映在各类地质说明书、柱状图和瓦斯预测统计报表中。因此在设计系统要素类属性表时，一方面可以利用这些资料作为重要的数据来源，另一方面又要注意考虑这些报表设计的合理性，在此基础上设计出既合理又合乎现场工作人员长期以来使用习惯的矿井要素属性表。

瓦斯地质数据主要反映点、线、面状实体的定位特征，它是以地球表面的位置作为参考。为了用数字标识空间实体，需要选择合适的空间实体类型，在本系统中将空间实体分为点状、线状、面状三种基本类型。

① 点状实体：点状实体表示由确定位置但离散的、无面积、无长度的实体。本数据库中将开拓工程（主井、副井、风井）位置、钻孔孔口位置、钻孔见煤点位置、煤层原始瓦斯含量测试点、煤层原始瓦斯压力测试点、相对瓦斯涌出量统计点、绝对瓦斯涌出量统计点、实际揭露煤厚点、已发生煤与瓦斯突出点、区域突出预测指标测试点、日常突出预测、检验指标测试点、煤层瓦斯吸附常数测试点、勘探钻孔等作为点对象。

② 线状实体：线状实体表示由确定位置、有长度的实体。线状对象包括：瓦斯风化带下部边界线、煤层露头线、煤层底板等高线、井田边界线、采区边界线、断层剖面线、正断层、逆断层、褶曲轴线、煤层分叉（合并）线、煤层煤厚等值线、煤层原始瓦斯含量等值线、煤层原始瓦斯压力等值线、相对瓦斯涌出量等值线、煤巷、岩巷。

③ 面状实体：面状实体是由一个封闭的多边形所围成的，有确定位置、周长、面积的区域，如煤层顶板透气性良好区、煤层顶板透气性较差区、煤层顶板透气性极差区、岩浆侵入区、被上保护层保护范围、被下保护层保护范围、非突出危险区、突出威胁区、突出危险区等。

（2）瓦斯地质属性数据库

地图属性数据是对地理要素进行的语义描述，表明其是什么，属性数据实质是对地理信息进行分类分级的数据表示。在构建瓦斯地质属性数据库的过程中要注意以下几方面的问题：

① 提前制定出矿井瓦斯地质数据库的突出预测信息系统的数据框架。由于瓦斯地质数据库包含了多种数据类型，所以应制定出合理的数据框架，将所有的信息进行科学分类，并分析相互之间的关联性，特别要注意避免数据库对相同基本数据类型和派生数据的重复管理。

② 统一标准和编码。对各类信息数据制定统一的编码标准，力争做到数据兼容、信息共享。

③ 数据表达和应用系统设计。矿井瓦斯地质数据库的研究对象以及对象之间的关系仅能给予定性描述、难以定量，这是瓦斯地质信息化的极大障碍。因此，非常需要对这些研

究对象的数字化表达以及不同研究对象之间关系的逻辑性表达设计统一的数据结构,充分考虑数据之间的接口和共享模式,是成功开发瓦斯地质数据库,实现高效信息共享的重要前提工作。

④ 数据质量的保证。数据的真实性和可靠性是保证数据库正常运行和正确输出的生命线。准确的数据是建立瓦斯地质数据库的基础;同时,对数据库内各种模拟、模型的建立也需要准确、可靠的数据去验证后才能逐步推广和应用。属性数据中的煤矿瓦斯基本参数以测试方式分主要包括钻孔数据、瓦斯含量及其相关数据、回采工作面瓦斯涌出量数据、掘进工作面瓦斯涌出量数据以及突出数据资料等。

（3）瓦斯地质数据库的管理

瓦斯地质数据采用空间数据引擎 ArcSDE 来管理,用空间对象模型 Geodatabase 来统一描述瓦斯地质图形和属性数据,这样不仅能缩短应用系统的开发周期,而且能节省人力消耗,最大限度地利用现有关系数据库管理的瓦斯地质数据资料,克服属性数据管理效率低等缺点。

（4）地震属性数据库的建立

本系统用于瓦斯预测的地震数据主要是地震剖面及模拟的地震属性集,为此专门设计了瓦斯地震属性管理模块,包括对地震数据的输入输出、二维和三维地震数据的显示、地震标准层位追踪与拾取、断层的解释、地震属性参数的提取和处理、相干/方差数据体计算、小波分频处理,对所需文本研究件的编辑和查看以及对相应图件的处理等功能。这使得用户可以方便地在系统中完成从对地震数据的输入到对最终结果进行显示输出的全部工作。

在确定了瓦斯突出预测的地震属集后,将各预想地震剖面采集的地震属性以数据表的形式提供给系统调用。

5.4.4　系统主要功能模块

本节的瓦斯突出预测管理系统是基于地震属性和人工智能技术预测瓦斯的成果,主要功能模块包括:

① 提供矿用矢量图形系统,可在采掘工程平面图上生成瓦斯含量等值线图,瓦斯压力等值线图,瓦斯地质图等重要图件,并能实现这些图形的快速更新、查询、打印等功能。

② 客户端数据的输入模块,可以很方便地实现空间几何数据和空间属性数据的添加。

③ 等值线生成、标注、查询、显示。利用实测数据,在分析综合的基础上完成构造煤层等厚线图、瓦斯含量等值线图、瓦斯压力等值线图的生成。

④ 视图主题的平移、放大、缩小、漫游等功能。

⑤ 查询功能的设计与实现。本系统可以实现由图形查询属性以及属性查询图形的功能。

⑥ 空间分析与预测功能,通过各实测数据的输入,比较准确地预测出瓦斯突出危险区。

⑦ 专题图的生成和输出功能,方便地输出瓦斯预测专题图。

5.4.5　突出预测模块功能

瓦斯突出预测管理模块是煤与瓦斯突出预测管理系统中的核心,当需要进行突出预测时,通过人机交互界面,系统首先进入瓦斯地质数据管理模块对预测区域的采掘工程图进行定位,定位后系统进入基本数据管理模块搜索出该区域的瓦斯地质基本信息,并结合该区域的瓦斯地质图、地震属性数据、瓦斯监测数据提取有关的预测指标,再应用本研究构建的以SVM为主的预测模型进行预测,最终根据预测结果的危险性大小给出合理的防突技术措施和应急预案,从而对煤与瓦斯突出区域进行预测,实现煤与瓦斯突出的可视化管理。主要功能模块包括:

① 瓦斯地质基础数据管理模块:主要实现对矿井瓦斯地质数据资料的录入、编辑、查询、分析、计算和输出。该模块包括用于煤与瓦斯突出预测管理所需的全部数据,具有维护和管理数据库的功能,可以增加、修改、删除以及修改各类数据,还可自行对数据进行更新和查询,对数据库进行实时维护,为煤与瓦斯突出预测提供准确、及时、可靠的数据。

② 瓦斯地质图形管理模块:主要实现对矿井瓦斯地质图形的输入、成图、编辑、输出以及图形属性数据的查询和编辑。该模块将为煤与瓦斯突出的区域预测提供二维和三维可视化制图功能。

③ 地震属性管理模块:该模块可以管理地震属性剖面,提取并优化地震属性集。

④ 矿井瓦斯突出评价与预测模块:主要依据瓦斯地质数据管理模块和地震属性管理模块提供的数据,利用本研究研究的瓦斯评价预测模型对矿区的瓦斯地质区块进行分析评价。

5.4.6 突出防治模块功能

对于有煤与瓦斯突出危险的预测区,采取相应的突出防治措施是必需的。系统的突出防治辅助决策功能包括:防突措施查询和防突效果检验两大部分。

在防突措施查询中,将大量的防突技术措施储存在数据库中,只要用户给出查询条件,系统将自动列出所有符合条件的防突技术措施的详细说明,包括施工原理、施工流程和注意事项等。

防突技术措施实施后进行防突效果检验是必要的,此环节用以确定防突措施是否达到方案设计目标,从而决定是否采取其他防突技术措施或应急措施,最大程度降低煤与瓦斯突出事故风险。

5.5 本章小结

本章以淮南矿区张集矿深部采区为例,使用本研究前面提出的方法对煤与瓦斯突出危险区进行了实证研究,证明了所提出方法的有效性。对淮南矿区张集矿深部采区的基本情况进行了介绍,包括煤层及煤质特征、瓦斯特征和井田地质构造与分布特征。运用Hudson等效介质理论和Backus等效介质理论,建立了多条勘探线的地质与地球物理模型,并生成了相应的地震正演剖面,实际应用了RS方法提取并优化了地震属性。最后,应用本研究提出的SVM算法构建了三种煤与瓦斯突出危险区预测模型,使用张集矿深部采区瓦斯富集区的数据对预测模型进行了测试和比较,证实了提出方法的有效性和正确性。

参考文献

[1] 中国矿业学院物探教研室.中国煤田地球物理勘探[M].北京:煤炭工业出版社,1981.

[2] 董守华. 地震资料煤层横向预测与评价方法[M]. 徐州：中国矿业大学出版社，2004.

[3] AIMOGHRABI H，LANG J. Layers and bright spots[J]. Geophyics，1986，51(3)：699-709 .

[4] FARR J B. High-resolution seismic methods improve stratigraphic exploration[J]. Oil & Gas Journal，1977，75(48)：182-188.

[5] 唐文榜. 地震反射法中薄煤层分辨能力的研究[J]. 地球物理学报，1987，30(6)：641-652.

[6] 何继善. 瓦斯突出地球物理研究[M]. 长沙：中南工业大学出版社，1999.

[7] 王大曾. 瓦斯地质[M]. 北京：煤炭工业出版社，1992.

[8] 俞启香. 矿井瓦斯防治[M]. 徐州：中国矿业大学出版社，1992.

[9] ZHANG M，WU W Z. Knowledge reduction in information systems with fuzzy deci-sions[J]. Journal of Engineering Mathematics，2003，20(2)：53-58.

[10] 姚宇平，周世宁. 含瓦斯煤的力学性质[J]. 中国矿业大学学报，1988，17(1)：1-7.

[11] 冯增朝，赵阳升，杨栋，等. 瓦斯排放与煤体变形规律试验研究[J]. 辽宁工程技术大学学报，2006，25(1)：21-23.

[12] VAPNIK V N. Support vector method for function approximation，regression and sig-nal processing[J]. Advances in Neural Information Processing Systems，1996，9：281-287.

[13] C J C BURGES. A tutorial on support vector machines for pattern recognition[J]. Knowledge discovery and data mining，1998，2(2)：121-167.

[14] 李国政，王猛，曾华军. 支持向量机导论[M]. 北京：电子工业出版社，2000.

[15] COMES C，VAPNIK V. Support Vector Networks[J]. Machine Learning，1995，20(3)：273-297.

[16] OSUNA E，FREUND R，GIROSI F. Training support vector machines：An application to face detection[C]//Proceedings of CVPR'97，1997.

[17] PLATT J C. Fast Training of SVMs Using Sequential Minimal Optimization[M]. Cambridge MA：MIT Press，1998.

[18] KEERTHIS S S. A fast iterative nearest point algorithm for support vector machine classifier design[J]. IEEE Transactions on Neural Networks，2000，11(1)：124-136.

[19] S ABE，T MOUE. Fuzzy support vector machines for multiclass problems[C]//Pro-ceedings of the Tenth European Symposium on Artificial Neural Networks，2002：113-118.

[20] HSU C W，LIN C J. A comparison of methods for multi-class support vector machines[J]. IEEE Transactions on Neural Networks，2002，13(2)：415-425.

[21] CHANG C，LIN C J. LIBSVM：a library for support vector machines[J]. ACM，2011，2(3)：1-27.

[22] KRESSEL B U. Pairwise classification and support vector machine[J]. Cambridge，MA：MIT Press，1999(15)：255-268.

[23] HUANG C，DAVIS L S，TOWNSHEND J R G. An assessment of support vector ma-

chines for land cover classification[J]. Int. J. Remote Sens. ,2002,23(4):725-749.

[24] GUYON I,ELISSEE A. An Introduction to Variable and Feature Selection[J],Journal of machine learning research,2003(3):1157-1182.

[25] NILSSON R,PELA J M,BJIRKEGREN J,et al. Consistent Feature Selection for Pattern Recognition[J],Journal of Machine learning Research 2007(8):589-612.

[26] 俞胜益. 基于支持向量机的瓦斯预警专家系统的研究[D]. 西安:西安科技大学,2009.

[27] HOCHBERG J,JACKSON K,STALLINGS C,et al. NADIR:An Automated System For Detecting Networking Intrusion And Misuse[J]. Computers And Security,1993,12(3):235-248.

[28] 郭丽娟,孙世宇,段修生. 支持向量机及核函数研究[J]. 科学技术与工程,2008,8(2):487-490.

[29] 周秋杭. 虚拟图书馆:网络环境下图书馆馆藏建设新策略[J]. 江苏广播电视大学学报,2001.8.

[30] 邓小文. 支持向量机参数选择方法分析[J]. 福建电脑,2005(11):30-31.

[31] 奉国和. SVM 分类核函数及参数选择比较[J]. 计算机工程与设计,2011,43(7):123-124.

[32] 张学工. 关于统计学习理论与支持向量机[J]. 自动化学报,2000,26(1):32-42.

[33] QUINCY CHEN,STEVE SIDNEY. Seismic attribute technology for reservoir forecasting and monitoring[J]. Leading Edge,2012,16(5):445-456.

[34] 邹才能. 油气勘探开发实用地震新技术[M]. 北京:石油工业出版社,2002.

[35] 印兴耀. 地震技术新进展[M]. 东营:中国石油大学出版社,2006.

[36] PAWLAK Z. Rough sets[J]. International Journal of Computer and Information Sciences,1982,11(5):341-356.

[37] PAWLAK Z. Rough Sets-Theoretical Aspects of Reasoning about Data[M]. Dordrecht:Kluwer Academic Publishers,1991.

[38] KRYSZKIEWICZ M. Comparative study of alternative types of knowledge reduction in insistent systems [J]. International Journal of Intelligent System, 2001 (16): 105-120.

[39] 张文修,梁怡,吴伟志. 信息系统与知识发现[M]. 北京:科学出版社,2003.

[40] BEYNON M. Redacts within the variable precision rough sets model:A further investigation[J]. European Journal of Operational Research,2001,134:592-605.

[41] ZHANG W X,MI J S,WU W Z. Approaches to knowledge reductions in inconsistent systems[J]. International Journal of Intelligent Systems,2003,18:989-1000.

[42] QIU G F,LI H Z,XU L D,et al. A knowledge processing method for intelligent systems based on inclusion degree[J]. Expert Systems,2003,20(4):187-195.

[43] MI J S,WU W Z,ZHANG W X. Approaches to knowledge reduction based on variable precision rough set model[J]. Information Sciences,2004(159):255-272.

[44] ZHANG M,WU W Z. Knowledge reduction in information systems with fuzzy decisions[J]. Journal of Engineering Mathematics,2003,20(2):53-58.

[45] LEUNG Y,WU W Z,ZHANG W X. Knowledge acquisition in incomplete information systems:A rough set approach[J]. Journal of Zhejiang Normal University,2004, 27(2).

[46] WU W Z,ZHANG M,LI H Z,et al. Knowledge reduction in random information systems via Dempster-Shafer theory of evidence[J]. Information Sciences,2005(174): 143-164.

[47] SKOWRON A,RAUSZWER C. The discernibility matrices and functions in information systems[M]. Dordrecht:Kluwer Academic Publishers,1992.

[48] 武波,马玉祥. 专家系统[M]. 第二版. 北京:北京理工大学出版社,2001.

[49] 何国建,陶宏才. 一种基于粗集理论的属性约简改进算法[J]. 计算机应用,2004,11 (24):75～80.

[50] 廖勇,李元香,张凌海. 一种基于关系模型的模糊数据库系统模型[J]. 计算机工程与设计,2002,23(10).

[51] 黄海滨. 机器学习及其主要策略[J]. 河池师范高等专科学校学报,2000,20(4):85-89.

[52] PAWLAK Z. Rough set approach to multi-attribute decision analysis[J]. European Journal of Operational Research,1994,72:443-459.

[53] 古发明,尹成,丁峰. 应用粗集理论优选地震属性的方法研究[J]. 西南石油大学学报, 2007,11(29):1-4.

[54] 张文修,吴伟志,梁吉业,等. 粗糙集理论与方法[M]. 北京:科学出版社,2001.

[55] 贺懿. 地震储层参数非线性反演与预测方法研究[D]. 青岛:中国海洋大学,2008.

[56] 葛瑞·马沃克,塔潘·木克基,等. 岩石物理手册[M]. 合肥:中国科学技术大学出版社,2008.

[57] 王德利,何樵登. 裂隙型单斜介质中弹性参数系数的计算及波的传播特性[J]. 吉林大学学报,2002,32(2):181-186.

[58] 马在田,曹景忠,王家林,等. 计算地球物理学概论[M]. 上海:同济大学出版社,1997.

[59] ALFORD R M,KELLY K R,BOORE D M. Accuracy of finite-difference modeling of the acoustic wave equation[J]. Geophysics,1974,39(6):838-842.

[60] VIRIEUX J. SH-wave propagation in heterogeneous media:Velocity-stress finite-difference method[J]. Geophysics,1984,49(11):1933-1957.

[61] LEVANDER A R. Fourth-order finite-difference P-SV seismograms[J]. Geophysics, 1988,53(11):1425-1436.

[62] CRASE E. High-order(space and time)finite-difference modeling of elastic wave equation[C]//Ann. Inernat. Mtg. Soc. Explo. Geophys. Expanded Abstracts,1990: 987-991.

[63] PER AVSETH,TAPAN MEKERJI,GARY MAVKO. 定量地震解释[M]. 李来林, 译. 北京:石油工业出版社,2009(4):171-173.

[64] 孙林,杨世元. 基于最小二乘支持向量机的煤层瓦斯含量预测[J]. 煤矿安全,2009(2): 10-13.

[65] 张宏. 地震谱分解算法对比与局限性分析[J]. 勘探地球物理进展,2007,30(6):

409- 414.

[66] RAMOS A C B,CASTAGNA J P. Useful approximations for converted-wave AVO [J]. Geophysics,2001,66(6):1721-1734.

[67] 郑晓东. AVO 理论和方法的一些新进展[J]. 石油地球物理勘探,1992,27(3): 307-317.

[68] 蔡其新,何佩军,秦广胜,等.有限差分法数值模拟的最小频散算法及其应用[J].石油地震物理勘探,2003,38(3):247-262.

[69] 张克,汪云甲,陈同俊,等.基于正演模拟和 SVM 的瓦斯突出危险区预测[J].中国矿业大学学报,2011,40(3):453-458.

[70] 汪云甲.数字矿山与煤矿瓦斯监测及预警[J].地理信息世界,2008,6(5):26-32.

[71] 汪云甲,张克非. Intelligent gas disaster early-warning,robust emergency response and rescue systems for coal mining based on geospatial information technologies[C]. Beijing:[出版者不祥].

[72] 汪云甲,张克非. Intelligent Monitoring and Early Warning of Coal Mine Gas and Search and Rescue localization Based on Geo-spatial Information Technoligies[C]// International Conference on Geo-spatial Solutions for Emergency Management and the 50th Anniversary of the Chinese Academy of Surveying and Mapping,September 14 - 16,2009,Beijing,China.

[73] 张涛.基于 GIS 的煤矿瓦斯信息管理与突出区域预测研究[D].徐州:中国矿业大学,2009.

[74] WANG YUNJIA. Intelligent Monitoring and Early Warning of Coal Mine Gas and Search and Rescue localization Based on Geo-spatial Information[C]//XIV Internationaler ISM Congress,Sun City,South Africa,2010.

[75] 张克非,朱敏,汪云甲,等. Underground mining intelligent response and rescue systems[C]//Int. the 6th International Conference of Mining Science & Technology. Beijing,2009.

第二篇

瓦斯监测多传感器信息
融合与知识发现研究

第6章 煤矿瓦斯安全监测手段与评价指标研究

研究设计煤矿瓦斯监测多传感器信息融合系统,必须了解瓦斯监测的目标任务,瓦斯灾害监测和预警的原理、方法和手段,特别是危险评价指标及其临界值的确定方法,从而为监测数据特征提取和决策融合奠定基础。6.1节着重分析了煤矿瓦斯安全监测的任务、瓦斯灾害发生的原理和防范基本措施;6.2节主要介绍了传统的煤矿突出区域预测和工作面预测的流程、方法和危险评价指标;6.3节研究了突出动态预测的基本原理,重点对基于瓦斯传感器、电磁辐射和声发射监测仪三类煤与瓦斯突出动态预测方法和危险评价指标及临界值的确定进行了分析;6.4节针对突出预测实践中遇到的不同煤矿突出预测敏感指标存在差异的问题,研究了突出预测指标排序优选的方法,同时表明电磁辐射预测指标被认为是目前最佳敏感指标;6.5节对本章内容作了总结。

6.1 瓦斯监测的主要任务及方法概述

人们对煤矿瓦斯安全监测预警系统的功能寄予了很高的期望,凡是与瓦斯有关的灾害都应纳入统一的监测体系。煤矿瓦斯安全监测主要是防止井下空间发生瓦斯积聚、瓦斯超限甚至瓦斯(煤尘)燃烧(爆炸)。而煤与瓦斯突出常常又会造成大量瓦斯(其重要成分是 CH_4 ,又称甲烷)、煤尘释放到采掘工作面巷道空间,与其他安全隐患共同作用引发瓦斯爆炸、瓦斯中毒窒息等难以控制的重特大安全事故。

瓦斯爆炸属于一种激烈的氧化反应,其产生需要一定浓度的 CH_4 、O_2 以及必要的温度等条件,缺一不可。因此,严密监测和严格控制巷道空间瓦斯浓度至关重要。

在空气中瓦斯遇火后能引起爆炸的浓度范围为 5%~16%。实验表明,瓦斯爆炸威力最大(即瓦斯和氧气完全反应)的时候,瓦斯浓度为 9.5%;当瓦斯浓度低于 5%时,能在火焰外围形成燃烧层,不会发生爆炸;而当瓦斯浓度高于 16%时,在空气中遇火仍会燃烧,但已失去了爆炸性。瓦斯燃烧会释放出 CO 等气体,因此,监测 CO 气体浓度变化,也是井下安全监测的重要内容。《煤矿安全规程》[1] 要求,井下空气中 CO 浓度最高不得超过 0.002 4%。

井下瓦斯发生爆炸还受其他多种因素的影响,主要包括压力、温度以及煤尘、惰性气体或其他可燃性气体的混入等,其浓度界限并不是固定不变的。一般认为,瓦斯的引火温度为 650~750 ℃,也就是说高温火源是井下瓦斯发生爆炸的必要条件之一。常见的井下的高温火源主要有明火作业、煤炭自燃、违章爆破、电气火花、井下抽烟等。但具体的引火温度还受到混合气体的压力、火源的性质和瓦斯浓度等因素影响而变化,当混合气体压力增高时,引燃温度降低;温度相同的条件下,火源面积越大、点火时间越长,瓦斯越易引燃;当瓦斯浓度在 7%~8%时,最易引燃。

加强通风是降低瓦斯等气体浓度的基本做法。但井下不同作业位置,风速要求不同。

在瓦斯涌出量较大的工作面等位置,风速过小无法实现由通风稀释瓦斯等气体的目的;风速过大又容易引起井下风流紊乱,瓦斯、煤尘等在井下空间高速扩散,以致无法控制而引发其他意外安全事故。如综合机械化采煤工作面,在采取煤层注水和采煤机喷雾降尘等措施后,其最大风速仍不得超过 5 m/s。

为防范煤矿瓦斯安全事故,加强瓦斯安全监测,国家安全生产监督总局颁布了中华人民共和国安全生产行业标准《煤矿安全监控系统及检测仪器使用管理规范》[2](AQ 1029—2007)。目前瓦斯安全监测用传感器主要用来采集瓦斯、CO 和烟雾(煤尘)的浓度以及温度、风速等环境数据。

《煤矿安全规程》第一百七十六、第一百八十六条到一百八十八条分别针对防治煤与瓦斯突出作出了一系列规定。

首先要确定突出矿井和突出煤层。其标准是采掘过程中,只要发生过 1 次煤与瓦斯突出,该矿井即为突出矿井,发生突出的煤层即为突出煤层。突出矿井及突出煤层的确定,由煤矿企业提出报告,经国家煤矿安全监察局授权单位鉴定。一旦被确定为突出矿井,就需要对突出煤层进行区域突出危险性预测和工作面突出危险性预测,前者简称区域预测,后者简称工作面预测。突出危险等级划分如表 6-1 所示。

表 6-1 煤与瓦斯突出预测危险性等级划分

区域预测	工作面预测
突出危险区	突出危险面
突出威胁区	—
无突出危险区	无突出危险面

对于突出煤层或突出矿井,只有在有充分依据证明不再有突出危险,由煤矿企业提出报告,经原鉴定单位确认和审批单位批准后,方可撤销,并报省级煤矿安全监察机构备案。

对于确定突出威胁区的采掘工作面,需要经常应用工作面突出预测方法进行突出危险区域验证。具体工作标准是,采掘作业每向前推进 30~100 m,就要连续进行不少于 2 次的突出危险预测验证。当 2 次验证结论都说明该区域不存在突出危险时,改划为无突出危险区,可不采取防突措施;反之,如果有 1 次验证为有突出危险,就要改划为突出危险区。

在突出危险区进行采掘作业时,必须采取综合防突措施。只有当防突措施验证为有效后,才能进行采掘作业,同时安全防护措施必须到位。每执行 1 次防突措施作业循环后,要再次进行工作面突出危险预测。对于预测为无突出危险的工作面,每预测循环应留有不小于 2 m 的预测超前距。

煤与瓦斯突出危险性预测是煤矿安全生产的关键环节,是突出矿井开采突出煤层必须要面对的一项经常性工作任务,也是瓦斯安全监测的中心任务之一。突出区域预测的任务是确定矿井、煤层和煤层区域的突出危险性,工作面预测的任务是在区域预测的基础上,及时预测采掘工作面的突出危险性。

无论是突出区域预测还是工作面预测,突出危险性评价敏感指标及其临界值的确定都是其关键,也是本研究的重要基础之一。国内外专家从不同的角度分析了瓦斯突出影响因素,并利用不同煤矿区的瓦斯突出动力现象以及各种试验数据统计分析,提出了各类突出影响指标及其临界值。《防治煤与瓦斯突出规定》[3](2009 年 7 月 1 日起施行以下简称《防突规定》)对部分实践效果不错的评价指标及其临界参考值的使用方法、要求做了推广,同时指出各矿可根据实际条件探索应用一些突出煤层鉴定和突出危险预测的新方法和新指标,实现工作面突出危险性的多元信息综合预测和判断,如工作面瓦斯涌出量动态变化、电磁辐射、AE 声发射等,基本上属于近年来不少矿区和科研院所采用的动态监测方法。

6.2 突出静态预测方法与危险评价指标

传统的突出预测方法属于静态的不连续预测,也是矿井及煤层突出危险性中长期预测与防突应变措施的重要依据。

6.2.1 区域预测

在什么情况下需要立即进行突出区域、突出煤层鉴定以及组织方法与指标,《防突规定》第十一条至第十三条都作了明确规定。

当发现煤层有瓦斯动力现象,或者周边相邻矿井已发生突出事故而且属于同一煤层,或者发现开采煤层瓦斯压力达到或大于 0.74 MPa 时,需要立即停止相关采掘作业活动,委托具有突出危险性鉴定资质的单位进行突出煤层和突出矿井的鉴定。鉴定单位应当在接受委托之日起 120 天内完成鉴定工作,且对鉴定结果负责。鉴定未完成前,应当按照突出煤层管理。

突出煤层鉴定方法按图 6-1 所示流程进行,突出预测指标及其临界值见表 6-2,鉴定单位也可以探索其他可用于突出鉴定的新方法和新指标。

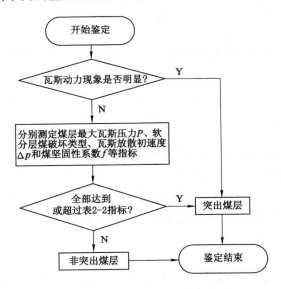

图 6-1 突出煤层鉴定方法与流程

表 6-2 突出煤层鉴定的单项指标临界值

煤层突出危险性	软分层煤破坏类型	瓦斯放散初速度 $\triangle p$	坚固性系数 f	瓦斯压力（相对压力）P/MPa
突出危险	Ⅲ、Ⅳ、Ⅴ	≥10	≤0.5	≥0.74

关于软分层煤的破坏类型划分，学界有多种不同观点。在国内外受到广泛重视的划分方法是 1958 年前苏联科学院地质所提出的煤体结构指标，共分为 5 种类型，其中Ⅳ、Ⅴ两类煤具有突出危险；而原焦作矿业学院则以构造煤类型为基础、以突出的难易程度为依据，根据煤的宏观特征把煤体结构分为 4 种类型，其中Ⅲ、Ⅳ两类煤结构具有突出危险；中国矿业大学把煤体结构破坏类型划分为甲、乙、丙 3 种，其中丙类具有突出危险。

煤层瓦斯压力是指原始煤体孔隙中所含游离瓦斯的气体压力，即瓦斯气体作用于孔隙壁的压力[4]，为突出的发生提供一定的动力来源。目前我国许多高瓦斯矿井和突出矿井都开展了较为广泛的煤层瓦斯压力测定工作，主要就是为了预测深部煤层瓦斯涌出量、确定石门揭煤的突出危险性。一般来说，瓦斯压力越大，其突出危险性越大。在瓦斯压力突然降低、膨胀潜能释放的过程中，还会进一步加速和促使煤体破碎。这种规律在不同煤层，甚至同一煤层的不同深度或区段都能发现。一般情况下，煤层的突出危险性与其埋藏深度、瓦斯压力和煤岩体应力同步增加。在地质构造条件和煤层赋存条件不变的情况下，煤层瓦斯压力同深度成正比例增长关系。因此，对每个突出矿井、煤层都有一个发生突出的最小深度，当小于该深度时不发生突出，该深度简称始突深度[4]。在各条件变化不大时，同一深度各煤层或同一煤层在同一深度的各个地点，煤层瓦斯压力是相近的。据统计资料分析，重庆南桐[5]的始突深度为 80 m，永川煤矿的始突深度为 684 m；河南大平煤矿[6]始突深度为 250 m，始突点的瓦斯含量及压力为 8.82 m³/t、0.44 MP。

《防突规定》第四十三条要求，在突出危险性区域预测过程中，如果没有或者缺少煤层瓦斯压力资料，也可根据煤层瓦斯含量 W 进行预测。该指标临界值在确定前可暂按表 6-3 预测，正常情况下应通过现场实际试验考察确定。

表 6-3 突出区域预测煤层瓦斯压力或瓦斯含量指标临界值

瓦斯压力 P/MPa	瓦斯含量 W/(m³/t)	区域类别
$P<0.74$	$W<8$	无突出危险区
$P≥0.74$	$W≥8$	突出危险区

综合区域预测部分有关规定的内容可以看出，突出煤层的鉴定方法、突出评价指标研究已经取得了一些可以推广的宝贵经验，但是目前仍然处在探索和发展阶段；突出预测评价指标所依据的瓦斯压力 P、瓦斯含量 W 等指标临界值也不能绝对保证对于每个矿井、煤层都是适用的，需要鉴定单位结合矿区、煤层实际通过试验确定。

6.2.2 工作面预测

《防突规定》第六十九条至第七十八条规定，工作面突出危险预测判断除了在物探、钻探、采掘及钻孔作业过程中观察分析发现存在工作面出现喷孔、顶钻等动力现象、采掘应力叠加、煤层赋存条件急剧变化、煤层的构造破坏带以及其他明显的突出预兆等情况应判定为突出危险工作面外,主要采用敏感指标进行突出预测。

国内外众多专家学者、一线工程技术人员通过长期生产实践和理论研究分析,发现了一些在工作面突出危险性评价预测实践中效果不错可供推广的敏感指标,主要包括以下 12 个:(1) 软分层煤的破坏类型;(2) 瓦斯放散初速度 Δp;(3) 煤坚固性系数 f;(4) 瓦斯压力 P;(5) 瓦斯含量 W;(7) 煤层埋藏深度 H;(6) 钻屑瓦斯解吸指标 Δh_2;(8) 钻屑量 S;(9) 钻孔瓦斯涌出初速度 q;(10) 综合指标 D 和 K;(11) 钻屑瓦斯解吸指标 K_1;(12) R 指标。其中立井、斜井和石门揭煤工作面的突出危险性预测应选用钻屑瓦斯解吸指标法、综合指标法或其他经试验证实有效的方法;煤巷掘进工作面突出危险性预测应选用钻屑指标法、复合指标法、R 指标法或其他经试验证实有效的方法;采煤工作面突出危险性的各指标临界值在现场试验考察确定前,其突出危险性预测指标临界值可参照煤巷掘进工作面有关指标。

具体指标数据的获取,通常需要通过在煤层直接钻孔,再用相应的仪器设备进行数据测量、采集和计算,从而获得相应的指标数值。《防突规定》对各指标数据在测定过程中需要钻孔的位置、长度、数量和指标数据采集、量算等要求等都作了详细规定。文献[7,8]也对具体的钻孔工艺作了详细介绍,本研究不再赘述。

需要强调的是,突出敏感指标的选取同突出预测结果的准确性密切相关,突出危险指标的临界值需要通过反复实验考察确定。不少预测指标测定结果可靠性较低,受各种自然因素和人为因素影响较大,如钻屑量 S 和钻屑解吸指标 Δh_2 或 K_1 值等[6];而钻孔瓦斯涌出初速度 q 受影响较小,测定结果比较准确。所以,有的矿选取钻孔瓦斯涌出初速度为主要预测指标,钻屑解吸指标 Δh_2 和钻屑量 S 作为辅助预测指标。例如,试验测定河南大平煤矿煤巷掘进工作面突出危险性预测的主要敏感指标为钻孔瓦斯涌出初速度 q,其临界值为 5 L/min,辅助指标为钻屑量 S,其临界值为 4 kg/m。通常,如果实际测到的指标值小于临界值,并且未发现其他异常情况,则该工作面确定为无突出危险工作面,否则,为突出危险工作面。

6.3　突出动态预测方法与危险评价指标

无论是区域预测还是工作面预测,如果都通过手工钻孔等接触式操作方法获得指标数据,必然需要占用大量的作业时间、空间和人力;严格按照《防突规定》有关时间节点要求实施突出预测作业存在一定难度,不便于检查监控;并且指标临界值的确定都需要建立在当地大量数据统计分析的基础上,整个过程一定程度上或多或少地受到煤体分布和应力分布不均匀、操作人员责任心、现场测试条件、仪器性能等多方面因素的影响,提高预测的准确率比较困难,预测结果的有效性难以经受持续采掘活动扰动和其他偶发事件的考验。而且不同的矿井或煤层,适用的突出预测敏感指标及其临界值往往存在一定的差别,有的差异还很大。如果用于突出预测的指标不敏感或临界值不合适就会造成预测结果不准确,从而发生误判,结果要么增加不必要的防突措施工程,要么发生低指标突出事故[9]。

针对静态监测方法在数据获取方面存在的种种不足,不少煤矿探索研究使用可在线连续跟踪监测突出危险指标的非接触式动态预测方法。正如 1.3 节所述,目前经过实验论证,主要有 3 条途径能够实现煤与瓦斯突出危险性动态预测:一是利用布设在采掘工作面各巷道空间的瓦斯传感器采集工作面的瓦斯浓度变化数据进行分析预测突出;二是利用煤岩电磁辐射监测仪采集工作面前方的电磁辐射信号进行分析预测突出;三是利用 AE 声发射监测仪采集工作面前方的声发射信号进行分析预测突出。

由于目前还没有完全清楚煤与瓦斯突出发生的机理,因此,如果将工作面前方煤体看做是一个"灰色系统",那么电磁辐射、声发射、工作面瓦斯浓度变化就是这个"灰色系统"的输出信号。通过非接触式方法采集煤体向外发出的种种信号,挖掘其与突出危险存在的规律,了解煤体内部的变化趋势,预测煤与瓦斯突出危险性是完全可行的。随着监测仪器技术水平和综合分析能力的不断提高,动态连续监测将在煤与瓦斯突出预测领域发挥越来越重要的作用。动态与静态相结合的预测方法必将大大提高突出危险预测预报的准确性和时效性,提高煤矿安全生产的效率,也是煤与瓦斯突出预测管理与技术的发展趋势。

6.3.1 瓦斯浓度监测方法与危险评价指标

利用监测系统连续监测工作面瓦斯浓度,可以直接获得瓦斯浓度时间序列。由于受煤壁内部瓦斯压力、煤体中应力以及煤体物理—力学性质等因素的连续控制,在通风、采掘工艺等因素保持不变的情况下,通过瓦斯传感器采集到的工作面瓦斯浓度时间序列必然蕴涵了煤体内部各因素的变化及其相互关系的信息[10]。也就是说,瓦斯浓度时间序列中先前状态的信号特征必然包含其后续状态发展变化的趋势特征信息。

事实上,大量的现场观测与理论研究结果表明,采掘工作面前方煤体瓦斯涌出量的动态变化与煤体的突出危险性是一致的。煤层中游离态瓦斯气体含量增大,会导致煤体所受的压力增强。当累积的压力打破平衡极限后,突出随之发生。煤与瓦斯突出危险性和工作面瓦斯浓度时间序列变化之间的关系及突出危险识别技术的深入研究表明,利用模式识别技术,在现有煤矿井下安全监测系统基础上分析工作面瓦斯涌出特征,研究发展可靠性较高的非接触式煤与瓦斯突出预测系统在理论上是完全可行的[8]。

目前,国内外利用瓦斯传感器监测到的瓦斯浓度数据分析研究瓦斯突出前兆的方法也取得了积极进展,主要可分为涌出量异常分析和瓦斯时间序列混沌特性分析两大类。

6.3.1.1 涌出量异常分析

(1) V_{30} 及 K_v 指标

德国研究表明,如果掘进煤巷爆破后 30 min 的吨煤瓦斯释放量 V_{30} 达到崩落煤可解析瓦斯量的 40%,则说明存在突出可能性;如果达到 60%,则表示有突出危险。苏文叔的研究表明[11],当 V_{30} 大于 9 m³/t 或者 V_{60}(掘进煤巷爆破后 60 min 的吨煤瓦斯释放量)大于 9 m³/t 时,工作面有突出危险。前苏联阔琴斯基矿业研究院通过统计分析认为,采用相对均方根偏差公式计算的瓦斯涌出变动系数 K_v 可作为突出预测敏感指标,其临界值为 $K_v \geq 0.7$。但是,V_{30} 和 K_v 指标无法直接获得,计算比较繁琐且不准确[12]。本质上仍属于广义的统计平均,以致弱化了对瓦斯涌出动态信息的考察[13],不能很好地反映突出与瓦斯涌出关系的实际情况[14]。

(2) $|\Delta q|$、ΔQ 和 B 指标

刘彦伟等[12]以监测系统监测到的瓦斯涌出量变化曲线为依据,采用 $|\Delta q|$、ΔQ 和 B 等指标,分析了鹤煤十矿突出前瓦斯涌出浓度和涌出量的变化规律,认为当工作面瓦斯涌出统计计算指标 $|\Delta q| \geq 0.8$ m³/min 或 $\Delta Q \geq 0.5$ m³/min 或 $B \geq 3.0$ 时,前方 2~3 m 有突出危险。其中 $|\Delta q|$ 指标为突出前两次爆破的瓦斯涌出峰值差,m³/min;ΔQ 指标为在非爆破的

其他作业过程中瓦斯涌出增减幅度,m^3/min;B 指标为爆破峰值瓦斯浓度与爆破前正常浓度的比值,无量纲。十矿 3 次突出实例中,ΔQ 值的范围是 $2.175\sim3.12\ m^3/min$。

(3) 趋势、偏离率和变化频次分析

就已经发生的煤与瓦斯突出事故事后总结发现,突出发生前数小时突出地点的瓦斯浓度时间序列往往就出现了异常,出现了忽大忽小、波动强烈等非常不均匀的现象或总体明显的上升趋势[15]。因此,有学者提出利用瓦斯浓度序列的移动平均线(总体趋势分析)、振幅(方差)、频次(一定时间内瓦斯浓度变化次数)来分析和预测瓦斯突出危险。秦汝祥[10]通过对淮南潘一矿、湖南涟邵矿业集团和河南平顶山煤业集团的部分矿井突出前的瓦斯监测数据进行分析后发现:突出前夕瓦斯浓度时间序列主要围绕某一呈上升趋势的曲线摆动,振幅方差变化比较强烈,呈现明显增长的趋势,甚至达到 $1.0\sim1.25$;而正常时期时间序列的变化模式是几乎沿着一条水平的直线上下波动,方差一般小于 0.25,表现较平稳;当方差超过 0.5 时,就有突出的倾向;对于像 KJ66 系统这种采用变值变态数据记录方法的监控系统,越靠近突出发生时刻,数据变化越频繁,当 5 min 内瓦斯浓度变动频次 $R_{OFC}>20$ 次时,则有可能突出。突出发生前,尽管瓦斯浓度数据本身没有超限,但其中蕴含的突出信息在突出发生前 2 h 左右[14],瓦斯浓度变化趋势、偏离率和变化频次就有明显的异常表现,且随着突出的临近表现越来越强。

王栓林[16]依据指标特点和现场三八制掘进模式,用瓦斯浓度序列 8 h 偏差和 1 h 方差分析瓦斯浓度动态变化信息,试图获取突出前兆信息,建立突出危险性实时预测综合指标 G。

邹云龙等[17]认为,掘进工作面瓦斯时间序列是几种变化模式共同作用的结果,包含了周期项、趋势项以及随机噪声项。在无突出危险区,趋势项是瓦斯涌出变化的主控因素;当进入或即将进入掘进工作面突出危险区域时,周期项和噪声项开始加强,瓦斯涌出主控因素从趋势项转为周期项和噪声项;噪声项描述了瓦斯涌出忽大忽小这一突出预兆。这种规律性的变化成为利用工作面瓦斯浓度时间序列特征预测掘进工作面煤与瓦斯突出的经验基础。长期相对稳定的时间序列趋势项和短期忽大忽小的时间序列噪声项都可以用来预测工作面的突出危险性。

6.3.1.2　混沌特性分析

采掘工作面瓦斯时间序列是一种典型的非线性时间序列,是煤体本身的各种自然属性和相关人工作业属性共同作用下的一种具有时空演化特性的表象。根据非线性时间序列对未来进行预测,是混沌理论的一个十分重要的应用[18]。混沌时间序列预测是近年来用于煤与瓦斯突出预测的新理论[13-28]。

施式亮[19]2006 年论证了混沌理论中的"蝴蝶效应"、"非周期性"、"不可逆性"对掘进工作面瓦斯涌出系统具有惊人的耦合性。在时间序列的长度选取问题上,应用混沌诊断理论,参考了林振山等人的观点,即长度大于 260 的数据样本对于有关特性参数的估算比较充分,分析结果相对可靠。因此,选取 2005 年 1 月至 9 月某矿掘进工作面长度为 273 的瓦斯涌出时间序列为研究样本,初步证明了掘进工作面瓦斯涌出具有混沌特性。何利文等人[20]2007 年以某矿回采工作面 2005 年 1~9 月长度为 273 的瓦斯涌出时间序列为研究对象,研究证明了回采工作面瓦斯涌出存在混沌吸引子,具有混沌现象,是具有某种复杂结构的非线性混沌系统。王凯[21]把每个班次的工作面瓦斯浓度监测数据作为一个涌出量动态时间序列(简

称 Q 序列),基于混沌和分形理论,计算分析得到其最大 Lyapunov 指数 λ_1、二阶 Renyi 熵 K_2 和关联维 D_2 等非线性特征指标,证明 Q 序列具有混沌—分形特征。工作面有无突出危险状态,其 Q 序列的多重分形特征具有显著差异。

王亚军等[27]对淮南某矿掘进工作面的 2 组瓦斯涌出时间序列进行了分析研究,再一次证明瓦斯涌出时间序列是混沌时间序列,且由无突出危险向有突出危险区域过度前后,D_2、λ_1、K_2 的值有明显增大的趋势,同时提出瓦斯涌出系统平均可预报时间为 $1/K_2$。根据研究结果,进一步提出了预测煤与瓦斯突出的神经网络模型,其输入层有 4 个参数:D_2、λ_1、K_2 和煤的破坏类型,有无突出危险性为输出结果。

混沌特性分析过程中重构相空间的关键在于相空间时延 τ 和嵌入维数 m 的选取。程健等[23]分别采用伪近邻法确定相空间的 m 值,最小互信息法确定 τ 值。何俊等人[13]采用 G-P 算法,计算出突出前 30 h 采样周期为 5 min 的瓦斯涌出量时间序列的饱和嵌入维数 $m=7$,关联维数 $D_2=1.308\,5$,采用 Wolf 方法[29,30]计算了最大 Lyapunov 指数,得出当嵌入维数 m 取 6~7 时,Lyapunov 特征指数趋于稳定值 0.074。文献[30]指出,作为自相关函数法和互信息法的改进,C-C 方法确定时延 τ 和嵌入维数 m 时计算量小、对小数组可靠、抗噪能力强,而效果与互信息法一致。陆振波[31]等人 2006 年指出 C-C 方法的三点不足,并对其作了改进,使得时延 τ 的选择更加准确,m 的选取也更加可靠,计算速度也大大加快了。这些理论与方法,都有利于我们对瓦斯时间序列混沌特性及突出危险性进行分析和预测。

6.3.2 电磁辐射监测方法与危险评价指标

电磁辐射法预测煤与瓦斯突出是我国 20 世纪 90 年代发展起来的一种新型的非接触突出预测方法。研究证明[32,33],煤与瓦斯突出是地应力、瓦斯及煤岩体共同作用的结果,是在地应力(包括构造应力)作用下含瓦斯煤岩体发生变形破坏,导致破碎煤岩体被快速抛出及瓦斯大量释放的过程。通过对煤岩体变形破裂过程中电磁辐射产生的机理及电磁波变化进行了研究,发现电磁辐射与动力灾害现象密切相关,可用来对煤与瓦斯突出危险性进行预测预报[34-36]。

多年来,中国矿业大学在焦作矿业集团、沈阳红菱煤矿、徐州矿务集团、淮南矿业集团、皖北煤电集团、平煤集团、黔西矿区、兖州东滩等二十余个矿区(井)[32]陆续推广应用 KBD5 电磁辐射监测仪,取得了较好效果。

鲜学福等[38]将煤与瓦斯突出的过程划分为突出源的形成发展、突出的激发和发生三个阶段。如果说通过接触式钻孔方法获得的突出危险预测结果是处在突出源的形成发展前期阶段,那么电磁辐射仪监测到的煤岩变形破裂危险信号就处于突出源形成发展后期和突出激发阶段,突出危险性预测将更加准确,突出警报更接近可能发生的突出时刻。

KBD5 电磁辐射监测仪预测工作面突出危险性主要根据电磁辐射强度 E 和脉冲数 N 两个指标的变化情况进行判断:

① 当电磁辐射强度 E 或脉冲数 N 超过某一临界值时,仪器自动报警;

② 当二者随时间呈现明显的增强趋势,则表明有突出危险,应采取防突和安全措施;

③ 当二者明显由大变小,一段时间后又突然增大时,此种方式最危险,应立刻采取安全措施。

目前,常用的煤与瓦斯突出电磁辐射预测方法,有临界值预测和连续动态趋势预测两种。由于不同矿区的煤岩含水率、煤岩物电参数、煤岩内应力分布、瓦斯地质性状等不尽相同，电磁辐射水平存在差异，因此，在用临界值法预测煤与瓦斯突出危险性的工作中，合理确定电磁辐射强度 E 和脉冲数 N 的临界值大小是准确预测突出危险性的首要问题。肖红飞[32]、撒占友[39]、何学秋[40]等先后提出了 3 种不同的临界值确定方法。

6.3.2.1　常规预测法确定指标临界值

参考常规预测方法的预测结果进行统计分析，确定突出危险性的电磁辐射临界值方法的技术路线如图 6-2 所示[32]。东庞煤矿预测试验发现，电磁辐射强度和脉冲数与钻孔瓦斯涌出初速度 q 和钻屑指标之间基本上呈正相关关系。将该矿 2 号煤层钻孔瓦斯涌出初速度 q 临界指标暂定为 4.0 L/min，并进一步确定 2 号煤电磁辐射强度和脉冲数指标的临界值分别为 200 mV 和 100 次/s。

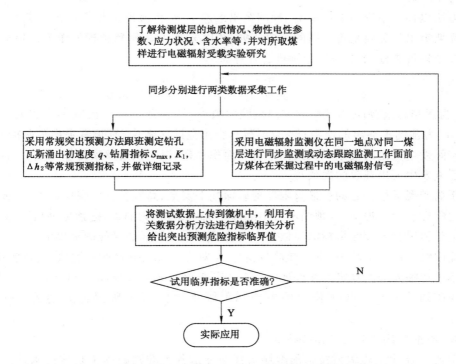

图 6-2　常规预测法确定电磁辐射突出预测临界指标技术路线

钱建生等 2004 年[41]通过试验得到了相似的结论，进一步发现对于没有突出危险的煤层，电磁辐射信号非常弱，脉冲数 N 几乎为零。根据大量的测定结果比较分析得到：平煤集团八矿电磁辐射强度突出危险性预测指标临界值为 51 mV，脉冲数的临界值为 100 次/s。

宋青山等[42]介绍黔西矿区 $\overline{E}_{max}$（电磁辐射强度极大值的平均值）和 $\overline{N}$（脉冲数平均值）两指标都比较敏感，其变化规律与钻孔瓦斯涌出初速度 q 和综合指标 R 指标的变化较为一致，因此，以常规预测指标 q 和 R 指标为依据确定电磁辐射的指标临界值。

孟宪营等[43]2008 年在确定冀中能源峰峰集团大淑村矿电磁辐射预测指标时，将电磁辐射多个统计指标与现场突出危险性显现的对应关系及常规预测指标进行综合比较分析，同样发现 $\overline{E}_{max}$ 和 $\overline{N}$ 对常规指标和突出危险性反映比较敏感性，进而确定为突出预测敏感指标。陈鹏等[44]采用类似技术路线，通过长期的测试，确定了 $\overline{E}_{max}$ 可作为焦煤集团演马庄矿和淮南矿业(集团)谢一矿的突出预测敏感指标,利用模糊模式识别的方法确定出这两个矿井的突出危险性动态预测指标电磁辐射强度 E 的临界值分别为 186 mV 和 80 mV。

6.3.2.2 综合评判法确定指标临界值

可以看出,一般情况下,电磁辐射法的突出预测危险指标临界值的确定,无论是 E、N 还是 $\overline{E}_{\max}$ 和 $\overline{N}$,各矿基本上都是根据突出常规预测指标(S、Δh_2、K_1 或 q)超标时的电磁辐射测定值来确定的,但是常常由于缺乏代表性而使电磁辐射突出预测危险指标值定得偏小或偏大。从而要么因为指标值偏小使矿井频繁采取防突措施浪费了巨大的人力和物力,要么因为指标值偏大留下了不必要的安全隐患。为此,撒占友等[39]提出了一种快速准确确定煤与瓦斯突出电磁辐射预测指标临界值的方法,对电磁辐射法预测煤与瓦斯突出危险性技术的推广具有重要意义。

该方法以预测不突出准确率 η_1、预测突出准确率 η_2 和预测突出率 η_3 三个指标,作为评价煤与瓦斯突出临界值是否合适的重要依据,并以 η_2 最高的敏感指标值作为该指标的临界值。这 3 个评价指标用式(6-1)分别进行计算。

$$\eta_1 = \frac{n_1}{n_2}, \ \eta_2 = \frac{n_3}{n}, \ \eta_3 = \frac{n}{N} \tag{6-1}$$

式中,N 为预测总次数;n 为预测有突出危险次数;n_1 为预测不突出次数中确实无突出危险的次数;n_2 为预测不突出的次数;n_3 为预测有突出危险次数中,真正有突出危险的次数(其中包括实际发生突出的次数以及预测中有大面积片帮、煤炮频繁及喷孔等严重突出前兆,采取措施后未发生突出现象的次数)。

由于煤矿现场最关心的是最大限度地确保井下安全、高效实施采掘作业生产,故在工作面突出危险性预测过程中,以预测不突出准确率 $\eta_1 = 100\%$ 为前提,把预测突出准确率 η_2 最高时的电磁辐射突出预测指标临界值作为电磁辐射预测指标的最佳的临界值。

在沈阳红菱矿的实验中,发现脉冲数指标 N 对煤层突出危险性不敏感,变化幅度较大,故对其不进行临界值的确定。在保证 $\eta_1 = 100\%$,$30\% < \eta_3 < 40\%$,$\eta_2 > 60\%$ 的条件下,确定了红菱煤矿两个石门揭煤工作面的电磁辐射强度指标 E 的临界值分别为 160 mV 和 220 mV。

6.3.2.3 临界系数法确定指标临界值

何学秋[40]指出电磁辐射技术预测煤与瓦斯突出预警准则的确定是该技术推广应用的关键难题之一,利用煤岩破坏力电耦合模型确定了电磁辐射辐射强度和脉冲数预警准则,得到了电磁辐射预警临界值系数和动态变化趋势系数的确定方法,确定了临界值系数和动态变化趋势系数的系数值,将电磁辐射强度和脉冲数的两个指标静态临界值和动态变化趋势相结合进行突出预测预警。同时,将灾害危险分为无危险、弱危险和强危险 3 个级别,从而便于采用对应的防突措施。

(1)电磁辐射强度的预警准则

设没有煤岩动力灾害时的电磁辐射强度为 E_w、应力为 σ_w,达到弱危险和强危险的电磁辐射强度分别为 E_r 和 E_q、应力分别为 σ_r 和 σ_q,则电磁辐射强度的预警准则如式(6-2)所示。

$$K_{E_r} = \frac{E_r}{E_w} = \frac{\sigma_r}{\sigma_w}, \ K_{E_q} = \frac{E_q}{E_w} = \frac{\sigma_q}{\sigma_w} \tag{6-2}$$

式中,K_{E_r},K_{E_q} 分别为有弱危险和强危险时的电磁辐射强度预警临界值系数和动态变化趋势系数。

（2）电磁辐射脉冲数的预警准则

设没有煤岩动力灾害时的电磁辐射脉冲数为 N_w，达到弱危险和强危险的对应的电磁辐射脉冲数分别为 N_r 和 N_q，则电磁辐射脉冲数的预警准则如式（6-3）所示。

$$K_{N_r} = \frac{N_r/\sigma_r}{N_w/\sigma_w}, K_{N_q} = \frac{N_q/\sigma_q}{N_w/\sigma_w} \tag{6-3}$$

式中，K_{N_r}，K_{N_q} 分别为有弱危险和强危险时电磁辐射脉冲数的临界值系数和动态变化趋势系数。为便于计算，式（6-3）可进一步转化为式（6-4）。

$$K_{N_r} = \frac{N_r}{N_w} \times \frac{\sigma_w}{\sigma_r}, K_{N_q} = \frac{N_q}{N_w} \times \frac{\sigma_w}{\sigma_q} \tag{6-4}$$

根据前述确定的预警准则，结合现场和实验室的大量实验，确定突出危险性电磁辐射脉冲数和电磁辐射强度预警临界值系数和动态变化趋势系数分别为：

$$K_{N_r} = 1.5, K_{N_q} = 1.8, K_{E_r} = 1.3, K_{E_r} = 1.7 \tag{6-5}$$

实际应用时，首先测试巷道后方稳定区域的电磁辐射脉冲数和强度分别作为基准值 N_w 和 E_w，然后根据预警临界值系数和动态变化趋势系数计算得出电磁辐射预警的临界值和动态趋势的变化率，从而划分监测目标区突出危险等级，如表 6-4 所示。

表 6-4　　　　　　　　　电磁辐射法预测煤与瓦斯突出危险等级划分及措施预案

项　目	无危险	弱危险	强危险
静态临界值方法	$E<1.3E_w$ 且 $N<1.5N_w$	$1.3E_w \leqslant E<1.7E_w$ 或 $1.5N_w \leqslant N<1.8N_w$	$E \geqslant 1.7E_w$ 或 $N \geqslant 1.8N_w$
动态趋势方法	$K_E<1.3$ 且 $K_N<1.5$	$1.3 \leqslant K_E<1.7$ 或 $1.5 \leqslant K_N<1.8$	$K_E \geqslant 1.7$ 或 $K_N \geqslant 1.8$
措施	不需要采取措施	需要采取措施	撤人或立即采取措施

分析上述 3 种方法可以看出，常规预测法确定危险指标临界值依赖接触式钻孔方法获得的数据，工作量大；三指标综合评判法建立在大量现场电磁辐射突出预测试验基础上，其准确性一定程度上依赖数据量的多少，在突出预测初期，使用该方法确定指标临界值不太现实；而建立在力电耦合模型基础上的临界系数法，优势明显。相对来说只需要很少的步骤和时间就能确定可供参考的突出危险指标临界值，而且该方法融合了静态临界值预测法和动态趋势预测法，可靠性较高，为运用电磁辐射法预测煤与瓦斯突出的危险性提供了便利条件。

6.3.3　声发射监测方法与危险评价指标

6.3.3.1　声发射监测方法

声发射（AE，Acoustic Emission）又称应力波发射。煤层煤岩遭受破坏、断裂、应力活动活跃、采掘工作面来压等都会产生声发射现象[45]。从国内外大量煤与瓦斯突出前兆现象的统计报道可以发现，突出前一般还会出现由瓦斯压力、地应力和煤的物理—力学性质共同作用下发出的若干有声预兆，包括频繁出现的煤炮声、煤壁受挤压而片帮掉渣、支架发出的吱吱声等，而且这些声音信号的能量一般都比较大，而且还存在一个从量变到质变的过程，呈现出急剧增加的趋势，声发射监测仪器完全可以监测到。尽管有大量的信号能量相对较小，以致使人耳听不到,但声发射监测仪器可捕捉接收到。中国矿业大学王恩元等[46]的研究也证明了这一点,即受载煤岩体破裂时的声发射信号符合 R/S 统计规律,其 Hurst 指数 $H >$ 0.5。随着载荷的增加或变形破裂过程的加剧,声发射信号基本呈现增长趋势。

声发射预测煤与瓦斯突出方法就是通过声发射接收设备将煤岩体受力形变破坏过程中以脉冲形式表现的低能量地音现象记录下来,再进行统计分析,从而预测工作面煤与瓦斯突出危险性的方法。根据采集煤矿井下声发射全波形数据分析发现,井下 AE 信号均为突发型随机信号。为提取声发射信号的有关特征,邹银辉等[45]列出了事件计数、振铃计数、能量、上升时间、持续时间、到达时间、幅度等属性参数。表 6-5 列出了这些特征属性参数的含义和用途。由这些属性参数经过适当处理变换,可定义出更多的统计指标。例如:声发射信号能量率、声发射振铃计数率、事件计数率等。为防止出现噪声干扰,提高预测准确性,对这些参数还可以进行组合关联分析,如声发射事件能量持续时间关联图、声发射事件幅度分布图等。

表 6-5 声发射信号特征参数的含义和用途

参　数	含　义	特点及用途
事件计数	岩石等材料一个固有缺陷被激活,释放一次弹性应力波称为一个声发射事件	反映材料固有缺陷的数量和激活缺陷的总量和频度,用于缺陷源的活动性和缺陷动态变化趋势评价
振铃计数	越过门槛信号的振荡次数,可分为总计数和计数率	信号处理简便,适于两类信号,又能粗略反映信号强度和频度,因而广泛用于声发射活动性评价,但受门槛值大小的影响
能量	信号检波包络线下的面积	反映声发射事件的相对能量或强度,传播距离和衰减对能量影响很大
持续时间	信号第一次越过门槛至最终降至门槛所经历的时间间隔	与振铃计数十分相似,但常用于波形特征分析、特殊波源类型识别和噪声的鉴别
上升时间	信号第一次越过门槛至最大振幅所经历的时间间隔	因受传播的影响而其物理意义变得不太明确,如上升时间长可能传播距离较远,但它也可能是其他连续性噪声干扰
到达时间	一个声发射波到达传感器的时间	决定于波源的位置、传感器间距和传播速度,用于破坏源的位置解算
幅度	信号波形的最大振幅值	与事件大小有直接的关系,直接决定事件的可测性,常用于波源的类型鉴别、强度及衰减的测量

6.3.3.2　危险临界指标的确定

煤科院抚顺分院张伟民等[47]认为,声发射突出预测指标是一种综合指标,声发射信号的强度和信号数量与地应力大小、瓦斯压力大小、煤质松软程度呈正比。确定有效的声发射预测煤与瓦斯突出危险性敏感指标及其临界值的最有效方法,就是当工作面从非突出危险区进入突出危险区的整个过程中,实施连续的声发射监测,对接收到的各指标数据变化情况进行统计分析,并与突出发生情况进行对比。现场实验中,为了考察声发射各指标与突出危险的相关性,主要是与常规预测指标——钻孔瓦斯涌出初速度 q 进行对比,发现声发射信号相对变化率 N_E 可作为突出危险性判定指标,其计算方法见式(6-6)、式(6-7)和式(6-8)。该指标较班累计事件数 $\sum_{i=1} N$ 指标要合理。在焦作九里山矿的声发射监测实验中,每班(8 h) $\sum N$ 指标最大值通常发生在掘进爆破或松动爆破过程中,最大值为 2~90.5 次/5 min。

$$N_E = |(N_{k+1} - N_k)/N_k| \tag{6-6}$$

$$N_k = \frac{1}{4}\sum_{i=1}^{24} N \tag{6-7}$$

$$N_{k+1} = \frac{1}{24}\left(\sum_{i=1}^{24} N + \sum_{i=1}^{24+8} N - \sum_{i=1}^{8} N\right) \tag{6-8}$$

式中,N 为测定时间段内声发射事件累计值,N_k 为连续监测期间中声发射事件数指标第一个滑动平均值,N_{k+1} 为连续监测期间声发射事件数指标新的滑动平均值。

张伟民提出发生突出时最小的 N_E 值 N_{EW} 可作为 N_E 值的临界值;正常掘进工艺条件下无突出危险时系列 N_k 值的平均值 N_{kA} 可作为 N_{k+1} 的临界值。也就是说,在应用声发射技术持续监测预测突出危险过程中,如果发现有突出前兆,并且此时 $N_E < N_{EW}$,则须将 N_{EW} 调整为新的 N_E 值,作为声发射突出危险临界值。

邹银辉等[45] 2005 年在淮南潘三矿和谢一矿现场应用 AEF-1 型声发射监测装备分别考察了声发射相关指标,并参考了其他各种指标和以往研究成果,发现 8 h 事件数更能反映实际,提出了声发射预测突出危险指标:预测突出前 8 h 的声发射事件数 N_8、能量 E_8 和事件增加率 N_1/N_8,其中 N_1 是预测时刻前 1 h 的声发射事件数,N_8 是预测时刻前 8 h 的平均声发射事件数。但是,关于这 3 个指标的危险临界值及确定方法没有说明。

GDD-1 型声发射传感器在应用过程中,能够监测和采集到大事件数、小事件数和能量三种基础数据。王栓林 2009 年[48] 基于该设备采集到的数据特点,建立了几个单项指标,用来实时跟踪预测煤与瓦斯突出情况,它们是大、小事件的频数 f,大、小事件的趋势 Q 以及能量和 E。其中,f 是单位时间内采集到的数据个数,Q 是一个比值,指单位时间段内接收到的比前一个值大的信号个数与单位时间段内正常值个数之比,E 是单位时间段内声发射信号能量的累计值。

根据现场实际需要,王栓林[48] 提出设定 8 h 的长时指标和 3 h 的短时指标。长时指标可以避免离群值的误报影响;而短时指标增强了系统敏感性。这样实际应用中,综合起来就有 10 种基本的声发射指标参数,它们分别是:8 h 长时指标大、小事件频数 La_{f8} 与 Lo_{f8};大、小事件趋势 La_{Q8} 与 Lo_{Q8};以及能量和 E_8;3 h 短时指标大、小事件频数 La_{f3} 与 Lo_{f3};大、小事件趋势 La_{Q3} 与 Lo_{Q3} 以及能量和 E_3。为了实现指标优选,按照层次分析法[49,50],计算得到这 10 个指标的权重大小,经排序如表 6-6 所示。

表 6-6　　　　　　　　　　　煤与瓦斯突出声发射预测影响因素权重排序

影响指标	E_8	La_{Q8}	Lo_{Q8}	Lo_{f8}	La_{f8}	E_3	La_{Q3}	Lo_{Q3}	La_{f3}	Lo_{f3}
权重	0.221	0.220	0.141	0.103	0.083	0.067	0.060	0.042	0.034	0.024

可见,8 h 长时指标的突出敏感性整体优于 3 h 短时指标。8 h 能量和 E_8 与大小事件动态趋势对煤与瓦斯突出动态预测较为敏感,能够反映掘进工作面前方煤岩体的突出危险性。

6.4　突出预测危险性指标排序

根据本章前三节所论述的煤与瓦斯突出预测手段和危险评价指标,可以发现预测指标种类多种多样,各煤矿对于预测指标的选取甚至同一矿井对不同工作面的指标选取都存在很大差异。如果选择的预测指标不是最优敏感指标,其后果将会出现两种情况:一是发生意外突出,造成严重人员财产损失;二是采取不必要的防突措施,耗费大量时间、人力和物力。因此突出预测指标优选是一项实现煤矿安全开采不可或缺的研究工作[44],也是本研究的基础性工作。

6.4.1 基于层次分析法的突出预测指标排序

6.4.1.1 层次分析法

层次分析法(Analytic Hierarchy Process,AHP)主要思想[50]就是根据问题的性质,首先把要达到的总目标进行层次分解,落实到一个个不同的因素,然后再将同一层次内各个不同因素进行相对重要性的相互比较得出判断矩阵,在此基础上,求出各层次因素相对于上一层的单权重和组合权重。

对于煤与瓦斯突出来说,由于其影响因素的多样性、复杂性,有些指标间还存在包含关系,因此,在进行指标分析时,可以针对具体情况,运用层次分析法对有代表性的突出评价指标进行层次单排序,计算权重,得到各指标对煤与瓦斯突出的影响程度。

6.4.1.2 静态突出危险指标排序

郭德勇[49]选取瓦斯地质条件具有代表性的平顶山东矿区为研究对象,开展煤与瓦斯突出预测研究,找出了 9 个主要的突出影响因素,分别是:煤的最小坚固性系数 f、最大瓦斯压力 P、最大钻孔瓦斯涌出初速度 q、打钻时动力现象 G、软分层厚度 R、地质构造 T、煤层倾角 α、最大开采深度 H、煤层厚度 M,由具有现场经验的技术人员和专家共同确定了判断矩阵。采用层次分析法计算,得到这 9 个因素的权重向量:地质构造 T>打钻时动力现象 G>最大瓦斯压力 P>最大钻孔瓦斯涌出初速度 q>软分层厚度 R>煤的最小坚固性系数 f>煤层垂深 H>煤层倾角 α>煤层厚度 M。$C.R.=0.0989<0.1$,满足一致性要求。

缪燕子[7]以高瓦斯典型矿区平顶山八矿为例,采用被大多数人采用的 9 个煤与瓦斯突出危险性的因素:煤层垂深 H、煤层厚度 M、煤层倾角 α、地质构造 T、巷道类型 Y、最大钻孔瓦斯涌出初速度 q、综合指标 D/K、作业方式 W、打钻时的最大钻屑量 S 等作为评价指标,经计算,得到这 9 个因素的权重向量排序如下:

综合指标 D/K>地质构造 T>打钻时的最大钻屑量 S>最大钻孔瓦斯涌出初速度 q>而巷道类型 Y>作业方式 W>煤层倾角 α>煤层垂深 H>煤层厚度 M。

从上述研究可见,地质构造 T、瓦斯涌出初速度 q 都是静态突出预测的主要指标,而煤层垂深 H、煤层倾角 α、煤层厚度 M 相对来说属于次要因素。遇到地质构造、打钻有动力现象时应高度重视,立即采取防突措施。

6.4.2 基于灰色关联分析法的突出预测指标排序

6.4.2.1 灰色关联分析法

煤矿井下采掘工作面煤与瓦斯突出机理复杂,其孕育和发展规律至今尚未被彻底认识。一个煤矿大部分工作面发生突出动力现象的时间段与长期的开采作业时间相比,几乎可以忽略不计,而一旦发生较强的动力现象或突出前兆,附近作业人员为保障生命安全就需要远离避险。因此,通过在工作面煤体直接钻孔的方式采集得到的有效的突出预测指标数据样本很少,人们只能通过有限的、不完全的数据样本进行突出危险性评估预测。这些情况基本符合灰色系统理论的应用标准。由于算法简单、计算工作量小,应用灰色系统理论[51]的关联分析法对煤矿采掘工作面各种动态和静态突出预测指标进行优选,对进一步提高突出预测的效率及准确性具有积极作用[44,52]。

6.4.2.2　动静态突出危险指标排序

为了对煤矿采掘工作面突出危险动态和静态预测指标进行优选,陈鹏等[44]2010 年对演马庄矿和谢一矿的两个掘进工作面发生突出动力现象期间的测试数据进行了研究和对比分析,发现电磁辐射强度极大值的平均值 $E_{\text{max-avg}}$ 与常规突出预测指标存在正相关关系,利用灰色系统关联度理论对突出预测指标进行了优选计算。结果表明,动态预测指标"电磁辐射强度 E"的综合关联度依次大于"钻屑瓦斯解析指标 K_1"、"钻屑量 S"、"钻屑瓦斯解析指标 Δh_2"等常规指标。同"R 值指标"和"钻孔瓦斯涌出初速度 q 指标"的关联度排序分析结果也表明"电磁辐射强度 E"为最佳敏感指标。实际测试表明,用电磁辐射强度 E 指标预测工作面无突出危险的准确率达到 100%。

在应用灰色关联分析法过程中,对于煤与瓦斯突出规模的评分等级也存在一定的主观性。文献[44,52]采用了相同的评分等级,如表 6-7 所示。

表 6-7　煤与瓦斯突出规模等级与评分

未突出	有突出倾向	小型(t/次) $G<10\ t$	中型(t/次) $10\leqslant G\leqslant99$	次大型(t/次) $100\leqslant G\leqslant499$	大型(t/次) $500\leqslant G\leqslant999$	特大型(t/次) $G\geqslant1\ 000$
0	10	20	40	60	80	100

注:G 为突出量。

通过对比该矿往年瓦斯动力现象及突出实例记录以及现场技术人员对几次突出动力现象的观察,认为表 6-7 所示的分类赋值方法基本符合该矿的实际情况。

6.5　本章小结

本章分析了煤矿瓦斯安全监测的主要任务,重点结合《煤矿安全规程》、《防治煤与瓦斯突出规定》等文献,全面阐述了煤矿瓦斯安全监测手段与突出危险性评价指标。

① 论述了传统的煤与瓦斯突出预测方法,包括区域预测和工作面预测,重点论述了各类静态突出预测指标的确定原理、获取手段和操作要求,评价了突出静态预测方法对实现煤矿安全开采的重要意义以及生产实践中存在的诸多不足。

② 综述了目前煤矿瓦斯安全动态监测研究进展,包括瓦斯浓度、电磁辐射和声发射监测方法,总结分析了煤与瓦斯突出动态预测理论与应用研究成果,讨论了 3 种手段的突出危险性评价原理和突出临界指标的确定。

③ 论述了基于层次分析法、灰色关联分析法的煤与瓦斯突出预测指标排序原理及一些结果。

第7章　瓦斯监测多传感器信息融合体系结构研究

本章着力研究瓦斯监测多传感器信息融合体系结构,侧重瓦斯动态监测多种手段及其数据分析理论的合理运用尤其是决策级融合的框架研究,把多个传感器在空间或时间上的关联互补信息依据瓦斯灾害监测预警理论来进行组合,提升煤矿瓦斯安全动态监测和预警能力。7.1节提出了设计多传感器信息融合体系结构的4个原则;7.2节明确了瓦斯监测系统的5项任务,建立了瓦斯监测多传感器信息融合目标体系;7.3节提出了融合系统双闭环反馈工作流程;7.4节阐述了完成不同监测目标任务时传感器的选用和组织;7.5节重点针对煤与瓦斯突出预测提出多传感器信息融合体系结构,包括三级融合中各阶段的任务和方法;7.6节提出基于模糊专家系统的瓦斯突出预测决策级融合方法,包括突出预测模型设计和决策融合结果的输出形式等;7.7节对本章进行了总结。

7.1　多传感器信息融合体系结构的设计原则

鉴于井下导致发生瓦斯灾变的因素错综复杂,而且需要监测的目标空间点多面广,要想实时、准确、全面地掌握矿井内各采区、巷道等位置的瓦斯安全动态及其变化趋势,就必须采用多传感器系统来实施瓦斯动态监测,对潜在危险要实现早期预警。

目前,不少文献只是提出了一些组合模式、融合方法,而对融合的意义尤其是多源监测数据之间的关联关系或者语焉不详,或者寥寥数语,显示该领域研究距离实际工程应用尚有较大差距。

设计一个多传感器信息融合系统首先必须考虑信息融合体系结构,这直接关系到系统的效能和推广应用前景。需要思考以下4个方面的重要问题:

① 信息融合的目的何在? 即通过多传感器信息融合需要完成什么任务,解决什么问题?

② 如何确定传感器的组合方式? 即在完成某个目标(Object)识别或状态评估过程中,主要传感器不能提供足够证据的情况下需要选取哪些传感器提供的辅助或互补信息,最大限度地发挥多传感器信息融合的优势,从而确保信息融合系统的输入输出满足要求。

③ 信息融合的具体实现方法是什么? 即需要回答选取什么样的传感数据、用什么方法来提取哪些特征信息以及如何进行决策融合等问题,减轻系统运行对网络、CPU 和内存空间资源的消耗。否则,井下空间环境大量的数据输入必然会导致融合计算量呈级数级增加,从而降低了系统的性能。

④ 对多传感器系统本身正常运转和可靠性的监管问题。

由此,提出多传感器信息融合体系结构设计4大原则:

① 能满足监测目标任务要求;

② 传感器选取和组合要符合问题的性质特点,利于发挥最大效能;

③ 信息融合的流程既要保证特征提取的有效性又要考虑计算任务量;

④ 要确保系统本身的稳定性和可靠性。

7.2　瓦斯监测多传感器信息融合目标体系

根据本书 6.1 节所述的煤矿瓦斯安全监测的主要任务,要加强对瓦斯浓度、通风、煤岩动力及温度、煤尘、CO 等情况的监测,需要甲烷、风速、温度、CO、煤尘、红外、电磁辐射、声发射等传感器来了解井下空间瓦斯浓度水平、通风设施运行效果、煤层瓦斯含量及潜在煤与瓦斯突出、瓦斯爆炸的危险性等。因此,通过瓦斯监测多个传感器信息融合系统主要解决以下 5 个方面问题:

7.2.1　瓦斯超限原因识别

这是目前各级煤矿瓦斯安全监测人员最为关注的问题之一,应当列为瓦斯安全监测系统的重要任务之一。井下恶劣环境经常造成传感器故障,引起超限报警,包括瓦斯传感器显著突变、恒偏差以及由此需要经常进行的瓦斯传感器校验等。为了提高传感监测系统的容错能力,消除某些传感故障对瓦斯等环境状态真实信息的影响,将多个传感器获得的互补观测信息进行融合分析,可以大大提高系统的有效性。

7.2.2　煤与瓦斯突出预测

由于瓦斯突出往往受诸多因素影响,包括煤岩瓦斯地质特性以及各种诱发煤层稳定状态失衡事件,不具有长期可预测性。因此又需要安装电磁辐射传感器和声发射传感器来加强煤层煤岩破坏及动力情况的实时监测,提供互补动态信息,提高突出动态预测准确率。

7.2.3　瓦斯燃烧爆炸预警

为防范瓦斯燃烧爆炸,除了加强安全执法管理外,需要将瓦斯浓度、温度、煤尘、CO、红外等传感器的传感监测信息进行融合,提前发现瓦斯燃烧爆炸苗头隐患,提前掐断瓦斯爆炸的导火索。

7.2.4　人为瓦斯传感器失效

人为的采掘工作面瓦斯传感器失效也是造成瓦斯安全隐患不被发现的问题之一,需要煤矿安全监测系统及时发现。

7.2.5　防治措施效果检验

通过多传感器信息融合系统一旦发现潜在瓦斯安全威胁(包括以上 4 个方面),就需要采取针对性措施消除安全隐患,其效果的检验也是瓦斯监测多传感器信息融合系统的重要任务之一。由此形成了瓦斯监测多传感器信息融合目标体系,如图 7-1 所示。

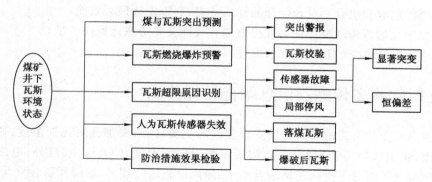

图 7-1　瓦斯监测多传感器信息融合目标体系

7.3　瓦斯监测多传感器信息融合系统工作流程

　　如何用好多传感器,发挥传感体系监测优势,挖掘其潜在的监测预警能力,提升煤矿瓦斯安全监测水平,以较小代价赢得理想的监测效果,为煤矿安全生产管理人员及时做出调度决策,避免或减轻瓦斯灾害提供可靠依据,始终是值得我们研究的科学问题。

　　传感器种类和数量的优势,为我们有针对性地采用多种手段多角度评估分析井下环境,或者预测判断潜在的瓦斯危险创造了有利条件。而科学有序的工作流程设计也是充分发挥系统效能的重要基础。本研究提出了瓦斯监测多传感器信息融合系统工作流程,见图 7-2。在这里瓦斯监测流程通过传感器管理和瓦斯防治措施形成了两个反馈的闭环,凸显了多传感器信息融合系统在瓦斯安全监测与灾害防治工作中的重要作用和地位。即在融合决策结果输出后,除了要对各类传感器采取有针对性的管理与维护措施来优化监测系统的传感器资源外,还要采取一些瓦斯防治与控制措施,这时就需要多传感器信息融合系统加强对瓦斯安全威胁区域的跟踪监测以检验防治措施的效果。例如,发现某采掘工作面存在突出危险后,采取注水、抽放瓦斯等措施,运用电磁辐射监测仪和甲烷传感器进行监测,对传感数据进行融合分析,发现原来的突出危险大大弱化,证明防突措施有效,可以重新开始组织采掘作业活动。

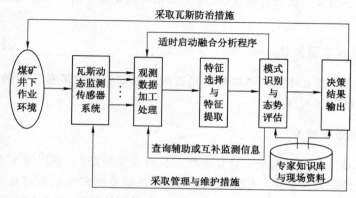

图 7-2　基于多传感器信息融合的瓦斯监测与控制流程

无论是瓦斯浓度监测,还是电磁辐射、声发射监测,都采用两种报警方式,一种是指标超限自动报警,另一种是人工主动分析报警。其中指标超限自动报警,意在提醒监控人员注意当前异常情况。由监控人员决定是否启动多传感器信息融合异常识别程序,主动分析工作面瓦斯安全态势及异常原因,或者对瓦斯突出危险性进行决策分析评估。其时机包括以下几种:

① 瓦斯监测传感数据发生超限报警,排除传感器故障、瓦斯校验、局部停风等非真实瓦斯异常外,要启动突出预测融合分析程序,防范瓦斯突出事故隐患。

② 电磁辐射或声发射监测数据单信号强度超过危险临界指标,排除噪声信号外,要启动突出预测融合分析程序。

③ 工作面采取防突措施,要启动防突效果评估程序进行融合分析。

7.4　瓦斯监测传感器的选用与组织

本节将阐述瓦斯监测多传感器信息融合目标的具体实现方法,即回答针对什么目标选取什么样的传感数据、用什么方法来提取哪些特征信息以及如何进行决策融合等问题。其基本原则是:根据井下环境安全监测实际需要,有针对性地提取所需的传感数据进行分层融合,以控制计算量,降低计算机系统载荷。

7.4.1　瓦斯超限原因识别

井下空间瓦斯浓度动态监测主要是通过在线的甲烷传感器来实现的。按照《煤矿安全监控系统及检测仪器使用管理规范》(AQ 1029—2007),巷道不同地点的瓦斯报警浓度、断电浓度和复电浓度都有明确规定,各矿监控中心有时会根据井下不同工作面煤层瓦斯涌出实际情况作一些调整,例如将超限报警浓度降低,以便尽早警告安全监控人员关注井下瓦斯异常,弄清超限原因,及时采取应对措施控制消灭事故苗头。

人工分析超限原因,主要是调出该位置瓦斯浓度时间序列曲线,根据经验作出初步结论。运用多传感器信息融合手段,主要是通过时间序列分析方法提取瓦斯监测数据特征信息,结合风速等传感信息来作出判断。

由于故障和人为造成的瓦斯浓度传感数据失真,依据该传感器本身的传感数据有时难以确定超限原因,需要联合该空间相邻瓦斯传感器基于顺风流方向瓦斯运移的时空演化规律传感器进行时空相关性分析。

因此,最初的瓦斯浓度超限原因识别需要基于多传感器信息融合方法,提取一个或多个甲烷传感器和风速传感器的传感数据,通过时间序列分析方法和时空相关性分析方法来实现。

7.4.2　煤与瓦斯突出预测

当井下某采掘工作面发生瓦斯浓度超限,经过初步识别,排除传感器故障、瓦斯校验、局部停风等原因后,应启动煤与瓦斯突出预测程序。根据第 2 章所阐述瓦斯突出危险性动态预测方法,选取瓦斯浓度传感器、电磁辐射和 AE 声发射监测仪的监测数据以及以下融合分析预测方法。因为,瓦斯浓度变化直接反映了煤层前方煤体瓦斯含量和瓦斯压力。反之,电磁辐射和 AE 声发射监测仪发生超限报警,也应该启动突出预测程序,首先排除环境噪声引起的误报警。

7.4.2.1 瓦斯浓度传感数据突出预测

提取长度为 2 h 的瓦斯浓度传感数据原始时间序列,计算回归系数 b、振幅(方差 σ)或变化频次 R_{OFC}(如:5 min 瓦斯浓度变化次数)等特征参数,根据突出危险临界指标进行突出预测判断[10,14]。该分析方法主要是预测短期(2 h)突出危险性。如果暂时未发现危险,则进行中长期突出趋势预测,即混沌特性分析;如果有危险,则立即分析电磁辐射和声发射监测数据。

提取经过初步加工的具有固定周期的工作面瓦斯浓度时间序列(如:5 min 瓦斯浓度平均值),计算最大 Lyapunov 指数 λ_1 判断瓦斯时间序列是否具有混沌特性。当最大 Lyapunov 指数 λ_1 大于 0 时,即具有突出危险性[13,27]。该预测方法主要进行中长期突出趋势预测。

7.4.2.2 电磁辐射传感数据突出预测

提取联网运行的 KBD7 型电磁辐射监测仪的传感监测数据,检查超限情况是否真实。如无显著异常,则统计计算电磁辐射脉冲数 N 和电磁辐射强度 E 指标,根据 7.3.2.3 节电磁辐射辐射强度和脉冲数预警准则判断工作面煤与瓦斯突出危险性。

7.4.2.3 声发射传感数据突出预测

提取联网运行的 GDD12 型声发射传感监测数据,检查超限情况是否真实;如无异常,则分别统计计算 3 h 和 8 h 能量和 E 与大小声发射事件及动态趋势 Q,根据 7.3.3.2 所述预警准则判断发生瓦斯超限的工作面煤与瓦斯突出危险性。

目前,徐州福安科技开发了 KBD7 电磁辐射监测仪与 GDD12 型声发射监测仪用监测预警系统软件实现对灾害的综合预警,可以将该系统预测结果作为重要参考。

7.4.3 瓦斯防突效果检验

无论是掘进工作面、回采工作面还是石门揭煤工作面,在判定某工作面存在瓦斯突出危险后,通常采取两种防突措施,即煤层钻孔瓦斯抽放卸压防突和煤层注水卸压防突。突出防治效果检验首选电磁辐射监测仪,其次是声发射传感器和甲烷传感器。检验时需要通过运用这三种传感设备密切跟踪监测井下作业进程并记录三者监测数据,通过提取瓦斯浓度时间序列变化趋势信息、电磁辐射和声发射监测仪的强度 E 和脉冲数 N 及其变化趋势等指标进行特征提取,对采取防突措施前、实施防突措施期间和防突措施完成后的特征信息进行相关性对比分析,寻找各个预测指标变化过程中潜在的规律性知识,从而为工作面防突措施效果的自动评估提供验证模型。

7.5 瓦斯监测多传感器信息融合体系总体结构

根据本章前面所述的瓦斯监测多传感器信息融合的目标体系、工作流程、传感器选用等,提出了包含数据级、特征级和决策级融合的任务、方法和流程的多传感器信息融合系统体系结构,如图 7-3 所示。图 7-3 把整个融合系统结构以框图的形式进行了描述,所述的瓦斯监测多传感器信息融合体系结构体现了本书由地面监控中心集中处理数据的思想,也是目前我国煤矿安全监控系统的主流集成模式。

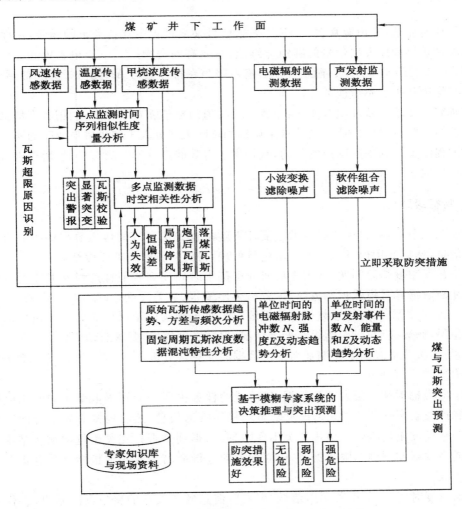

图 7-3　煤矿瓦斯监测多传感器信息融合体系结构

7.5.1　数据级融合

根据国家安监总局发布的《煤矿安全监测系统及检测仪器使用管理规范》[2]和目前我国各煤矿采掘工作面瓦斯传感器的实际布设现状,类似采用算术平均值、分批估计等[53-56]数据融合方法来消除测量过程中的不确定性,减少真实值和测量值之间的误差是难以达到预期效果的。但是可以根据现场资料及基本常识,通过数据异常识别来对原始瓦斯传感数据进行预处理,如排除时间序列中因监测系统偶然故障出现的个别瓦斯浓度异常值(如小于0、大于100%,或超过传感器测量范围的数据等[21])。

无论是声发射还是电磁辐射监测仪,在煤矿现场应用过程中都不可避免地会受到测试地点周围各种设备和环境的噪声干扰。受载煤岩电磁辐射采集过程中的噪声主要有两种[57]:一种是固定频带的干扰信号,一种是随机白噪声。通过小波变换去噪方法能有效滤除这两类噪声,得到真正有用的电磁辐射信号,从而使电磁辐射预测煤与瓦斯突出更加有效。

井下环境复杂,噪声源众多。AE声发射信号采集过程中存在大量的噪音,从而影响声发射的测试效果和声发射信号的判别与辨识,主要有四类噪声[58]:① 电器噪声;② 机械作业噪声;③ 人为活动噪声;④ 随机噪声。有些噪声在特征上与AE信号极为相似,要想完全滤除所有噪声几乎是不可能的。

本研究主要使用软件组合滤噪:设置浮动幅值门槛消除背景噪声;利用噪声信息的时间特征属性结合井下特殊作业计划安排来识别和排除大部分人工和机械作业时的噪声等。从而在很大程度上达到滤除噪声的目的,获得属于有效的声发射监测信号,然后再进行统计分析和特征提取。

7.5.2 特征级融合

正如1.3节所述,特征级融合的主要任务就是首先从有效的传感数据中提取有代表性的特征信息,然后运用模式识别的方法进行处理,得到初步的或阶段性结论。

对于瓦斯浓度超限问题,本书先后研究了基于时间序列相似性度量和基于时空相关性分析的瓦斯数据异常模式识别方法,区分出突出警报、显著突变、瓦斯校验、爆破后瓦斯、落煤瓦斯、恒偏差以及人为传感数据异常等情况。对于确实属于煤层瓦斯涌出量增加而造成的瓦斯超限,如爆破后瓦斯、落煤瓦斯等情况,保持高度警惕,要求启动原始瓦斯传感数据趋势、方差与频次分析和固定周期瓦斯浓度数据混沌特性分析,进行基于瓦斯传感数据的煤与瓦斯突出预测。

对于电磁辐射和声发射监测数据,该阶段的任务主要是分别提取单位时间内电磁辐射脉冲数和声发射事件数 N、强度 E 及动态趋势等特征信息,然后根据事先确定的适用于该矿的煤与瓦斯突出危险临界值进行突出危险预测,得到是否存在突出危险初步结论。当电磁辐射或声发射监测到超限数据时,应立即主动进行突出预测各项指标计算分析并确认突出危险等级。

瓦斯浓度时间序列、电磁辐射信号、声发射信息各自独立的突出预测结果,将作为决策级融合提供互补信息的输出数据源。根据表6-4有关煤与瓦斯突出危险性程度评价等级划分方法,同时也便于煤矿采取针对性的瓦斯安全防治措施,将特征级融合阶段所获得的煤与瓦斯突出危险性统一划分为"无危险"、"弱危险"和"强危险"三个等级,作为决策级融合的依据。这与有关文献[59,60]针对煤矿井下环境复杂、参数难以准确测量的问题,把煤矿井下安全状态分为"正常"、"偏危"、"危险"三个等级相比,二者实属异曲同工。

7.5.3 决策级融合

正如1.3节所述,决策级融合是对每个传感器对目标做出初步识别之后的多个传感器的识别结果进行的融合,因而是一种高层次的数据融合。它直接对不同类型的特征信息或来自不同平台的特征信息形成的局部决策进行最后分析,作出决策结果[61]。

由于井下煤与瓦斯突出机理尚未最终被人类所认识,对瓦斯浓度、电磁辐射、声发射3种动态监测手段采集到的传感数据依据各自的特征融合分析方法分别进行工作面突出危险程度评估预测,其结果都属于模糊性的,无法做到定量评价。以三者的模糊结论作为证据源,进行煤与瓦斯突出预测决策级融合,本书基于对相关决策理论与实践的研究分析,提出基于模糊专家系统的瓦斯突出决策级融合方法,实现对工作面瓦斯突出危险性的最终决策评估,其决策融合工作流程如图 7-4 所示。

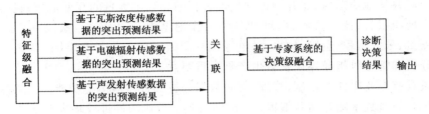

图 7-4　基于专家系统的突出预测多传感器信息决策级融合流程

7.6　基于 ArcGIS Server 的瓦斯多级监管系统结构

　　本节针对传统瓦斯多级监管系统存在的不足,首先研究了基于 ArcGIS Server Java ADF 和 JSF 框架下的开发网络地理信息的关键技术,构建了 ArcGIS server API 和 Java ADF 两种技术集成的开发方案,并设计了基于元数据的属性数据的分布式存储和空间数据的集中部署的数据库存储方案,最终实现了 B/S 结构中的浏览器端与服务器端的瓦斯多级监管系统,应用于实际取得了良好的使用效果[62]。

7.6.1　系统功能结构设计

　　本系统的目的是建立一个煤矿井下瓦斯实时监测的多级联网系统,对与瓦斯突出相关联的各类信息进行实时收集、整理,并以可视化的方式传送到地面总控制(调度)室及省市县级等主管部门,以便全局生产指挥人员和各级领导通过网络即可及时掌控矿井瓦斯信息,从而做出正确及时的决策与调度,这对于矿井瓦斯防治的监督管理工作至关重要。按照此目标可将系统功能主要分为三个子模块:实时监测管理子系统、图形数据管理子系统和数据管理子系统。系统功能结构如图 7-5 所示。

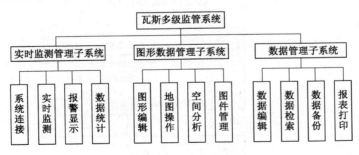

图 7-5　系统功能结构

　　(1)实时监测管理子系统

　　实时监测管理的功能主要包括系统的连接、监测、报警与统计等几个方面:① 当前监控系统与各智能分站的连接状态;② 各矿监测数据的实时实地监测显示、查询及统计;③ 各种监测数据变化趋势的动态曲线显示;④ 各种监测数据的实时动态报警提示;⑤ 指定时间段内的报警统计;⑥ 数据的动态专题图显示。

（2）图形管理子系统

各生产矿井从地质勘探、建井到正常生产过程中积累了大量的瓦斯地质数据,这些海量信息散见于地质报告、技术文献、图纸和各种工作记录中,互相孤立,难以共享。因此将通风、地质、测量、采掘工程、运输、排水、供电等专有图纸转化为矢量数字图,对各矿的图纸进行相应的分析和管理对指导煤矿安全生产具有重要意义。

该模块具有专业图件的绘制、管理、空间数据分析和打印输出等功能:① 能够将各种专业图件转化为矢量数字图存储并编辑;② 能够对各种专业图件进行基本 GIS 操作(缩放、移动和修改等);③ 各种专业图件的空间分析(专题图与缓冲区分析等);④ 各种专业图件的打印和输出。

（3）数据管理子系统

该模块主要负责包括通风、瓦斯和地质等基础数据管理和各种报表的预览打印、数据备份和恢复:①瓦斯等信息基础属性数据的维护;② 瓦斯、风速及一氧化碳浓度等实时监测信息的维护;③ 各类传感器及生产设备的检查情况信息维护;④ 数据的报表打印。

7.6.2 系统技术架构

根据瓦斯多级监管系统具有数据远程采集、信息网络发布等特点,本系统采用了一种分布式的、浏览器/服务器(B/S)模式的 WebGIS 设计模型(如图 7-6 所示)。模型采用 MVC 的三层架构设计:表示层主要用来构建用户界面、控制页面转发、响应用户请求并调用相应业务逻辑进行处理;应用服务层是系统的核心部分封装了整个系统的业务逻辑;数据服务层主要是实现对空间数据和属性数据的组织和管理。

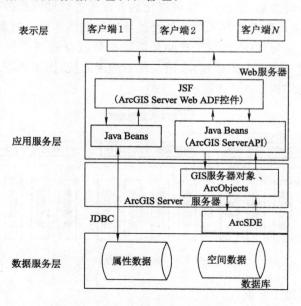

图 7-6　瓦斯多级监管系统技术架构图

　　表示层只需客户端浏览器不需要下载额外的插件,应用服务层分为 Web 服务器和 GIS Server 服务器两部分,Web 服务器负责与客户端的会话,ArcGIS Server 服务器负责提供实现 GIS 功能的 ArcObjects 业务组件。在该层对用户请求的业务逻辑可以通过 Java ADF 控制器区分为空间业务逻辑和非空间业务逻辑两个流程进行处理:

　　① 对于空间业务逻辑的处理,本次设计采用 ArcGIS server API 和 ADF 两种技术集成的开发方式,由于 ADF 封装了最常用和最基本的 GIS 功能的 Web 组件,例如"Web Controls"(Map、TOC 等基本 GIS 功能)和"Task Framework"(完成比如查询、分析等定制的任务),避免了完全使用底层 ArcObjects 带来的繁琐。另一方面用 ArcGIS Server 底层核心 ArcObjects 组件库二次开发,定制具有更复杂空间分析功能的瓦斯业务逻辑的网络应用程序,开发关键在于应用程序如何调用远程运行在 GIS 服务器中的 ArcObjects 对象,而 JSF 框架组件提供了一系列的图形化用户接口(如 IServerContext 接口),使得 Web 组件能够简单地创建和获取服务器中的远程服务器对象,这样就降低了 Web 交互界面开发的难度。

　　② 当用户申请的是非空间业务逻辑时是通过调用位于 Web 层上的 JavaBeans 完成应用程序的计算,该层 JavaBeans 通过 JDBC 驱动直接获取数据库中的属性数据而不必经过 WebGIS 服务器层,从而降低了系统的耦合度和和 GIS 服务器的压力,提高了程序的运行效率。数据服务层主要为系统提供数据源并对各种异构的时空数据进行管理和维护。

7.6.3　瓦斯监测数据存储方案

7.6.3.1　瓦斯数据构成分析

　　瓦斯多级监控系统数据分为空间数据、属性数据和元数据三部分。

　　① 空间数据:主要是各种矢量的图形数据和少量的栅格数据,在系统中主要有两方面的作用:一是与属性数据动态关联后产生需要的信息;二是为空间查询和分析提供数据源。

　　② 属性数据:是与瓦斯事务相关的所有信息,是对瓦斯实时监测数据进行查询统计的基础是系统的重要组成部分。

　　③ 元数据:是以数据的高效利用和交换为目的的数据说明信息,主要用于描述数据名称、数据分类、数据内容以及数据的获取方式,便于信息管理和检索。

7.6.3.2　空间数据的集中部署

　　瓦斯多级监管系统涉及的空间数据包括采掘平面图、地质平面图、剖面图、素描图、通风网络图、瓦斯等值线图、通风系统图、煤层等厚图、煤层储量图等。为了降低空间数据分布式存储带来的复杂度,系统对空间数据采用集中管理的模式即将各种图件汇集在煤矿瓦斯监控中心,对于部分空间数据如采掘平面图是不断发生变化和更改的,可通过一定的时间间隔(如 15 d)来定期更新。空间数据存储方案设计时采用的是 Geodatabase 数据模型,该模型能够将数据分成地理数据和空间索引及元数据等信息,存放在不同的数据表中通过关键字段进行关联。具体实现时可运用 ArcCatalog 工具将上述建模后的各种类型的图形文件(如 CAD,Shipfile,mxd 及 jpg 等)通过 ArcSDE 空间数据引擎存储在后台的 SQL Server2005 数据库中。

7.6.3.3　属性数据的分布式存储

　　瓦斯多级监管系统涉及的属性数据包括了瓦斯业务相关的所有数据信息,包括瓦斯基本数据、瓦斯动态监测信息、煤矿基本信息、井田开采基本信息、断层数据、煤层数据、储量参数、通风基本数据和机电设备信息等构成。这些数据通常分属于不同专业领域和应用部门（如通风、安全、地质、测量、采掘、调度指挥和动态监测等）。对于这种分布式存储在各个部门并且涉及部门之间异构数据交互、更新频繁的数据，如何形成有效的数据共享机制，减少数据冗余并维持各部门原有数据组织形式，是系统处理数据时应考虑的重要问题。

本系统对属性数据采用基于元数据的分布式管理模型。本模型采用 5 个元数据表描述属性数据。这 5 个数据表分别是主表、属性数据基本表、属性数据功能表、数据更新记录表和图层数据表。

① 主表：描述数据集的概要情况。

② 属性数据基本表：描述属性数据基本情况信息。

③ 属性数据功能表：数据集包含的属性数据进一步详细描述。

④ 数据更新记录表：反映数据集和元数据更新历史。

⑤ 图层属性数据表：进一步描述组成空间数据的图层数据信息。当系统读取属性数据时，首先访问属性元数据库，查找该信息的信息，然后获得用户需要的分布在各个部门中的属性数据。

7.6.4　系统实现

瓦斯实时监控系统的运行环境 IIS5＋Tomcat5＋ArcGIS Server9.2＋ArcSDE9＋Oracle9，利用 ArcMap 编辑处理相关的空间数据，包括瓦斯地质图、采掘工程平面图、矿井通风系统图和地形图等专业图件，再使用 ArcCatalog 将空间数据通过数据库引擎 ArcSDE 存储到 Oracle 数据库中。运用 HTML，JavaScript，JSP，Java 和 ArcObjects 组件等开发瓦斯实时监测 WebGIS 系统的应用功能程序，系统运行界面如图 7-7 所示。

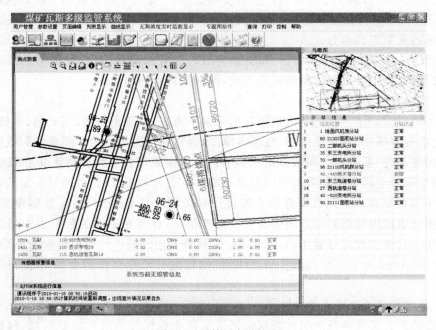

图 7-7　系统运行界面图

7.6.5　性能分析

将基于 ArcGIS Server 的瓦斯多级监管系统应用于徐州天能集团其下属矿区,由于天能集团各个监管部门可通过内部企业网专线及时获取第一手资料,对生产现场的响应速度明显提高,从而杜绝了下级对上级的瓦斯超限漏报、瞒报现象,强化了安全生产监督管理工作。同时本系统与传统监控系统相比还具有如下优势:

① 以 GIS 技术开发的瓦斯监控系统,可以用图形方式直观显示采掘平面图,进而使瓦斯监测点(瓦斯传感器位置和井下分站位置)在图中一目了然,更有利于技术人员对现场情况的了解;而传统的监测系统只能以晦涩的数字形式或者简单的曲线图形式描述监测数据,因而不能使决策者对监测情况有一个直观的把握。

② 构建于 B/S 结构的瓦斯多级联网监管系统,在省、市、县监管部门,不仅可以异地对煤矿各监控节点的状态进行远程实时监控,当煤矿发生瓦斯报警等紧急情况时,还可以在线汇集各级部门的专家技术人员,实时调取煤矿各种相关数据进行汇总分析,及时采取正确决策避免重大事故的发生。

③ 基于系统底层的 ArcObjects 组件的二次开发提高了空间数据分析能力,采用多样化的数据分析手段可对煤矿安全生产实时数据进行智能化分析,为企业领导和相关技术人员进行科学决策提供及时可靠的支持。

7.7　基于模糊专家系统的瓦斯突出预测决策级融合

煤与瓦斯突出的发生是一个复杂的非线性动力系统在时空演化过程中的灾变行为。突出动态前兆信息作为这一过程的物理—力学响应,必然依其数据顺序和大小蕴含着某些关于系统动态演化过程的特征信息[21]。目前,对突出动态前兆信息的采集主要依靠瓦斯传感器、电磁辐射监测仪、声发射监测仪、温度等手段,这些信息的变化基本上从各自角度反映了煤体内部各种因素综合作用的影响。但是,由于受多种因素影响,人们到目前为止,对于在不同地质、开采条件下突出发生的规律还没有完全掌握[63],无论是静态还是动态手段作出的突出预测结果普遍存在一定程度的不确定性,对于突出发生的具体时间和强度预测更是模糊的。

本节在前面相关章节内容研究的基础上进一步总结分析瓦斯、电磁辐射、声发射三种动态传感监测手段在煤与瓦斯突出预报中的功能特性,对突出预测结果确定可信度分配;针对瓦斯、电磁辐射、声发射三种动态传感器突出预测结果存在的不确定性问题,研究基于模糊专家系统的煤与瓦斯突出预测决策级融合方法,旨在实现优势互补,提高多传感器信息融合系统突出预测预报的效果。

7.7.1　模糊专家系统原理

日常生活中,人们所认同的“专家”一般都拥有某一领域丰富的实践经验和精深的专业知识,而且常常以独特的思维方式来解决非专业人士难以解决的问题。尤其在处理具有“不确定性”、“模糊性”、“不完全性”等特点的问题上,往往都能给出较圆满的答案。专家系统就是通过一定的策略利用存储在计算机系统中的专家知识进行推理,从而模仿人类专家实现对特定领域问题的求解。

具有模糊推理能力的专家系统,即模糊专家系统。通过引入模糊数学,将二值逻辑扩展到了多值逻辑,甚至连续值逻辑,从而泛化了经典集合论中的逻辑关系,将具有模糊性或不确定性的专家经验性知识以一种合理的表示方式存储在知识库中,便于应用系统利用专家的经验性知识进行模糊推理决策。

模糊产生式规则知识表示通常按式(7-1)的形式来表达:

$$\text{IF } A_1(w_1) \wedge A_2(w_2) \wedge \cdots \wedge A_n(w_n) \text{ THEN } C(CF, T\_v) \tag{7-1}$$

式中,$A_i(i=1,2,\cdots,n)$为规则的前提条件(Antecdent,前件);$w_i(i=1,2,\cdots,n)$为规则各前提子条件的权值(Weight),$W_i \in (0,1]$,满足$\sum_{i=1}^{n} W_i = 1$;C为规则的结论(Consequent,后件);CF为该规则的置信度(Confidence)或事件发生的可能性程度,$CF \in (0,1]$,其值为

$$CF = \sum_{i=1}^{n} u_i \times w_i, \ (i=1,2,\cdots,n) \tag{7-2}$$

T_v是规则的阈值(Threshold value),$T\_v \in (0,1]$,当$CF \geqslant T\_v$时,表示该规则可用。

7.7.2 突出预测模型设计

由于工作面煤与瓦斯突出机理尚未完全认识,不完全性和模糊性广泛存在于突出预测领域,总结出来的经验性专家知识当中,要建立准确的数学模型相当困难。通过建立具有较强学习能力的模糊专家系统,将专家的经验性知识和模糊数学相结合,进行模糊知识表示,从而实现模糊推理,是解决煤与瓦斯突出预测多传感器信息决策融合问题的有效途径。

利用瓦斯浓度、电磁辐射、声发射三种主要的传感监测设备,对同一工作面进行在线动态监测,从采集的时间序列信息中提取煤与瓦斯突出的征兆信息,并进行相应的突出危险性评估。对于特征级融合得到的诸如"无危险"、"弱危险"、"强危险"这样的模糊结论,为便于模糊推理决策,需要对它们实现量化。按照人类专家对于多角度信息处理的思维习惯,可按照表7-1进行量化处理。

表 7-1　　　　　　　　　　　突出动态预测危险性模糊结论量化

特征级融合结果	无危险	弱危险	强危险
量化结果	0	0.6	1.0

根据三种动态监测手段特征级融合结果对于突出预测最终结论可靠性影响的重要程度,通过合理设置权值,对特征级信息进行关联组合,优势互补,提出一种用于工作面煤与瓦斯突出预测多传感器信息决策级融合的模糊推理决策模型。

根据煤矿瓦斯防治措施实施决策需要,在决策级融合同样对工作面煤与瓦斯突出危险性预测结论用模糊语言进行描述,划分为无危险(c_1)、弱危险(c_2)、强危险(c_3)3个等级,它们构成论域C:

$$C = \{ c_1, c_2, c_3 \}$$

决策融合的依据是瓦斯(A_1)、电磁辐射(A_2)、声发射(A_3)3种传感监测数据各自作出的突出危险性特征级融合结果,它们构成了论域A:

$$\boldsymbol{A} = \{\ A_1, A_2, A_3\}$$

这 3 种突出预测结果作为依据在最终预测结果决策中所占的比重，即它们的权值（W）分别是：瓦斯（w_1）、电磁辐射（w_2）、声发射（w_3），组成了 A 上的一个模糊向量：

$$\boldsymbol{W} = \{\ w_1, w_2, w_3\}$$

因此，论域 C 和论域 A 之间构成了模糊关系，如公式（7-3）所示。该模糊关系可用式（7-4）进行计算，表示工作面发生煤与瓦斯突出的可能性程度的最终评价结论是由瓦斯、电磁辐射、声发射三种手段各自的突出预测结果的加权和。

$$\boldsymbol{C} = \boldsymbol{A} \cdot \boldsymbol{W} \tag{7-3}$$

$$CF = \sum_{i=1}^{3} A_i \times w_i, \; i \in N \tag{7-4}$$

权值向量 W 的确定是多传感器信息决策级融合模型中的关键。权值确定过程中，需要遵循以下两个原则以及煤与瓦斯突出的监测预警理论：

① 高度敏感性的原则：工作面煤岩体的受力稳定性状态的微弱变化可以引起特征信息的较大变化；

② 高度可靠性的原则：突出征兆信息是随着工作面煤岩体稳定性的变化而变化的，如果把突出征兆参量取作因变量，则突出征兆参量应该是煤岩体稳定性状态这个自变量的单值函数。

根据第 6 章有关突出动态预测预警理论，电磁辐射信号满足高度敏感性和高度可靠性的特征，尤其在预测工作面不发生突出的可能性方面，准确率可达 $100\%^{[39,44]}$。作为突出前兆的可靠表现，电磁辐射信号各指标异常通常早于声发射信号异常。本研究 6.4 节关于突出预测危险指标排序研究结果表明，电磁辐射强度指标 E 均为最优因素，优于瓦斯浓度等。

声发射信号作为煤岩体受载变形、破裂、动力现象的另一种能量伴随释放形式，排除环境噪声影响，与电磁辐射信号具有较强的时空相关性（并非完全同步[64]）。突出前工作面来压，频繁的煤炮声、支架发出的吱吱声等产生的声发射信号，一般能量都比较大，而且信号比较集中。突出发生前，这些有声预兆存在一个从量变到质变的过程，呈现出急剧增加的趋势。理论研究和现场生产实践经验表明，声发射在判断煤岩体受力破坏强度、突出临近危险性程度等方面具有较强的优势。

对于瓦斯浓度观测数据，主要是通过计算最大 Lyapunov 指数 λ_1 来判断瓦斯时间序列是否具有混沌特性。如果具备混沌特性，则说明该工作面具有突出危险性。当最大 Lyapunov 指数 λ_1 大于 0 时，即具有混沌特性。但是，瓦斯浓度时间序列的混沌特性是受到采掘进度、采掘工艺、通风效果、煤层瓦斯地质特性以及其他偶发事件等各种因素综合作用的结果。其中任何一个因素的改变，都可能改变最初的预测判断，而且这种预测属于中长期预测。随着后续采掘进度、采掘工艺、通风效果、煤层瓦斯地质等条件的改变，可能造成突出的发生时间提前到来或延后，甚至突出危险消失。因此，利用瓦斯浓度时间序列混沌特性预测突出具体的发生时间没有多少实际意义。而作为突出前兆之一的瓦斯浓度趋势、变化频次、方差等增大现象也是工作面来压的表现之一，预示着突出发生危险已经临近（提前 2 h 左右[14]），且随着突出的临近表现越来越强，但通常仍然滞后于电磁辐射和声发射信号。

综合以上分析以及现场专家意见，考虑突出预测评价结果的可靠性、紧迫性等因素，认为对瓦斯（w_1）、电磁辐射（w_2）、声发射（w_3）三种突出动态预测结果在决策融合中的权重按

表 7-2 进行赋值比较合理。

表 7-2   特征级融合阶段突出动态预测结果权重分配

突出动态预测手段	w_1	w_2	w_3
权值	0.2	0.45	0.35

7.7.3　决策融合结果输出

作为决策结果的输出方法,根据式

$$\text{IF } A_1(w_1) \wedge A_2(w_2) \wedge \cdots \wedge A_n(w_n) \text{ THEN } C(CF, T\_v)$$

所示的模糊产生式规则,可以建立以下多传感器信息融合模糊决策规则:

规则 1:IF $A_1(w_1) \wedge A_2(w_2) \wedge A_3(w_3)$ THEN 强危险$(CF, 0.50)$

规则 2:IF $A_1(w_1) \wedge A_2(w_2) \wedge A_3(w_3)$ THEN 弱危险$(CF, 0.35)$

规则 3:IF $A_1(w_1) \wedge A_2(w_2) \wedge A_3(w_3)$ THEN 无危险$(CF, 0.00)$

由于瓦斯突出预测专家知识具有模糊性,如"强危险"、"弱危险"等。为此在专家系统中需要采用不确定性推理方法。主要是利用匹配函数的方式对模糊规则的前提条件和结论进行模糊匹配[65];规则中的前提条件的匹配程度由结论中的突出可能性测度 CF 和阈值 T_v 决定,当 $CF > T\_v$ 时,该规则结论即为决策结果,将传统数值测量系统的数值输出转变为语言描述输出。

根据式(7-3),煤与瓦斯突出危险性预测结果 C 是一个属于[0,1]的数值,表示突出发生的可能性程度。1 表示必然发生突出事故,而且几小时、几十分钟甚至几分钟内就会发生,必须立即停止作业、断电撤人;0 表示突出事故肯定不会发生,可以继续开采作业。决策级融合各输入参数赋值情况与突出危险性预测结果输出如表 7-3 所示。

表 7-3   决策级融合输入信息赋值与突出预测结果

ID	A_1	A_2	A_3	C	ID	A_1	A_2	A_3	C	ID	A_1	A_2	A_3	C
1	1.0	1.0	1.0	1.00	10	1.0	1.0	0.0	0.65	19	1.0	1.0	0.6	0.41
2	0.6	1.0	1.0	0.92	11	0.0	0.6	1.0	0.62	20	0.6	0.6	0.0	0.39
3	1.0	1.0	0.6	0.86	12	0.0	0.6	0.6	0.60	21	0.6	0.0	1.0	0.35
4	1.0	0.6	1.0	0.82	13	0.6	1.0	0.0	0.57	22	0.6	0.0	0.6	0.33
5	0.6	1.0	0.6	0.80	14	1.0	0.0	0.6	0.55	23	0.0	0.6	0.0	0.27
6	0.6	0.6	1.0	0.78	15	0.0	1.0	0.0	0.48	24	0.0	0.0	0.6	0.21
7	0.6	0.6	0.6	0.74	16	1.0	0.0	0.0	0.47	25	1.0	0.0	0.0	0.20
8	1.0	0.0	1.0	0.68	17	0.0	0.0	1.0	0.47	26	0.0	0.0	0.0	0.12
9	0.0	1.0	0.6	0.66	18	0.0	1.0	1.0	0.45	27	0.0	0.0	0.0	0.00

（1）自然语言描述的结果输出

为使决策输出结果便于理解,基于煤与瓦斯突出动态预测预警理论,对 27 种特征参数赋值情况及计算输出结果(如表 7-3 所示)进行排序分析,在区间[0,1]上对突出发生的可能性程度进行 3 级划分,如式(7-6)所示,从而对突出危险性预测数值结果给出模糊结论[66]。

$$U_c(x) = \begin{cases} \text{无危险}(c_1), & x \in [0.00, 0.35] \\ \text{弱危险}(c_2), & x \in [0.35, 0.50] \\ \text{强危险}(c_3), & x \in [0.50, 1.00] \end{cases} \tag{7-6}$$

式中,自变量 x 取值范围是 $[0,1]$,即 $0 \leqslant U_c(x) \leqslant 1$。

根据此划分,确定前 14 种情况为"强危险",需要立即停止作业,撤人或立即采取防突措施;后 7 种情况为"无危险",不需要采取防突措施,但对于独立预测为"弱危险"以上级别的情况需要分析查找原因;中间 6 种情况为"弱危险"。由于"弱危险"存在若干不确定性,有可能继续发展成强危险,也可能随时间推移,不再危险。这就需要密切跟踪,采取措施防止突出事态失控。

总体来看,对 27 种关联组合的突出危险性 3 级划分的指标基本符合瓦斯、电磁辐射、声发射三种传感器在突出危险性动态预测方面存在的既相互独立又相互验证的关联关系。例如第 14 种情况,$A = \{1.0, 0.0, 1.0\}$,决策结果为"强危险"。尽管电磁辐射预测不突出,但声发射监测和瓦斯浓度的异常变化相互支持,很可能是遇到地质构造、煤质松软、煤坚固系数低、随着煤层采动等特殊情况影响,煤体松动失稳,频繁出现煤炮声,吸附态瓦斯开始部分解吸,并且煤壁瓦斯气体涌出忽大忽小。这些预示着突出即将发生,因此,判断为"强危险",需要立即停止作业,撤人断电。关于其他各组参数组合所表示的现象及其原因的解释分析,在此不再一一解读。

(2) 可视化的决策结果输出

利用 ArcMap 可直观显示采掘工程平面图、矿井通风系统图的优势,建立基于 ArcGIS 9[67,68] 的矿井瓦斯灾害可视化预警显示系统。对煤与瓦斯突出"强危险"工作面采用红色闪烁;"弱危险"工作面采用黄色闪烁(见图 7-8)。该采掘工程平面图相关数据来采自 2011 年 3 月徐州矿务集团某矿。

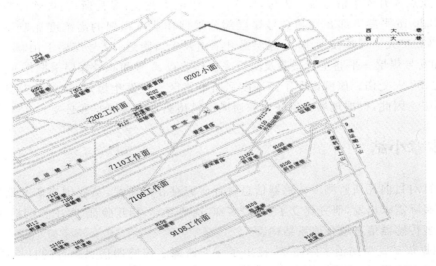

图 7-8　基于 ArcGIS 的瓦斯突出危险性预测结果可视化输出方式

对于预测判断为"强危险"的突出工作面,根据现场有关资料,进一步预测煤与瓦斯突出的强度,结合巷道结构和通风系统等实际情况,推测瓦斯突出灾害可能危及的巷道空间,并用红色显示(如图 7-9 所示),从而正确指示井下相关区域作业人员断电撤人,撤离过程中应快速远离红色区域,最大限度减少瓦斯灾害对作业人员的人身伤害,避免逃生路线的选择背离安全区域。

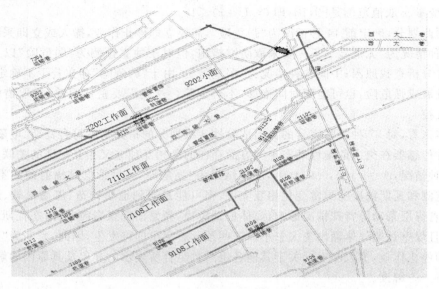

图 7-9　基于 ArcGIS 的瓦斯突出灾害影响区预测结果可视化输出

例如,2012 年 8 月 29 日 17 时 38 分,四川省攀枝花市西区肖家湾煤矿发生特别重大瓦斯爆炸事故。直接原因就是该矿井 10 号煤层提升下山采掘作业点和+1220 m 平巷下部 8号、9 号煤层部分采掘作业点无风微风作业,瓦斯积聚达到爆炸浓度;随后,10 号煤层提升下山采掘作业点提升绞车信号装置失爆,操作时产生电火花、引爆瓦斯;在爆炸冲击波高温作用下,+1220 m 平巷下部 8 号和 9 号煤层部分采掘作业点积聚的高浓度瓦斯发生二次爆炸,造成事故扩大。爆炸波及 10 号煤层提升下山及上口附近、12 号煤层下山、+1220 m 平巷、8 号和 9 号煤层一平巷至五平巷及附近采掘作业点、5 号和 6 号煤层采掘作业点,共造成48 人死亡、57 人受伤。该例说明了高浓度瓦斯聚集区一旦发生爆炸,往往波及其他巷道甚至其他煤层。因此,根据现场巷道联通和通风资料预测危险区域非常必要。

7.8　本章小结

本章针对目前瓦斯监测多传感器信息融合研究存在的不足,从我国煤矿瓦斯监测和灾害防治的实际需求出发,研究建立了"手段多样、优势互补、相互验证、短中长期搭配"的瓦斯安全监测多传感器信息融合体系结构。

① 根据煤矿瓦斯防治实际需求,提出了瓦斯监测多传感器信息融合的目标体系、融合系统闭环工作流程、传感器选用和组织以及各种信息融合分析理论的运用时机,最终确定了瓦斯监测多传感器信息融合体系总体结构。

② 明确了瓦斯浓度、电磁辐射、声发射三种动态传感监测信息在数据级、特征级、决策级融合阶段的主要任务与分析方法,包括基于小波变换滤除电磁辐射信号噪声、基于组合滤

噪方法滤除声发射信号噪声、基于时间序列相似性度量的瓦斯超限原因识别、基于时空相关性分析的瓦斯数据异常识别、基于混沌特性分析的煤与瓦斯突出预测、基于电磁辐射和声发射信号强度与趋势分析的煤与瓦斯突出预测等。

　　③ 重点研究了基于模糊专家系统的煤与瓦斯突出预测多传感器信息决策融合方法,包括突出预测模型设计、决策融合结果输出形式等,增强瓦斯安全监测系统在瓦斯超限原因识别、煤与瓦斯突出预测以及瓦斯防治措施效果评估等方面的效能。

第8章 基于时间序列相似性度量的瓦斯报警信号辨识

井下发生瓦斯超限报警是煤矿安全监测监控高度关注的重要内容,需要及时弄清具体原因,正确处置。目前普遍通过人工调出波形曲线进行初步判断,时效性不强。本章讨论煤矿井下瓦斯超限报警信号的自动辨识问题,旨在辅助煤矿安全监控人员快速辨识采掘工作面瓦斯报警信号性质,及时感知井下作业环境并做出进一步决策。8.1节分析了发生瓦斯超限报警的原因;8.2节定义了瓦斯报警时间序列,提出了基于DTW的相似性度量方法;8.3节研究利用时间序列聚类分析技术获取采掘工作面瓦斯报警时间序列的典型波动模式;8.4节分析了各典型波动模式所具有的特征,利用分段形态度量方法提取了各时间序列模式的特征信息,从中选取分类效果明显的3个指标,建立了形态特征信息表;8.5节在以上工作基础上提出了基于时间序列相似性度量的瓦斯报警信号辨识算法,并进行了实验分析;8.6节进行了本章总结。

8.1 瓦斯超限报警原因分析

表面上看,井下瓦斯传感器报警是因为测点瓦斯浓度超限(通常1%以上),但实际上,引起超限报警的原因非常复杂,文献[65]列出了其中五种情况:① 瓦斯探头校验;② 瓦斯探头故障;③ 爆破后瓦斯涌出;④ 瓦斯预警(即 CH_4 浓度超3%,持续时间超过10 s,发出突出预警);⑤ 突出警报(当 CH_4 浓度超3%,持续时间超过30 s,发出瓦斯延时突出警报)。另外,高瓦斯矿井的采掘工作面煤体垮落,工作面局部停风或风量不足也会造成瓦斯浓度上升而发生超限报警。这两类原因引起的瓦斯超限报警可简称为"落煤瓦斯"和"局部停风"。

高瓦斯煤矿基于各种原因频繁发生的瓦斯超限报警尤其是传感故障等引起的误报警,由于未能及时掌握超限报警原因而果断采取措施正确处置,往往会酿成严重灾难。因此,实时感知井下环境,掌握瓦斯超限报警确切原因,是煤矿安全监测监控人员迫切需要的一种能力。

8.2 动态时间弯曲距离及其应用

8.2.1 瓦斯报警时间序列及其定义

煤矿安全监控系统各监测点上报的瓦斯浓度等信息是一种典型的时间序列(Time Series,TS)数据[23,69],如图8-1所示,其任何波动都是井下环境发生了某种改变的反映。这种改变一般源于地质环境、通风系统、人、机作业活动以及传感故障。充分挖掘源源不断的瓦斯传感数据尤其是异常波动所蕴涵的丰富信息,发现潜在的带有规律性的知识并用于瓦斯安全监测,可以增强人们感知井下环境的能力。

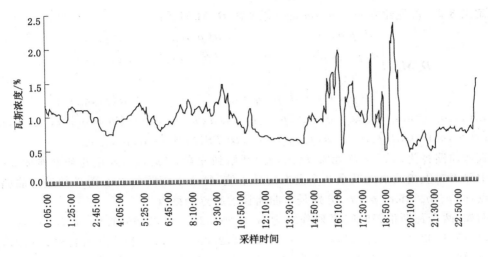

图 8-1　煤矿井下某工作面瓦斯时间序列

在煤矿海量瓦斯时间序列历史数据库中,大量监测数据是相对平稳的,其包含的信息量也是贫乏的。引人关注的部分是幅度较大的异常波动尤其是浓度超限的时间序列。安全监控人员需要知道引发异常波动的原因、发展变化趋势及后续影响。本章主要研究分析瓦斯超限报警时刻的时间序列模式,并把这段时序数据称为瓦斯报警时间序列。为便于分析度量,下面给出其定义。

定义 8-1　瓦斯报警时间序列(gas warning time series,GWTS)。某监测点传感器发出瓦斯浓度超限报警,从报警时刻前最后一个上报的数据开始到本次监测数据回落到 1% 以下为止的一段连续的数据称为瓦斯报警时间序列,记作 $GWTS = \{(c_0,t_0),(c_1,t_1),(c_2,t_2),\cdots,(c_f,t_f)\cdots,(c_n,t_n)\}$,其中 $c_0 < 1$,$c_1 \geqslant 1$,c_f 为该序列瓦斯浓度峰值,t_f 为峰值时刻,$c_n < 1$,$|GWTS| = n+1$。

8.2.2　基于 DTW 的 GWTS 距离与弯曲路径

目前,时间序列相似性分析与搜索技术仍然是时间序列数据挖掘(TSDM)领域的研究热点之一[70-72],其中时间序列相似性度量是核心难点,也是 TSDM 的基础。动态时间弯曲(DTW)距离[72]、欧氏距离(ED)[73]、形态特征距离[74-76]等相似性度量方法各有其优缺点,分别适合不同特征的时序数据和应用场合。

煤矿瓦斯报警时间序列普遍存在数据采集周期大小不一、序列时间跨度有长有短、波动振幅有大有小以及噪声干扰等复杂特征。针对以上特点,利用鲁棒性较强的动态时间弯曲(dynamic time warping,DTW)距离进行聚类分析,能很好地解决时间轴伸缩、弯曲、线性漂移、噪声等欧氏距离难以处理的问题。只要两个子序列具有相似的形状,尽管序列内部存在时间间隔不一或振幅差异等情况,也可认为是相似的,归为同一模式,与人工波形判断类似。

假设两个时间序列分别为 $G_1 = \{p_1, p_2, p_3, \cdots, p_n\}$，$G_2 = \{q_1, q_2, q_3, \cdots, q_m\}$，二者的 DTW 距离 $D(G_1, G_2)$ 具体计算方法定义为：

定义 8-2 首先建立一个 $n \times m$ 的二维矩阵 D_M 如下：

$$D\_M = \begin{bmatrix} d(p_n q_1) & \cdots & d(p_n, q_{m-1}) & d(p_n, q_m) \\ d(p_{n-1}, q_1) & \cdots & d(p_{n-1}, q_{m-1}) & d(p_{n-1}, q_m) \\ \vdots & \vdots & \vdots & \vdots \\ d(p_1, q_1) & d(p_1, q_2) & \cdots & d(p_1, q_m) \end{bmatrix}$$

其中，$d(p_i, q_j) = \min\{d(p_{i-1}, q_j), d(p_{i-1}, q_{j-1}), d(p_i, q_{j-1})\} + |p_i - q_j|$，$i, j \in N, i \geqslant 0$，$j \geqslant 0$；$d(p_0, q_0) = 0$，$d(p_i, q_0) = d(p_0, q_j) = \infty$，$D(TS_1, TS_2) = d(p_n, q_m)$。

其弯曲路径为从矩阵 D 元素 $d(p_n, q_m)$ 开始到元素 $d(p_1, q_1)$ 为止的若干连续 2×2 子矩阵中除去右上角元素的其余 3 个元素的最小值，每个子矩阵的右上角必须是弯曲路径中的一点，$d(p_n, q_m)$ 和 $d(p_1, q_1)$ 分别是弯曲路径的起点和终点。

例如：两个瓦斯报警时间序列分别为 $G_1 = \{0.32, 1.41, 1.95, 1.92, 1.74, 1.52, 1.37, 1.24, 1.15, 1.08, 1.01, 0.97\}$，$G_2 = \{0.91, 2.34, 2.63, 2.54, 2.29, 2.07, 1.87, 1.72, 1.59, 1.49, 1.42, 1.33, 1.27, 1.22, 1.18, 1.14, 1.10, 1.07, 1.04, 0.99\}$，经计算可得 $D(G_1, G_2) = 3.64$，G_1 和 G_2 2 条相似波形曲线对应关系如图 8-2 所示，弯曲路径如图 8-3 所示。

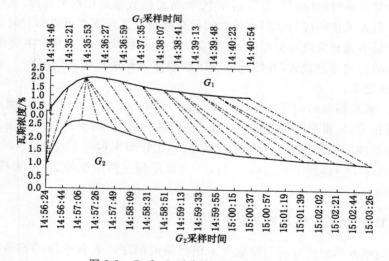

图 8-2 G_1 和 G_2 之间的相似段对应关系

3.64	3.69	3.74	3.8	3.91	4.03	4.17	4.37	4.63	5.08	5.47	6.07	6.98	8.12	9.36	10.68	10.06	8.77	7.25	5.94	0.97
3.64	3.62	3.64	3.67	3.74	3.82	3.92	4.07	4.27	4.63	4.95	5.45	6.23	7.22	8.26	9.36	9.64	8.49	7.11	5.88	1.01
3.72	3.63	3.59	3.58	3.61	3.65	3.71	3.81	3.95	4.22	4.47	4.87	5.52	6.36	7.2	8.08	8.33	8.11	6.87	5.78	1.08
3.96	3.8	3.69	3.61	3.56	3.55	3.57	3.62	3.7	3.88	4.06	4.36	4.88	5.57	6.21	6.87	7.07	6.87	6.56	5.61	1.15
4.44	4.19	3.99	3.82	3.68	3.58	3.52	3.5	3.52	3.61	3.72	3.92	4.31	4.85	5.29	5.73	5.88	5.68	5.39	5.37	1.24
5.42	5.04	4.71	4.41	4.14	3.91	3.72	3.57	3.47	3.48	3.47	3.57	3.83	4.22	4.46	4.68	4.78	4.58	4.29	5.04	1.37
6.82	6.29	5.81	5.36	4.94	4.56	4.22	3.92	3.67	4	3.38	3.43	3.48	3.72	3.88	3.76	3.81	3.61	3.32	4.58	1.52
9.32	8.57	7.87	7.2	6.56	5.96	5.4	4.88	4.41	4.72	3.68	3.43	3.46	3.37	3.45	3.33	2.99	2.79	2.5	3.97	1.74
9.85	9.43	9.06	8.72	8.18	7.4	6.66	5.96	5.31	4.87	4.22	3.79	3.52	3.26	3.24	3.12	2.78	2.19	1.9	3.14	1.92
9.34	8.92	8.55	8.21	7.9	7.63	6.9	6.17	5.49	6.45	4.34	3.88	3.52	3.29	3.21	3.09	2.75	2.16	1.48	2.13	1.95
8.8	8.38	8.01	7.67	7.36	7.09	6.86	6.67	6.53	6.45	6.44	6.36	6.18	5.87	5.41	4.75	3.87	2.74	1.52	1.09	1.41
24.81	24.14	23.42	22.67	21.89	21.07	20.21	19.31	18.36	17.35	16.25	15.08	13.81	12.41	10.86	9.11	7.14	4.92	2.61	0.59	0.32
0.99	1.04	1.07	1.1	1.14	1.18	1.22	1.27	1.33	1.42	1.49	1.59	1.72	1.87	2.07	2.29	2.54	2.63	2.34	0.91	$n \times m$

注：序列 G_1 位于该矩阵图左侧从下向上；序列 G_2 位于该矩阵图底行从左向右。

图8-3　G_1 和 G_2 之间的 DTW 路径

8.3 基于 DTW 距离的 GWTS 聚类分析

通过提取山西阳煤集团某矿 2009 年发生的 150 次采掘工作面瓦斯报警时间序列,应用基于 DTW 距离的相似性度量方法进行聚类分析,按照 DTW 距离最小表示两个时间序列相似性程度最高的评价标准,发现时间序列表现出明显的分组积聚现象,不同原因导致的瓦斯传感器发出超限报警信号,其相应的时间序列输出也表现出不同的特征模式。其聚类结果如图 8-4 所示,错误率为 10%。

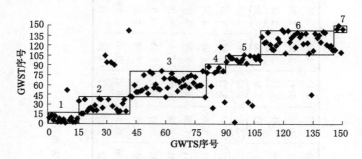

图 8-4 150 组瓦斯浓度超限时间序列聚类结果

图 8-4 中的 1、2、3、4、5、7 分别对应着图 8-5 中的(a)、(c)、(e)、(d)、(b)、(f)。第 3 类超限是由于小规模煤体垮落和割煤引起的落煤瓦斯造成的。鉴于落煤瓦斯超限时间序列波形无固定模式,因此没有列出。

8.3.1 突出警报

瓦斯传感器发出超限报警信号后,发现此前瓦斯浓度持续陡增,此后亦持续增大,判定为瓦斯突出预警后继续跟踪,发现 30s 内仍无明显减缓迹象,瓦斯报警信号性质判定应调高为瓦斯突出警报。其典型的时间序列模式如图 8-5(a)所示,在时刻 0:46:52 达峰值 8.65% 后开始持续回落。

8.3.2 瓦斯探头校验

按照安全规程,瓦斯探头每隔 7 d 需要进行一次标准气样校验。瓦斯校验过程必然会引发瓦斯超限报警。其产生的典型的时间序列波形特征一般表现为从调零状态持续较快上升,达到一个规定峰值(通常为 2%~2.02%)后立即快速回落趋于环境实际瓦斯浓度,如图 8-5(b)所示。实际监测数据表明,由于数据采集周期跨度较大,校验过程上升段一般无详细数据记录,超限报警时刻已达校验峰值,且采样值区间一般为(1.98~2.02)。

8.3.3 瓦斯探头故障

实际生产过程中,采用载体催化元件的瓦斯传感器故障主要有 4 种类型,其产生的瓦斯时间序列分别表现为显著突变、恒偏差、常值输出或恒增益等四种模式[77],其中前两种故障常常引起瓦斯传感器发出超限报警信号,而且其时间序列特征明显,易于辨识。

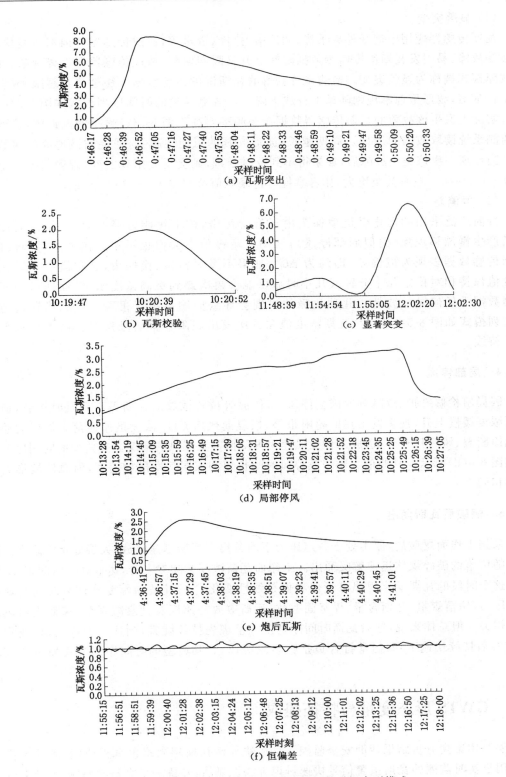

图 8-5　6 种典型的瓦斯监测浓度超限报警时间序列模式

(1) 显著突变

瓦斯传感器应用中遭受外界干扰,如掉落、碰撞、进水等,造成传感器件内部接线松动、虚接等故障,易引发瓦斯浓度监测数据瞬间上升又瞬间回落,造成传感器误报警现象,此时的故障模式被称为显著突变。监测系统获得的瓦斯浓度传感数据往往是严重超限,或者远小于正常值,波形呈现不规则陡峭上升或下降。该故障导致的时间序列模式如图 8-5(c) 所示。实际上发生该故障的瓦斯传感器数据振荡频率要高于图 8-5(c) 显示的波形图,这取决于监测系统读取数据的周期。周期越长,波形失真的可能性越大,捕捉到该现象的次数越少。当出现一次该类型故障后,如果得不到及时处理,则会反复出现突变,观测值变化范围为 0.06%~20% 左右甚至更大,作者掌握有记录峰值范围在 1%~20% 之间。

(2) 恒偏差

目前广泛采用的催化燃烧型探头由于遭受污染、抗干扰能力等方面原因,瓦斯传感器易产生慢漂移现象(类似局部停风),波动显示极值不大但也不小。在某一时间段内,瓦斯传感数据表现为恒偏差,即约为 ΔC。如果不及时检修、换探头,这种漂移有时在某浓度值保持相对稳定几十分钟或几小时后可能会再次漂到更高浓度水平,而回风侧瓦斯监测数据无任何异常波动。此种故障的出现会导致监测系统误报警。该故障导致的时间序列模式如图 8-5(f) 所示,瓦斯浓度值在首次发出超限警报后维持在较高浓度水平波动并持续。

8.3.4 局部停风

因局扇检修维护、故障等原因会停风,工作面等位置散放的瓦斯得不到及时排放,造成瓦斯浓度缓慢上升,甚至发出瓦斯超限报警,恢复通风后 CH_4 浓度迅速回落。类似的还有送风筒断裂、风门打开等,造成工作面风速大大降低甚至无风的情况。其典型的时间序列模式如图 8-5(d) 所示。其峰值大小依赖停风时间长短和煤层瓦斯散放速度,但总体波形大致基本相同。

8.3.5 爆破后瓦斯涌出

采掘工作面爆破后,原本处于一定压力下的游离态瓦斯迅速释放,大量处于吸附态的瓦斯伴随垮落的破碎煤体迅速解吸涌出。工作面瓦斯浓度会陡然上升,达最高的时间很短,所以在这个时段的瓦斯变化规律可近似看做是线性变化[78]。其波动幅度和恢复时间与煤层瓦斯压力、垮落煤量、瓦斯含量、煤坚固系数、瓦斯散放初速度及其衰减系数、风筒出口风量密切相关。但总体来说,炮后瓦斯时间序列模式呈现先持续陡升,到达一个极大值(通常小于 3%)后持续快速下降(通常符合负指数衰减规律)。其典型的时间序列模式如图 8-5(e) 所示。

8.4 GWTS 形态度量与特征提取

要利用聚类分析结果帮助安全监控人员尽快弄清瓦斯超限报警真正原因,需要寻找一种可用于实时监测的瓦斯报警信号快速辨识方法。显然,等待一个完整的 GWTS 结束以后再判断,其意义将大大降低。

8.4.1　GWTS 特征分析

分析本研究已经列举的 6 种典型的 GWTS,可以发现每个 GWTS 具有 5 个特点:

① 都包含 1 次以上超限报警信号;

② 没有固定长度,时序数据时间间隔以秒为单位,无严格周期;

③ 各子序列以首次发生超限报警时刻和时间序列峰值时刻为界,分成报警前、报警后和回落后 3 段,分别命名为 g_1、g_2 和 g_3,即 $g_1 = \{(c_0, t_0), (c_1, t_1)\}$, $g_2 = \{(c_1, t_1), (c_2, t_2), \cdots, (c_f, t_f)\}$, $g_3 = \{(c_f, t_f), (c_{f+1}, t_{f+1}), \cdots, (c_{f+m}, t_{f+m})\}$,其中 $c_0 < 1, c_{f+m} < 1, c_1 \geqslant 1, f$、$m \in N, f + m + 1 = |GWTS|$;

④ 不同性质的 $GWTS$ 在 g_1、g_2 和 g_3 段相互间存在较明显的形态特征区别;

⑤ g_2 和 g_3 经常是重合的,即 $(c_1, t_1) = (c_f, t_f)$。

8.4.2　GWTS 形态度量

编写程序,对 150 组 GWTS 分别进行了 15 个指标的统计计算,这些指标包括:序列浓度起始值、报警值、最大值、上升段时间、下降段时间、K_0、K_1、g_2 段 K 值、g_3 段 K 值、g_2 段回归系数 b 值、g_3 段回归系数 b 值、g_2 段 K 序列回归系数 b 值、g_3 段 K 序列回归系数 b 值、$GWTS$ 平均值和 $GWTS$ 均方差等。

在此基础上进行了聚类分析,发现以下几个指标对辨识瓦斯超限报警信号的性质意义重大:

(1) 斜率 k

报警时刻前后的时序数据时间跨度一般在 20 s 以上,是瓦斯浓度达到一定量的基础上的趋势分析,其变化情况是区别报警性质的重要指标。为此设定 k_0 和 k_1,其计算方法如下:

$$k_0 = (c_1 - c_0)/(t_1 - t_0) \tag{8-1}$$

$$k_1 = (c_2 - c_1)/(t_2 - t_1) \tag{8-2}$$

在这里,k 值就是监测点瓦斯浓度以秒为单位的变化速度,能明确变化趋势是上升还是回落,是快速区分炮后瓦斯、突出警报、瓦斯校验、显著突变的最重要指标,尤其是通过联合分析 k_0 和 k_1 值情况可以判断瓦斯超限报警信号性质究竟是属于炮后瓦斯还是突出警报,这两类时间序列在 g_1 段极为相似。统计表明,$k_0 > 0.1, k_1 > 0$ 时,100% 发生煤与瓦斯突出。

(2) 回归系数 b

按照分段形态相似性度量原理,假设 g_2、g_3 总体呈现线性变化,应用最小二乘方法分别进行线性拟合,提取拟合直线 $y = a + bx$ 的回归系数 b。在计算该指标时,参与计算的所有时间均为相对于该子序列起始时刻的时间长度(单位:s),即 $x_i = t_i - t_1, i \geqslant 1, g_2$、$g_3$ 两段的回归系数 b_1、b_2 计算方法如下:

$$b_1 = \frac{\sum_{i=1}^{f}(x_i - \overline{X})(y_i - \overline{Y})}{\sum_{i=1}^{f}(x_i - \overline{X})^2} \tag{8-3}$$

$$b_2 = \frac{\sum\limits_{i=f}^{f+m}(x_i - \overline{X})(y_i - \overline{Y})}{\sum\limits_{i=f}^{f+m}(x_i - \overline{X})^2} \tag{8-4}$$

（3）均方差 σ

采掘工作面瓦斯传感器长时间显示瓦斯浓度处于超限状态并保持在某浓度水平上下微弱波动，往往说明该工作面瓦斯传感器出现了"恒偏差"故障。使用均方差 σ 指标能较好地分辨出该报警信号类型。当 $\overline{Y} > 1$，而 $\sigma < 0.15$ 时可判断该报警信号性质为恒偏差。σ 计算方法如下：

$$\sigma = \sqrt{\frac{\sum\limits_{i=1}^{f+m}(y_i - \overline{Y})^2}{f+m-1}} \tag{8-5}$$

根据以上分析和统计，列出了 6 种典型的瓦斯报警时间序列的分段形态特征，如表 8-1 所示。利用这些指标基本上可以分辨出瓦斯报警信号的性质。"落煤瓦斯"引起的瓦斯超限报警时间序列仅在 g_1 段存在相对明显的特征。

表 8-1   典型的瓦斯报警时间序列形态特征

ID	GWTS 分类	g_1 段	g_2 段	g_3 段
1	显著突变	$k_0 > 0.05$	$c_1 = c_f$	$k_1 < 0, \|k_1\| > 0.05$
2	恒偏差	$k_0 < 0.02$	$b_1 < 0.001, \sigma < 0.15$	$\sigma < 0.15$
3	瓦斯校验	$k_0 \geq 0.02$	$1.98 \leq c_f \leq 2.02$	$k_1 < 0$
4	局部停风	$k_0 < 0.01$	$0.002 < b_1 < 0.008, \sigma > 0.3$	$\|b_2\| > 0.02$
5	炮后瓦斯	$0.09 > k_0 \geq 0.02$	$0.07 > k_1 > 0.005, k_0 > k_1$	
6	突出警报	$k_0 \geq 0.02$	$k_0 < k_1$	
7	落煤瓦斯	$0.001 < k_0 < 0.02$		

8.5   基于分段形态度量的瓦斯报警信号辨识算法

下面以山西某高瓦斯煤矿为例，工作面瓦斯浓度数据采集周期为 $9 \sim 70$ s，按照表 8-1 列出的时间序列形态特征，当某测点瓦斯超限报警后，立即启动辨识程序，按图 8-6 中所示的算法流程开始自动辨识[79]。

从统计情况看，瓦斯浓度达到突出预警水平后 100% 会在 3% 以上再持续 20 s。因此，将瓦斯预警和突出警报合为一类来辨识。

考虑对局部停风、恒偏差这 2 种时间序列瓦斯浓度上升速度相对缓慢，进行局部分析容易混淆、需要从整体上进行把握的特点，采取每隔 60 s 度量一次的折中办法，持续跟踪报警后的时间序列波动情况。

鉴于采掘工作面因落煤引发的瓦斯超限情况相对复杂，几乎无具体规律可循，但该类超限危险性基本可控，因此，$k_0 \leq 0.02$ 范围内凡不属于局部停风、恒偏差、常值输出的超限报警类型都归为"落煤瓦斯"。

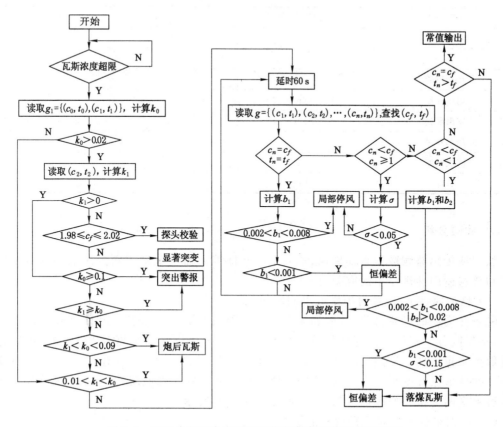

图 8-6　基于分段形态度量的瓦斯报警信号辨识算法流程

　　实际上,该算法先后完成了三级信息融合处理过程,即在数据级融合时筛选出有价值的瓦斯报警时间序列,在特征级融合时度量时间序列的形态特征,在决策级融合时根据数据模型进行性质判定。

8.6　实验与分析

8.6.1　实验过程

　　基于 Windows XP 使用 VB. Net 2005 软件开发工具实现了上述的基于分段形态度量的瓦斯报警时间序列辨识算法,建立了瓦斯超限报警信号辨识系统,利用已获得的瓦斯报警时间序列分段形态度量参数,对该矿另外 150 次瓦斯超限报警时间序列进行模拟识别分类实验。由于实验数据已经产生,并且存放在本地 Access 数据库中,因此不存在时间延迟问题,实验过程较快。实验结果表明,在目前主流配置的计算机上可以做到实时报告瓦斯超限报警信号性质,准确率达到 92%,如表 8-2 所示。

表 8-2　　　　　　　　　　瓦斯报警信号自动辨识实验结果

报警原因	报警次数	识别次数	识别率
显著突变	28	28	100%
恒偏差	7	5	71.4%
瓦斯校验	8	7	87.5%
炮后瓦斯	46	44	95.7%
突出警报	14	14	100%
局部停风	5	5	100%
落煤瓦斯	42	36	85.7%
总计	150	139	92.6%

8.6.2　实验分析

从瓦斯传感监测数据采样周期、地质采矿条件等方面着重对识别方法的识别效果影响因素和普遍适用性进行了研究分析。

（1）峰值属性 c_f 设置对识别效果的影响

受采样周期的影响，瓦斯效验和显著突变原因引起的超限报警时间序列在形态上经常相似，不易区分。根据该矿瓦斯传感器校验要求，调校气样瓦斯浓度为 2% 左右；由于监测系统数据采集周期等原因，瓦斯浓度采样值也在 1.98% 到 2.02% 之间波动。而显著突变的时间序列波形振幅变化较大。为提高识别效果，算法增加了峰值属性 c_f 作为区分瓦斯效验和显著突变两类报警原因的度量参数，比较符合该矿实际。

（2）数据采样周期对识别效果的影响

实验过程中也发现，时序数据采样频率对分段形态度量分析的准确性存在一定的影响。显然，采样数据时间分辨率越高，越有利于计算 b 值和 σ 值，波形拟合值越符合实际情况，二者作为依据识别超限原因也越准确。但是，监测系统网络数据负载和数据处理等开销势必成倍增长。根据本研究瓦斯报警时间序列的定义，采样周期过长，数据的缺失，往往造成瓦斯异常波动的起始时刻提前，报警时刻前瓦斯浓度上升速度 k_0 值减小，从而影响异常识别效果。本研究样本数据统计分析表明，利用报警时刻前后 12 s 左右的时序数据计算 k_0、k_1 值，区分瓦斯校验、显著突变、炮后瓦斯、突出警报等四种超限报警原因效果比较理想。如果采样周期减小，采样数据时间分辨率增加，则应根据实际情况确定应用 k 值还是 b 值作为报警时刻前后时间序列形态度量参数。

（3）地质采矿条件对超限事件原因分布影响

与低瓦斯矿井相比，高瓦斯矿井的各种原因引起的瓦斯超限情况表现得更为频繁、更为明显，对于开展瓦斯异常识别课题研究，数据样本采集易于获取。但是，由此也带来了瓦斯超限原因统计分布发生较大变化。本研究数据样本来自山西阳煤集团某高瓦斯矿井，煤的变质程度较高，为优质无烟煤，煤体结构破坏不大，透气性较差，使煤层瓦斯得以较好地保存。因此，掘进工作面爆破和回采面综合机械化采煤等开采作业活动，经常造成瓦斯涌（喷）出，工作面巷道空间瓦斯浓度升高，引起瓦斯超限报警。本研究数据样本中，炮后瓦斯和落煤瓦斯两种瓦斯超限报警事件合计占样本总数的 59%，具体统计分布如图 8-7 所示。而对于低瓦斯矿井,显然,这两类原因造成的超限事件要大大下降。

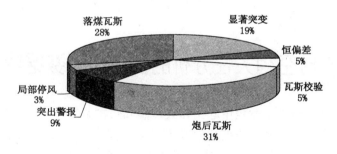

图 8-7　瓦斯超限报警原因统计分布

（4）识别方法的适用性

无论是瓦斯爆炸（燃烧）还是瓦斯窒息,都是在井下空间瓦斯浓度达到一定水平之后发生的,与矿井的瓦斯等级划分没有因果关系。《煤矿安全规程》对井下空间瓦斯浓度报警值、断电与复电值都有统一规定,只是在不同空间区域有不同要求。因此,本章提出的瓦斯超限原因识别方法具有普遍适用性。

但是,由于高瓦斯矿井的煤体瓦斯含量客观上高于低瓦斯矿井,炮后瓦斯、局部停风、落煤瓦斯等波动幅度也明显大于低瓦斯矿井,报警时间序列形态度量参数 k、b 和 σ 值的绝对值通常都高于低瓦斯矿井。有的煤矿,为了避免发生瓦斯浓度超限事故,自行设定低于 1% 的报警值,从而为提前发现环境异常及时采取措施进行控制赢得时间,也会出现类似情况。因此,应用本章所提出的瓦斯超限报警识别方法时,要按照本研究方法对形态参数进行实际度量分析和调整。

8.7　本章小结

① 结合运用时间序列聚类和形态特征度量的有关理论技术,对煤矿采掘工作面瓦斯超限报警信号性质进行自动辨识,可以帮助安全监控人员及时感知分析井下作业环境及变化原因,有效防止因误报而引起紧张混乱或者确有险情却未能及时掌握的情况。

② 时序数据采样频率非常重要。利用报警时刻前后 12 s 左右的时序数据计算 k_0、k_1 值,可以快速辨识瓦斯校验、显著突变、炮后瓦斯、突出警报等四种报警信号性质。采样频率越高,有利于计算 b 值和 σ 值,其作为依据判断超限性质也越准确。

③ 基于单一监测点时序数据基础上的"恒偏差"与"落煤瓦斯"的自动辨识尤其是二者复合引起的瓦斯超限报警信号辨识相对困难。

需要特别指出的是,由于不同矿井的瓦斯地质和开采工艺存在差异,数据采样周期有大有小,在实际应用中,需要先结合自身的瓦斯监测历史数据库对工作面 GWTS 进行基于DTW 距离的聚类分析,获得模式分类,然后用分段形态度量方法提取有关特征参数,最后再应用本研究基于分段形态度量的瓦斯报警信号辨识算法进行实时快速辨识。

第9章 基于时空相关性分析的瓦斯监测数据异常识别

传感数据已成为各级安全监控中心工作人员感知煤矿井下作业环境的实时依据。瓦斯监测传感数据的异常波动尤其是浓度超限成为安全监控关注的重点,监控人员需要及时弄清引发异常波动的原因。但是,由于瓦斯传感器本身的可靠性问题,甚至一些人为干扰造成瓦斯传感数据不真实,安全监控报警系统误报、漏报现象时有发生,系统安全监控效能没有得到正常发挥,一些真正的危险事态不能得到及时正确处置,从而酿成重特大瓦斯事故。以上问题的发生,充分说明了目前瓦斯安全监测监控系统数据综合分析处理能力尤其是异常辨识能力还有待进一步提高。

第8章提出了基于分段形态度量的瓦斯报警信号快速辨识算法,有效区分了瓦斯超限报警原因。但是该方法也存在严重缺陷:对落煤瓦斯、恒偏差故障识别效果不高,尤其是人为封堵瓦斯探头等不安全行为引发的瓦斯异常几乎没有识别能力。本章基于顺风流方向巷道瓦斯运移存在的时空相关变化规律,按照国家安全生产监督总局发布的《煤矿安全监控系统及检测仪器使用管理规范》(AQ 1029—2007),研究了煤矿安全监控系统对井下瓦斯异常原因的分析识别问题,以期弥补基于单一监测点时间序列相似性度量方法的不足。

9.1 瓦斯传感数据异常原因分类

在海量煤矿瓦斯监测信息历史数据库中,可以发现大量监测数据是相对平稳的。引人关注的部分是幅度较大的异常波动,其波动原因主要来自5个方面8种类型:

① 正常作业,包括爆破后瓦斯涌出、瓦斯探头校验、落煤瓦斯等;

② 煤与瓦斯突出;

③ 送风筒断裂、局部通风机故障等造成的局部停风;

④ 瓦斯探头故障,包括显著突变、恒偏差等;

⑤ 人的不安全行为,包括改变瓦斯传感器安放位置或封堵瓦斯探头。

其中,炮后瓦斯、瓦斯探头校验、瓦斯突出、局部停风、显著突变等异常波动时间序列波形特征明显,依据工作面单个测点数据就可以辨识,具体方法见第四章;而落煤瓦斯、恒偏差故障以及人为封堵瓦斯探头等不安全行为引发的瓦斯异常仅通过上隅角或工作面的单个测点数据却难以识别。尤其是类似落煤瓦斯与恒偏差故障等叠加后的异常波动,其形态特征并不明显,典型波形如图8-5(f)所示。通过对单个传感数据运用形态度量方法自动分析工作面环境状态比较困难。采用分批估计理论[55,80]对数据进行融合处理,理论上固然可以获得较为准确的测量结果,提高数据可信度,但成本高、维护工作量大。根据瓦斯运移原理,可以联合顺风流方向布设的另一个瓦斯传感器监测数据进行综合分析判断。

9.2　瓦斯异常传感数据时空相关分析

9.2.1　瓦斯运移时空相关变化定性分析

按照煤矿安全规范[2]，典型的回采工作面 U 形通风方式，甲烷传感器布设方式如图 9-1 所示。尽管采空区瓦斯流动非常复杂[81,82]，但受通风因素影响，当工作面瓦斯涌出量上升时，宏观上顺风流布设的瓦斯传感器监测数据会相继升高，即存在正相关关系。尤其是发生煤与瓦斯突出、煤体垮落等情况，瓦斯涌出量突然增大时，表现更加明显。具体延迟多长时间瓦斯流前锋的波动才能到达各监测点，主要取决于相邻两个传感器的间隔距离和风流速度、瓦斯涌出强度等因素。如图 9-1 所示，工作面发生瓦斯突出或煤体垮落后，T_0、T_1 瓦斯监测数据相继陡升，经过时间 τ 后，传感器 T_2 采样值开始升高。由于瓦斯气体分子扩散和风流作用，瓦斯气流在巷道空间传播存在被稀释过程，因此，T_2 波动幅度通常小于 T_1。文献[83]的研究也证明了这一现象。

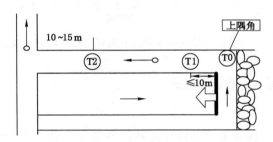

图 9-1　U 形通风方式甲烷传感器布设

同样，掘进工作面也存在类似相关规律，图 9-2 为山西某矿井掘进工作面 2010 年一次煤与瓦斯突出后煤头和盲回两处瓦斯传感器采样值发生的相关波动情况。突出发生后，由于煤层中原来处于游离态的瓦斯和邻近层渗流瓦斯突然大量涌出，加上突出煤体中原来处于吸附状态的瓦斯迅速解吸，瓦斯浓度突然升高，煤头瓦斯传感器于 1:34:14 发生超限报警，随后浓度值继续上升。由于游离态瓦斯涌出量急剧减少，突出煤体瓦斯解吸速度衰减，

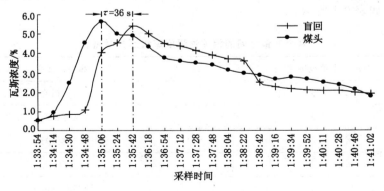

图 9-2　瓦斯突出后顺风流方向瓦斯浓度时空相关变化

尤其是风流对瓦斯气团的运移作用,煤头瓦斯浓度采样值在 1:35:06 达到峰值后开始下降。盲回瓦斯传感器于 1:34:48 超限报警,随后传感数值继续上升,在 1:35:42 达到峰值后以几乎与煤头瓦斯浓度传感数值同等速率下降。此后,煤头瓦斯主要来自突出煤体解吸瓦斯释放,绝对瓦斯涌出量大为减少,经过风流稀释后,巷道中盲回处瓦斯浓度采样值略低于煤头处的浓度采样值,但变化趋势基本一致。

图 9-3 为该矿某掘进面一次局部停风后煤头和盲回两处瓦斯采样值发生的相关波动情况。

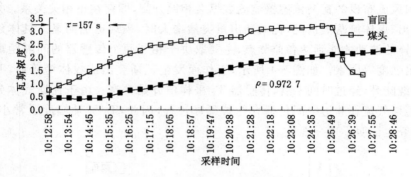

图 9-3　局部停风后顺风流方向巷道瓦斯浓度时空相关变化

9.2.2　瓦斯浓度时空相关变化定量分析

9.2.2.1　相关系数 ρ_{xy}

为定量分析顺风流方向巷道中的两处瓦斯传感器瓦斯浓度采样值由于时空变化存在的相关性,文献[84]为我们提供了度量方法。设有一个二维随机变量 (x, y),则随机变量 x 和 y 的相关系数计算公式为:

$$\rho_{xy} = \frac{\text{Cov}(x, y)}{\sqrt{D(x)}\sqrt{D(y)}} \tag{9-1}$$

式中,$\text{Cov}(x, y) = E\{[x - E(x)][y - E(y)]\}$ 称为随机变量 x 和 y 的协方差;$D(x) = \text{Cov}(x, x)$ 为变量 x 的方差。系数 ρ_{xy} 是一个无量纲的量,介于 $-1 \sim +1$ 之间,用来表征 x 和 y 之间线性关系的紧密程度。通常,两个变量之间的相关性强度等级划分与 $|\rho_{xy}|$ 取值范围的对应关系如表 9-1 所示。

表 9-1　　　　　　　　两个变量之间的相关性强度等级划分对照表

$|\rho_{xy}|$ 取值范围	相关性强度
1.0~0.9	高度相关
0.7~0.9	显著相关
0.5~0.7	中度相关
0.3~0.5	低度相关
0.0~0.3	极弱或不相关

以图 9-2 为例,取煤头自 1:34:14 开始的瓦斯浓度序列 $x=\{0.97,2.50,4.55,5.65,$ $5.00,4.91,4.35,3.79,3.6,3.5,3.40,3.15,3.00,2.90,2.70,2.80,2.70,2.51,2.40\}$,取盲回自 1:34:48 开始的瓦斯浓度序列 $y=\{1.10,4.05,4.55,5.40,5.00,4.50,4.39,4.15,3.$ $91,3.7,3.60,2.51,2.30,2.20,2.12,2.10,2.08,1.98,1.92\}$,计算可得,$\rho_{xy}=0.8973$,即该掘进工作面的煤头和盲回两处瓦斯浓度采样值在这次突出事件中具有高度相关性。

9.2.2.2　异步相关最优滞后步长 τ

由于瓦斯气流通过分布于巷道空间不同位置的瓦斯传感器存在先后次序,因此 x 和 y 的相关性分析必须考虑时间耦合问题,即延迟时间 τ,文献[85]称之为异步相关最优滞后步长。τ 值的确定是目前相关分析的一大难点,过小或过大都会导致相关性判断错误。

例如,图 9-3 中如果忽略异步相关滞后步长,即 $\tau=0$ 时,x 和 y 取同步采样值进行相关性计算,$y=\{0.75,0.85,1.10,4.05,\cdots,2.08\}$,则 $\rho_{xy}=0.6789$,相关性减弱,变成中度相关;反之,如果 $\tau=88$ s 时,即 y 从 1:35:42 开始取值,其序列为 $\{5.40,5.00,4.50,\cdots,$ $1.92\}$,则 $\rho_{xy}=0.1427$,随机变量 x 和 y 不相关。

显然在风速稳定的情况下,τ 值的大小与传感器间距 L 成正比,即 $L\rightarrow\infty$ 时,$\tau\rightarrow\infty$。文献[86]提供了公式(9-2)作为计算在长巷道中瓦斯流动时间 T 与观测距离 L 之间的函数关系。

$$L=\frac{Q_0-(Q_0+60U\cdot A)C_1}{A(C-C_i)}T \tag{9-2}$$

式中,A 为巷道平均断面积,m^2;L 为顺风流中两个瓦斯传感器的距离,m;U 为风流速度,m/s;Q_0 为瓦斯涌出强度,m^3/min;并设强度稳定,C_i 为该区域初始瓦斯体积分数,C_1 为风流经过该区域后的瓦斯体积分数,C 为监控区域瓦斯体积分数。对于该公式作以下变换,C_i 用 C_0 表示,C 为监测点瓦斯报警浓度,C_1 按报警浓度 C 与初始瓦斯体积分数 C_0 的平均值估算。于是可用公式(9-3)近似计算异步相关最优滞后步长 τ 值,即:

$$\tau=\frac{60A(C-C_0)}{Q_0-(Q_0+60V\cdot A)(C+C_0)/2}L \tag{9-3}$$

例如假设巷道断面为 2 m×3 m 的矩形,风速为 1 m/s,Q_0 为 5 m^3/min,瓦斯初始浓度 C_0 为 0.3%,报警浓度 C 为 0.8%,两传感器间距 L 为 260 m,则 τ 值约为 150 s,即滞后 2 分 30 秒。

9.2.2.3　瓦斯体积分数的预测与反演估算

目前文献可见的预测模型有很多种,常见的有多元回归、非线性回归、移动平均法、指数平滑法、趋势分析、AR 模型、MA 模型、ARMA 模型、ARIMA 模型、ARIMAZ 模型、TAR 模型、GM(1,1) 模型、GM 残差模型、灰色序列预测、拓扑预测、线性网络预测、BP 网络预测、Hopfield 网络、模糊神经网络、Lyapunov 指数预测、非线性规划模型、权重综合、区域综合、最优加权模型、正权组合方法、方差倒数加权法、马尔可夫预测、遗传预测、分形预测等。任何预测模型都有它自身的优缺点。至今,还没有一种既有极高的预测精度,又适用于任何现实问题(研究对象)的预测模型。因此,预测学家或者对某一特定问题进行深入研究,从而寻找预测精度高的预测方法;或者研究预测方法、预测模型本身,对预测模型的适用范围(适用条件)和预测精度进行研究。

井下瓦斯气体运移与浓度值动态演化分布预测极其复杂,众多学者为此展开了各种理论探索[80-82,87-91]。然而预测精度的提高必然以付出各种代价为前提。基于流量守恒原理,参考文献[89]计算方法,瓦斯涌出源稳定的情况下,监控区域瓦斯平均体积分数 C 的变化满足公式(9-4),即:

$$C = \frac{A \cdot L \cdot C_i + Q_0 \cdot \tau - (Q_0 \cdot \tau + 60U \cdot A \cdot \tau)C_1}{A \cdot L} \tag{9-4}$$

式中有关变量含义同公式(9-2)说明。将式中 C_i 用 C_0 表示,C_1 按报警浓度 C 与初始瓦斯体积分数 C_0 的平均值估算。这样下风侧瓦斯体积分数 C' 随 τ 值的变化可用公式(9-5)估算,即:

$$C' = C_0 + \frac{Q_0 - (Q_0 + 60U \cdot A)(C_0 + C)/2}{A \cdot L} \tau \tag{9-5}$$

反之,如果下风侧瓦斯浓度达到超限报警水平,则 C' 即为报警值,时间 τ 之前上风侧瓦斯体积分数 C 可用公式(9-6)反推,即:

$$C = \frac{2[Q_0 \cdot \tau - (C' - C_0)A \cdot L]}{(Q_0 + 60U \cdot A)\tau} - C_0 \tag{9-6}$$

9.2.3 工作面瓦斯危险时空相关性强度分析

根据以上相关性度量分析方法,取山西某矿各采掘工作面 2009 年 150 组瓦斯报警时刻顺风流中相关联的传感器数据序列进行时空相关分析计算,获得了 8 种原因造成的瓦斯超限报警时的传感数据相关性强度,如表 9-2 所示。可见,相关性系数随瓦斯涌出强度和绝对瓦斯涌出量、两个传感器之间的距离不同而在一定范围内波动。显著突变、瓦斯校验和人为传感器失效等造成的瓦斯数据异常,其相关性系数一般小于 0.27。

表 9-2　　　　　　　　　8 类瓦斯监测数据异常时空相关性强度分析

报警类型	ρ_{xy} 值	相关性强度
显著突变	0~0.3	不相关
瓦斯校验	0~0.3	不相关
恒偏差	0.45~0.85	低度相关以上
局部停风	0.7~0.98	显著相关以上
炮后瓦斯	0.6~0.97	中度相关以上
突出警报	0.85~0.98	高度相关
落煤瓦斯	0.45~0.85	低度相关以上
传感器失效	0~0.3	不相关

9.3　基于层次编码法的瓦斯传感器编码规则

在管理与控制信息系统中,科学的编码方法对于有针对性地快速查询分析各类事物的具体情况非常重要。按照煤矿安全规范[2],井下采掘工作面甲烷传感器设置地点与编号本身就存在空间对应关系。但是在煤矿瓦斯安全监控系统推广使用过程中,用户对工作面各监测点甲烷传感器设置的编号存在随意现象,这些编号未能表达工作面各甲烷传感器之间客观存在的空间拓扑关系,从而给系统自动进行时空相关性查询分析造成不便。因此,本节提出基于层次编码法的瓦斯传感器编码规则用来承载和传递甲烷传感器的空间位置信息。

9.3.1　层次编码法

层次编码法(hierarchical code method,HCM),是以分类对象的从属和层次关系为排列顺序而编制代码的一种方法[92,93],代码结构有严格的隶属关系。这种方法常用于线性分类体系,编码时将代码分成若干层级,并与分类对象的分类层级相对应。代码自左至右表示层级由高至低,代码左端为最高位层级代码,右端为最低位层级代码,各层级的代码常采用顺序编码或系列顺序码。

9.3.2　瓦斯传感器编码规则

(1)工作面编码

鉴于煤矿建设与开采先后次序有其特殊性,故对工作面编码没有线性关系要求,仅作为唯一标识;考虑煤矿规模有大有小,采掘工作面数量有多有少,故设定 3 位从 001 开始的 10 进制数字编码,如:001,002,003,…,999。

(2)巷道编码

回采工作面比较复杂,包含的巷道类型至少有两种,如进风巷、回风巷,有的还包括排瓦斯巷、联络巷等;为每条巷道设定 2 位编码;第 1 位为大写英文字母,取巷道功能名称的汉语拼音首字母,如进风巷的编码第 1 位为 J,回风巷的编码第 1 位为 H,排瓦斯巷的编码第 1 位为 P,联络巷的编码第 1 位为 L,…;第 2 位编码为数字 1 到 9 这 9 个阿拉伯数字之一,按同类巷道瓦斯危险程度从高到低依次编号为从 1,2,3,…,9。

(3)传感器编码

具体到每条巷道中的各瓦斯传感器编码,设定为两位从 01 开始的 10 进制数;按照风流流过的先后次序依次编号为 01,02,03,…,09,10,11,…,99。

如此,煤矿瓦斯安全监测系统瓦斯传感器编码共 7 位,最左面为工作面的 3 位数字编码,然后是由字母与数字合成的巷道 2 位编码,最后是传感器的 2 位数字编码,具体编码规则如表 9-3 所示。

表 9-3　　　　　　　　　基于层次编码法的瓦斯传感器编码规则

层　次	名　称	位　数	类　型	举　例	要　求
第一层次	工作面	3	数字	001,002,003,…	无特殊要求
第二层次	巷道	2	字母与数字组合	H1,H2,… J1,J2,… P1,P2,… L1,L2,…	按巷道功能分类名拼音首字母获得第 1 位,第 2 位数字按监测重点排序
第三层次	传感器	2	数字	01,02,03,…	从瓦斯涌出点开始沿顺风流方向依次编码

例如,对于某个编号为 002 的如图 9-1 所示的采用 U 形通风方式的非长壁式采煤工作面,只有一条回风巷道,则将该工作面上隅角、工作面、回风巷三处悬挂的甲烷传感器依次编号为 002H101、002H102、002H103。对长度大于 1 000 m 的采煤工作面,回风巷中应增设甲烷传感器。增设后的回风巷中所有甲烷传感器编号应按照表 9-3 重新设置。

对于 H 形通风方式的采煤工作面有两条回风巷道,则会产生两组相关联的甲烷传感器编号,编号分别为{XXXH101,XXXH102}和{XXXH201,XXXH202},如图 9-4 所示。

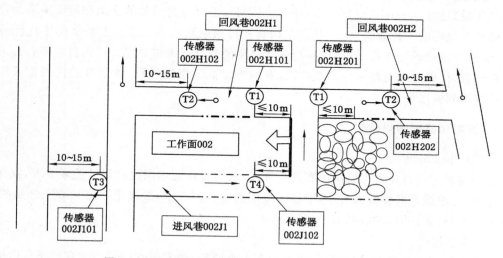

图 9-4　H 形通风方式采煤工作面甲烷传感器布设与编码

按照以上规则,井下各工作面瓦斯涌出危险源都能获得一个或一个以上的甲烷传感器编号集合,每个集合都包含两个或两个以上具有时空相关特性的甲烷传感器编号,如{002H101,002H102,002H103}。

9.4　基于时空相关性分析的瓦斯异常识别算法

鉴于基于单一监测点的瓦斯时间序列相似性度量方法在识别"落煤瓦斯"与"恒偏差故障"以及人为的不按规定使用造成传感器失去正常监测功能等异常情况存在困难,提出基于时空相关性原理的工作面瓦斯异常辨识方法,是对第 8 章所提方法的改进和完善。

当井下某工作面的一个甲烷传感器发出瓦斯超限报警信号后,首先按照第 8 章算法分析识别本次报警具体原因。如果是突出警报,则立即报告;如果是其他原因,则继续按图 9-5 所示的步骤[94]通过时空相关分析,进一步核实传感器报警原因并力图发现确认潜在的危险。

如果上风侧发生瓦斯超限报警,则注意对"落煤瓦斯"与"恒偏差"两种情况进行再确认。通过统计分析,排除估算误差,当 $C' = \overline{x} > 0.2$ 时,可确认上风侧发生了恒偏差故障,需要校验;如果下风侧瓦斯超限报警而上风侧瓦斯未出现超限情况,要注意分析上风侧传感器工作失效的情况。同样,当 $C' = \overline{y} > 0.2$ 时,可确认下风侧发生了恒偏差故障。

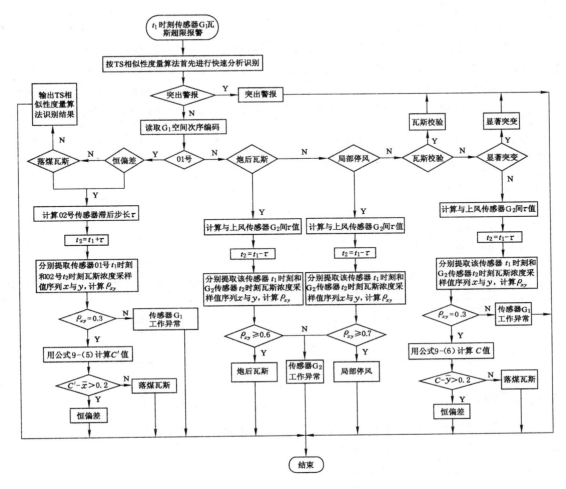

图 9-5　基于时空相关分析的工作面瓦斯异常识别算法

9.5　实验与分析

本实验主要目的在于检验时空相关性分析理论对工作面瓦斯数据异常原因的识别效果，分析其在煤矿瓦斯安全监测与异常识别应用中的可行性、适用性以及存在问题。

9.5.1　实验过程

基于 Windows XP 使用 VB. Net 2005 软件开发工具，对第 8 章实验所开发的基于时间序列相似性度量的瓦斯超限报警信号辨识系统进行了完善，实现了本章提出的基于时空相关性分析的瓦斯监测数据异常识别算法，并根据模拟实验需要，对数据接口部分做了局部修改。为利于比较分析，对第 8 章实验数据进行了补充，重点是从该矿 SQL Sever 2000 瓦斯监测数据库中分别查询第 8 章实验数据的 150 次瓦斯超限报警的该时刻同风流方向的相邻传感器的瓦斯监测时间序列以及风速 V 等参数。对同一组中的两个时间序列按照本章提出的瓦斯传感器层次编码方法进行了编号,确定产生两个序列的瓦斯传感器在风流中的相对位置,从而模拟识别过程中的环境条件。

实验结果(见表 9-4)表明,该方法明显提高了对落煤瓦斯、恒偏差故障尤其是人为传感器失效造成的瓦斯监测数据异常情况的区分能力,弥补了基于单一传感器瓦斯传感数据异常识别方法存在的缺陷,准确率提高 1%～3%。将恒偏差的识别率由原来的 66.7% 提高到 83.3%;采掘工作面人为瓦斯传感器失效导致监测数据异常的识别率由 0 提高到 100%。

表 9-4　　　　　　　　　瓦斯传感数据异常辨识实验结果

报警原因	报警次数	识别次数	识别率
显著突变	28	28	100%
恒偏差	6	5	83.3%
瓦斯校验	8	7	87.5%
炮后瓦斯	46	44	95.7%
突出警报	14	14	100%
局部停风	5	5	100%
人为失效	1	1	100%
落煤瓦斯	42	36	85.7%
总计	150	140	93.3%

9.5.2　实验分析

从地质采矿条件、传感器布设距离、监测数据采样周期等方面着重对识别方法的识别效果影响因素和普遍适用性进行了分析。

(1) 地质采矿条件对识别效果的影响

煤矿井下出现瓦斯气体涌出时,正常情况下顺风流方向布设的传感器采集的瓦斯气体浓度数据存在正相关特性。在两个传感器距离保持不变的前提下,相关性强度与该位置绝对瓦斯涌出量(m^3/min)成正比。因此,高瓦斯矿井在利用时空相关性分析方法识别瓦斯涌出异常存在优势,识别正确率高于低瓦斯矿井。表 9-2 的相关性系数值是基于高瓦斯矿井监测数据获得的,不同矿井安全监测系统进行实际应用时需要对这些参数进行确认和调整,以符合本矿实际。

(2) 传感器布设距离对识别效果的影响

顺风流方向相邻两个传感器之间的距离越近,时间序列相关性强度越大,即满足 $L \to 0$ 时,$\rho_{xy} \to 1$。相邻传感器距离越大,在风流作用下,涌出后的瓦斯气团被稀释越充分,相关性强度越低,越难以以相关性强度区分不同原因导致的瓦斯超限事件,识别效果下降。因此,利用相关性分析方法识别采掘工作面瓦斯异常,长巷道中应根据绝对瓦斯涌出量计算相邻瓦斯传感器之间的距离。显然,风量等条件一致的前提下,低瓦斯矿井巷道空间重点监测区域相邻瓦斯传感器之间的距离应小于高瓦斯矿井。

(3) 数据采样周期对识别效果的影响

相关系数 ρ_{xy} 计算结果与异步相关滞后步长 τ 值估算的准确性存在密切联系。在 τ 值的准确性一致的前提下,瓦斯监测数据采样周期越短,所截取的相邻传感器瓦斯监测时间序列越容易满足 τ 值的要求,ρ_{xy} 也越能反映瓦斯超限的原因。反之,采样周期延长,特征数据缺失,相关系数的准确性降低,识别效果下降。此外,参与相关性分析的两个瓦斯传感器的监测数据采样周期的一致性,也会影响识别效果。采样周期的一致性越强,识别效果越好。

(4)阈值设定对恒偏差故障识别的影响

恒偏差故障发生时,相邻两传感器采样值之间仍然存在一定的相关性。但是该故障传感器的采样值序列明显不符合瓦斯运移规律,其均值 $\bar{x}$ 与估算值 C' 之间存在明显偏差。判定该故障发生的偏差阈值随矿井瓦斯地质情况变化而不同。低瓦斯矿井的阈值应高于高瓦斯矿井。应用本方法时,应根据本矿正常实施开采作业时的瓦斯浓度水平对偏差阈值进行适当调整。本研究监测对象为高瓦斯矿井,设置阈值为 0.2。

9.6 　本章小结

本章引入相关性分析理论,对基于单一监测点瓦斯传感数据异常识别方法存在的问题进行了深入研究,找到了基于时空相关性分析的瓦斯监测数据异常识别方法。相关的研究成果和待解决存在问题如下:

① 进一步总结分析了瓦斯监测数据超限异常的类型,注意到人为导致的瓦斯传感器失效等监测数据异常情况的识别问题,提出了应用时空相关性分析方法来解决类似问题。

② 对煤矿井下巷道空间瓦斯超限报警时段顺风流方向瓦斯运移存在的时空相关性进行了定性和定量分析。确定了相关系数计算过程中涉及的异步相关最优滞后步长的计算方法和瓦斯气体涌出后在回风巷道中体积分数随时空变化的预测和反演公式。

③ 提出了基于时空相关分析的工作面瓦斯监测数据异常识别算法;为提高相关分析效率,提出了能表达空间拓扑信息的井下瓦斯传感器层次编码方法。

④ 最后进行的实验验证。结果表明,基于时空相关性分析的瓦斯异常识别方法有效弥补了基于单一传感器瓦斯监测数据异常识别方法存在的缺陷,提高了采掘工作面瓦斯监测数据异常原因的识别效果。同时,从地质采矿条件、传感器布设距离、监测数据采样周期等方面对本方法的识别效果影响因素和普遍适用性进行了分析。

本章研究发现,利用目前煤矿瓦斯安全监测系统开展相关性分析,要提高监测数据分析能力,还需要加强对监测系统的数据采样周期的研究,对监测数据库的设计进行完善,尤其是一些采掘现场的相关数据资料要能通过数据库实现快速查询和更新管理。

第10章 瓦斯监测知识发现及知识库系统设计

无论是瓦斯超限原因识别,还是煤与瓦斯突出预测,在决策级融合阶段都属于诊断范畴。基于专家系统进行推理决策,输出诊断结果,更加科学合理。足够的专家知识和科学的应用方法是煤矿瓦斯监测多传感器信息融合系统决策融合成功的关键之一。因此,本章对瓦斯监测知识发现和专家知识库系统设计进行了深入研究。10.1节从瓦斯监测数据特征、瓦斯监测数据挖掘对象和相应的数据挖掘算法这3个方面研究了瓦斯监测数据挖掘方法;10.2节重点研究了瓦斯报警时间序列聚类分析和知识提取方法;10.3节针对瓦斯监测多传感器信息融合需要专家知识进行推理决策的问题,研究了瓦斯监测知识库系统设计,包括知识表示、数据结构、组织存储和学习算法等;10.4节通过工作面瓦斯传感数据超限原因识别的一个实例介绍了如何应用知识库中的知识进行推理应用;10.5节对本章内容做了总结。

10.1 瓦斯监测数据挖掘方法

众多研究和观测表明[10],人们对煤矿工作面瓦斯监测数据挖掘分析具有浓厚兴趣,特别希望能找到一种有效方法利用日积月累的瓦斯监测数据实现煤与瓦斯突出危险动态预测。针对不同需求,选择合适的瓦斯数据集,总能找到比较合适的数据挖掘方法,取得比较理想的挖掘效果,最终获得可用于辅助煤矿安全生产监控与决策的具有规律性的知识。

10.1.1 瓦斯监测数据特征分析

采用什么样的数据挖掘方法效果好,与待挖掘数据本身的特征是密切相关的。煤矿瓦斯传感监测数据是一种典型的时间序列数据。通常,时序数据采样周期越长,分辨率越低,信息损失量也越大,分析结果偏向宏观趋势,而各类短期数据异常及其发生原因则不易发现。基于不同理念研究开发的安全监测系统,瓦斯数据采集和处理方法存在差别,数据库中存储的瓦斯浓度时间序列数据的属性、采样周期也是多种多样的。

近年来,随着信息科学技术的迅猛发展,煤炭行业的信息化建设要求和建设水平的不断提升,为煤矿安全生产提供服务的国内各主要科研院所和公司陆续推出的 KJ 系列煤矿安全监控系统有 20 多种型号。像 KJ66、KJ80、KJ83、KJ90、KJ91 等监控系统,为减少网络流量和系统负担,提高数据存储效率,采用的是变值变态的数据记录方法,没有固定采样周期。大多数监控系统同时存储有两类格式的监测数据,如图 10-1 所示。

10.1.1.1 原始数据

没有经过统计加工,数据序列时间间隔长短不一(从几秒到几分钟都有),存在浓度数值空缺以及噪声干扰等复杂特征。同样长度的时间段内,数据个数没有规律。这类数据也被称为不规则时间序列[95]。其在 SQL Server 2000 中的存放格式如图 10-2 所示。

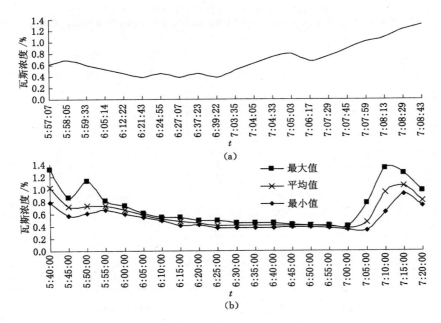

图 10-1　两种存储格式的瓦斯浓度监测时间序列数据

(a) 无固定采样周期；(b) 固定采样周期

查询 — PC20111016140FR.kj2006.PC20111016140FR\Administrator — 无标题1*

select * from run20100103 where point like '013A01'

	id	point	address	lx	l	dw	sxdd	xxdd	sxbj	x	sxyj	x s x o t	three	realdata	flag	sj	ste
36	3753	013A01	W芦北东四煤头...	...	...	...	1.3	0...	0.8	..	0.8	......	瓦斯	0.59	16	2010-01-03 05:28:50.000	NUL
37	4147	013A01	W芦北东四煤头...	...	...	...	1.3	0...	0.8	..	0.8	......	瓦斯	0.66	16	2010-01-03 06:31:17.000	NUL
38	4158	013A01	W芦北东四煤头...	...	...	...	1.3	0...	0.8	..	0.8	......	瓦斯	0.59	16	2010-01-03 06:31:55.000	NUL
39	4193	013A01	W芦北东四煤头...	...	...	...	1.3	0...	0.8	..	0.8	......	瓦斯	0.51	16	2010-01-03 06:35:31.000	NUL
40	4235	013A01	W芦北东四煤头...	...	...	...	1.3	0...	0.8	..	0.8	......	瓦斯	0.58	16	2010-01-03 06:42:05.000	NUL
41	4260	013A01	W芦北东四煤头...	...	...	...	1.3	0...	0.8	..	0.8	......	瓦斯	0.50	16	2010-01-03 06:45:07.000	NUL
42	4268	013A01	W芦北东四煤头...	...	...	...	1.3	0...	0.8	..	0.8	......	瓦斯	0.62	16	2010-01-03 06:46:19.000	NUL
43	4278	013A01	W芦北东四煤头...	...	...	...	1.3	0...	0.8	..	0.8	......	瓦斯	0.70	16	2010-01-03 06:47:29.000	NUL
44	4297	013A01	W芦北东四煤头...	...	...	...	1.3	0...	0.8	..	0.8	......	瓦斯	0.62	16	2010-01-03 06:49:17.000	NUL
45	4305	013A01	W芦北东四煤头...	...	...	...	1.3	0...	0.8	..	0.8	......	瓦斯	0.55	16	2010-01-03 06:49:55.000	NUL
46	4325	013A01	W芦北东四煤头...	...	...	...	1.3	0...	0.8	..	0.8	......	瓦斯	0.63	16	2010-01-03 06:52:19.000	NUL
47	4360	013A01	W芦北东四煤头...	...	...	...	1.3	0...	0.8	..	0.8	......	瓦斯	0.56	16	2010-01-03 06:55:55.000	NUL
48	4366	013A01	W芦北东四煤头...	...	...	...	1.3	0...	0.8	..	0.8	......	瓦斯	0.47	16	2010-01-03 06:57:07.000	NUL
49	4373	013A01	W芦北东四煤头...	...	...	...	1.3	0...	0.8	..	0.8	......	瓦斯	0.38	16	2010-01-03 06:57:43.000	NUL
50	5409	013A01	W芦北东四煤头...	...	...	...	1.3	0...	0.8	..	0.8	......	瓦斯	0.37	16	2010-01-03 08:14:28.000	NUL
51	6686	013A01	W芦北东四煤头...	...	...	...	1.3	0...	0.8	..	0.8	......	瓦斯	0.47	16	2010-01-03 09:40:29.000	NUL
52	6691	013A01	W芦北东四煤头...	...	...	...	1.3	0...	0.8	..	0.8	......	瓦斯	0.56	16	2010-01-03 09:41:07.000	NUL
53	6698	013A01	W芦北东四煤头...	...	...	...	1.3	0...	0.8	..	0.8	......	瓦斯	0.44	16	2010-01-03 09:41:43.000	NUL
54	6709	013A01	W芦北东四煤头...	...	...	...	1.3	0...	0.8	..	0.8	......	瓦斯	0.37	16	2010-01-03 09:42:17.000	NUL
55	8403	013A01	W芦北东四煤头...	...	...	...	1.3	0...	0.8	..	0.8	......	瓦斯	0.37	16	2010-01-03 11:14:29.000	NUL
56	8655	013A01	W芦北东四煤头...	...	...	...	1.3	0...	0.8	..	0.8	......	瓦斯		13	2010-01-03 11:43:44.000	NUL
57	8785	013A01	W芦北东四煤头...	...	...	...	1.3	0...	0.8	..	0.8	......	瓦斯	0.37	16	2010-01-03 11:58:32.000	NUL
58	8888	013A01	W芦北东四煤头...	...	...	...	1.3	0...	0.8	..	0.8	......	瓦斯		13	2010-01-03 12:11:56.000	NUL

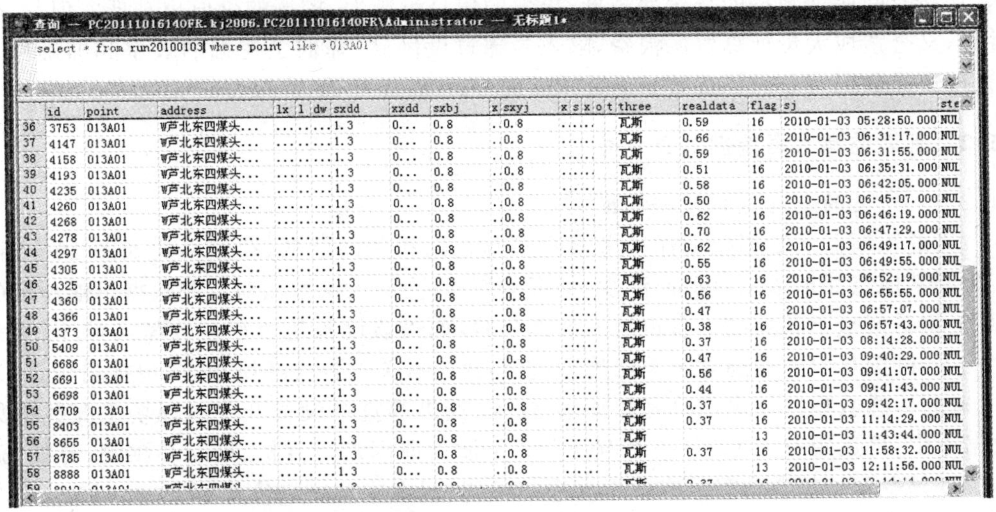

图 10-2　瓦斯浓度监测原始时间序列数据存储格式

10.1.1.2　统计加工后数据

如 5 min 监测的数据，是经过简单统计计算，记录每个监测点每 5 min 瓦斯浓度数据的 1 个最大值、1 个最小值、1 个平均值及各自对应的时刻，每天 288 组。其在 SQL Server 2000 中的存放格式如图 10-3 所示。文献[76]采用的是采样周期为 1 h 的瓦斯监测数据。对具有固定采样周期的规则时间序列，便于采用有关数据变换方法进行相似性分析、序列模式分析和发展趋势分析等。

基于DTW的瓦斯报警时间序列聚类分析

基于动态时间弯曲距离的GWTS度量

编号	编号1	编号2	编号3	编号4	编号5	编号6	编号7	编号8	编号9	编号10	编号11	编号12
1	0	18.17	17.22	19.8	14.81	12.95	94.22	10.55	6.9	14.2	19.29	21.91
2	18.17	0	33.29	29.92	32.49	28.89	21.12	28.07	13.81	33.87	32.37	27.84
3	17.22	33.29	0	21.03	2.17	2.79	149.77	3.55	21.6	2.2	6.59	40.52
4	19.8	29.92	21.03	0	15.83	18.07	95.63	14.69	22.24	20.21	16.57	14.39
5	14.81	32.49	2.17	15.83	0	3.07	149.49	2.84	21.01	2.21	5.52	37.53
6	12.95	28.89	2.79	18.07	3.07	0	129.93	2.18	15.98	4.14	6.47	33.6
7	94.22	21.12	149.77	95.63	149.49	129.93	0	129.63	55.19	157.42	136.86	61.35
8	10.55	28.07	3.55	14.69	2.84	2.18	129.63	0	15.7	4.17	5.87	31.55
9	6.9	13.81	21.6	22.24	21.01	15.98	55.19	15.7	0	22.42	20.36	12.25
10	14.2	33.87	2.2	20.21	2.21	4.14	157.42	4.17	22.42	0	6.19	40.71
11	19.29	32.37	6.59	16.57	5.52	6.47	136.86	5.87	20.36	6.19	0	33.5
12	21.91	27.84	40.52	14.39	37.53	33.6	61.35	31.55	12.25	40.71	33.5	0
13	26.15	11.65	37.14	32.41	37.33	29.5	22.93	30.15	12.59	40.73	34.64	21.29
14	96.68	50.76	121.09	62.75	113.45	108.78	72.07	104.27	81.22	123.6	103.54	62.73
15	7.46	25.38	4.64	15.85	4.05	3.71	130.37	3.26	13.92	4.14	6.38	32
16	28.54	54.69	22.45	37.23	15.44	22.93	230.05	20.91	45.66	14.98	23.66	63.03
17	28.59	55.2	22.99	38.54	15.97	23.16	231.97	21.45	45.55	15.34	24.72	64.05
18	29.31	54.51	22.42	34.87	15.54	22.64	226.18	21.03	45.91	15.3	22.09	60.56
19	29.2	59.56	29.99	46.19	22.08	29.47	251.68	26.83	46.9	18.87	35.07	72.22
20	29.78	60.29	31.06	46.54	22.67	30.54	253.64	27.56	47.67	19.51	36.35	73.06
21	24.27	52.85	35.09	17.09	24.27	32.91	197.47	26.3	38.93	21.01	28.42	39.98
22	27.67	56.25	24.74	41.86	17.44	24.64	239.07	22.61	45	15.87	28.21	67.61
23	25.82	54.04	33.92	17.41	23.6	32.3	202.2	26.3	40.67	20.57	27.03	41.96
24	27.86	57.19	26.22	43.4	18.74	25.98	243.03	23.7	45.27	16.65	30.16	69.22
25	32.15	39.89	59.43	45.35	41.97	55.11	119.91	46.52	38.59	38.19	59.86	26.81
26	39.73	57.21	36.17	44.65	30.44	35.71	213.6	35	52.64	30.47	34.71	69.49
27	30.04	60.74	31.69	47.23	23.52	30.87	254.89	28.26	47.81	20.01	36.89	73.21
28	27.86	57.11	26.06	43.26	18.63	25.76	242.57	23.59	45.18	16.58	29.92	68.99
29	28.59	56.69	25	41	17.01	25.14	238.06	22.88	46.03	16.37	28.35	67.83
30	30.33	55.16	23.27	32.48	16.2	23.59	223.57	21.75	46.74	16.08	20.75	58.35
31	50.55	73.47	67.87	63.32	49.8	63.6	221.36	55.64	71.66	46	68.01	87.68
32	30.75	55.83	27.2	24.9	19.14	26.94	217.42	24.27	46.46	18.15	20.81	51.75
33	31.49	62.65	34.3	48.53	25.37	33.2	259.8	30.32	49.66	21.71	39.3	74.6
34	29.59	54.14	22.98	30.17	16.45	23.32	219.88	21.65	45.53	15.63	19.78	56.5
35	27.7	55.41	23.51	40.24	16.43	23.71	235.44	21.78	45.05	15.24	26.5	66.02
36	26.1	51.43	19.82	35.84	14.63	19.85	223.82	19.31	41.85	13.1	22.83	62.03

相似子序列及其距离

编号	相似序列编	MinDi
1	9	6.9
2	13	11.65
3	5	2.17
4	12	14.39
5	3	2.17
6	8	2.18
7	2	21.12
8	6	2.18
9	1	6.9
10	115	2.03
11	5	5.52
12	9	12.25
13	2	11.65
14	2	50.76
15	8	3.26
16	35	0.2
17	16	0.4
18	16	0.26
19	37	0.07
20	19	0.26
21	23	0.17
22	24	0.09
23	21	0.17
24	28	0.05
25	21	3.56
26	39	5.05
27	37	0.08
28	24	0.05
29	101	0.82
30	90	0.22
31	38	1.97
32	90	0.35
33	27	0.1
34	86	0.17
35	22	0.18
36	18	0.75

图 10-3　瓦斯浓度监测时间序列 5 min 数据存储格式

通过现场调研和有关文献研究发现，煤矿井下发生瓦斯异常变化从开始到结束持续时间长短不一。有的几分钟，有的几十分钟，有的约几个小时，有的达几个班次或数日之久。显然，瓦斯时间序列数据的分辨率越低，损失的信息量越大，挖掘的价值也越低。但是，分辨率过高，又会造成大量计算资源浪费，陷入局部过度敏感，降低了挖掘的效率和准确性。因此，合理选择数据对象对挖掘效果至关重要。

10.1.2　瓦斯监测数据挖掘对象分类

10.1.2.1　广义的瓦斯监测数据挖掘

广义的瓦斯监测数据挖掘往往考察众多与瓦斯相关的信息，存储格式如图 10-4 所示，如某时刻某地点瓦斯浓度、风量、温度、是否落煤等；为深入挖掘瓦斯监测数据可能蕴涵的规律，甚至将看似毫不相关的信息也纳入计算范畴，如机器设备是否存在故障或损坏、开采作业方式等，试图从中挖掘隐含的关联规则，将与瓦斯有关的各类环境参数，包括粉尘、CO、风量、风速的传感数据以及风门打开和关闭、综采、掘进等重要设备开停的现场工况数据集成于数据库中，再运用有关 KDD 技术对瓦斯异常波动原因进行分析、推断和预测，寻找“孤立点”或“奇异点”，希望获得隐藏在数据库中的模式、规则或发展趋势。

10.1.2.2　狭义的瓦斯监测数据挖掘

狭义的瓦斯监测数据挖掘就是针对煤矿井下瓦斯传感器采集的巷道空间中瓦斯浓度时间序列进行相似性度量分析。如果把井下采掘工作面的前方煤体看成一个灰色系统，而人们对该系统的发展变化趋势缺乏更为可靠的手段，只能通过观测和分析其唯一的、便于测量的输出信号——瓦斯浓度变化序列，在一定程度上了解该系统内部各因素（如煤体中应力、瓦斯压力以及煤体力学性质等）相互作用而产生的综合变化。人们期望通过数据挖掘技术能找到瓦斯监测数据中包含的可预测瓦斯危险的规律。狭义的瓦斯监测数据挖掘就是针对煤矿井下瓦斯传感器采集的巷道空间中瓦斯浓度时间序列进行相似性度量分析。

查询 — PC20111016140FR.kj2006.PC20111016140FK\Administrator — 无标题1*

select * from m20100103

	id point	address	l l dw	s x s x s x s x o t	three	maxz	avgz	minz	maxsj	minsj	sj
20	20 006A03	W7312回风	…%	……	瓦斯	0.42	0.42	0.42	42	42	2010-01-03 00:05:00.
21	21 006A06	W7312尾巷	…%		瓦斯	1.03	1.03	1.02	204	42	2010-01-03 00:05:00.
22	22 006A07	W7312落山	…%		瓦斯	0.4	0.40	0.4	42	42	2010-01-03 00:05:00.
23	23 006A08	W7312机尾	…%		瓦斯	0.43	0.42	0.42	242	42	2010-01-03 00:05:00.
24	24 015A01	W80102进风闭闭瓦斯	…%		瓦斯	0.29	0.29	0.28	111	51	2010-01-03 00:05:00.
25	25 015A02	Y80102回风闭墙一氧化碳	…PPm		一氧化碳	0	0.00	0	51	51	2010-01-03 00:05:00.
26	26 015A05	C80102进风闭墙温度	…℃		一氧化碳	14.44	14.32	14.31	403	51	2010-01-03 00:05:00.
27	27 015A06	Y80102进风闭墙一氧化碳	…PPm		一氧化碳	1.25	1.25	1.25	51	51	2010-01-03 00:05:00.
28	28 015A07	W80102回风闭墙瓦斯	…%		瓦斯	0.05	0.05	0.05	51	51	2010-01-03 00:05:00.
29	29 015A09	C80102进风闭闭温度	…℃		温度	17.63	17.63	17.63	51	51	2010-01-03 00:05:00.
30	30 015A10	C80102进风闭闭温度.	…℃		温度	17.63	17.63	17.63	51	51	2010-01-03 00:05:00.
31	31 015A11	w80103进风	…%		瓦斯	0.11	0.10	0.09	111	329	2010-01-03 00:05:00.
32	32 029A03	W80112机尾	…%		瓦斯	0.36	0.34	0.31	51	412	2010-01-03 00:05:00.
33	33 029A04	W80112回风	…%		瓦斯	0.56	0.54	0.5	51	439	2010-01-03 00:05:00.
34	34 029A05	W80112尾巷	…%		瓦斯	1.44	1.43	1.42	51	439	2010-01-03 00:05:00.
35	35 029A06	W80112尾巷混合	…%		瓦斯	0.14	0.13	0.13	222	51	2010-01-03 00:05:00.
36	36 029A07	W80112回风温度	…℃		温度	17.88	17.74	17.69	345	51	2010-01-03 00:05:00.
37	37 029A08	W80112回风CO	…PPm		一氧化碳	3.13	2.92	2.5	51	151	2010-01-03 00:05:00.
38	38 029A09	W80112落山	…%		瓦斯	0.27	0.26	0.25	318	151	2010-01-03 00:05:00.
39	39 029A10	W80112后溜	…%		瓦斯	0.13	0.12	0.11	345	439	2010-01-03 00:05:00.
40	40 029A13	W80112尾巷温度	…℃		温度	17.63	17.63	17.63	51	51	2010-01-03 00:05:00.
41	41 029A14	W80112尾巷CO	…PPm		一氧化碳	2.5	2.50	2.5	51	51	2010-01-03 00:05:00.
42	42 029A15	W80110进风闭墙处瓦斯	…%		瓦斯	0.32	0.31	0.29	151	412	2010-01-03 00:05:00.
43	43 029A16	W80110进风闭墙补一氧化碳	…PPm		一氧化碳	5	5.00	5	51	51	2010-01-03 00:05:00.

图 10-4　广义的瓦斯监测 5 min 数据存储格式

10.1.3　瓦斯监测数据挖掘算法

目前,数据挖掘的算法研究是信息科学领域的热点之一,各种算法如雨后春笋不断出现。但是,针对具有不同特征的数据集以及不同的挖掘目标,适合采用的数据挖掘方法也是不同的。根据挖掘数据对象的不同,煤矿瓦斯安全监测数据挖掘算法总体上也分为两大类,即横向的关联规则数据挖掘和纵向的时间序列数据挖掘。

10.1.3.1　瓦斯安全监测数据关联规则挖掘

无论是煤与瓦斯突出、瓦斯爆炸还是瓦斯中毒窒息事故,最终后果的造成往往与若干因素关联,甚至其中有一个条件不具备,灾害事故就不会发生。反之,一个条件具备了,在其他有关条件下就会产生各种可能的灾害性后果。目前已知会造成瓦斯灾害的各类事故因素众多,如:瓦斯浓度、CO 浓度、温度、煤尘、负压、湿度、风速与通风系统设计、开采作业方式、设备安全特性、瓦斯地质特征等几十种。搜集历史上发生的造成瓦斯灾害的各类相关信息数据进行综合处理、分析,进行有监督学习,提取关联规则,来建立预测瓦斯灾害的信息融合模型是非常理想的技术途径。其挖掘处理过程主要包括数据清理、定量与定性数据之间的转换、构造决策信息表或影响因素向量矩阵、归一化处理、计算属性依赖度或关联度、属性约简和决策规则提取等。这类挖掘算法有 Apriori 算法及其改进、决策树算法及其改进、粗糙集理论及其改进、云理论及其改进、灰色理论及其改进、基于混合相似性度量的聚类分析方法等。

10.1.3.2　瓦斯安全监测时间序列数据挖掘

煤矿瓦斯安全监测长年累月保持连续、不间断,获得了海量历史时间序列数据库,包含了丰富具有时空属性的信息。充分挖掘瓦斯时间序列数据库,发现潜在规律性知识用来指导或辅助安全监控人员提高安全监测和瓦斯灾害预报水平,确保安全生产,已成为众多学者关注的热点[76]。如对瓦斯浓度、电磁辐射、声发射监测信息的统计分析,发现其与瓦斯突出危险性之间的关系、确定敏感指标及其临界值等,各煤矿都迫切需要相关理论与技术,来获得适合本矿各煤层/工作面的突出危险评价依据,这也是多传感器信息融合系统应该具备的功能之一,从而才能不断修正各类突出预测评价模型参数。

挖掘瓦斯时间序列数据库的关键难点在于时间序列变换和时间序列相似性度量。所谓时间序列数据变换就是将原始监测数据映射到某个特征空间中形成可以原始时间序列的映射。从而实现数据压缩,减少在计算方面付出的不必要的代价[96]。目前变换的主要方法有离散小波变换(discrete wavelet transform,DWT)、离散傅立叶变换(discrete fourier transform,DFT)、分段多项式表示(piecewise polynomial representation,PPR)和分段线性表示(piecewise linear representation,PLR)等。时间序列相似性度量主要是基于距离的度量,包括欧氏距离、非欧氏距离、DTW 距离、编辑距离、概率距离、最长公共子串、弧度距离[97]等。

对瓦斯时间序列进行挖掘的主要方法是基于时间序列相似性度量的聚类分析。通过聚类可以找出同类型环境状态变化的规律性特征,然后提取决策规则作为信息融合的专家知识,为实时安全监测预警提供决策融合依据。这些方法各有其优缺点,分别适合具有不同特征的时序数据。监测数据的时间分辨率对挖掘的结果有很大影响时间。时间分辨率低的序列数据,忽略了局部细节的影响,适合作为长期的大趋势分析,而过程中的各种事件则难以发现。

10.2 瓦斯报警时间序列知识发现

瓦斯监测原始数据信息丰富,但是数据量太大,有的一年下来记录数据量高达十多个 GB。对特定问题来说,有些数据对研究没有更多价值。本节截取了原始数据中备受关注的瓦斯超限报警时间序列(GWTS)作为待挖掘数据集,降低了计算的复杂性,提高了挖掘效果。当然,这种数据筛选目标仅限于识别工作面瓦斯超限原因,不针对长期性的瓦斯突出预测趋势分析。

10.2.1 GWTS 分类知识发现方法

挖掘步骤基本上按照数据清洗、数据集成、数据转换、知识发现和知识表达等几个步骤[98]进行。以下基于阳煤集团某矿的数据样本介绍 GWTS 模式识别知识发现过程。

(1) 数据清洗

从煤矿瓦斯安全监测历史数据库中将采掘工作面的原始 GWTS 提取出来,存放到一个数据表中,其格式如表 10-1 所示。其中奇数列存放数据采样值,偶数列存放采样时间。由于序列长度 n 大小不一(如瓦斯校验、显著突变样本一般只有 3~4 个时序数据,而局部停风有时长达上百个时序数据),因此,样本数据表列数为动态,序列结束后的奇数列设置 0 作为该样本结束标志。同时,附加样本数据采集地点和报警原因作为备查。由于篇幅限制,仅列 15 条序列作为参考和佐证资料(数据取自阳煤集团某矿)。样本中,以炮后瓦斯引发的超限报警时间序列为主,分别来自 057A01(该矿 W 二区掘四北二煤头)、045A09(该矿 W 二区南六副巷煤头)、045A05(W 二区南六正巷煤头)瓦斯传感器。

表 10-1　部分瓦斯报警时间序列样本(阳煤集团某矿,2009)

序号	传感器编号	报警原因	1	2	3	4	5	6	7	8	9	10	...	n−2	n−1	n
...	...	...	...	...	...	...	...	...	...	...	...	...	...	...	...	...
48	057A01	炮后瓦斯	0.59	18:56:13	1.02	18:56:22	1.78	18:56:33	2.36	18:56:44	2.61	18:56:55	...	1.01	19:04:59	0
49	057A01	炮后瓦斯	0.91	04:55:02	1.19	04:55:13	1.83	04:55:24	2.14	04:55:34	2.29	04:55:43	...	0.99	05:02:26	0
50	057A01	炮后瓦斯	0.30	0:30:06	1.03	0:30:17	1.57	00:30:28	1.68	00:30:37	1.65	00:30:48	...	0.95	00:32:12	0
51	057A01	炮后瓦斯	0.45	14:41:29	1.26	14:41:40	1.54	14:41:51	1.45	14:42:18	1.42	14:42:27	...	0.95	14:43:50	0
52	057A01	炮后瓦斯	0.97	18:47:50	1.57	18:48:01	1.79:	18:48:12	1.72	18:48:32	1.63	18:48:43	...	0.97	18:50:24	0
53	045A09	炮后瓦斯	0.31	06:09:54	1.53	06:10:26	2.39	06:10:58	2.33	06:11:32	2.06	06:12:04	...	0.98	06:18:41	0
54	045A09	炮后瓦斯	0.38	01:07:17	1.73	01:07:55	2.26	01:08:33	2.15	01:09:09	1.93	01:09:47	...	0.98	01:17:12	0
55	045A09	炮后瓦斯	0.37	20:01:47	1.22	20:02:21	1.86	20:02:55	1.89	20:03:27	1.70	20:04:01	...	0.96	20:09:32	0
56	045A09	炮后瓦斯	0.87	05:18:41	1.59	05:19:13	2.13	05:19:47	2.22	05:20:19	1.98	05:21:25	...	1.00	05:31:54	0
57	045A09	炮后瓦斯	0.32	14:34:46	1.41	14:35:21	1.95	14:35:53	1.92	14:36:27	1.74	14:36:59	...	0.97	14:40:54	0
58	045A05	炮后瓦斯	0.61	17:38:02	1.35	17:38:21	1.79	17:38:38	2.05	17:38:57	2.08	17:39:16	...	0.98	17:45:22	0
59	045A05	炮后瓦斯	0.72	19:17:26	1.06	19:17:43	1.36	19:18:02	1.54	19:18:21	1.62	19:18:38	...	0.98	19:23:32	0
60	057A01	局部停风	0.97	04:40:37	1.00	04:40:47	1.05	04:40:58	1.08	04:41:08	1.13	04:41:22	...	0.87	04:45:23	0
61	057A01	局部停风	0.95	07:08:34	1.01	07:08:45	1.13	07:08:56	1.25	07:09:07	1.33	07:09:16	...	0.87	08:04:14	0
62	062A07	局部停风	0.79	10:33:33	0.89	10:33:45	1.02	10:33:57	1.17	10:34:10	1.32	10:34:22	...	1.01	10:37:48	0
...	...	...	...	...	...	...	...	...	...	...	...	...	...	...	...	...

(2) 相似性度量

相似度量主要是为了验证各种原因导致的超限时间序列模式特征的相似性。本章对150组超限时间序列按照本研究8.2.2提供的DTW距离计算方法,编写程序,分别计算样本数据表中各序列数据之间的相似性距离,并依次存放在数据库中。其相似性度量结果输出界面如图10-5所示,左边是150×150的150组时间序列的DTW距离计算结果矩阵。显然,同一序列的相似性距离为0。

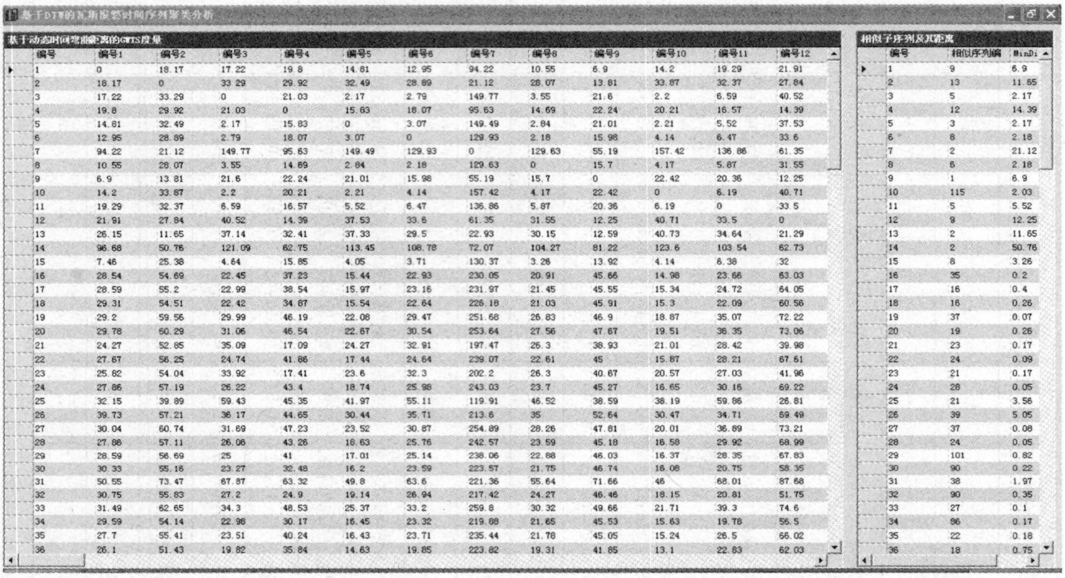

基于动态时间弯曲距离的GWTS度量

编号	编号1	编号2	编号3	编号4	编号5	编号6	编号7	编号8	编号9	编号10	编号11	编号12
1	0	18.17	17.22	19.8	14.81	12.95	94.22	10.55	6.9	14.2	19.29	21.91
2	18.17	0	33.29	29.92	32.49	28.89	21.12	28.07	13.81	33.87	32.37	27.84
3	17.22	33.29	0	21.03	2.17	2.79	149.77	3.55	21.6	2.2	6.59	40.52
4	19.8	29.92	21.03	0	15.63	18.07	95.63	14.69	22.24	20.21	16.57	14.39
5	14.81	32.49	2.17	15.83	0	3.07	149.49	2.84	21.01	2.21	5.52	37.53
6	12.95	28.89	2.79	18.07	3.07	0	129.93	2.18	15.98	4.14	6.47	33.6
7	94.22	21.12	149.77	95.63	149.49	129.93	0	129.63	55.19	157.42	136.86	61.35
8	10.55	28.07	3.55	14.69	2.84	2.18	129.63	0	15.7	4.17	5.87	31.55
9	6.9	13.81	21.6	22.24	21.01	15.98	55.19	15.7	0	22.42	20.36	12.25
10	14.2	33.87	2.2	20.21	2.21	4.14	157.42	4.17	22.42	0	6.19	40.71
11	19.29	32.37	6.59	16.57	5.52	6.47	136.86	5.87	20.36	6.19	0	33.5
12	21.91	27.84	40.52	14.39	37.53	33.6	61.35	31.55	12.25	40.71	33.5	0
13	26.15	11.65	37.14	32.41	37.33	29.5	22.93	30.15	12.59	40.73	34.64	21.29
14	96.68	50.76	121.09	62.75	113.45	108.78	72.07	104.27	81.22	123.6	103.54	62.73
15	7.46	25.38	4.64	15.85	4.05	3.71	130.37	3.26	13.92	4.14	6.38	32
16	28.54	54.69	22.45	37.23	15.44	22.93	230.05	20.91	45.66	14.98	23.66	63.03
17	28.59	55.2	22.99	38.54	15.97	23.16	231.97	21.45	45.55	15.34	24.72	64.05
18	29.31	54.51	22.42	34.87	15.54	22.64	226.18	21.03	45.91	15.3	22.09	60.56
19	29.2	59.56	29.99	46.19	22.08	29.47	251.68	26.83	46.9	18.87	35.07	72.22
20	29.78	60.29	31.06	46.54	22.67	30.54	253.64	27.56	47.67	19.51	36.35	73.06
21	24.27	52.85	35.09	17.09	24.27	32.91	197.47	26.3	38.93	21.01	28.42	39.98
22	27.67	56.25	24.74	41.86	17.44	24.64	239.07	22.61	45	15.87	28.21	67.61
23	25.82	54.04	33.92	17.41	23.6	32.3	202.2	26.3	40.67	20.57	27.03	41.96
24	27.86	57.19	26.22	43.4	18.74	25.98	243.03	23.7	45.27	16.65	30.16	69.22
25	32.15	39.89	59.43	45.35	41.97	55.11	119.91	46.52	38.59	38.19	59.86	26.81
26	39.73	57.21	36.17	44.65	30.44	35.71	213.6	35	52.64	30.47	34.71	69.49
27	30.04	60.74	31.69	47.23	23.52	30.87	254.89	28.26	47.81	20.01	36.89	73.21
28	27.86	57.11	26.06	43.26	18.63	25.76	242.57	23.59	45.18	16.58	29.92	68.99
29	28.59	56.69	25	41	17.01	25.14	238.06	22.88	46.03	16.37	28.35	67.83
30	30.33	55.16	23.27	32.48	16.2	23.59	223.57	21.75	46.74	16.08	20.75	58.35
31	50.55	73.47	67.87	63.32	49.8	63.6	221.36	55.64	71.66	46	68.01	87.68
32	30.75	55.83	27.2	24.9	19.14	26.94	217.42	24.27	46.46	18.15	20.81	51.75
33	31.49	62.65	34.3	48.53	25.37	33.2	259.8	30.32	49.66	21.71	39.3	74.6
34	29.59	54.14	22.98	30.17	16.45	23.32	219.68	21.65	45.53	15.63	19.78	56.5
35	27.7	55.41	23.51	40.24	16.43	23.71	235.44	21.78	45.05	15.24	26.5	66.02
36	26.1	51.43	19.82	35.84	14.63	19.85	223.82	19.31	41.85	13.1	22.83	62.03

相似子序列及其距离

编号	相似序列编	MinDi
1	9	6.9
2	13	11.65
3	5	2.17
4	12	14.39
5	3	2.17
6	8	2.18
7	2	21.12
8	6	2.18
9	1	6.9
10	115	2.03
11	5	5.52
12	9	12.25
13	2	11.65
14	2	50.76
15	8	3.26
16	35	0.2
17	16	0.4
18	16	0.26
19	37	0.07
20	19	0.26
21	23	0.17
22	24	0.09
23	21	0.17
24	28	0.05
25	21	3.56
26	39	5.05
27	37	0.08
28	24	0.05
29	101	0.82
30	90	0.22
31	38	1.97
32	90	0.35
33	27	0.1
34	86	0.17
35	22	0.18
36	18	0.75

图10-5 150组瓦斯浓度超限时间序列DTW距离计算结果输出界面

(3) 聚类分析

聚类的目的是进一步验证同类样本特征模式的相似性,不同类型样本之间的可分情况。同时对一些离群样本进行分析,找出离群原因,排除数据错误等偶然因素。按照距离最小(排除0距离)表示两个时间序列相似性程度最高的评价标准进行聚类分析,可以发现这150组GWTS样本表现出明显的分组积聚现象,如图10-5所示。右边显示150组时间序列中每个时间序列的最相似的序列编号及其DTW距离。由于显示器尺寸限制,计算结果未完全显示。其中编号1-15为突出警报类,离群率为6.67%。本研究通过聚类,共获得7个时序模式集,分别是:突出警报、显著突变、瓦斯校验、炮后瓦斯、恒偏差故障、局部停风与落煤瓦斯。获得了相对可信的分类结果,正确率达90%,如图8-4所示。

(4) 数据转换

将原始不定长的GWTS集合转换为统一的数据存储格式。根据煤矿安全监测专家分析瓦斯超限原因时,常需要调出超限报警时刻前后该传感器采集的时间序列波形进行分析的行为特征,为让计算机能自动进行识别,可模仿人类专家思维,通过形态度量获得能刻画波形特征的指标参数。为此,本研究采用8.3节的分段形态度量方法编写程序,对GWTS样本分别进行了15个指标的度量计算,计算界面如图10-6所示。该界面下半部分显示的是保存在数据库中形态度量结果。其中“Data_ID”为GWTS编号,“start_v”为序列起始采样值,"warn_v"为报警时刻采样值,"max_v"为序列峰值,"end_v"为序列结束值,"rise_len"和"low_len"分别为序列波形上升段时间长度和下降段时间长度,"K_0"和"K_1"分别为报警时刻前后两个时间间隔段的波形斜率,"TS_2_k"和"TS_3_k"分别为波形峰值前后的波形上升斜率和下降斜率,"TS_2_b"和"TS_3_b"分别为峰值前后两段曲线的线性回归系数,"K_1S_b"和"K_2S_b"分别为波形峰值前后上升和下降各时间段斜率 k 形成的 k 序列线性回归系数,"TS_mse"为整个序列的瓦斯浓度均方差,"average"为整个序列的瓦斯浓度平均值。由此形成了 15 维特征向量。

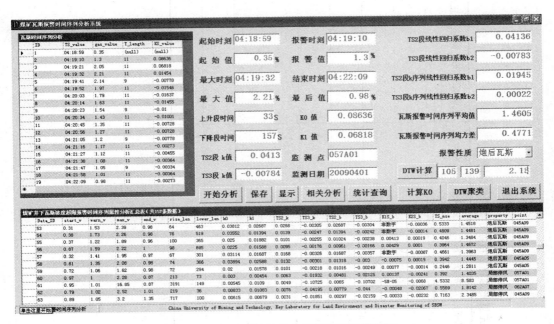

图 10-6　对 GWTS 的形态特征度量分析界面

（5）知识发现

显然,瓦斯报警时间序列模式识别属于多类分类问题[66]。15 个特征向量的分类效果差别较大。同类序列集尽管内部波形相似,但是变化幅度还是存在差别,因此,各个形态特征指标参数值统计结果形成了一个个区间。有的指标区间在不同类之间几乎完全重叠,如"warn_v"和"end_v"指标,应该首先排除;有的指标分类错分率较高,而且计算复杂,也应该排除;有的指标对整体有分类效果,如"K_0"、"K_1"和"K_1S_b"、"K_2S_b",首先保留;有的指标在两类之间分类效果明显,如峰值"max_v",予以保留。进一步分析,还可发现多指标联合分析对于分类效果的显著优势,例如,当 $k_0 \geqslant 0.1$ 且 $k_1 > 0$ 时,或者 $k_0 < 0.1$ 且 $k_1 > k_0$ 时,100% 为突出警报。因此,尝试使用基于二叉树的多类分类方法。选取了分类效果明显的特征指标,并适当修改特征参数变量名:k_0、k_1、b_1、b_2、Σ 和 c_f,其分类效果评估如表 10-2 所示。尝试分类的一种二叉树方法如图 10-7 所示,分类条件如表 10-3 分类条件与分支标识。

表 10-2　主要形态特征指标分类效果评估

ID	GWTS分类	形态特征 k_0	正确率/%	形态特征 k_1	正确率/%	形态特征 b_1	正确率/%	形态特征 b_2	正确率/%	形态特征 c_f	正确率/%	形态特征 c_f	正确率/%
a	突出警报	$k_0 > 0.02$	100	$k_1 > k_0$	79								
b	瓦斯校验	$k_0 \geq 0.02$	100	$k_1 < 0$	95							$1.98 \leq c_f \leq 2.02$	100
c	显著突变	$k_0 > 0.02$	100	$k_1 < -0.045$	100							$c_1 = c_f$	100
d	局部停风	$k_0 < 0.01$	100	$k_1 > 0$	100	$0.002 < b_1 < 0.008$	100	$b_2 < -0.02$	100	$\sigma > 0.3$	100		
e	炮后瓦斯	$k_0 < 0.09$	100	$0.07 > k_1 > 0.005$	100	$b_1 > 0.005$	100						
		$k_0 \geq 0.02$	96	$k_1 < k_0$	92								
f	恒偏差	$k_0 < 0.02$	100			$b_1 < 0.001$	100			$\sigma < 0.15$	100		
g	落煤瓦斯	$0.001 < k_0 < 0.02$	95			$0.001 < b_1 < 0.002$	95			$\sigma < 0.3$	97		

注：① 空白部分表示对于该超限类型类型考查该指标无意义或无法计算指标值；
② 样本数据来自阳煤集团某矿，采样周期为 9~70 s。

表 10-3　　　　　　　　　　　　分类条件与分支标识

分支标识	分类条件	分支标识	分类条件
1-2	$k_0 > 0.02$	4-b	$1.98 \leqslant c_f \leqslant 2.02$
1-5	$k_0 < 0.02$	4-c	$c_f > 2.02$ 或 $c_f \leqslant 1.98$
2-3	$k_1 > 0$	5-d	$b_1 > 0.002$
2-4	$k_1 < 0$	5-6	$b_1 < 0.002$
3-a	$k_1 > k0$	6-f	$b_1 < 0.001$
3-e	$k_1 < k0$	6-g	$b_1 > 0.001$

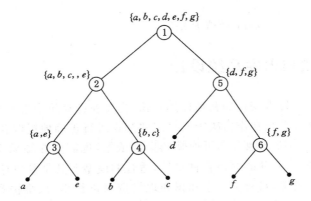

图 10-7　一种基于二叉树的 GWTS 多类分类方案

显然,分类方法可以有多种,但是都不可能对测试样本进行正确率为 100% 的分类,而且也没有必要。要防止过学习或过适应(over-fitting)问题的出现,导致训练错误率减少而测试错误率增加。

所示,其中 GWTS 类型代码 a、b、c、d、e、f、g 见表 10-2。

显然,分类方法可以有多种,但是都不可能对测试样本进行正确率为 100% 的分类,而且也没有必要。要防止过学习或过适应(over-fitting)问题的出现,导致训练错误率减少而测试错误率增加。

10.2.2　GWTS 模式识别知识表达

一阶谓词逻辑语言非常适合表达规律性知识,它从若干前提条件出发推出结论,符合专家的思维习惯,而且便于随时增加或减少条件个数。本研究使用一阶谓词逻辑语言对 10.2.1 节所发现的一些分类统计规律进行表示,用于 GWTS 的模式识别。在这个并不完备的规则集中,用到了诸如"大于"、"等于"、"小于"、"介于"等谓词。

规则 1:大于(K0,0.1) ∧ 大于(K1,0)→Is(Reason,突出警报)

规则 2:大于(K0,0.02) ∧ 小于(K1,−0.05) ∧ 等于(c1,cf) ∧ 等于(t1,tf)→Is(Reason,显著突变)

规则 3:大于(K0,0.02) ∧ 小于(K0,0.09) ∧ 大于(K1,0) ∧ 大于(K0,K1)→Is(Reason,炮后瓦斯)

规则 4：大于(K0,0.02) ∧ 大于(K1,0.02) ∧ 小于(K0,K1)→Is(Reason,突出警报)

规则 5：小于(K0,0.02) ∧ 小于(K1,0) ∧ 介于(cf,1.98,2.02)→Is(Reason,瓦斯校验)

规则 6：小于(K0,0.01) ∧ 等于(cn,cf) ∧ 等于(tn,tf) ∧ 介于(b1,0.002,0.008)→Is(Reason,局部停风)

规则 7：小于(K0,0.01) ∧ 等于(cn,cf) ∧ 等于(tn,tf) ∧ 小于(b1,0.001)→Is(Reason,恒偏差)

规则 8：小于(K0,0.01) ∧ 小于(cn,cf) ∧ 大于(cn,1) ∧ 小于(σ,0.15) → Is(Reason,恒偏差)

规则 9：小于(K0,0.01) ∧ 小于(cn,cf) ∧ 大于(cn,1) ∧ 大于(σ,0.15) →Is(Reason,局部停风)

规则 10：others→Is(Reason,落煤瓦斯)

10.3　瓦斯监测知识库系统设计

对于通过数据挖掘技术获得的瓦斯监测知识,需要在计算机中进行有序的组织存储,才能使多传感器信息融合系统在作出决策时对这些知识进行正确地提取和应用。煤矿井下作业现场的有关资料作为决策融合不可或缺的事实依据,也需要在知识库中进行有序存储。而且,不同矿井甚至同一矿井的存在各种差异,适合的模型尤其是参数存在差别。这就需要设计一个知识库管理系统,对有关专家知识和现场资料进行学习、维护和提取应用,学习算法是知识库系统设计的关键。整个系统框架搭好后,通过学习算法,不断完善和扩充知识库中的知识或模型,就能保证诊断结论越来越精确。

10.3.1　瓦斯监测知识学习算法

模拟,是人工智能的目标,也是研究的方法和手段。人类知识的增长主要得益于概念学习(concept learning)的方法,虽然学到的新知识不一定可靠,存在很强的可证伪性,但却是认识发展与完善的重要途径。概念是事物本质的反映,它对一类事物进行概括地表征[99]。有种观点认为,任何复杂的知识都由最基本的概念组成,这些最基本的概念称为本体。瓦斯监测专家知识包括现场的一些事实性知识都可以看成是一个个概念,而且可以通过根节点进行关联。

目前对概念学习的研究遵循两条不同的路线[100]:一种是基于工程方法的概念学习,它从可能的学习机理出发(不管这些机理是否存在于生命组织内),试图试验并确定概念学习的工程方法;另一种是基于认知模型(cognitive model)的概念学习,通过分析和解释人在完成认知活动时是如何进行信息加工的,极力开发出人类概念学习的计算理论。

本算法主要是通过模拟幼儿学习的心智和行为特点而设计的[101]。10～14 个月龄的幼儿是开展智能自然增长研究的最佳模拟对象,处于一生中智能起飞的重要阶段。这些对于研究智能的自然增长过程非常重要。通过跟踪观察发现,幼儿认识事物的过程是一个在同一时段内在多个领域中不断产生新概念、不断精化固有概念的过程,兼具归纳学习和类比学习的某些特性。这一过程是建立在已有的概念基础之上的,完全符合学习的"边缘效应"。其学习过程模型如图 10-8 所示。

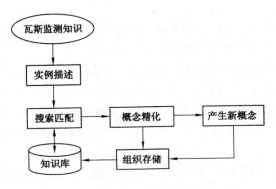

图 10-8　瓦斯监测知识学习过程模型

同时值得注意的是,在精化某类实例概念的过程中,会产生一些属于该领域事物相对抽象的构件概念,即本体。每产生一个新构件概念,就把这个概念添加到该领域本体库中。本体的增加,将会丰富学习者的经验,不断提高其抽象思维能力和推理能力。由于人所具备的联想特性,这种多概念学习结果的存储记忆模式呈现树状结构,如图 10-8 所示。这棵树的每个非叶节点表示某类实例的一个属性,以这个属性的不同取值作为分类的标准;每个叶节点代表一类概念名,实例当前的完整概念描述就是由叶节点开始一直回溯到树根过程中全体属性的合取。显然,当前学到的知识随着时间的推移存在很强的可证伪性,还需要在今后的学习中进一步精化和完善。

由于知识库采用树状结构组织存储概念,相应的,搜索匹配机制采用树的宽度优先法,实例描述和概念描述的特征节点采用谓词逻辑形式表达,特殊情况下直接表现为命题逻辑形式。为了更清楚地描述该算法,首先给出实例描述和概念描述的两个定义:

定义 10.1　设实例 I 具有 n 个特征属性,$T_1, T_2, \cdots, T_n$,每个属性有一个值 V_{Ti} 与之对应,实例名为 $N(I)$,则实例描述可表示为节点序列:$\{T_1(I, V_{T1}), T_2(I, V_{T2}), \cdots, T_n(I, V_{Tn}), N(I)\}$,其中 $i \in N$,$T_1(I, V_{T1})$ 表示实例所属的知识域。

定义 10.2　设概念 C 具有 m 个属性 $A_1, A_2, \cdots, A_m$,每个属性有一个值 V_{Ai} 与之对应,概念名为 $N(C)$,则概念描述可表示为节点序列:$\{A_1(C, A_{T1}), A_2(C, A_{T2}), \cdots, T_n(I, V_{Tn}), N(C)\}$,其中 $i \in N$,$A_1(C, A_{T1})$ 表示概念所属的知识域。

基于该模型的算法描述如下:

Step1　系统接受一个训练实例 I,如果知识库为空,则直接存储实例节点序列;否则首先取 I 的特征属性 T_1 搜索实例 I 在概念树中所属的分枝,找到相应的属性节点 A_1 后发现属性值也相同,则顺着这棵分支树的节点 $A_1, A_2, \cdots$ 继续搜索匹配实例描述的 $T_2, T_3, \cdots$ 等属性,直到搜索到一个叶节点。当 $N_I = N_C$ 并且 $n = m$ 时,保留原有概念描述,训练结束。

Step2　如果搜索到叶节点,发现 $N_C = N_I$,但是 $n > m$,则在该叶节点前插入该实例描述未得到匹配的属性 T_i 作为新的树节点 A_i,训练结束。

Step3　如果搜索到叶节点,发现 $N_C \neq N_I$,则概念冲突,学习者反馈该分枝概念 C,请求专家更新,直到出现这样一个节点,即 $A_i = T_i, V_{Ai} \neq V_{Ti}$,然后转 step5。

Step4　如果由于 $n < m$,导致匹配中止,则直接用 N_I 匹配该分枝树的叶节点 N_C,找到一个使得 $N_C = N_I$ 的叶节点则训练结束;否则请求专家充实训练实例描述的属性个数,然后

转 step1。

Step5 如果 $A_i = T_i$，$V_{Ai} \neq V_{Ti}$，则生成该节点的一个兄弟节点 A_i，将实例的该属性及其后的所有属性接到该节点上，叶节点名 $N_C = N_I$，训练结束。

Step6 如果按顺序实例描述的某个属性 T_i 不能和分枝树相应层的属性 A_i 匹配，则将该属性移植到实例描述的最后，取 A_{i+1} 继续进行匹配，直到发现 $A_i = T_i$ 的节点，如果 $V_{Ai} = V_{Ti}$，转 step1；$V_{Ai} \neq V_{Ti}$，转 step5。如果仍然找不到相同的属性 A_i，则直接在该节点处生成一个兄弟节点 A_i，将实例的该属性 T_i 及其后的所有属性接到该节点上，$N_C = N_I$，训练结束。

Step7 如果用没有实例名 N_I 的实例描述来测试学习者的情况，学习者就顺着某一分枝进行属性匹配。

① 如果正好匹配到叶节点 N_C，就取出 N_C，请求专家确认，如果是，则测试成功；否则，转 step3。

② 如果 $n > m$，就取出概念名 N_C，请求专家确认，如果是，转 step2；否则转 step3。

③ 如果 $n < m$，就请求专家充实测试实例的属性个数，然后转①。

④ 如果匹配过程中，遇到 $A_i = T_i$，$V_{Ai} \neq V_{Ti}$ 的情况时，则向专家请求实例名之后转 Step5。

Step8 在学习过程中，遇到某类对象基本的构件概念时，按前6步方法添加到该类对象所属领域的本体库中。

该算法从树根开始，通过增加节点来精化概念，通过生成新的分枝来建立新的概念，直到学习者在接受训练和测试时不会发生概念冲突为止。

10.3.2 瓦斯监测信息融合知识表示

知识表示是影响 AI 系统问题求解性能的最重要因素之一[102]。瓦斯监测决策融合系统中涉及的知识一般具有以下特点：① 领域众多，内容丰富，彼此间存在松散联系；② 确定性知识和不确定性知识并存，过程性知识和陈述性知识混杂。

AI 系统对知识表示方法的要求通常有：① 表达能力强；② 便于控制，有利于提高搜索和匹配的效率；③ 结构一致，易于知识库的扩充、修改和一致性检查等。

基于以上分析，本部分提出了一种表达能力强、便于对知识进行控制、推理、修改和扩展的一致化的知识表示模式——基于广义规则的知识表示模式。通过研究分析，如果将来自不同领域的、具有不同性质、不同应用目的的知识用基于广义规则的知识表示模式形式表达，然后作为实例加入到训练集中，那么学习者完全可以采用通用多概念学习算法将知识吸收到知识库中去。

这种形式化方法充分吸收了逻辑、产生式规则在知识表示和推理方面的优点，弥补彼此之间的不足之处。由于这种表示方法表示的知识总体形式上类似于产生式规则，即"前提—结论"，事实和规则前提的各子条件完全采用一阶谓词逻辑或命题表示，演绎推理机制与产生式系统相同，规则的结论可以用于进一步推理或直接建议，也可以是触发某个过程的命令。下面用 BNF 给出它的形式描述：

<广义规则>::=<前提>→<结论> | <属性集>→<概念名>

<前提>::=<简单条件> | <复合条件>

　　＜结论＞::＝＜事实＞｜＜操作＞

　　＜复合条件＞::＝＜简单条件＞∧＜简单条件＞［∧…］｜＜简单条件＞∨＜简单条件＞［∨…］

　　＜操作＞::＝＜简单操作＞｜＜复合操作＞

　　＜复合操作＞::＝＜简单操作＞∧＜简单操作＞［∧…］｜＜简单操作＞∨＜简单操作＞［∨…］

　　＜简单操作＞::＝＜操作名｜谓词名＞［（＜变元＞,…）］

　　＜属性集＞::＝＜单一属性＞｜＜复合属性＞

　　＜复合属性＞::＝＜单一属性＞∧＜单一属性＞［∧…］

　　＜单一属性＞::＝＜属性名＞［（＜变元＞,＜属性值＞）］

　　＜概念名＞::＝＜实例名＞［（＜变元＞）］

　　应用广义规则可以方便地将产生式规则、框架、语义网络、关系数据库等模式表示的知识进行一致化的表示和模块化组织,这对大容量知识库系统建设无疑是非常有益的。

　　此外,基于广义规则的知识表示模式能够方便地进行不确定知识的表示,允许不完全信息推理或缺省推理。

10.3.3　知识库的组织存储策略

10.3.3.1　知识库的逻辑组织

　　采用合理的方式将众多领域的大量知识有机地组织在一起,有利于提高智能系统的搜索和推理效率,有利于知识库的更新、维护和扩充。

　　森林形状的组织结构无疑是一个理想的选择,它具备层次性、模块性、相互之间又保持联系的天然优势。森林中每一棵树作为一类问题的知识模块,树根标识问题的领域,每一非叶节点表示规则的一个条件或者概念的一个特征属性,每个叶节点表示规则的后件(consequent)或概念名。各节点之间的关系包括父子关系、兄弟关系;父子关系有继承特性,兄弟关系有共享特性。在森林中便于采用爬山法等启发式搜索算法提高知识的匹配和搜索效率。

　　例如在示例中的所有规则和事实前可增加一个内容为"瓦斯超限异常识别模型"的域节点(或根节点),以标识这一系列事实和规则的应用领域。当系统接受一个可求解的问题时,在元规则的作用下,从长时记忆中调出域节点下的事实和规则加入系统的动态库(短时记忆)进行推理决策。

10.3.3.2　统一的数据结构

　　一致化的知识表示模式为采用统一的数据结构对知识进行有序地组织存储创造了有利条件。由于树枝长短不一,因此对树枝采用统一的数据结构进行数据存储是不现实的,但是我们可以对树的节点采用一致的数据结构。节点数据结构不仅包含了节点内容本身,而且要包括节点在树中的各种逻辑关系。将每一节点作为一条记录进行物理存储,读取数据时可恢复节点间的逻辑关系。节点数据结构描述如下:

　　节点数据结构描述如下:

　　structnote

　　{　int incrs;//节点标识

```
    char content[50];//节点内容
    int fath;//节点的父指针
    float C_v;//可信度 CF 值
float T_v;//阈值及有关标志
}
```

其中,incrs 和 fath 为长整形数据;各占 4 个字节,T_v 和 C_v 均为单精度,各占 4 个字节;incrs 为节点标识;fath 为节点的父指针;content 为节点内容,占 50 字节。域节点数据结构中 fath=-1,C_v 为空;对于不确定性知识,分支非叶节点数据结构中 C_v 表示子条件的权值,取(0,1) 中的实数,T_v 为空;叶节点数据结构中 T_v 和 C_v 皆取[0,1] 中的实数,分别表示阈值 t 和置信度 CF。对于确定性知识,叶节点数据结构中 T _v 和 C_v 分别取 0 和 1,非叶节点中二者为空。所有分叉节点数据结构中 T_v=-2。

10.3.4 瓦斯监测知识学习实例分析

将 10.3 节提取的 10 条确定性知识作为瓦斯超限异常识别的推理决策模型,运用学习算法将 10 条规则存储到 SQL sever 2000 数据库中,其物理存储结构如表 10-4 所示。

表 10-4　　　　　　　　　瓦斯监测知识库物理存储结构示例

incrs	content	fath	C_v	T_v
1	瓦斯超限异常识别模型	-1		
2	大于(k_0,0.1)	1		
3	大于(k_1,0)	2		
4	Is(Reason,突出警报)	3	1	0
5	大于(k_0,0.05)	1		
6	小于(k_1,-0.05)	5		
7	等于(c_1,c_f)	6		
8	等于(t_1,t_f)	7		
9	Is(Reason,显著突变)	8	1	0
10	大于(k_0,0.02)	1		-2
11	小于(k_0,0.09)	10		
12	大于(k_0,k_1)	11		
13	Is(Reason,炮后瓦斯)	12	1	0
14	大于(k_1,0.02)	10		
15	小于(k_0,k_1)	14		
16	Is(Reason,突出警报)	15	1	0
17	小于(k_0,0.02)	1		
18	小于(k_1,0)	17		
19	介于(c_f,1.98,2.02)	18		
20	Is(Reason,探头校验)	19	1	0

incrs	content	fath	C_v	T_v
21	小于(k_0,0.01)	1		-2
22	等于(c_n,c_f)	21		
23	等于(t_n,t_f)	22		-2
24	介于(b_1,0.002,0.008)	23		
25	Is(Reason,局部停风)	24	1	0
26	小于(b_1,0.001)	23		
27	Is(Reason,恒偏差)	26	1	0
28	小于(c_n,c_f)	21		
29	大于(c_n,1)	28		-2
30	小于(σ,0.15)	29		
31	Is(Reason,恒偏差)	30	1	0
32	大于(σ,0.15)	29		
33	Is(Reason,局部停风)	32	1	0
34	others	1		
35	Is(Reason,落煤瓦斯)	34	1	0

　　10 条规则通过学习算法存储后,呈现的逻辑结构如图 10-9 所示。其中根节点为"瓦斯超限异常识别"领域名称,该领域目前共有 10 条规则。

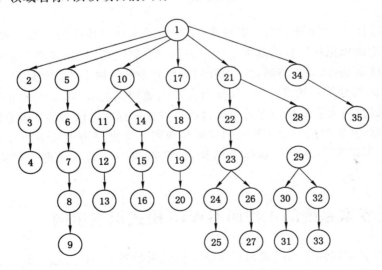

图 10-9　树状知识存储逻辑结构

　　由于知识库采用树形结构存储概念,因此知识库所占用的存储空间即为树的各节点所占空间的总和。每个特征节点除了节点数据本身(占 50 字节)外还包含了 incrs、fath、T_v 和 C_v 等四项附加信息(占 16 个字节),节点的结构性开销(overhead)约占 24.2%。但是,由于树形结构具有继承和共享的特性,因而省去了大量冗余节点所占用的存储空间。整体来看,这种结构性开销不仅没有增加空间复杂度,反而节约了存储空间,并且为灵活控制特征节点和维护知识库创造了有利条件。

10.3.5 与大规模知识库系统比较分析

本体论(Ontology)原是一个哲学名词,是指关于存在及其本质和规律的学说。一个本体往往是描述某个自然或社会现象的一个特定的系统。在知识工程领域,本体论这个名词是对客观存在的概念和关系的明确刻画[103]。本体论在很多有名的知识库系统中都有不同程度的应用,如 Cyc、WordNet、NKI 等,其中 NKI(国家知识基础设施)建设在国内显得尤为活跃。可以看出,基于本体的知识表示与知识库系统建设在大规模知识库工程领域已经取得了一定的成功。

本节在认知科学的指导下,通过模拟幼儿知识增长的过程,开发出一套适用于通用领域的基于知识的 AI 系统的知识库建设方法。与当前有代表性的大规模知识库系统——基于本体论的知识库系统相比,有一些明显区别。

① 路线不同。基于本体的知识获取是基于工程方法的概念学习,它从可能的学习机理出发(不管这些机理是否存在于生命组织内),试图试验并确定概念学习的工程方法;本研究提出的通用多概念学习,是通过分析和解释人在完成认知活动时的信息加工过程后,开发出的一种人类概念学习的计算理论。

② 目标不同。从国内外知识工程界关于本体的定义及其研究、应用的大量文献来看,基于本体的知识库主要用于知识的共享,力求完备无遗。而本研究提到的知识库系统的建设目标是直接面向应用的。它模拟人类专家智能水平和问题求解的特点,不需要掌握大量不相关知识。

③ 方法不同。尽管本体的类型多种多样,但建立本体知识库的基本过程是相似的,即首先根据本体论的思想从领域的基本术语和关系、类、属性集出发,建立一个便于理解和分析的领域知识体系结构,即支持满足一致性知识库开发的领域本体。然后根据本体,由知识工程师在专家的指导下整理文本知识,从而完成领域知识获取,建立相对完备的领域知识库。而本部分提及的大容量知识库的建设过程是首先根据人类认知的一般原理建立一个信息加工的元机制,然后根据问题所涉及的领域和现实需要循序渐进地增加知识的数量和提高知识的质量,不断完善领域知识体系结构,最终形成一个满足问题求解需要的领域知识库。

10.4 基于专家系统的工作面 GWTS 模式识别示例

工作面瓦斯异常时间序列模式识别系统工作原理如图 10-10 所示。由于不同煤矿甚至同一矿井不同工作面的瓦斯地质特征、开采工艺等存在差异,所以实际应用时,需要根据数据挖掘实际结果修改部分参数、甚至增减规则数量。

为便于对瓦斯超限异常原因识别知识进行参数修改,首先需要建立一个与推理机相对独立的知识库。从本矿历史监测数据库中筛选该工作面产生的瓦斯报警时间序列,存入 GWTS 数据库。如果该工作面没有历史数据,则选择本矿其他瓦斯地质、开采工艺相近的工作面数据。按照本章提出的知识发现步骤进行聚类分析和分段形态度量,建立超限时间

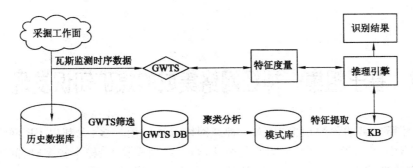

图 10-10　工作面 GWTS 模式识别系统工作原理

序列形态特征参数表,然后根据需要修改专家知识库的相应参数。

　　实际推理应用过程举例介绍如下:当掘进工作面瓦斯传感数据发生超限报警信号时,立即触发专家系统进行模式识别,从专家知识库中调出 GWTS 模式识别规则集的 10 条规则到推理机中。首先计算的就是该超限时间序列的 k_0 值和 k_1 值。从数据库中读取该传感器报警时刻前后的 3 个瓦斯浓度采样值,分别是 $c_0 = 0.58, c_1 = 1.93, c_2 = 2.63$,采样时刻 $t_0 = 4:36:41, t_1 = 4:36:57, t_2 = 4:37:15$,分别如图 8-5(e)所示。运用公式(8-1)和公式(8-2)计算可得,$k_0 = 0.0675, k_1 = 0.0583$。根据规则集,当 $k_0 > 0.02$ 时,有规则 1、规则 2、规则 3 和规则 4 可用;进一步,由于 $k_1 > 0$,删除规则 2;再次验证规则 1 中 $k_0 > 0.1$ 这个条件,不满足,则删除,余下规则 3 和规则 4;由于 $k_0 > k_1$,删除规则 4,仅余规则 3;依次检验规则 3 各个前提条件,均满足,则立即显示该掘进面瓦斯传感数据发生超限报警的原因 Is(Reason,炮后瓦斯)。

10.5　本章小结

　　本章针对瓦斯监测多传感器信息融合知识匮乏问题,研究了煤矿瓦斯监测数据挖掘与知识发现方法以及知识库系统的设计方法。

　　① 提出将工作面瓦斯超限原因识别、煤与瓦斯突出预测及瓦斯防突措施实施效果评价在多传感器信息融合系统的决策级融合阶段归类为诊断范畴。

　　② 讨论了瓦斯监测数据特征、分类、挖掘算法。针对蕴含丰富信息的瓦斯异常时间序列数据,提出运用基于 DTW 距离的时间序列相似性度量方法进行聚类分析,可以发现存在明显的一些分组积聚现象(作为非监督学习方法,本研究对所选样本的错分率低于 10%)。通过进一步度量分析,可以发现一些规律性知识作为瓦斯异常模式识别的依据。

　　③ 研究了瓦斯监测信息融合专家知识库系统的设计。基于幼儿学习心智和行为特点,提出了瓦斯监测知识学习算法和瓦斯监测专家知识、现场资料等事实性知识表示和组织存储策略。举例说明了工作面瓦斯超限原因识别专家知识的决策推理应用方法。

　　④ 决策级融合所需要的专家知识仍然不够完备,还需要全面深入地研究煤矿各类监测数据的挖掘方法,进一步探寻瓦斯突出危险与其他观测数据之间的关联,从而提高工作面煤矿煤与瓦斯突出预测的主动性、准确性和及时性。

第11章 基于粗集—神经网络集成的煤矿知识发现

在煤矿瓦斯灾害的预测预报中,人工神经网络方法应用较多,尤其以 BP 网络为甚。但在实际应用当中,由于煤矿求解问题的复杂性,当网络规模较大、样本较多时,问题的求解维数急增,网络的训练和学习复杂且时间较长,甚至会出现模型应用的失败,限制了神经网络在煤矿知识挖掘中的实用化推广。

粗集理论是基于不可分辨性的思想和知识约简的方法[104-106],通过对决策表的简化和最小决策表的生成,求取到数据中的逻辑规则,并且实现知识系统的模型构建,而神经网络则是利用非线性映射的思想和并行处理的方法,用神经网络本身结构表达输入与输出关联知识。神经网络具有无导师学习和强容错性功能,却不能确定哪些知识是冗余的,哪些知识是有用的,那些神经元有效,而粗集理论方法虽容错性差,但可以描绘知识表达中属性的重要性和依赖,简化知识表达空间、获取推理规则。基于两者特点及互补性,探索它们的有机结合已成为当今智能混合数据挖掘系统的一个重要分支。

本章将在对已有研究成果归纳总结基础上,将神经网络技术和粗集理论有机结合并引入到煤矿数据挖掘与知识发现的研究之中,给出了相应的应用实例。

11.1 粗集理论

粗集理论(rough set,RS)[107,108]是一种新型的处理模糊和不确定知识的数学工具,近年来开始逐渐应用到 DM 的领域中,在对大型数据库中不完整数据进行分析和学习方面取得了显著的效果,已经在人工智能、知识与数据发现、模式识别与分类、故障检测等方面得到了较为成功的应用[107,109]。粗集理论用一些独特的观点,比如将分类理解为等价关系(equivalences relation),而这些等价关系将对特定空间进行划分;粗集理论认为知识的粒度性是造成使用已有知识不能精确地表示某些概念的原因。通过引入不可区分关系作为粗集理论的基础,并在此基础上定义了上下近似等概念,粗集理论能够有效地逼近这些概念。这些观点使得粗集特别适合于进行数据分析。同时,粗集理论将知识定义为不可区分关系的一个族集,这使得知识具有了一种清晰的数学意义,并可使用数学方法进行处理。粗集理论能够分析隐藏在数据中的事实而不需要关于数据的任何附加信息。

11.1.1 信息系统与决策表

称四元组 $I=(U,A,V,f)$ 为信息系统[107],其中:

$U=(u_1,u_2,\cdots,u_n)$ 是一非空有限集,称为论域或对象空间,U 中的元素称为对象或标识符,$A=(a_1,a_2,\cdots,a_n)$ 是一非空有限集,称为属性集,A 中的元素称为属性,$\forall a\in A$,有一个映射 $a:U\rightarrow a(U)$,其中 $a(U)=\{a(u):u\in U\}$,表示属性 a 的值域($a(u)$ 表示对象 u 的

属性 a 的值),$V=\bigcup_{a\in A}$,$f:U\times A\to V$,$(u,a)\mapsto a(u)$,即 $f(u,a)=a(u)$。其中 f 称为信息函数。

一个信息系统也被称为一个知识表达系统或性—值表,可以通过称为信息表的一张二维表表示。

信息系统类似于关系数据库,是关系数据库的推广形式,同时也是粗集理论中主要的知识表示方法,决策系统也是粗集理论中的一种知识表示方法。

将信息系统中的属性集 A 分解为 $A=C\cup D(C\cap D=\varnothing)$,则信息系统成为决策系统。因此,决策系统可形式定义为序组 $T=(U,C\cup D,V,f)$,其中 C 为条件属性集,D 为决策属性集,U,A,f 的含义与信息系统中的 U,A,f 相同,设 $C=\{c_1,c_2,\cdots,c_p\}$,$D=\{d_1,d_2,\cdots,d_q\}$,则决策系统也可用如下形式的称为决策表的二维。

11.1.2　知识的简化与核

在实际中,经常遇到的是十分庞大的数据库,为了节约成本需要将数据库中大量冗余的数据去掉,粗糙集中也提供了相应的知识简化理论。虽然该理论对于属性较多的情形是 NP 的,但对于属性较少的情形还是非常有效的,它们也是粗集理论中的核心概念。设 R 为一等价关系簇,$r\in R$ 为一等价关系,如果 $ind(R)=ind(R-\{r\})$,则称 r 为 R 中可省略的;否则,r 为 R 中可省略的。对于任一属性子集 $P\subseteq R$,如果存在 $Q=P-r$,$Q\subseteq P$,使得 $ind(Q)=ind(P)$,且 Q 是满足条件的最小子集,则称 Q 为 P 的约简,记为 $red(P)$。显然,一个属性集和 P 可能有多种约简。把 P 的所有约简的交集称为 $core(P)$ 的核,记为 P。P 的核是 P 中所有不可省略属性组成的集合。

11.2　神经网络理论及 BP 神经网络[110,111]

人工神经网络(ANNS)常简称为神经网络(NNS),是以计算机网络系统模拟生物神经网络的智能计算系统,是对人脑或自然神经网络的若干基本特性的抽象和模拟。人工神经网络是未来微电子技术应用的新领域,智能计算机的构成就是作为主机的冯·诺依曼计算机与作为智能外围机的人工神经网络的结合。

BP 网络是一种多层前馈神经网络,其神经元的激活函数为 S 型函数,因此输出量为 0 到 1 之间的连续量,它可以实现从输入到输出的任意的非线性映射。由于其权值的调整是利用实际输出与期望输出之差,对网络的各层连接权由后向前逐层进行校正的计算方法,故而称为反向传播(Back-Propogation)学习算法,简称为 BP 算法。BP 算法主要是利用输入、输出样本集进行相应训练,使网络达到给定的输入输出映射函数关系。算法常分为两个阶段:第一阶段(正向计算过程)由样本选取信息从输入层经隐含层逐层计算各单元的输出值;第二阶段(误差反向传播过程)由输出层计算误差并逐层向前算出隐含层各单元的误差,并以此修正前一层权值。BP 网络主要用于函数逼近、模式识别、分类以及数据压缩等方面。

11.3 粗集与神经网络集成

11.3.1 粗集与神经网络集成的理论基础

粗集和神经网络都是处理不确定、不完全信息的数据挖掘方法,共同点是都能在自然环境下很好地工作,并广泛应用于决策支持和知识获取等领域。但是,"两者都有局限性,同时在许多方面有互补性"[112],它们的区别可由表 11-1 所示。从表 11-1 可以看出粗糙集和神经网络作为数据挖掘的两种方法,有许多互补之处,这是粗糙集与神经网络集成的基础。

表 11-1   **粗糙集与神经网络的主要区别(据赵卫东等,2002)**

区别项	粗糙集	神经网络
处理数据集	定性、定量或混合信息	主要是定量信息,缺乏语义
可解释性	透明	知识获取过程和推理过程有黑箱性
先验知识	不需要决策表外的任何先验知识	网络结构设计需要经验和试探
冗余处理	能够确定决策表属性或属性值的相对重要性	对输入数据冗余一般难以约简
获取知识表示	易理解的规则	隐含在权值等分布参数中
噪声	大多约简算法对噪声敏感	良好的抗噪性
推理方式	基本计算可用并行算法但推理仍是串行的	并行但需要专用硬件支持
自学习	目前递增性粗糙集分析方法少见	很强的自学习能力,也有递增性的学习网络
规律发现	通过约简发现数据间的确定和不确定关系	非线性映射
知识维护	大数据系统维护困难,求所有约简、最小约简等问题是 NP-hard 问题	自适应能力强,但对大数据量训练时间长,易陷入局部极小
推广性	相对较弱	较强的泛化能力
集成性	几乎和所有的软计算方法可以紧密集成	和模糊集、粗糙集、遗传算法有较强的结合能力

11.3.2 粗集与神经网络集成模式研究

粗集理论和神经网络在各自的研究发展中已经历了数十年时间,但粗集理论与神经网络集成的研究可以说是才刚刚起步,已起了许多学者的关注。两者的集成系统在故障诊断,岩石边坡稳定性等方面取得了一些成果[113,114],但仍存在不少问题。为了研究的方便,参照文献[115](D. A. Homig,1994),本章把粗糙集和神经网络的集成分为:松散式耦合、紧耦合和嵌入式耦合,分别论述如下。

11.3.2.1 粗集与神经网络的松散式耦合

这种耦合把原始数据通过粗集理论方法简化信息表达空间,去掉冗余信息和重复对象,最终生成一个简化的训练集,然后把这一简化后训练集作为神经网络的输入。其特点是,使用神经网络作为后置的信息识别系统,提高了粗集理论的容错和抗干扰性,实现了概念泛化,从而得到最简约简表。同时,最简约简表可以减小神经网络结构的复杂性,达到减小训练的时间和提高收敛速度的目的,该模式可以通过图 11-1 进行说明。通过一个"瘦身"和"降维"处理,实现了单纯使用粗集理论或者神经网络均不能达到预期的效果。在这种模式当中,RS 与 ANN 是两个独立系统,在形式上由 RS 和 ANN 共同构成。

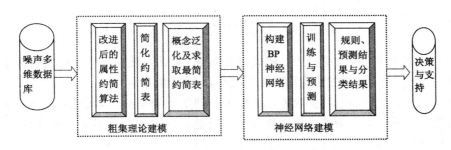

图 11-1　粗集神经网络外连式集成系统煤矿信息利用四个阶段

　　这种集成方式的缺点是粗集与神经网络结合松散,即两者都是相互独立的系统,仅通过两者之间的数据交换发生关系。粗集只能对数据集进行属性和对象数的约简,并未涉及属性值域约简。也就是说,一方面,样本中的冗余数据没有完全消除,另一方面,决策表在简化的同时,也丢失了一些对处理不完全信息可能非常有用信息。同时,实际数据集存在的噪声导致不相容样本的出现,从而影响神经网络的权值和闭值的修正,网络训练难以收敛,甚至溃败。总之,这种集成方式往往不能很好地兼顾两者各自的优点。

11.3.2.2　粗集与神经网络的紧耦合

　　由 RS 理论,将训练集送入粗糙集系统,运用属性约简和化简规则等算法,获得规则知识,并把这些规则知识编码于神经网络系统,通过以某种神经网络单元结构来表示系统的规则或概念,从而将系统的规则知识显式编码于神经网络系统。同时神经网络对输入每一个同样的训练集对象进行学习,学习采用反向误差传播的 BP 算法,学习过程中用反向误差传播的修改版本来调整决策规则的依赖系数。决策方案的修正通过神经网络学习和粗糙集学习之间的交换来加以改进,直到粗糙集学习选出最少属性构成的决策规则能全部正确划分所有的训练集样本为止。典型系统有粗神经元网络系统。

　　文献[116]把粗集理论引入神经网络的构造,利用粗集理论的上近似与下近似的概念,将普通神经元扩展到粗神经元,应用粗神经元取代部分常规神经元,然后构建粗神经网络,实现了粗集神经网络的混合集成。一个粗糙神经元可以看成是由一个上边界定义的上近神经元 $\bar{r}$ 和一个是下边界定义上近神经元 $\underline{r}$ 构成,可接受数据集合的上下边界数据,从而解决经典神经网络只接受单值数据的问题,有效避免数据性能的泛化,提高神经网络的网络性能。一个粗神经元与另一个粗神经元之间有 2~4 个连接,有 3 种可能的连接方式。其连接方式分为全连接和抑制连接。因此,依据传统计神经元与粗神经元以及粗神经元之间的接方式和各层的神经元组成,构造了两种粗神网络模型。即输入层由粗神经元组成,隐含层和输出层则由经典神经元组成的粗神经网络模型Ⅰ和由输入层和隐含层都由粗神经元组成,输出层由经典神经元组成的粗神经网络模型Ⅱ。模型原理图分别如图 11-2 所示。

图 11-2 粗神经网络模型

RS 与 ANN 的紧耦合,相对于松散式耦合而言,实现的集成获得了更高的效率和较小的工作量,适合于知识发现方法中两者无需完全融合的情况[116,117]。

同时,我们也应看到,这种集成方式虽然所得到的规则集的冗余很小,但却不能回答选取哪些规则参与神经网络的模型构建更合适的问题。在本质上并不是一种新模型,只能说是改变了粗神经网络的性能和网络的学习速度,没有带来质的飞跃。

11.3.2.3 粗集与神经网络的嵌入式耦合

嵌入式是前两种方法的结合。即尽可能利用 RS 与神经网络各自提供的功能,最大限度地减少用户自行开发的工作量和难度,又保持外部粗神经网络耦合模式的灵活性。嵌入式耦合把粗集理论方法视为神经网络的一个部分,就像其他的功能模块一样,粗集理论方法通过神经网络的从结构、构建到处理系统的完成以及处理结果的知识信息表达,全方位的"参与",使得二者结合起来,实现粗集理论与神经网络的紧密结合、融为一体,达到高层次上的集成,这是两者的完全真正意义上的集成。这种系统,相对研究较少,也是数据挖掘和智能知识发现与决策支持的研究方向。

11.4 基于粗集神经网络的煤矿数据挖掘模型

粗集神经网络应用于煤矿进行知识发现的研究还不多[110,111,118]。下面主要基于第一种集成模式并结合实际对粗集神经网络应用于煤矿涉及的相关理论方法进行探讨。

11.4.1 传统神经网络应用于煤矿数据处理的不足

单一的神经网络解决煤矿问题的不足可概括为如下几个方面:

① 未能优化输入参数。煤矿数据影响因素属性是神经网络应用模型的前件,参数的多少、组合取舍的好坏等直接影响着系统对预测结果的灵敏程度和准确性。而属性的优化选择问题,单一的神经网络模型系统是不能回答的。传统的参数选取大多依据专家经验,或人工调整的方式来确定和弥补,实难有说服力。

② 未能告之训练样本的数量和分布。用于煤矿数据非线性处理的神经网络输入向量应该能最大化地提取结构特征,只有在训练样本足够、分布合理的前提下,神经网络才能反映输入、输出之间复杂的非线性映射关系,才会有更好的泛化能力。但对于神经网络系统而言,没有数据预处理能力,也就无法回答到底多少样本合适,那些样本组合能得到最佳的问题解决。

③ 未能控制网络的结构。对于多自由度的复杂煤矿非线性问题,随着未知数的增加,如果不利用样本自身的规则来设计优化网络结构,将花费更多的时间进行网络训练,且不容

易收敛,识别精度难以保证。

11.4.2　模型结构

粗集理论与 BP 神经网络二者虽然在处理问题的方法上不同,但是具有极强的互补性。因此,将二者有机结合,处理被控对象复杂、数学模型不确定以及控制精度要求高的煤矿生产过程中的预测预报具有积极意义[119]。综上所述,本研究提出一种基于粗糙集—神经网络理论的煤矿数据智能粗集神经网络系统,其控制模型如图 11-3 所示。下面分别对各部分内容进行阐述。

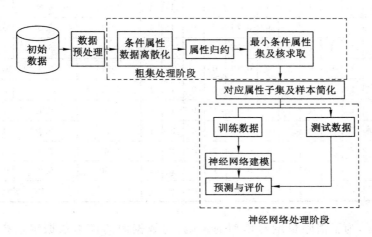

图 11-3　粗糙集—神经网络集成煤矿数据智能模型

11.4.3　模型的构建及实例应用

11.4.3.1　数据预处理

为了说明问题的方便,本研究中,以文献[120]中牛马司矿井历年未突出资料整理出的 15 组煤与瓦斯突出训练样本为算例,进行模型方法与应用过程的论述,即采用煤层地质特征、钻孔瓦斯动力特征、突出敏感性指标等指标来构建煤与瓦斯突出预测模型。模型选取地质构造、煤层倾角变化、钻屑瓦斯解吸值 K_1、S_{max} 及煤层突出危险性综合指标 D、K 等 17 个指标作为神经网络输入层神经元,相关样本数据见表 11-2。文献[120]采用一个隐含层,隐含节点数为 35。因模型只对煤与瓦斯是否突出进行预测,其输出节点用(1,0)表示突出,(0,1)表示非突出,输出节点数为 2。其 BP 神经网络模型拓扑结构采用 17-35-2。

表 11-2　　　　　　　　牛马司矿井煤与瓦斯突出训练与测试样本(据吴强,2001)

| 序号 | 巷道类型 | | | 煤层地质特征 | | | | | | 瓦斯动力特征 | | | | 突出敏感性指标 | | | | 网络输出 |
	平巷	上山	石门	地质构造	倾角变化	煤厚变化	煤层变软	破坏类型	煤坚固性系数	巷道来压	煤炮声	瓦斯变化	打钻顶钻	K_1	S_{max}	D	K	
1	1	0	0	1	0	1	1	1	0.5	0	1	1	0	0.49	5.4	0.28	18	10
2	0	1	0	1	1	0	1	1	0.58	1	1	1	1	0.52	6.2	0.30	20	10

序号	巷道类型			煤层地质特征						瓦斯动力特征				突出敏感性指标				网络输出
	平巷	上山	石门	地质构造	倾角变化	煤厚变化	煤层变软	破坏类型	煤坚固性系数	巷道来压	煤炮声	瓦斯变化	打钻顶钻	K_1	S_{max}	D	K	
3	0	0	1	1	0	0	0	0	0.8	0	0	1	0	0.32	4.2	0.2	11	01
4	0	1	0	1	1	1	0	1	0.4	1	0	1	0	0.35	4.8	0.20	12	01
5	1	0	0	1	0	1	1	1	0.55	0	1	1	1	0.45	5.3	0.28	16	10
6	0	0	1	1	0	0	1	1	0.52	0	0	1	1	0.48	6.8	0.27	18	10
7	0	0	1	1	0	1	0	0	0.75	0	0	1	0	0.4	5.3	0.22	14	01
8	0	0	1	1	0	1	1	1	0.55	1	1	1	1	0.90	6.4	0.27	18	10
9	1	0	0	1	0	0	0	0	0.40	0	1	1	1	0.4	5.4	0.24	13	01
10	1	0	0	1	0	1	1	0	0.32	1	1	1	1	0.75	5.2	0.29	18	10
11	0	0	1	1	1	1	1	1	0.55	1	0	1	1	0.85	5.7	0.27	18	10
12	0	1	0	1	0	0	0	0	0.60	1	0	1	1	0.38	5.2	0.20	13	01
13	1	0	0	1	1	1	1	1	0.55	0	1	1	1	0.62	5.3	0.24	11	10
14	0	0	1	1	0	0	1	1	0.50	0	0	1	1	0.50	5.2	0.22	16	10
15	0	1	0	1	0	1	1	1	0.6	0	0	1	1	0.3	5.2	0.22	11	01

对量化指标,为了消除量纲对模型的影响,对数据源的样本数据定量指标 D、K、K_1、S_{max} 等进行了标准化数据预处理,均归一化到 $[0,1]$ 区间,预处理结果见表 11-3。

表 11-3　　　　牛马司矿井煤与瓦斯突出训练与测试样本归一化后结果

序号	巷道类型			煤层地质特征						瓦斯动力特征				突出敏感性指标				网络输出
	平巷	上山	石门	地质构造	倾角变化	煤厚变化	煤层变软	破坏类型	煤坚固性系数	巷道来压	煤炮声	瓦斯变化	打钻顶钻	K_1	S_{max}	D	K	
1	1	0	0	1	0	1	1	1	0.375	0	1	1	0	0.317	0.462	0.800	0.778	10
2	0	1	0	1	1	1	0	1	0.542	1	0	1	0	0.367	0.769	1.000	1.000	10
3	0	0	1	1	0	0	0	0	1.000	0	0	1	0	0.033	0.000	0.000	0.000	01
4	0	0	1	1	0	1	0	1	0.167	1	0	1	0	0.083	0.231	0.000	0.111	01
5	1	0	1	1	0	1	1	1	0.479	0	1	1	1	0.250	0.423	0.800	0.556	10
6	0	0	1	1	0	0	1	1	0.417	0	0	1	1	0.300	1.000	0.700	0.778	10
7	0	0	1	1	0	1	0	0	0.896	0	0	1	0	0.167	0.423	0.200	0.333	01
8	0	0	1	1	0	1	1	1	0.479	1	1	1	1	1.000	0.846	0.700	0.778	10
9	1	0	0	1	0	0	1	1	0.167	0	1	1	1	0.167	0.462	0.400	0.222	01
10	1	0	0	1	0	1	1	0	0.000	1	1	1	1	0.750	0.385	0.900	0.333	10
11	0	0	1	1	1	1	1	1	0.479	1	0	1	1	0.917	0.577	0.700	0.778	10
12	0	1	0	1	0	0	0	0	0.583	1	0	1	1	0.133	0.462	0.200	0.222	01

序号	巷道类型			煤层地质特征						瓦斯动力特征				突出敏感性指标				网络输出
	平巷	上山	石门	地质构造	倾角变化	煤厚变化	煤层变软	破坏类型	煤坚固性系数	巷道来压	煤炮声	瓦斯变化	打钻顶钻	K_1	S_{max}	D	K	
13	1	0	0	1	1	1	1	1	0.479	1	0	1	1	0.533	0.423	0.400	0.000	10
14	0	0	1	1	1	0	1	1	0.375	1	1	1	0	0.333	0.385	0.200	0.556	10
15	0	1	0	1	0	1	1	1	0.583	0	0	1	0	0.000	0.385	0.200	0.000	01

11.4.3.2 连续属性离散化及决策表的构建

粗集理论是一类符号分析方法,只能处理具有离散属性值的数据库,故需把数据库中的连续属性进行离散化。连续属性的离散化本质上可归结为利用选取的断点来对条件属性构成的空间进行划分的问题,属性值域空间映射到有限个区域。传统的离散化方法主要有:等距离、等频率算法、Naive Scaler、Semi Naive Scaler 算法,布尔逻辑和粗集理论相结合的算法等。此外,很多学者都采用动态聚类的方式进行连续属性的离散化处理,如 K-means 法等。在本研究中,主要采用文献[131]提出的算法,并以 K-means 法辅助,对数据源中的煤坚固性系数、突出敏感性指标 D、K、K_1、S_{max},结合相关的分类依据,进行连续属性的离散化。离散化过程中,不相容度 σ_T 取 0.1,β 取 0.2,δ 取 0.01,则离散化后,以二维数据表的形式,每一行描述一个对象,每一列为相应的属性,形成数据源的决策表如表 11-4 所示。离散化过程中,顾及巷道类型、瓦斯动力特征指标已离散化,且属性值域均为{0,1},故在对连续性属性进行离散化时,本研究均采用了 3 级分类,其属性值域均为{1,2,3}。连续属性采用上述算法离散化后,形成决策表,其中因素条件属性集 $C = \{A_1, A_2, A_3, A_4, A_5, A_6, A_7, A_8, A_9, A_{10}, A_{11}, A_{12}, A_{13}, A_{14}, A_{15}, A_{16}, A_{17}\}$,分别对应于表 11-2 中的巷道类型、煤层地质特征、瓦斯动力特征及突出敏感性指标等 17 项煤与瓦斯突出影响因素。决策属性 $D = \{d\}$,对应于煤与瓦斯突出有突出危险(决策属性 1)和无突出危险(决策属性取 0)。

表 11-4　　　　　　　　　离散化后数据源形成的决策表

序号	条件属性																	决策属性
	A_1	A_2	A_3	A_4	A_5	A_6	A_7	A_8	A_9	A_{10}	A_{11}	A_{12}	A_{13}	A_{14}	A_{15}	A_{16}	A_{17}	
1	1	0	0	1	0	1	1	1	2	0	1	1	0	2	2	3	3	1
2	0	1	0	1	1	0	1	1	2	1	0	1	1	2	3	3	2	1
3	1	0	0	1	0	0	0	0	3	0	0	1	0	1	1	1	1	0
4	0	1	0	1	1	1	0	1	2	0	1	0	1	1	1	1	1	0
5	1	0	0	1	0	0	1	1	2	1	1	1	1	2	3	3	1	1
6	0	1	0	1	1	1	1	1	2	0	1	1	2	3	3	3	2	1
7	0	1	0	1	0	0	0	1	2	1	0	1	1	2	2	2	3	0
8	0	1	0	1	1	1	1	1	2	1	1	1	3	3	3	3	1	1
9	1	0	0	0	0	0	0	1	2	0	1	1	2	2	1	0		0
10	1	0	0	1	1	1	1	1	2	1	1	2	3	3	1			1

序号	条件属性																	决策属性
	A_1	A_2	A_3	A_4	A_5	A_6	A_7	A_8	A_9	A_{10}	A_{11}	A_{12}	A_{13}	A_{14}	A_{15}	A_{16}	A_{17}	
11	0	0	1	1	1	1	1	1	2	1	0	1	1	3	2	3	3	1
12	0	1	0	1	0	0	1	0	2	1	0	0	1	1	2	2	1	0
13	1	0	0	1	1	1	1	1	2	1	0	1	1	2	2	2	1	1
14	0	1	1	1	0	1	1	1	2	1	1	1	0	2	2	2	3	1
15	0	1	0	1	0	1	1	1	2	0	0	1	1	1	2	2	1	0

11.4.3.3 属性约简及影响因素分析

粗集理论的数据约简包括属性约简和值约简。属性约简就是化简决策表中的条件属性,化简后的决策表具有与化简前的决策表相同的功能,但是化简后的决策表具有更少的条件属性。

通过属性归约,数据源对应的归约多达数十种,最后本研究结合煤与瓦斯的领域知识,选定最优归约属性集为 $\{A_6,A_9,A_{10},A_{11},A_{14},A_{17}\}$,相对应的因素集为{煤厚变化,煤坚固性系数,巷道来压,煤炮声,K_1,K},最终归约后的训练测试数据见表 11-5。通过对条件属性的约简,使网络建模的影响因素由原来的 17 组缩小为 6 组,意味着网络的输入变量减少,也就直接决定了网络拓扑结构的简化,有效地降低了网络的空间复杂度。

表 11-5				属性约简后的训练测试样本集			
序号	煤厚变化	煤坚固性系数	巷道来压	煤炮声	K_1/(1/m·min)	K	网络输出
1	1	0.375	0	1	0.317	0.778	10
2	0	0.542	1	0	0.367	1.000	10
3	0	.1.000	0	0	0.033	0.000	01
4	1	0.167	1	0	0.083	0.111	01
5	0	0.479	0	1	0.250	0.556	10
6	0	0.417	0	0	0.300	0.778	10
7	1	0.896	0	0	0.167	0.333	01
8	1	0.479	0	1	1.000	0.778	10
9	0	0.167	0	1	0.167	0.222	01
10	1	0.000	1	0	0.750	0.333	10
11	1	0.479	0	0	0.917	0.778	10
12	0	0.583	0	0	0.133	0.222	01
13	1	0.479	0	0	0.533	0.000	01
14	0	0.375	0	0	0.333	0.556	10
15	1	0.583	0	0	0.000	0.000	01

同时,本章还对约简后的最优属性子集进行了煤与瓦斯突出的单因素支持度计算,主要是按照粗集理论中的属性依赖,分别计算出最优属性子集的单因素支持度为 $\gamma_{A_6}=5/15=1/3$,$\gamma_{A_9}=5/15=1/3$,$\gamma_{A_{10}}=9/15$,$\gamma_{A_{11}}=7/15$,$\gamma_{A_{14}}=6/15$,$\gamma_{A_{17}}=7/15$,则支持度由大到小的

顺序为巷道来压,煤炮声,K_1,K,煤厚变化,煤坚固性系数。在后面的 BP 神经网络建模时,可用单因素的支持度大小来确定和配置网络的初始权值,有效避免了传统方法权值配置的盲目性,提高了算法的稳定性。

11.4.3.4　用属性规约结果建立神经网络建模

利用属性归约的结果对应的简化样本进行 BP 神经网络的设计。易见 BP 神经网络的输入由原来的 17 维降为 6 维。依据上机试算和经验公式,在有效平衡精度和效率的前提下,BP 网络的拓扑结构采用 6-10-2,选取表 11-5 中的前 12 组数据为训练样本,13、14、15 为测试数据,利用 MatLab 神经网络工具箱进行训练和测试。

设计系统训目标为 0.0001,动量系数 0.9,采用 BP 自适应快速训练法(traingdx),利用约简后的属性样本,得出误差曲线如图 11-4(a)所示。而文献[120]中采用同样设置的 BP 神经网络得出的误差曲线如图 11-4(b)所示。从图 11-4 的训练误差曲线可以看出,粗神经网络模型的训练步数为 134,而 BP 神经的训练步数为 923,这表明粗神经网络学习速度得到了有效提高。

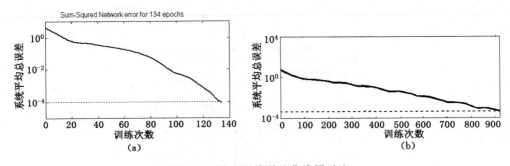

图 11-4　模型训练误差曲线图对比

(a) 粗神经网络;(b) BP 神经网络(据吴强,2001)

用训练好的 RSNN 网络对训练样本进行反演,得到如图 11-5 所示的训练样本反演结果与训练目标值的回归结果。图 11-5 中的回归曲线及回归相关系数 $R=0.984$ 均表明网络达到了训练要求。

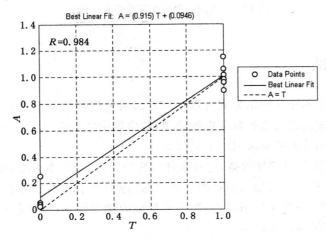

图 11-5　训练数据反演结果回归曲线

最后,用训练好的 RSNN 网络对测试样本进行煤与瓦斯突出预测,预测结果如表 11-6。结果表明,预测结果与实际相符。

利用预测的结果,与实际值进行检验,得到如图 11-6 的网络预测结果与实际值的回归曲线。相关系数 $R=0.999$ 及回归曲线表明网络预测是成功和可靠的。

上述分析可以看出,采用 RS 作为神经网络的前端预处理器,进行数据的属性约简、冗余样本去除、权值配置等预处理后,大大提高训练样本的有效性和可靠性,简化了网络的拓扑结果,神经网络的学习效率和预测精度得到有效提高,且完全满足工程生产的要求。

表 11-6   **RSBP 网络模型预测结果**

序　号	网络输出		预测结果	实际结果	备注
13	0.9999	0.0004	突出	突出	正确
14	1	0.0001	突出	突出	正确
15	0.0001	0.9988	无突出	无突出	正确

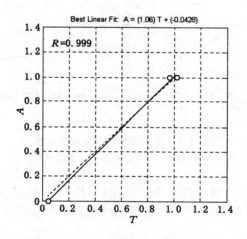

图 11-6   预测结果与实际结果回归曲线

11.5   本章小结

本章在分析粗集和神经网络集成的理论和方法研究现状的基础上,探讨了基于粗集和神经网络的松散集成模式的煤矿数据挖掘模型,并应用于煤矿煤与瓦斯突出知识发现中,取得了较好的效果。相关的研究成果与不足如下:

① 采用粗集理论为前端处理器,进行条件属性约简,冗余样本去除,减少了输入层神经元的个数,实现了对神经网络输入特征的优选,较好地消除了样本中噪音数据的干扰,在保证较高精度的前提下,简化了网络结构,提高了系统的学习效率,较好地解决了神经网络的"维数灾"问题,提高了预测准确率。

② 粗集理论前端处理器的引入,有效解决了煤与瓦斯突出神经网络识别中训练样本及

突出特征值难以选取的难题,通过属性依赖度的计算,定量化分析了煤与瓦斯突出的影响因素,使得模型的识别效果大为提高。实例及仿真结果表明,其分析结果与既有的煤与瓦斯突出理论基本吻合。

　　本章不足之处是,只探讨了 RSBP 的松散式集成方式在煤矿中的应用。而对于紧缩式及嵌入式的集成方式及其煤矿应用,将是下一步的研究方向。

第12章 基于矩阵编码的改进 GABP 知识挖掘模型

如前所述,许多学者已将神经网络技术引入煤矿建模及预测预报研究中,取得了许多可喜的成果,但也存在网络规模和拓扑结构难以预先确定、网络权值初始化过于随机性、网络学习速度慢、易于收敛到局部最优点、预测预报结果可靠性及精确性差等问题。国内外许多学者在神经网络模型的改进方面作了大量的研究工作,诸如引进小波分析、模糊理论等理论和方法,取得了一定的研究成果[121,122]。

分析表明,制约神经网络应用效果的主要有输入数据的维数、拓扑结构及网络参数。本章将引入遗传算法,用于神经网络的输入数据预处理、拓扑结构和权(阈)值的优化,提出了实数矩阵编码方案用于网络参数的编码,对遗传算法进行了改进,设计并实现应用遗传算法优化确定神经网络权值参数,利用样本数据的约束条件,实现网络的自学习和煤矿工程领域知识的获取。

研究表明,将神经网络或遗传算法二者结合,能较好地克服各自的弱点,拓展它们的应用,使得面向煤矿工程应用的神经网络模型在精度、速度和适用性等方面得到提高和拓宽,为煤矿工程神经网络预测预报模型的合理、快速建立和煤矿工程专家知识库的建立以及煤矿智能决策提供了新的研究方法和解决方案。

12.1 煤矿预测神经网络模型的失效成因

与基于传统优化算法的煤矿预测预报方法相比,神经网络方法有着处理非线性问题能力较强、不依赖先验模型、容错性能较好等优点,因此,被广泛地应用于煤矿工程的预测预报领域。但在应用中也发现了若干问题,概括起来有以下几点[123-126]:

(1)输入参数的选择

神经网络能否成功应用于煤矿预测预报建模,直接取决于网络输入参数对模型反演能力的灵敏程度。煤矿预测预报模型涉及的因素较多,存在地域、赋存条件的差异,且参数的数目及其定量化等方面,理论研究不足,给参数的选择造成了很大困难。

(2)神经网络的初始网络权重等参数难以确定

用于煤矿预测预报的神经网络输入向量应该能最大化地反映煤矿系统的结构特征,只有在训练样本足够、分布合理的前提下,神经网络才能反映输入、输出之间复杂的非线性映射关系,才会有更好的泛化能力。但在实际应用中,因煤矿数据获取的特殊性,往往很难得到理想的训练样本。由于煤矿的复杂性,知识的"匮乏"决定了煤矿神经网络应用模型的初始权值是随机生成的,而不同的初始权值对网络学习效果有很大影响,因此在训练过程中有时会陷入局部极小,造成学习失败。初始权值的确定及优化问题成了煤矿神经网络应用模型成功与否的关键。

(3)训练样本的分布不易把握

如果提供足够多的训练样本,一个 3 层神经网络可以实现在可能的精度内逼近任意映射[126]。但实际煤矿数据的有限性可能导致不能有效的模拟煤矿的复杂问题,单从训练样本角度看,网络输入要求包含足够的目标信息,才能使网络学到输入和输出间的函数关系。要学习的包含在训练样本中的函数(输入到输出的关系)应该是平滑的,才能保证训练的泛化性。训练样本足够大并且包含代表性子集。

对于一个复杂的问题应该选择多少样本,这也是一个重要问题。如果要求泛化结果的精确性较高,则样本数量要多,且具有良好的分布。但样本太多,将增加收集、分析数据及网络训练所付出的代价。当然,样本太少,网络不能很好地表达系统的信息,泛化结果正确率低下。目前对于训练网络所需的样本数量,还没有一个精确的估计方法。实际上样本数量的多少取决于许多因素,如网络的大小、网络测试的需要及输入输出分布等。

（4）最佳网络拓扑结构难求

神经网络的其输入节点数 N_i 和输出节点数 N_o,可由问题本身确定,选网络结构主要是选择隐层节点数 N_{hu} 的大小,却缺乏理论的指导。若网络结构过于简单,则不足以正确反映未知煤矿潜在模式的复杂性,也就不利于煤矿问题的解决;反之若网络结构过于复杂,其隐层神经元的数目增加,则对于给定样本学习的未知权值参数也相应地急剧增长,使学习效率低下,学习结果不稳定,导致网络泛化能力不强,预测结果差。

对于多自由度的复杂非线性的煤矿预测预报,随着待识别未知数的增加,将花费大量的时间进行网络训练,往往会由于神经网络初始权值等选取不当,使得模型陷入局部最优点,从而不容易收敛,模型的反演精度难以保证。因此,如何在样本有限的情况下,确定出神经网络的最佳拓扑结果成了地学应用中的一个研究热点[127-130]。

12.2　遗传算法概述

GA 是一类基于自然选择和遗传学原理的有效搜索方法,它从一个种群开始,利用选择、交叉、变异等遗传算子对种群进行不断进化,最后得到全局最优解[131,132]。生物遗传物质的主要载体是染色体,在 GA 中同样将问题的求解表示成"染色体 Chromosome",通常是二进制字符串表示,其本身不一定是解。首先,随机产生一定数据的初始染色体,这些随机产生的染色体组成一个种群(Population),种群中染色体的数目称为种群的大小或者种群规模;第二:用适值度函数来评价每一个染色体的优劣,即染色体对环境的适应程度,用来作为以后遗传操作的依据。第三:进行选择(Selection),选择过程的目的是为了从当前种群中选出优良的染色体,通过选择过程,产生一个新的种群。第四:对这个新的种群进行交叉操作和变异操作。交叉、变异操作的目的是挖掘种群中个体的多样性,避免有可能陷入局部解。经过上述运算产生的染色体称为后代。最后,对新的种群(即后代)重复进行选择、交叉和变异操作,经过给定次数的迭代处理以后,把最好的染色体作为优化问题的最优解。

GA 通常包含 5 个基本要素[133-135]:① 参数编码:GA 是采用问题参数的编码集进行工作的,通常选择二进制编码。② 初始种群设定:GA 随机产生一个由 N 个染色体组成的初始种群(Population),也可根据一定的限制条件来产生。种群规模是指种群中所含染色体的数目。③ 适值度函数的设定:适值度函数是用来区分种群中个体好坏的标准,是进行选择的唯一依据。目前主要通过目标函数映射成适值度函数。④ 遗传操作设计:遗传算子是模拟生物基因遗传的操作,遗传操作的任务是对种群的个体按照它们对环境的适应的程度施加一定的算子,从而实现优胜劣汰的进化过程。遗传基本算子包括:选择算子、交叉算子、变异算子和其他高级遗传算子。⑤ 控制参数设定:在 GA 的应用中,要首先给定一组控制参数:种群规模、杂交率、变异率、进化代数等。

GA 的优点是擅长全局搜索,一般来说,对于中小规模的应用问题,能够在许可的范围内获得满意解,对于大规模或超大规模的多变量求解任务则性能较差。另外,GA 本身不要求对优化问题的性质做一些深入的数学分析,从而对那些不太熟悉数学理论和算法的使用者来说,无疑是方便的。

12.3 遗传算法优化神经网络传统模式

神经网络和遗传算法为代表的进化算法都是仿效生物信息处理模式以获得智能信息处理功能的理论。二者目标相近而方法各异,将它们相互结合,必能达到取长补短、各显优势的效果。将遗传算法应用到神经网络的优化与设计许多学者在这方面已做过大量研究,优化网络的连接权值或优化网络的规模、结构和学习参数等,有很多相似之处,可概括为:① 利用 GA 学习优化神经网络连接权值等参数;② GA 选择神经网络的拓扑结构和学习规则;③ GA 同时优化神经网络的结构、连接权值、学习规则及相关参数。相对而言,第一种模式比较简单,应用也比较多。对于第三种模式,由于同时对神经网络的结构和连接权值都进行优化,目前还处于探索阶段,只能解决一些简单的问题。当优化设计解决较复杂的神经网络时,目标函数难以确定,且会因神经元数目的大增和学习规则的扩充,导致计算量呈指数增长,而使得问题的求解过程成为一个 NP 问题。

本研究主要考虑第一种模式,即神经网络权值等参数的优化。主要提出基于实数矩阵编码的改进型遗传算法对神经网络的参数空间进行并行搜索,寻找全局最优的一组权值参数,用于提高单一神经网络的训练速度和反演精度。

12.3.1 传统模型的不足

目前,大多的遗传算法优化神经网络的模型都是一个固定的模式,即先用遗传算法的全局寻优化能力,按一定的条件寻找到优化后的神经网络权值或神经拓扑结构,再用其最佳个体解码后,用于神经网络的初始化,最后由 BP 算法进一步寻优或精调,如图 12-1 所示。

这一模型是一种典型的外连式集成方式,遗传算法和 BP 算法相对孤立开来,其实质是一种简单叠加的混合算法。该模型存在以下的不足:

① 虽然遗传算法能进行 BP 网络训练,但其训练的停止条件,也就是 GA 何时把优化结果传递给 BP 算法,难以确定。若 GA 结束过早,仍没有帮 BP 网络逃离局部寻优点,则这一模型完全退化为标准的 BP 算法,未能达到遗传算法最初的全局寻优的目的,应用失败。另,如果这一模式纯粹使用 GA 算法来训练网络权值,BP 算法只是应用于网络的反演,对不善于解的微调和确定问题的精确位置的 GA 算法来讲,其进化的代数和进化的时间将会是巨大和难以接受的。甚至可能出现巨大时间获取到的网络结果,其泛化能力远不如标准 BP 算法的窘境。

② 一般做法都是仅仅只采用了 GA 对 BP 的网络连接权值与阈值进行优化,并没有充

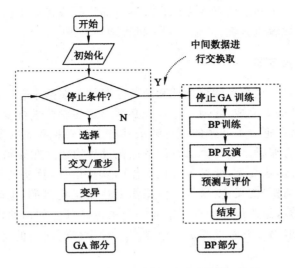

图 12-1　典型的 GABP 外连式混合模型框架

分发挥 BP 网络本身的局部微调能力强的优势,建立的模型仍然存在着局部微调能力差的不足。即,GA 常常会"喧宾夺主"地占据模型的主导地位,两者的角色不明确,而不能辅助 BP 的真正模型。

12.3.2　改进的基本思想与策略

由上所述,影响传统 GABP 模型应用于煤矿知识发现的建模失败的原因可归结为两方面:其一,标准 GA 算法自身的不足;其二,模型中 GA 与 BP 是一种松散式集成。为此,本书就主要从这两方面进行改进。

针对标准 GA 的自身不足,其可能的改进空间表现在编码方案的改进、进化操作的改良、适应度函数的设计和控制参数的优化等方面。首先,本章通过提出了面向 GA 优化 BP 网络参数的个性化解决方案的矩阵实数编码。依据所提出编码方案,设计了相应的交叉、变异算子。由于采用矩阵实数编码,算法的编码、解码、交叉、变异等操作,容易实现。其次,给出了交叉、变异率参数的自适应计算,并提出了最佳个体继承交叉策略。最后,提出了启发式停止条件。这一改进的目的,主要提高标准 GA 的自身性能。

针对模型的松散式集成,本研究提出了将 BP 算子做为 GA 的一个遗传操作的新集成方式。这一改进的目标,是充分利用两者的优势互补。

因此,在兼顾 GA 算法计算效率和求解质量之间的平衡下,针对遗传算法在优化传统 BP 网络参数问题的不足之处提出相应的改进措施,正是本章所研究的主要内容,这两方面的改进阐述如下。

12.4　改进遗传算法

用遗传算法优化神经网络结构及权值,主要解决好三个关键的问题,即编码策略的确定、遗传算子的选取和适应度函数的设计。针对标准 GA 在收敛速度、易早熟等方面存在不足,在编码策略、遗传算子和适应度函数的设计等方面进行改进。提出了 GA 优化神经网络权值等参数的矩阵实数编码方案,并依此相关过程叙述如下。

12.4.1 矩阵实数编码方案

煤矿工程预测预报模型神经网络设计和学习主要体现在搜索合适的网络结构及相应的权值和阈值,用遗传算法来完成,此项工作首先必须对这些参数进行编码。在遗传算法中如何描述问题的可行解,即把一个问题的可行解从其解空间转换到遗传算法所能处理的搜索空间的转换方法就称为编码。遗传算法设计及进化过程均建立在编码机制基础之上。编码的机制是否合理,直接影响交叉、变异等进化操作的算法设计,算法的搜索能力和种群多样性等。通过对编码的选择、交叉、变异等遗传操作来达到优化目的,编码方案决定了如何进行群体的遗传进化运算,是遗传算法设计中的一个关键步骤。如何面向某一具体问题设计反映切实问题特点的编码方案一直都是一个难点。对于神经网络的优化问题,常用的编码方式有三种:

(1) 二进制编码

早期的研究都是采用传统的二进制编码方案,神经网络的每个连接权值都用一定长度的 0/1 代码表示,所有连接权值及阈值参数首尾串接成一条染色体。例如,Whitley 等人的 Genitor 算法[136]在求解 XOR 等问题时,每个权值或阈值表示成一个字节,其值变化范围为 -127 到 127。这种方法的优点是简单,并且能够直接利用传统遗传算法的二进制串的交叉和遗传操作,不需要设计复杂的遗传算子,只需做一个编码和解码算子即可。此外,二进制编码还可以采用格雷(Grey)编码、指数(exponential)编码或是更为复杂的编码方法,但这些方法的一个共同不足就是权值或阈值的精度受到了一定限制。如果码串长度太短,无法满足待求解问题所要求的权值的精度,可能导致不收敛,算法失败。如果码串太长,会随着神经元数目的增加,导致染色体长度相应加长,遗传算法的计算量增加,将使整个进化过程变得缓慢。同时,还可能面临异构问题[137],这种方法由于连接权值首尾相连时的顺序不同,可能会面临神经网络结构与染色体串间存在着一对多的映射关系,从而导致进化的早熟。

(2) 权值或阈值单一实数编码

为了克服二进制编码的不足,有人提出了实数编码方案[133]。将神经网络的权值及阈值按一定的顺序,构成一个行向量,映射成遗传算法的染色体,如图 12-2 所示。其形式为任一组完整的神经网络权重 W_i、V_i,它相当于一个染色体,分别对应相应的层间的权重及节点阈值。权重等参数采用浮点编码,以后的遗传算子都是基于浮点编码的形式。在计算机中,采用二维数组表达染色体个体,则种群以三维数组的形式存在。这一编码的不足是不能反

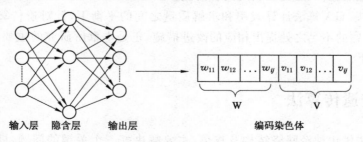

图 12-2 网络权值或阈值单一实数编码

映出网络拓扑面结构,其应用只能针对网络的权值等参数的优化。如要进行拓扑结构的优化,势必在编码时增加相应的编码来标识相应的网络节点的连结关系,导致染色体个体复杂,且不易于非法染色体的发现与消除。

（3）网络层次编码方法

遗传编码包括两部分:一部分是层次信息,主要是网络的隐层单元数、激活函数或连接关系（0 表示不连接,1 表示连接）,每个基因块段表示一层节点,其中第一个域表示输入层,最后一个域表示输出层。另一部分是互连权值信息,分别对应该节点的若干输入连接权值,依次排列构成染色体码串。为了简化问题,码串由六段组成:隐层数、各隐层节点数、各隐层作用函数形状参数、各层节点之间的连接权值、各隐层节点阈值、输出层节点阈值。其中除第一部分外,其余都是各层神经元所对应的级联串,为简便起见,令每一层神经元只与其前一层神经元有连接,输入输出之间无连接[138]。码串组成如图 12-3 所示。

图 12-3　网络参数层次混合编码

这种方法的好处是对神经网络的结构信息进行了充分的利用和编码,但编码的形式复杂,解码操作计算量大。同时,码串会因为隐含层节点数目的不确定,使得网络结构的优化时而出现各个体的长度不一致,给遗传操作带来不便。

通过对上述编码方案的分析,可以看到:遗传算子直接作用在编码串,它是对实际问题的一个变体。编码是遗传算法中的基础工作之一,对能否有效利用遗传算法进行网络拓扑结构设计和权值优化有着关键性作用。遗传算法通常的通用编码方式是二进制编码和实数编码。对二进制编码而言,虽简单、通用和操作方便,但精度不高,难以满足高精度的网络参数（权值、阈值等）的需要,与此同时,若将所有可能存在的网络参数都进行二进制编码,随着神经元数目的增加势必造成参数搜索空间的几何级数增加,加大了遗传计算量,算法的运算效率低下。

另外,对于实数编码而言,虽不失为一个好的解决问题的方案,但不是最佳的。因为,通用的方案,缺乏对具体问题的个体信息的应用,而埋没了个体信息在问题求解过程中所起到的促进作用。就神经网络来说,GA 所处理的每个个体是单独一个网络,所涉及的参数（权值、阈值等）均为实数,采用实数编码理所当然。

上述的编码方案除了直接把求解问题转换为编码信息外,没能提供更多的与实际问题有关的信息,是一个共性的解决方案,也就不可能给遗传算法的具体应用在时效上带来质的飞跃。因此,要得到理想的结果,必须改变解的编码,使它更好地反映实际问题,以便进行遗传操作时,可以利用更多的信息。

针对以上三种编码方式存在的不足,本章提出一种更好的和优化地神经网络问题个性解决方案——实数矩阵编码。神经网络的结构如图 12-4 所示,设神经网络有 N 个神经元,序号从 1 到 N 排列的输入层、隐层和输出层节点。设计一个 $N \times N$ 矩阵对应于神经网络结构。令编码矩阵的元素为 x_{ij},其中 x_{ij} 的取值见式（12-1）。由于本章只研究前馈神经网络,从而,对于有 N 个节点的神经网络,其编码为一上三角矩阵,如图 12-5 所示,相应的矩阵存储形式如式(12-2)。

$$x_{ij} = \begin{cases} 0, & \text{如果} <i,j> \notin E \\ w_{ij}, & \text{如果} <i,j> \in E \\ \theta_{ii}, & i=j, i,j < N \end{cases} \quad (12\text{-}1)$$

式中，$<i,j>$ 是有序数对，由其前后神经元节点的连接关系决定。E 为由前馈神经网络各节点之间的连接关系所组成的有向图的边集。

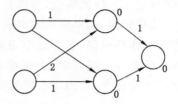

图 12-4　示例三层神经网络

	1	2	3	4	5
1	0	0	1.2	1.5	0
2		0	2.2	1.6	0
3			0.3	0	1.9
4				0.4	1.3
5					0.5

图 12-5　示例三层神经网络的参数上三角矩阵

$$\boldsymbol{A} = \begin{bmatrix} 0 & 0 & 1.2 & 1.5 & 0 \\ 0 & 0 & 2.2 & 1.6 & 0 \\ 0 & 0 & 0.3 & 0 & 1.9 \\ 0 & 0 & 0 & 0.4 & 1.3 \\ 0 & 0 & 0 & 0 & 0.5 \end{bmatrix} \quad (12\text{-}2)$$

矩阵编码克服了前述编码方法和译码方法无法表示和判断个体的合法性的局限，并充分顾及了神经网络的个性特点，针对性强，显示出很强的优越性。采用矩阵编码的遗传算法的步骤与传统计的算法一样，不同的是编码和遗传操作。其优点表现为：

① 不用设计专门的编码解码算法，有利于计算个体的适应度值及最佳个体的保留；

② 在同样的遗传操作下，由于利用了更多的网络信息，能生成多样化的个体，加速了问题的求解；

③ 采用实数值直接编码，遗传基因形式相对稳定，神经网络的结构等相关信息利用矩阵的行列关系进行反映和表达，相关的约束条件、适应度函数的计算和相关的遗传操作都应比较容易实现。对个体的各种遗传操作，相当于对矩阵的各个元素进行操作，易于用算法实现。

12.4.2　遗传操作的改进

12.4.2.1　适应度函数的拉伸改进

遗传算法在进化搜索中基本不利用外部信息，仅以适应度函数(fitness function)为依据，利用种群中每个个体的适应度值来进行搜索。因此，适应度函数的设计与选取好坏，直接影响到遗传算法的收敛速度以及能否找到最优解。一般而言,适应度函数是由目标函数经过尺度变换等变换而来。适应度函数的设计是遗传算法的一个重要方面。一般来说,适应度函数设计主要满足以下条件[139,140]:

① 单值、非负、最大化。

② 合理、一致性要求,适应度函数值能反映对应解的优劣程度。

③ 计算量小,适应度函数设计应尽可能简单,这样可以减少计算时间和空间上的复杂性。

④ 通用性强。适应度函数对某类问题,应尽可能通用,最好无需使用者改变适应度函数中的参数。

由于反映前馈网络性能的好坏常用指标是网络的输出值与期望的输出值间的误差平方和,因此许多的优化神经网络模型都以均平方差和(Mean squared error,MSE)作为适应度函数,其定义为:

$$MSE = \frac{1}{mk} \sum_m \sum_k (\overline{Y}_{mk} - Y_{mk})^2 \tag{12-3}$$

式中,MSE 是网络评价函数;Y_{mk} 和 $\overline{Y}_{mk}$ 分别是第 m 个样本、第 k 个输出的实际输出值和期望输出值。网络的实际输出根据下式计算:

$$H_j = f\left(\sum_i w_{ij} I_i - \theta_j\right) \tag{12-4}$$

$$Y_k = g\left(\sum_j w_{kj} H_j - \gamma_k\right) \tag{12-5}$$

式中,H_j 是隐含层单元的输出;w_{ij} 是输入层到隐含层的权值;θ_j 是隐含层单元的阈值;I_i 是输入层单元的输出;Y_k 是第 k 个输出节点的实际输出;w_{kj} 是隐含层到输出层的权值;γ_k 为输出层神经元的阈值;$f(\cdot)$ 和 $g(\cdot)$ 分别是隐含层神经元和输出层神经元的激活函数,这里均取为线性函数。

在遗传算法中,判断个体优劣的尺度是适应度。适应度的大小决定某个体的繁殖和消亡。适应度越大,网络的实际输出与期望输出的误差就越小。由于不同结构的神经网络进化的情况不同,如隐层节点数多的网络前期进化地较快,而使种群多样性退化,故在适应度函数的计算中,应兼顾网络的隐含节点数 n_h 对网络性能的影响。因此,GA 优化 BP 的适应度的计算公式为:

$$f(MSE) = \frac{K}{MSE + \lambda \cdot n_b} \tag{12-6}$$

式中,K 为了保证适应度函数值不至于太小而引入的在一个常量系数,λ 为网络复杂程度系数。

但文献[141]认为,遗传算法仅使用由目标函数值变换来的适应度函数值确定进一步搜索的方向和范围,传统的神经网络优化的适应度函数,如式(12-6)存在在进化的初期,会由于适应度的差异过大,而使得超常个体控制选择过程,影响了算法的全局优化性能。在后期,遗传算法后期染色体适应度值差别变小,优秀染色体优势减弱,导致群体进化停滞,算法易收敛到某个局部解。为了克服这一现象,在适应度函数中引入模拟退火思想对适应度值进行拉伸,以提高个体之间的竞争性。为此,本研究对其进行了改进,提出了具有自适应拉伸的适应度函数。如令:

$$f_i = f_i / t, \ t = T_0 * 0.99^{gen-1} \tag{12-7}$$

则最终的进化适应度函数为：

$$f(MSE) = \frac{K}{(MSE + \lambda \cdot nb) * T_0 * 0.99^{gen-1}} \tag{12-8}$$

式中，f_i 为第 i 个染色体适应值；t 为当前温度；T_0 为初始温度；gen 为遗传代数；0.99 为降温系数。这样算法的初期，超级个体会因被除了一个比较大的数而消除了个体之间的极大差异，使得选择压力降低，有利用种群多样性的维持。在进化的后期，由于除了一个比较小的数，而使很小的个体差别得到夸大，从而有利于优秀的染色体个体凸显出来，增加了算法的全局寻优能力。

12.4.2.2 选择操作

通常，编码方案不会对选择操作产生影响。常用的通用选择操作主要有轮盘赌选择法（roulette wheel selection）、随机遍历抽样法（stochastic universal sampling）、截断选择法（truncation selection）、锦标赛选择法（tournament selection），相关的细节，参见文献，在此不再阐述。但"选择压力"[142]对遗传算的收敛有着决定性的影响。过大的选择压力在加快算法的收敛速度的同时，也使种群中适应度值不利于问题的求解的个体迅速"退缩"，助长了超级个体的产生，种群的多样性遭到破坏，解的质量差。降低选择压力固然可以增大算法搜索到全局最优值的概率，也不可避免地降低了算法的搜索效率，收敛速度随之下降。选择强度又与选择参数（如选择压力、截断阈值、竞争赛规模）有关，对于同样的选择强度，截断选择的选择方差比排序选择和锦标赛选择小[143]。出于研究的需要，本章采用锦标赛选择法[144]。在锦标赛选择法中，随机从种群中挑选 n 个个体，然后将最好的个体选做父个体，重复选择所需数目的父个体，其中 n 为竞赛规模。同时，利用 MatLab 7.0 的遗传算法工具箱中的遗传算法，就采用"Steady State Reproduction"（稳态繁殖）这种选择策略，即在迭代过程中用部分优秀新子个体来更新种群中部分父个体，以便生成下一代种群。这样既避免了个体被选中的概率与其适应度值大小直接成比例，又能保证被选中的个体具有较高的适应值。

12.4.2.3 矩阵交叉

遗传算法的交叉操作，主要是模拟生物进化过程中的繁殖现象，指对两个亲代的种群个体按指定的方式相互交换个体染色体的部分基因，从而形成两个新的优良子代个体的过程。交叉操作是 GA 区别于其他进化算法的重要特征，其受编码策略的不同而存在差异。它在遗传算法中起着关键作用，是产生新个体、维持种群个体多样性的主要动力源，可使遗传算法的搜索空间扩大，使个体的多样化能促进算法搜索到全局最优解，可以说是遗传操作中的核心操作之一。常用的传统交叉算子主要有：单点交叉、两点交叉和多点交叉等。

针对本章中编码方式的改变，矩阵编码下，可能常用交叉模式有单行（或列）交叉、多行（或列）交叉，矩阵分块交叉或是两个个体通过某种矩阵运算后产生两个新的个体进行交叉。运算可以是矩阵相加、求余等操作。为此，本研究根据矩阵编码，提出相应的三种交叉操作，单点行列交叉、多点交叉、分块交叉和线性交叉，分别叙述如下：

（1）单点行列交叉

首先随机选取双亲中对应的一行（或列），将其互换得到两个新的个体。如图 12-6 所示，对于给定的交代个体 i, j，通过交换其第二行（或列），得到相应的新的子代个体 i', j'。

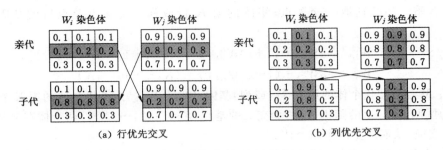

图 12-6　矩阵编码的权重染色体问单点交叉操作

（2）多点交叉

选定父代个体中的连续 K 行($0 < K < N$)，分别与另一父代个体中随机选定的同样数目但位置不同的行（列）进行一一交换，生成两个新的后代个体。如图 12-7 所示，对于给定的交代个体 i, j，通过交换个体 i 的 1，2 行（或列）与个体 j 的 3，4 行（或列），得到相应的新的子代个体 i', j'。

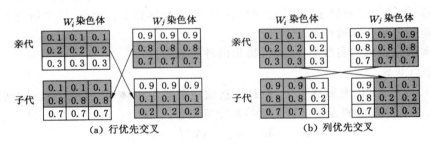

图 12-7　矩阵编码的权重染色体问多点交叉操作

（3）分块交叉

选定父代个体中的子矩阵，与另一父代个体中随机选定的同样行列数的但位置不一定相同的子矩阵交换，生成两个新的后代个体。如图 12-8 所示，对于给定的交代个体 i, j，通过交换个体 i 和 j 相应大小的子矩阵，得到相应的新的子代个体 i', j'。

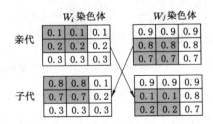

图 12-8　矩阵编码的权重染色体间分块交叉操作

（4）线性交叉

由矩阵编码采用的是实数编码，且是一个三角矩阵，采用前述的交叉方法，容易产生非法个体，需进行非法个体的纠正，会增加算法的计算量，为此，与其他的实数编码一样，本研究中采用均匀交叉。首先在选择产生的匹配池提取交叉的两两匹配成员，然后按交叉概率进行交叉繁殖。随机选取一交叉点（矩阵的第 K 行或列），交叉点及点后的基因按下式计算：

$$W_{i,k}^{G+1} = \alpha W_{j,k}^{G} + (1+\alpha)W_{i,k}^{G}, \quad k=(K,K+1,\cdots,N) \tag{12-9}$$

$$W_{j,k}^{G+1} = \alpha W_{i,k}^{G} + (1+\alpha)W_{j,k}^{G}, \quad k=(K,K+1,\cdots,N) \tag{12-10}$$

式中：$W_{i,k}^{G}$、$W_{j,k}^{G}$ 为父代个体的第 K 行（或列）基因；$W_{i,k}^{G+1}$、$W_{j,k}^{G+1}$ 为子代个体的第 K 行（或列）基因；α 为区间[0,1]上的随机数；K 为交叉的基点，$K=(1,2,\cdots,N)$。两个体在交叉点后的基因进行交换，从而产生两个新个体。

注意，交叉点位置的确定通常用随机的方式产生。例如，对于单点交叉，令交叉点为 $locat=rand(N)$，$rand(N)$ 指从 1 到 N 随机的选定一个。对于上述的交叉操作，由于采用矩阵编码，其分别对应于矩阵的行外交换、矩阵的求算术求和等基本的矩阵操作，算法实现比较容易。

12.4.2.4 矩阵变异

遗传算法中的所谓变异运算，是指将个体染色体编码串中的某些基因座上的基因值用其他等位基因来替换，从而形成一个新的个体。常用的变异算子主要有：基本位变异算子、均匀变异算子、边界变异算子、非均匀变异算子、高斯变异算子。此外，许多研究者又设计出了针对特殊问题的特殊遗传算子[137]。

针对本研究提出的实数矩阵编码，提出两种变异方式：

（1）单点变异

如图 12-9 所示，以变异概率 $P_m > P_{阈值}$ 选取矩阵染色个体 W_i 中第 i 行（或列）元素，然后按式（12-11）对选定的元素进行基因替换变异操作。

$$W_{i,j} = W_{\min} + \alpha_j \cdot (W_{\max} - W_{\min}) \tag{12-11}$$

其中，α_j 为权值区间[0,1]上的随机数；$W_{\max}$、$W_{\min}$ 分别为初始权值空间的上下确界，依据算术均匀方式，产生随机的与矩阵行列向量一致的行列向量。

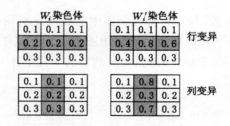

图 12-9　矩阵编码的权重染色体的单点变异操作

（2）多点变异

即以变异概率对矩阵染色个体中随机选定行（或列）元素，然后按式（12-12）对选定的元素进行基因替换变异操作。

$$W_{i,j}^{k} = W_{\min} + \alpha_j^{k} \cdot (W_{\max} - W_{\min}), \quad k \in [1,K] \tag{12-12}$$

式中符号含义同式（12-11）。

例如，对于如图 12-9 所示的个体 i，按变异概率 $P_m > P_{阈值}$，选定第 2 行（或列），其单点变异操作结果为 i'。

12.4.3　遗传算法控制参数的改进

遗传算法中需要选择的运行参数主要有个体编码串长度 l、种群大小 M、交叉概率 p_c、变异概率 p_m、终止代数 T、代沟 G 等。如何确定这些参数对遗传算法的运行性能影响？本研究主要采用自适应的方式来确定，以改进标准遗传算法，提高算法的性能。相关参数的适应策略分别进行论述如下。

12.4.3.1　自适应交叉率

在自然界生物进化过程中，起核心作用的是生物遗传基因的重组。同理，遗传算法借助于交叉操作，才使得算法的搜索空间不断扩大。在遗传算法中，采用交叉概率 p_c 控制其被使用的频率。原因在于较大的交叉概率可增强遗传算法开辟新的搜索区域的能力，但优秀个体被破坏的可能性也随之变大；若交叉概率太低，不利用遗传算法维持种群的多样性，易出现早熟现象。针对文献[146]中的控制参数 k_1,k_2,k_3 需主观确定的不足，本研究提出了一种新的自适应性交叉概率确定公式，P_c 随着个体适应度的不同而自适应地调整，其计算公式为：

$$P_c = \begin{cases} \dfrac{f_{\max} - f_c}{f_{\max} - \overline{f}}, & f_c \geqslant \overline{f} \\[2ex] \dfrac{f_{\max} - \overline{f}}{f_{\max} - f_c}, & \text{其他} \end{cases} \tag{12-13}$$

式中，f_c 为交叉前父代双亲中适应度的较大值；$f_{\max}$ 是群体的最大适应度；$\overline{f}$ 是种群的平均适应度。从式（12-13）可以看出，对于适应度最大的个体，其变异率 P_c 近似于 0，故优秀的个体几乎不进行变异，得到有效的保护。当个体之间的差异比较大时，P_c 的取值较小，有利于优良个体的保留。当个体之间的差异变小时，P_c 的取值接近于 1，以较大的概率进行交叉，从而有助于种群多样性的维持。

12.4.3.2　自适应变异率

变异率的大小直接影响种群的多样性好坏，对算法是否过早出现早熟现象起着关键作用。因此，进行自适应变异率的算子成为遗传算改进的一个研究热点。本章依据进化过程中变异率大小在不同阶段的作用，借助文献[142]的思想，提出如下的计算公式：

$$P_m = P_{\min} + (NG/10) \cdot P_{\text{step}} \tag{12-14}$$

式中，$P_{\min}$ 为变异率的最小值，其取值常比较小。NG 是进化过程中连续未进化的代数。P_{step} 是变异率自适应步长，由用户设定。$NG/10$ 表示对 10 取整操作。

由上式可见，若每通过小于 10 次选择和交叉操作都产生了更优解，则 $NG/10=0$，变异率 P_m 取值为 $P_{\min}$，变异率维持在一个近乎为零的水平，几乎不引入变异操作，此时，选择操作和交叉操作效果较好，进化速度加快。相反，若经过数十代的进化，还未能寻觅到更优解，表明仅依靠选择操作和交叉操作难以有效地求取更优解，则 NG 变大，$NG/10$ 的取值不再为 0，变异率 P_m 取值变大，因而通过加强变异扩大了搜索范围。特殊情况下，当未进化代数达到设定的某一阈值时（若 $P_{\text{step}}=0.1$，则阈值为 100 代），可认为此时群体已陷入早熟状态，采用 $P_m=1$ 进行强变异，让算法的寻优过程跳出局部点，扩大搜索空间。

12.4.4　最佳个体继承及交叉改进

在学习中，将适应度最大的个体无条件地遗传给下一代，从而在选择过程中，只需要对

其他的 $NP-1$ 个种群个体进行竞争选择操作。这样可以保证遗传算法收敛到全局最优解。同时保证在进化过程中目标函数能不断得到优化。

针对传统遗传算法在交叉操作中未考虑个体各自适应度的大小对交叉操作产生新个体的影响,交叉操作中存在着很大的盲目性的不足。引入文献[145]提出的"国王配对"策略,对交叉过程中,将最佳个体固定为必选的个体,让其与其他的 $NP-1$ 个个体分别进行交叉操作来产生更为优秀的新个体。即把图 12-5,图 12-6,图 12-7 中的 W_i 个体用 W_{best} 个体替代。最佳个体的选定操作,在选择操作中进行,在此不再赘述。

12.4.5 启发式停止条件

传统的算法停止条件是遗传进化代数 N 或种群适应度方差 ε 达到给定的训练目标阈值。往往会代数达到最大进化代数 N 时,还没达到给定的训练目标,从而没能完成设计所需的要求,也不能反映算法是否良性。如只以训练目标为停止条件,则有可能在算法不良性时,出现无限进化而不继续寻优的现象。为此,进行如下的改进[146]:如果存在当进化迭代数达到基本遗传代数 N 时,再给设定一个 ΔN 迭代(称为缓冲迭代数),再经 ΔN 代运算后,若平均适应度无良好的改善,表明算法处于过早收敛,则终止程序运行,调整相关参数,改进算法;否则,说明算法仍然良性寻优,再取相同的代数增量,继续种群进化,从而达到既定的训练目标。这一停止策略,能有效地保证进化的需要,为遗传算法的最大进化代数难以确定的难题提供了一种变通的解决方案,同时,又能避免不必要的遗传过程,真正均衡了遗传算法的收敛性能与收敛时间。

12.5 遗传算法优化神经网络改进模型

12.5.1 基于改进遗传算法的新模型

基于上述对传统模式的不足分析,本研究将 BP 的自组织学习引入到 GA 遗传进化训练过程中去,实现两者的一体化融合,提出了一种新的一体化结合模型 IGABP(Incorporate Genetic-Algorithm-Based Back Propagation Neural Network,IGABP)[147],相关的集成模型框架如图 12-10。

对比图 12-1 和图 12-10 可以发现,新模型与传统模式的一个显著差别,就是将 BP 的导向性训练作为一种遗传操作,称之为 BP 算子,引入到标准 GA 的进化过程。为了不使算法退化为标准的 BP 算法,BP 算子操作只对遗传算法中每代的个体进行少数几次的 BP 训练,本研究中,取为 10 次。在建模过程中,用 BP 对 GA 搜索到的近似最优值进行微调,有效地提高了解的精度,同时,又避免了 BP 网络易陷入局部极小值的缺点,充分发挥了 GA 的全局收敛性的优点,也充分利用了 BP 网络较强的局部微调能力,GA 算法的收敛速度得到提升,精确解的位置确定能力加强。

另一个重要的特点是对标准遗传算法加以改进,主要是采用了一种新的面向神经网络结构表达的矩阵实数编码方案,并设计了相应的适应度函数、矩阵交叉、矩阵变异算子,提出了能依据进化的具体情况而调整的自适应交叉率、变异率计算公式,从而强化了遗传算法的进化能力,改善了算法的收敛性和寻优性能。真正实现了两者的优势互补,一体化融合,充

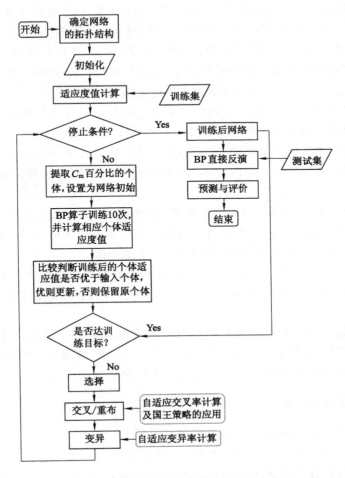

图 12-10　新的 IGABP 混合嵌入式模型框架

分发挥了两者在混合模型中的真正角色,各司其职,加快了网络的学习速度,综合提高了整个学习过程中的逼近能力和泛化能力,为问题的求解开辟了新的研究领地。

12.5.2　IGABP 混合嵌入式模型构建步骤

下面,给出 IGABP 模型的主要构建步骤[148]:

Step 1　确定神经网络的拓扑结构,确定 GA 的相关运行能数,包括种群规模 NP、变异概率 P_{min}、适应度拉伸变换的模拟退火法的初始温度 T_0、网络权值上下确界等。确定 GA 的终止条件:最大进化代数 G_{max}、网络的训练目标和进化缓冲迭代数 ΔN。依据相关确定的参数初始化种群 $P^G(G=1)$,并作为当前种群。编码采用实数上三角矩阵编码,适应度函数采用模拟退火法进行拉伸变换。

Step 2　调入训练数据,计算当前种群 P^G 个体的适应度值,并提取最佳个体。

Step 3　判断最佳个体的适应度值是否满足 GA 停止条件?(是否达到训练目标? 是否达到最大进化代数? 是否需要再经 ΔN 代运算?)如果满足停止条件,则训练计算结束,转入 Step 10,否则执行 Step 4。

Step 4　按随机确定的百分率 C_{rand}，提取 $NP * C_{rnd}$（取整）个种群个体及最佳个体，分别用 BP 网络训练 10 次后（BP 训练时，其训练目标与网络的最终训练目标一致），应用其输出误差 E 计算各个个体染色体的适应度值，与相应的原始个体进行比较，如果适应度值改善，优于当前原始个体，则对原始个体进行信息更新，包括相应的适应度值，否则保留原个体，直至提取的 $NP * C_{rnd} + 1$ 个个体在当前种群中得以全部替代更新。

Step 5　提取当前种群中的最佳个体，判断其适应度值是否满足训练目标？如果满足，则表明以找到目标解，训练结束转入 Step 10，否则执行 Step 6。

Step 6　选择操作。采用锦标赛选择法，随机从种群中挑选 n 个个体，将最好的个体选做父个体，重复进行直至完成个体的选择。选择操作采用国王策略，保证最佳个体被选入下一代。

Step 7　交叉操作。计算自适应交叉概率，对种群个体进行交叉操作，采用前述的矩阵多点均匀交叉操作，兼顾"国王策略"产生新个体。没有进行交叉的个体直接复制。

Step 8　变异操作。计算自适应变异概率，产生新个体。

Step 9　将产生新个体插入到当前种群中，并进行个体适应度值的更新，提取最佳个体，进化迭代数 $G = G + 1$，转入 Step 3。一直进行迭代，直到达到停止条件为止，计算结束，转入 Step 10。

Step 10　提取训练后种群中的最佳个体，从实数矩阵编码个体染色体中分解出 BP 网络的权值等参数，利用 BP 网络对 GA 搜索到的最优值进行微调，达到终止条件为止，计算结束，调用测试数据，输出结果，获得较高精度情况下的满意解。

12.5.3　模型的算法复杂度

最后，针对提出的模型对其计算复杂度进行分析。本模型的算法主要包括初始解的生成、选择、BP 算子、交叉和变异等步骤，其算法的复杂度可分解为：初始解的生成的算法复杂度是 $O(N^2)$。选择的算法复杂度采用了竞赛法，它的算法复杂度是 $O(pop \cdot n)$。在 BP 算子中，主要是进行 10 次训练，其复杂程序不超过 $O(10 \cdot pop)$。交叉算子中，主要是进行矩阵的局部行或列的元素变异，算法的复杂度不会超过 $O(N \cdot 2)$。同时，算法过程中，进化代数也会对模型的复杂度产生影响，其为 $O(G_{max})$。则算法模型的总复杂度是 $O(G_{max} * pop^2 * N^2 * 10n)$。可见，模型简单，易于实现。

12.5.4　模型的特点

经过上述模型的阐述和分析，本章提出的 IGABP 模型与传统的模型相比，具有如下的特点：

① IGABP 模型吸取 GA 算法和 BP 网络的优点，抑制了二者的缺点，新模型中，在 GA 操作中加入了 BP 算子的操作子过程，使得 GA 的良好的全局寻优能力和 BP 的自进化、自适应能力得到有效的融合，直接实现了对网络的训练，为复杂工程问题提供了一种计算简单、鲁棒性强且高效的全局性精确寻优方法。

② 模型算法的直接对神经网络优化和训练，所提出的模型运行稳定，且寻优能力强，使得最终训练学习所得的网络模型结果能较充分、全面、准确地表达煤矿工程生产的机理"知识"，提高了网络的知识表达能力。因此，进化神经网络煤矿工程的实例预测结果与实际情

况十分吻合,其准确度明显高于普通的传统 BP 网络。

③ 模型中的 BP 算子,只是对种群中的部分个体进行的有限次训练,其作用巧妙之处在于,有限次的训练(10 次)能充分利用 BP 的良好精确求解能力,使神经网络的种群个体进化方向由过去的随机转变成了自主。采用部分个体进行训练,使得种群中的优良个体增多的同时,不能因为 BP 的过多训练而破坏 GA 的种群多样性,收缩了其全局寻优的搜索空间的扩展。

④ 模型在 BP 算子操作及优良种群信息更新后,多加入了一个算法停止判断条件。此停止条件能有效地自适应地调节 BP 和 GA 在模型中的良好分工。例如,这一停止条件得到满足,说明寻优化过程实现,可以进行输出,此时的网络是经过 GA 优化过的 BP 网络,其反演能力当然增强。否则,BP 更新的优良个体进入种群,将大力提高 GA 进化的性能和精准定位能力,获取到问题的全局最优解。

⑤ 模型中的改进停止条件,由于加入一个 ΔN 代运算,使得模型能自适应的判别算法始络处于一个无良好的良性寻优阶段,很好地克服了传统模型中进化最大迭代数和训练目标易矛盾的缺陷,真正均衡了遗传算法的收敛性能与收敛时间。

12.6　本章小结

本章分析了传统遗传算法和神经网络集成的 GABP 模型存在易早熟、GA 和 BP 在集成模式中角色不明、训练的停止条件难以确定并导致的传统模型退化为标准 BP 模型、BP 未能充分发挥其自身的局部微调能力强的优势、模型难以确定问题的精确位置等不足,将 BP 算子引入 GA 的进化操作当中,提出了兼顾二者优势的一体化 IGABP 模型。主要完成了如下几方面的研究:

① 提出了面向神经网络参数的实数矩阵编码方案,并在适应度函数的模拟退火法拉伸、自适应计算的交叉率和变异率、最佳个体交叉的国王策略、基于进化实际的启发式停止条件等方面对标准 GA 进行了改进。有效地提高了标准 GA 的性能,为神经网络的优化问题提供了个性解决方案。

② 将 BP 的导向性训练,作为一种遗传操作,称之为 BP 算子,引入标准 GA 算法的进化过程,有效的改变了标准 GA 过去寻优搜索的随机性,转变为具有较强的自主导向性。为了不使模型退化为标准的 BP 算法,BP 算子操作对遗传算法中每代的部分个体进行少数几次的 BP 训练(本研究中,取为 10 次)。在建模过程中,用 BP 对 GA 搜索到的近似最优值进行微调,有效地提高了解的精度,同时,又避免了 BP 网络易陷入局部极小值的缺点。IGABP 模型充分发挥了 GA 的全局收敛性的优点,也充分利用了 BP 网络较强的局部微调能力,GA 算法的收敛速度得到提升,精确解的位置确定能力加强,从而构造出的进化神经网络,在鲁棒性和精确性上有了提高。

现有的 GABP 混合模型很多,但一体化的嵌入式的集成模式,研究得不多,包括本研究提出的 IGABP 模型在内,都还有很多值得研究和改进的地方,比如在适应度函数的设计、自适应交叉变异率的计算、交叉算子的改进和算法寻优的自主性等。进一步需要开展的工作除了对算法本身的研究之外,还应包括算法的实现、性能的比较、算法主要数据及结构的存储等很多问题。此外,针对大型的复杂网络的应用,是下一步的研究重点,也是模型真正投入生产及煤矿知识库构建的关键问题。

第13章 改进差分进化神经网络及其煤矿知识发现

Storn 和 Price 于 1995 年提出的差分进化(differential evolution,DE)算法,是一种采用浮点矢量编码在连续空间中进行随机搜索的优化算法[143]。该方法采用差分算子,利用种群中多个个体的信息,以其原理简单,受控参数少,易于实现,具有自组织、自适应、自学习、鲁棒性和强大的全局寻优能力等特征,受到广泛关注。DE 进化算法是一类新的随机全局优化技术,与遗传算法相比,DE 由于不需要编码和解码操作,故使用上大为简化。

DE 表现突出,已成为进化算法(Evolution Algorithm,EA)的一个重要分支。近年来,DE 在约束优化计算、模糊控制器优化设计、滤波器设计等方面得到了广泛的应用,应用领域包括海洋环境参数反演[149]、基本电荷计算[150]、机械优化设计[151]、六杆间歇机构优化综合[152]、地震源定位[153]和化工氧化反应模型参数的估计[154]等,但在煤矿应用研究尚少。如何应用差异演化算法,进行神经网络的优化训练和学习并用于煤矿知识发现是一个值得探索的课题。

本章将在对 DE 进化神经网络的相关理论及改进策略等进行探讨的基础上,提出改进的 MDEBP 模型,利用差分进化群算法直接优化和训练神经网络的网络权值、结构等网络参数,利用编写的模型程序优化训练神经网络,结合煤矿工程的实例,进行模型结果的测试和分析[155]。

13.1 差分进化算法的基本原理

差分进化算法(DE)是在 D 维空间中选取 N 个 D 维矢量(个体),$i=1,2,\cdots,N$ 作为一个种群,通过变异、交叉和选择等操作,实现进化寻优。DE 通过变异操作得到临时变异个体参数向量,再把这些临时变异个体与父代中的其他个体进行交叉操作产生试探子代,最后利用选择操作从父代与试探子代中保留较优的个体生成下一代种群,如此反复循环以达到最优,具体过程如图 13-1 所示[156-158]。DE 算法主要包括种群的初始化、变异、交叉和选择等操作。下面,结合 DE 算法优化神经网络问题对差分进化算法的基本原理进行叙述。

13.1.1 种群初始化

差分进化算法采用实数编码形式,直接将优化问题的解 $x_1,x_2,\cdots,x_D$ 组成解向量 $X_{i,G}$,见式(13-1)。而每个解向量对应于进化种群规模为 NP 的单个个体。G 表示进化种群的每一代,其取值为 $G=0,1,\cdots,NM$(NM 为最大的进化代数)。i 表示个体在当前代种群中的位置,其取值为 $i=1,2,\cdots,N$。初始群体一般采用统一的概率分布来随机选择,并尽可能覆盖整个参数空间。一般通过式(13-2)来产生初始种群。$P^{(0)}$ 为初始种群,$X_{j,i}^{(U)}$,$X_{j,i}^{(L)}$ 分别为优化问题的上下界,$rand_{j,i}[0,1]$ 为 $[0,1]$ 之间的标准随机均匀函数,D 为求解向量的维数。

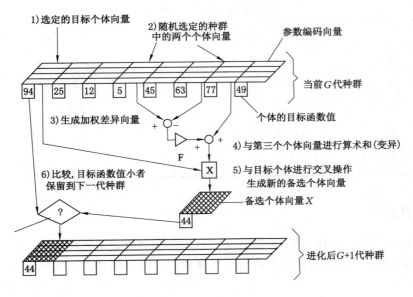

图 13-1 差分进化算法的进化过程

$$X_{i,G} = \{x_1, x_2, \cdots, x_D\} \tag{13-1}$$

$$P^{(0)} = X_{j,i}^{(L)} \_rand_{j,i}[0,1] * (X_{j,i}^{(U)} - X_{j,i}^{(L)}), \forall i \in [1, NP]; j \in [1, D] \tag{13-2}$$

13.1.2 变异操作

变异操作是差分进化算法产生子个体的重要步骤,它基于矢量个体的差分矢量进行,也是 DE 算法与其他进化算法的主要区别。变异主要通过将父代个体群体中两个或者多个个体之间特征差分,产生相应的差分矢量,再乘以缩放因子,对差分矢量进行放缩作用,其缩放结果再与父代中的当前个体进行算术运算,从而产生子代个体。变异操作的基本单位是父代中的个体。式(13-3)是利用父代(第 G 代)群体中多个差异的个体 $X_{r_1,G}, X_{r_2,G}, X_{r_3,G}$ 进行差分操作产生新个体 $V_{i,G+1}$ 的其本变异模式,Storn 和 Price 令其为 DE\RAND\1 模式。在变异时设当前个体为 $X_{i,G}$,从当前代 G 的种群中随机选取三个与当前个体不同且三者互不相同的个体 $X_{r_1,G}, X_{r_2,G}, X_{r_3,G}$,若以第一个被选择的个体作为基点,沿着后面两个个体的差异所形成的方向走一个步长 F,得到中间个体记为 $V_{i,G+1}$,即:

$$V_{i,G+1} = X_{r_1,G} + F \cdot (X_{r_2,G} - X_{r_3,G}) \tag{13-3}$$

式中,$i = 1, 2, \cdots, N; r_1, r_2, r_3 \in \{1, \cdots, N_P\}, r_1, r_2, r_3$ 个体索引值是由当前种群随机选定,且满足 $r_1 \neq r_2 \neq r_3 \neq i$。$X_{r_1,G}, X_{r_2,G}, X_{r_3,G}$ 是父代个体或其个体。F 为变异因子(也称缩放因子),$F \in (0, 2]$,是标准 DE 算法中的主要控制参数之一,需事先确定,主要用来控制种群的多样性。DE 算法中,最基本的变异成分为父代种群中多个差异个体之间相减形成的差分矢量,也是差分算法的核心。差分算法产生备选矢量的过程可抽象为 $\omega = \varphi + \alpha * \delta$,其中,$\delta$ 表示可能的差分矢量,可由不同差分模式形成。α 为比例缩放因子,φ 为相应的参考基体。依据差分矢量及变异个体的生成不同,Storn 和 Price 提出了多种不同的 DE 差分模式,见表 13-1。

表 13-1   **DE 算法的常用变异模式**

序　号	变异运算公式	变异差分模式
1	$V_{i,G+1}=X_{best,G}+F \cdot (X_{r_1,G}-X_{r_2,G})$	DE/best/1/exp
2	$V_{i,G+1}=X_{r_3,G}+F \cdot (X_{r_1,G}-X_{r_2,G})$	DE/rand/1/exp
3	$V_{i,G+1}=X_{best,G}+F \cdot (X_{best}-X_{old}+F \cdot (X_{r_1,G}-X_{r_2,G})$	DE/rand-to-best/1/exp
4	$V_{i,G+1}=X_{best,G}+F \cdot (X_{r_1,G}-X_{r_2,G}+X_{r_3,G}-X_{r_4,G})$	DE/best/2/exp
5	$V_{i,G+1}=X_{r_5,G}+F \cdot (X_{r_1,G}-X_{r_2,G}+X_{r_3,G}-X_{r_4,G})$	DE/rand/2/exp

13.1.3　交叉操作

交叉操作是在变异操作之后,为提高后代个体的相异度而进行的操作。它会增加新种群的离散程度,使得差分向矢量在参数空间具有更广泛的代表性。交叉操作会得到试探子代矢量(Trial vector)$u_{i,G+1}=(u_{1i,G+1},u_{2i,G+1},u_{3i,G+1},\cdots,u_{Di,G+1})$。在交叉操作过程中,后代 $U_{i,G+1}$ 的第 i 个个体的第 j 个基因主要由式(13-4)所示的随机函数来决定其是继承临时变异个体 $V_{i,G+1}$,还是当代对应个体 $X_{i,G}$ 的等位基因。

$$U_{ij,G+1}=\begin{cases}V_{ji,G+1} & \text{if} \quad (rand(j) \leqslant CR) \quad \text{or} \quad j=rnbr(i) \\ X_{ji,G} & \text{if} \quad (rand(j) \geqslant CR) \quad \text{and} \quad j \neq rnbr(i)\end{cases} \tag{13-4}$$

式中,$rand(j)$ 是一个 $[0,1]$ 之间的服从均匀分布的随机数。$CR \in (0,1]$ 是 DE 算法的交叉概率,其由用户在算法的初始化过程中加以确定。$rnbr(i) \in (1,2,\cdots,D)$ 是一个随机数,其目的是确保由式(13-4)生成的 Trial 矢量中至少有一个分量来自变异矢量 $V_{i,G+1}$。图 13-2 列举了一个具有 D 维参数的 DE 矢量交叉操作过程,展示了差分矢量在新个体矢量产生中的作用,体现了 DE 算法的核心。

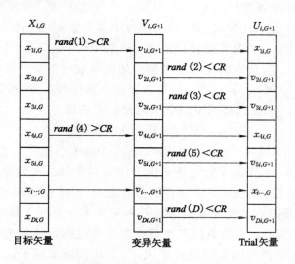

图 13-2　DE 算法交叉产生 Trial 个体矢量的过程

13.1.4　选择操作

执行完交叉操作后,将目标向量 $X_{i,G}$ 与试探向量 $U_{i,G+1}$ 代入目标函数,进行适宜度值的计算,按式(13-5)进行目标向量与试探向量的个体竞争,选择较优的向量个体进入下一代。即如果试探向量个体优于目标个体(根据适应度函数值的大小决定),则目标个体向量 $X_{i,G}$ 被试探向量个体 $U_{i,G+1}$ 取代,进入下一代种群,否则,保留目标个体向量 $X_{i,G}$,由此形成新的种群。所有个体的适宜度值总是等于或优于父代中的对应个体。在新生成的子代种群中,选出最佳个体 $V_{bst,G+1}$ 取代父代中的最佳个体 $V_{bst,G}$,$V_{bst,G+1}$ 由式(13-6)求取。

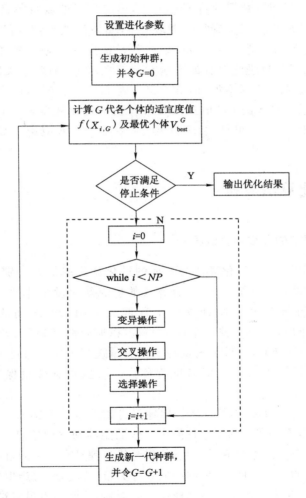

图 13-3　差分进化算法的流程图

对当代种群中的所有个体反复进行变异、交叉、选择等操作以后,产生下一代种群,如此反复循环最后达到最终的终止条件(期望目标适宜度函数值或最大的进化代数 G_{max})。最后得到的子代种群中的最佳个体 V_{best} 即为所求解。图 13-3 展示了标准差分进化算法的流程。

$$X_{i,G+1} = \begin{cases} U_{i,G+1}, & f(U_{i,G+1}) \leqslant f(X_{i,G}) \\ X_{i,G}, & \text{其他} \end{cases} \tag{13-5}$$

$$V_{\text{bst},G+1} = \min\{f(X_{i,G+1})\}, i = 0, 1, 2, \cdots, NP \qquad (13\text{-}6)$$

式中,$f(\cdot)$为适宜度函数。

13.1.5 差分进化算法的运行参数及特点

对于简单差分进化算法,主要涉及四个运行参数:种群规模(NP),即种群中所含个体数目;终止迭代代数(NM);差分矢量的缩放因子(F);交叉概率(CR)。这四个参数对差分算法的求解结果和求解效率都有很大的影响,对于如何设定及其对算法的影响,已有许多文献进行了研究。F的大小对算法的收敛速度直接相关,CR与问题的复杂性及特征相关。其选择与优化问题数据的特征有关外,还与种群的数目NP相关。优化经验表明[159,160]:交叉概率CR在[0,1]之间,一般取 0.3,如果很难收敛,可以在[0.8,1]之间选择;群体中矢量个数N可以选择$10 \times D$,变异率F选择[0.5,1],如果增加N,应该减小F。变异因子和交叉因子对进化过程的影响是相互关联的,随着交叉因子CR的增大、变异因子F的减小进化速度逐渐增加;但随着交叉因子CR的增大,进化过程对变异因子F的取值也越来越敏感。较大的CR值虽然具有较快的进化速度,但是发生陷入局部最优解和早熟的概率也较大[161]。可见,合理设定这些参数是DE应用于实际问题能否获得圆满成功的关键。

13.2 差分进化算法分析

13.2.1 差分进化算法的二维寻优过程

由上所述可以看出,差分进化算法与其他的进化算法的最大区别是其产生新的种群个体的模式。下面,我们就分析一下,差分算法的生成新向量个体的特别之处。这里,以二维向量的寻优化问题为例。① 计算两个种群成员(1,2)之间的差分矢量($x_{r2,G} - x_{r3,G}$);② 经缩放操作后,作用于种群个体(3);③ 相加后的结果(4)与目标矢量(5)进行交叉从而得到试探矢量(6);④ 目标矢量与试探矢量进行个体适宜度值竞争,如果试探矢量优于目标矢量,则目标矢量被试探矢量所替代,反之,目标矢量保留。整个过程如图13-4所示。

从上述过程可以看出,DE采用的是一种种群自我参考的方案来产生变异繁殖新的种群,差分进化算法的本质是充分利用了种群中个体的距离和方向信息[162],参照种群自身来产生一个适当大小和方向的差分变异矢量,使得寻优过程具有一定的自主性,因而进化的速度和收敛性得到有效的保障。此外,种群中的差分矢量(扰动增量)产生变异时,由于差分分布的均值总是为零,因此不会产生种群选样偏差的漂移,从而对于很多对参数的范围和灵敏性存在很大差异的优化问题时,优势十分明显。

13.2.2 DE 算法的特点与分析

通过上述对 DE 过程的阐述,现将其优缺点分析如下[163-174]:

13.2.2.1　优点

① 差分进化算法不是从一单个点,而是从一个群体开始搜索,提高了算法的多样性。

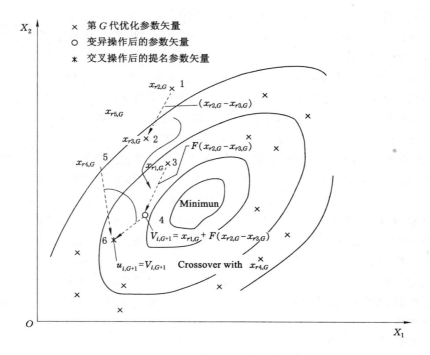

图 13-4　DE 算法的二维寻优过程

　　② 差分算法中的变异、交叉及选择等进化操作直接基于种群及个体进行,也就不存在传统方法在问题求解过程中对求导和函数连续性的限定。算法采用概率转移准则,不需要确定性的规则。

　　③ 差分进化算法具有内在的隐并行性和较好的全局寻优能力,采用随机概率转移规则,减少了对先验知识的要求,算法具有自适应、自组织及自学习的特征,设计与实现简单,弥补了遗传算法编码繁琐、实现过程复杂及各种遗传操作实现比较困难的欠缺。

　　④ 差分算法的另一个重要特点是通过差分矢量的方式,充分利用了种群中的方向信息,使得收敛和稳定性大为提高。采用差分算子,利用种群中多个个体的差异信息,也就是微弱的、采用一种"变相"方式来利用目标函数的梯度信息,因而,在同样的精度要求下,差分进化算法比其他进化算法具有更快的收敛速度,具有优秀的鲁棒性和全局寻优能力,表现极强的稳健性,且操作简单,算法易于编程实现。

13.2.2.2　缺点

　　① 简单差分算法(simple differential evolution algorithm,SDEA)完全平行地以随机性的概率转换机制进行父代个体的组合,信息的交换少,由于差分进化的关键步骤变异操作是基于群体的差异向量信息来修正各个体的值,随着进化代数的增加,各个体之间的差异化信息在逐渐缩小,以至于后期收敛速度变慢,存在个体趋同性问题,种群中的个体趋于一致,甚至有时会陷入局部最优点,很易造成"早熟"或求解时间过长,最后难以达到全局最优。

　　② 种群在杂交、变异操作中的位置选择采用随机方式进行,较少根据有用的信息指导,在一定程度上具有盲目性,随着进化的进行,各代之间较少有信息的交换,遗传主要取决于父代情况,祖代的信息对后代较少,从而不能充分利用种群繁衍中产生的其他时序信息,也

就不能充分利用求解空间的总体变化趋势来指导全局的寻优。

③ 算法的进化过程中,通过一个简单的目标函数值指标好坏来判断新生个体的取舍,只利用了浅层的信息,缺乏深层的理性分析。

④ 差分进化算法的进化机制完全依赖于生成多个新个体后的选择过程,对于参与繁殖的父代个体没有进行预先的优化处理,对交代的信息利用较低。

由于 DE 采用贪婪的搜索策略,加快收敛速度的同时,不可避免提高收敛的概率,全局寻优能力下降,出现早熟现象。如表 13-1 中所列的 DE/best/1/exp 进化策略,X_{best}^G 为当前最优解,其在变异过程中,后代继承了其太多的信息,随着进化的进行,其他个体将迅速向其靠拢。如果 X_{best}^G 为一局部最优点,随着种群的不断进化,个体的多样性急剧下降,个体之间的差异越来越小,导致变异矢量 D_{ij}^G 趋于 0,交叉和选择操作已不能改变种群的多样性,最后所有个体都趋向 X_{best}^G,种群便无法在解空间内重新搜索,算法陷入局部最优。对于多峰寻优过程,存在多个局部最优点,算法更容易陷入局部最优,难以找到全局最优。即使进行变异的个体不采用 X_{best}^G,也同样会随着进化的进行,同样有陷入该局部最优的可能[173]。算法一旦陷入局部最优,则收敛速度会变慢。从上述分析可以看出,DE 是根据父代个体间的差分矢量进行变异、交叉和选择操作,与其他进化算法(如遗传算法)一样易陷入局部最优,存在早熟收敛现象。

13.2.2.3 目前的解决方案及不足

目前的解决方法主要有:

① 增加种群的规模,其直接后果是会增加算法的运算量,并且不能从根本上解决问题。

② 在算法中加入改进算子,比如迁移算子和加速算子,来提高算法的种群多样性和收敛速率[171,172],但涉及适应度函数的梯度信息的计算,不但实现困难,也会使 DE 算法的应用受到限制。

③ 针对差分矢量的缩放因子 F 和交叉概率 CR 两参数对算法的影响[171],提出了一种模糊自适应差分进化算法,但要选择模糊隶属函数,实现较为困难。文献[169]采用随机数来产生自适应变异率 F,得到一个简化的 DE 算法,是一个共性的解决方案,缺乏具体问题具体分析的"人本思想"。

13.3 差分进化算法的改进思路

通过前述的分析,可以看出,影响标准 DE 算法性能不佳的主要环节有:算法的控制参数、算法的存储消耗、进化操作的计算量及寻优个体的自主导向性。为此,本研究从控制参数的自适应设计、单种群策略等几方面进行了改进,相应的改进出发点和改进贡献见表 13-2。相关的改进策略分别叙述如下。

表 13-2 **对标准 DE 的改进策略及贡献**

改进策略	标准 DE 的不足	改进后效果
变异率和交叉率自适应确定	参数要求事先人为确定,不能充分利用种群的进化信息,参数的设置对算法性能影响大	充分利用了种群的进化信息,有效地改进了 DE 算法对控制参数的敏感性,维持了种群的多样性

改进策略	标准 DE 的不足	改进后效果
单种群策略	存在两个种群在存储空间上的消耗,选择操作时,两个种群来回搜索的时间浪费	减少了种群在空间上的消耗,避免两个种群间来回搜索的时间浪费,节约了算法的运算时间
最佳——三角差分变异	未能充分利用个体的寻优导向性,寻优存在随机性,收敛缓慢	寻优过程具有自主性,"朝着一个方向"良性发展,收敛得到加速
重布操作	进化过程处于封闭的自参考,当种群的多样性由控制参数维持失败,出现算法过早收敛	适应判断进化过程中的种群多样性,在保留最佳个体不被破坏的同时,跳出封闭,重新产生新的个体,跳出局部最优点
多备择集策略	只能产生一个试验备选新个体,寻优过程只有一次改进机会,算法效能不高	相同条件下,线性产生多备择个体,使当前点有三次修正更新的机会,算法在求解问题时收敛速度大为提高
高效的选择操作	传统 DE 算法,其选择操作是将新个体与当代种群中某个预定的个体相比较,不能保证最好的优良个体	当代个体与种群个体进行——比较竞争,优胜劣汰,使得子代个体总是等于或优于父代个体
并行计算策略	单一进程的适应度值的计算耗时,未能充分利用计算机的高效并行机制	并行计算,充分利用了计算机资源,时效大为提高

13.3.1　差分模式及控制参数的自适应改进

研究表明[168],DE 进化算法的好坏,与差分模式及控制参数有着直接的联系,变异因子和交叉因子对进化速度有较大影响,适当的参数设置可以更快地找到最优解,将直接影响到 DE 算法的成功与否。在进化后期,由于个体之间差异信息变小,如果变异参数 F 设置不当,会使得新生的个体出现目标值变坏,没有竞争力,而使进化变得缓慢甚至出现进化停滞或早熟现象。同时,不同优化问题的最佳参数设置也不尽相同。为克服这一缺点,本研究提出自适应机制,对算法里最敏感的变异因子 F 及交叉因子 CR 实行自适应操作。

简单 DE 采用固定的变异因子 F,一般选取一个 0 到 2 之间的某一实数,用来对差分量进行放大和缩小控制。算法在具体实施过程中,作为主参数的 F 存在难以事先确定及变异率不能随进化过程而启发式修改等缺点。如果变异率设置过大,DE 算法近似随机搜索,搜索空间范围无目标地扩大,产生优秀个体的机率降低,算法搜索效率低下,进化收敛速度下降,进而在一定进化代数的限制下,所求得全局最优解的精度相对较低;如果变异率设置过小,则群的多样性降低,算法急剧收敛,出现"早熟"现象。在 Storn 等[157]的测试中,尽管大部分例子表明取 $F=0.5$ 能得到好的结果,但对于不同的问题需要有不同的值,对 F 的调整需要更多的经验。为减少用户的参与程度,需要降低 F 的影响。

本研究提出一种启发式的自适应变异算子,能根据算法的搜索进展及种群进化过程中的聚集程序等实际情况,自适应地确定变异率,动态确定 F 的算子计算式,其计算式如式(13-7)所示。

$$F=\begin{cases}\max\left\{F_{\min},2-\left|\dfrac{f_{\mathrm{avg}}}{f_{\max}}\right|\right\}, & \left|\dfrac{f_{\mathrm{avg}}}{f_{\max}}\right|>1\\[4mm]\max\left\{F_{\min},2-\left|\dfrac{f_{\max}}{f_{avg}}\right|\right\}, & \text{其他}\end{cases} \tag{13-7}$$

式中,$F_{\min}$ 为预先指定的最小变异因子,是 F 的下界,f_{avg} 和 $f_{\max}$ 分别为第 G 代的平均和最大目标函数值,显见,$F \notin [F_{\min}, 2]$。

易知,在算法的初期,由于种群的多样性,f_{avg} 和 $f_{\max}$ 的差异较大,$\left|\dfrac{f_{\text{avg}}}{f_{\max}}\right|$ 的比值不趋近于 1,则自适应变异率 F 趋近于 2,具有较大的变异率,从而为算法在初期保持个体的多样性立下了汗马功劳,避免了早熟;随着算法进展,种群的个体差异度逐步降低,变异率逐步降低,到了算法后期变异率接近 $F_{\min}$,使得种群中的优良信息得以保留,避免最优解遭到破坏,增加搜索到全局最优解的概率。可见,F 由种群的多样性决定,根据进化的演进而得到了自适应的调整,充分利用了种群的信息,算法更具适应性和针对性,一定程度上提高了算法的"鲁棒性"。

此外,式(13-7)中,在计算 F 时,涉及种群的平均及最大目标函数值的计算,有一定的计算量。为此,参考文献[171],引入一种简单的自适应变异率求取算子,见式(13-8)。

$$F = F_{\min} * 2^{e^{\left(1 - \frac{epochs}{epochs + 1 - G}\right)}} \tag{13-8}$$

其中,$F_{\min}$ 为预先指定的变异率,意义同前,$epochs$ 是最大进化代数,G 是当前进化代数。自适应变异率在算法开始时为 $F = 2F_{\min}$,具有较大的变异率,有利于保持个体的多样性;随着算法进展,G 逐渐增大,变异率也随之逐步降低,当 G 趋近于 $epochs$ 最大进化代数时,变异率接近 $F_{\min}$,能有效避免最优解遭到破坏,算法求解结果精度提高。

可以看出,论文中所设计的两种变异算子计算方法,相比而言,前者更能体现和充分利用种群中的进化进展信息,适应性较强;后者主要是计算比较简单,只利用了进化的代数信息,不能很好地反映和利用种群中的即时信息,有时不能达到理想的效果。因此,在论文的实验仿真部分,采用前者。对于后者,主要利用其通过多次试验,来确定一个相对较佳的 $F_{\min}$ 值,从而为前者提供一个好的初值参数。

另一方面,从上述分析可知交叉因子 CR 对算法的效能影响也不容忽视。主要体现为,如果 CR 越大,$V_{i,G+1}$ 中的分量被选中的概率大,对 $U_{i,G+1}$ 的贡献越多,有利于局部搜索和加速收敛速率;否则,$X_{i,G}$ 对 $U_{i,G+1}$ 的贡献越大,有利于保持种群的多样性和全局搜索。良好的搜索策略应该是在搜索的初始阶段保持种群多样性,进行全局搜索,而在搜索的后期应加强局部搜索能力,提高算法的精度,达到种群多样性与收敛速度这一矛盾的辩证统一。基于这种思想,本研究引入了一种自适应的 CR 的确定方法。设 $CR_{\min}$ 为最小交叉概率,$CR_{\max}$ 为最大交叉概率,G 为当前迭代次数,$G_{\max}$ 为最大迭代次数,则自适应交叉概率定义为式(13-9)所示[173]。显见,CR 随迭代次数的增加在区间 $[CR_{\min}, CR_{\max}]$ 上由小变大,表现为在进化的初始阶段,交叉概率小,算法的全局搜索能力得到维持,而在后期,交叉概率逐步增大,算法的局部搜索能力得到加强,寻优精度得到保障。

$$CR = CR_{\min} + \frac{G \cdot (CR_{\max} - CR_{\min})}{G_{\max}} \tag{13-9}$$

就煤与瓦斯突出预测而言,采用参数的自适应设计,考虑了煤与瓦斯突出的复杂性,以简单、高效的方式实时利用了种群中的有用信息,并反馈给算法的进化过程,使算法对相应的参数进行调整来加以响应,顾及了寻优过程中的个体差异,避免繁琐的参数的敏感性分析,加快了算法的进化速度,提高了反演与预测结果的精度。可见,参数的自适应设计与改进,大大提高了 DE 算法的稳健性,扩大了其解决问题的适用范围。这一特点,使得其能在煤与瓦斯突出突出预测中,很好地与 BP 网络进行集成,快速、准确解决问题。

13.3.2　单种群策略

由前面对基本差分进化算法的介绍可知,进化是基于两个群体进行的,分别是父代群体和子代群体。具体过程是在父代群体里随机产生差异向量,对父代群体中的每个个体进行变异和交叉操作产生试验个体,再通过选择操作决定是保留原个体还是采用试验个体。当对所用的父代个体都进行完变异、交叉、选择等进化操作后,再由子代群体作为父代群体重复上述操作,周而复始完成整个进化过程。易见,这个过程,由于两个种群的存在,使得算法在存储空间需要大量内存,空间上比较浪费。此外,进行比较选择操作时,再要在两个种群间进行不同的进化操作,需在两个种群间来回搜索,时间上存在浪费[169-171]。为此,本研究提出单种群策略,即把由父代群体和子代群体两个群体的进化合并成一个种群进行进化,合并后的种群的规模维持不变。具体的实现思路为,群体中对每个个体进行变异和交叉操作产生试验个体后,进行选择操作,与原种群个体比较,如果符合要求立即替换掉原种群中的指定个体,不再继续搜索和进行选择操作。其优点在于,每次进化,可不必进行完整的选择操作,节约了时间。由于两代种群巧妙的合并为一代进行进化操作,也节约了算法的存储空间。与此同时,所得到的新个体,其优异的个体信息,可以马上参与到产生下一个试验个体变异、交叉操作,所用到的差异向量就有可能来自刚生成的新个体。新个体的优良基因将在当前群体就发挥作用,而不必留至下一代群体是才发挥作用,使得进化速度在一定程度上得以提高。

13.3.3　最佳——三角差分变异操作

在 2003 年,Hui-Yuan Fan[175]针对差分进化给出了一种三角变异操作(Trigonometric Mutation Operator Differential Evolution Algorithm,TDE)。所谓三角变异操作特指 TDE 变异矢量的生成操作,由式(13-10)决定:

$$V_{i,G+1} = (X_{r_1,G} + X_{r_2,G} + X_{r_3,G})/3 + (p_2 - p_1)(X_{r_1,G}, X_{r_2,G})$$
$$+ (p_3 - p_2)(X_{r_2,G} - X_{r_3,G}) + (p_1 - p_3)(X_{r3,G} - X_{r1,G}) \qquad (13-10)$$

其中,$X_{r_1,G}$,$X_{r_2,G}$ 和 $X_{r_3,G}$ 为种群中三个随机个体。p_1,p_2,p_3 分别为:

$$p_1 = |f(X_{r_1,G})\}/p'$$
$$p_2 = |f(X_{r_2,G})\}/p' \qquad (13-11)$$
$$p_3 = |f(X_{r_3,G})\}/p'$$

式中的 p' 由下式确定:

$$p' = \{f(X_{r_1,G})\}| + |f(X_{r_2,G})| + |f(X_{r_3,G})|\} \qquad (13-12)$$

其中,$f(X_{x_i,G})$,$i=1,2,3$ 为个体的适应度计算值。从上述公式可以看出,三角变异操作随机个体产生的差分变量,即$(X_{r_1,G} - X_{r_2,G})$,$(X_{r_2,G} - X_{r_3,G})$ 和 $(X_{r_3,G} - X_{r_1,G})$ 由为边组成的三角形加权求取的中心差异变量来实现,三条边代表了三个不同方向的信息。另,权重项$(p_2 - p_1)$,$(p_3 - p_2)$ 和 $(p_1 - p_2)$ 三角形差异边朝着产生更优化个体的趋势进化,同时,顾及不同的方位信息,增强了优秀差异变量在新个体产生中的贡献,使得 TDE 在寻优方面比传统 DE 的变异操作更有效率,算法的性能大为提高。但不足是,算法中的$(X_{r_1,G} + X_{r_2,G} +$

$X_{r_3,G})/3$ 基元个体,由于其随机性,可能会使 TDE 的寻优过程不能趋向于一个方向发展,使得算法在执行过程中,并没有理想中的那样"朝着一个方向"良性发展。为此,本书以当代最佳个体 Best 为基础进行变异,对变异向着更优方向进行具有非常好的引导作用,从而提出了最佳——三角差分变异操作,其变异产生新个体的方式为:

$$V_{i,G+1}=X_{rbest,G}+(p_2-p_1)(X_{r_1,G}-X_{r_2,G})+(p_3-p_2)(X_{r_2,G}-X_{r_3,G})+$$
$$(p_1-p_3)(X_{r_3,G}-X_{r_1,G}) \tag{13-13}$$

式中,$X_{rbest,G}$ 为当代最佳个体。其他符号的意义同式(13-10)。

13.3.4 重布操作

自适应变异及交叉可以加快差异演化的收敛速度,但却不能忽视收敛和多样性这样一个平衡问题。算法在进化过程中,由于具有很高适应度的值的超级个体的存在,种群在经过少数几代迭代后,由于群体的封闭竞争,个体差异变小,趋近于 0,种群可能全部被该超级体及其后代占据,搜索作用范围受到限制,不能引导搜索有效地进行,搜索有可能停止在未成熟阶段从而难以找到优值,仍不能避免其可能陷入局部最优点缺陷。解决途径是扩展当前搜索区域,引入收敛区域外的个体,使之成为父代个体参与演化。为此,本章在基本差异演化算法中,当出现早熟或进化速度变缓时,借助文献[174]的思想,引入重布操作,使搜索过程在保留最佳个体不被破坏的同时,跳出封闭,重新产生新的个体,跳出局部最优点,防止过早收敛,达到最优目标解的寻优。

在利用进化算法进行寻优问题的求解时,收敛和多样性显然是一个平衡问题。收敛性,易使问题陷入局部最优化。而多样性,则能使问题获取到一个全局最优解,但比较耗时。从实验可知,DE 在优化寻优的过程中,从上一代种群进化过下一代种群时,往往不能呈现连续的目标函数的适应度值减少,而是经过几代甚至几十代的进化以后,才获取到一个更小的适应度值最佳个体,尤其是进化的后期。

同时,为了提高算法的效率,没有必要在进化的每一代都进行重布操作,只有种群的聚集程度高时,才进行。为此,提出种群的适应度方差作为是否进行重布操作的评判指标,其定义计算式见式(13-15)。因此,在变异和交叉操作不能很好地产生新的最佳个体时,自适应调用重布操作,使得最佳个体朝着一个更优的点进化。

重布操作是指第 i 个个体的第 j 个基因可通过式(13-14)产生。

$$X_{ij}(G+1)=X_{ij}+(sqrt\sigma * randn_{ij}(size(pop)_D)+A) \tag{13-14}$$

式中,$sqrt\sigma$ 为标准方差;A 为均值;$sqrt\sigma(randn_{ij}(size(pop)_D)+A$ 表示生成 D 维的服从 $N(A,sqrt(\sigma))$ 正态分布的随机数。通过重布操作,能有效保护最佳个体不被破坏,并在其周围产生若干个体,可使当前个体逃离局部最优点。

另一方面,重布操作应有条件限制。如果在进化的过程中,不加任何限制,如果无条件地进行重布操作,可能破坏种群的寻优趋势性,且会使算法的计算量增加,降低算法的效率,不利于算法的收敛。为此,本章提出了能反映种群个体的多样性的多样性指数这一指标,用以自适应控制算法的重布操作。种群多样性指标可借助统计学中的方差计算方法求得,其定义见式(13-15):

$$\delta^2=\sum_{i=1}^{NP}\left(\frac{f_i-f_{avg}}{f}\right)^2\bigg/NP \tag{13-15}$$

式中,NP 为群体规模,f_i 为第 i 个个体的适应度,f_{avg} 为种群目前的平均适应度,其中 f 为归一化定标算子,主要是标准化种群方差 δ^2 的大小。本研究算法中,f 取值为:

$$f=\begin{cases} \max\{|f_{\max}-f_{avg}|,|f_{\min}-f_{avg}| & |f_{\max}-f_{avg}|>1\} \text{ or } |f_{\min}-f_{avg}|>1 \\ 1, & \text{其他} \end{cases} \tag{13-16}$$

式中,$f_{\max}$,$f_{\min}$ 分别为种群目前的最大和最小适应度值。

可以看出,群体适应度方差 δ^2 能反映种群中所有个体的"聚集"程度。δ^2 越小,种群越聚集在一起,多样性不足,差异算法中的差分变量趋近于 0,算法收敛于局部点,易于早熟,需进行重布操作;反之,种群则处于随机搜索阶段,不用进行重布操作。可见,群体适应度方差 δ^2 的引入,可以自适应地控制种群的多样性,使得优化朝着一个局部收敛与全局优化相对辨证的方向发展。在实际算法的实现中,采用式(13-17)进行判断。可以事先结定一个限值 ε,比如 0.001,当 δ^2 连续多次(比如 20 次)都小于限值 ε 时,DE 算法陷入低效阶段,需进行重布操作。

$$|F_t^G - F_t^{G+1}|<\varepsilon \tag{13-17}$$

另一方面,采用上述的群体适应度方差 δ^2 作为评价种群聚集程度的指标,原则上很好,但存在的一个最大的弱点是群体适应度方差 δ^2 计算过于繁复,不利于算法的执行效率。为此,本章引入了另一种评价种群多样性的指标,种群梯度,其由式(13-18)计算所得。

$$F_t = \frac{f_{\max} - f_{\min}}{\dfrac{1}{NP} \cdot \sum_{i=1}^{NP} f_i} \tag{13-18}$$

式中,$f_{\max}$,$f_{\min}$ 分别是种群中的最大、最小目标函数值,可通过目标函数计算式计算得到。NP 为群体规模,f 为第 i 个个体的适应度。如果将 G 代及 $G+1$ 的种群梯度分别记为 F_t^G 和 F_t^{G+1},对相邻代的种群梯度进行比较,便可得到如式(13-17)所示的判断式。如果对于给定的 ε,当连续多次(一样也是 20 次)都成立时,则可断定 DE 算法中需进行重布操作。显然,种群梯度 F_t 比群体适应度方差 δ^2 计算更为简单,但其同样能反映种群的聚集程度。在本章的算法实现中,选择了种群梯度 F_t 作为重布操作的执行与否的标准。

13.3.5　多备择集策略

借用遗传算法中的线性交叉的思想,可以在当前个体 $X_{i,G}$ 及选定个体中,通过线性算子的作用产生新的基个体,比如 $X_{r_1,G} X_{r_2,G}$ 不变的条件下,采用线性杂交生成两个临时基个体 $V_1,V_2^{[173]}$,具体方法为:

$$V_1 = X_{r_1,G} + \beta(X_{r_1,G} - X_{i,G}) \tag{13-19}$$

$$V_1 = X_{r_2,G} + \beta(X_{r_2,G} - X_{i,G}) \tag{13-20}$$

其中,$\beta \in [-1,1]$,用来调节差异向量的步长,是算法中的一个控制参数。如果,将 V_1,V_2 代替式($V_{i,G+1} = X_{r_1,G} + F \cdot (X_{r_2,G} - X_{r_3,G})$)中的 $X_{r_1,G}$,以 V_1,V_2 为中间个体的基点,便生成了两个备选中间个体 $V_{i,G+1}^1,V_{i,G+1}^2$ 即

$$V_{i,G+1}^1 = V_1 + F \cdot (X_{r_1,G} - X_{r_2,G}) \tag{13-21}$$

$$V_{i,G+1}^2 = V_2 + F \cdot (X_{r_1,G} - X_{r_2,G}) \tag{13-22}$$

再依据上述所得的两个中间个体,利用 DE 交叉算子(13-4),便可以产生两个候选个体,分别简记为 $u_{ij,G+1}^1,u_{ij,G+1}^2$。将所得到的两个候选个体,均进行选择操作,经过两次的修

正,产生的较优化个体进入下一代。相对于传统 DE 算法而言,在同样的条件下,产生了两个不同的候选个体,大大提高了产生优异个体的概率。这一策略,本章中简称为多备择集策略。多备择集策略利用新的线性杂交进化算子,算法在每一次的迭代过程中都用到了若干个点及 V_1,V_2 和当前个体 $X_{i,G}$ 的中心作为基点,把当前个体代表点附近的一个二维平面分成三个邻域,并在每个邻域选取了一点(个体代表),来对当前点加以修正,达到产生较优个体的目的。显见,把搜索限定于当前点附近搜索区域内的一个二维平面上的三部分中,使得搜索过程中给了当前点三次修正更新的机会,从而使得简单 DE 算法中,固有的完全随机的盲目搜索变成了具有相邻信息为指导的确定性搜索,更有助于全局寻优,算法在求解问题时收敛速度大为提高。

13.3.6 高效的选择操作

传统 DE 算法,其选择操作是将新个体与当代种群中某个预定的个体相比较。如果新个体的目标函数值小于与之相比较的旧个体,则在下一代中就用新个体取代预定的旧个体。这样,进入一代的个体,不能保证最好的优良个体,也就不利于算法朝着优化目标方向发展,从而影响算法的寻优效率。在本章中,提出将备选个体和当代个体进行一一比较竞争,优胜劣汰,胜者入围下一代的竞赛选择操作,使得子代个体总是等于或优于父代个体[176]。

采用的是两步计算公式:

$$X_i^{G+1} = \arg\min\{f(X_i^G), f(U_i^{G+1})\},\ i=1,\cdots,NP \tag{13-23}$$

$$X_b^{G+1} = \arg\min\{f(X_i^{g+1})\},\ i=1,\cdots,NP \tag{13-24}$$

其中,$\arg\min\{\ \}$ 是求最小值函数。$f(X_i^G)$,$f(U_i^{G+1})$,$f(X_i^{G+1})$ 分别为父代、当前代及新一代的适应度计算值,X_i^{G+1} 为新一代种群中的个体,X_b^{G+1} 为新一代种群中的最佳个体。

式(13-23)保证了在新一代中,产生的新个体是优于当代种群中的其他个体,有利用于算法的快速收敛。式(13-24)使得新一代中的最佳个体得以保留。

可以看出,经过上两式改进的选择操作,能使差分进化算法给予父代所有个体以平等的机会进入下一代,不歧视劣质个体。差分进化算法在每个进化循环开始进行的变异操作,由从父代种群派生出的差分向量与当代最佳个体引导,避免了变异破坏性。

13.3.7 并行计算策略

众所周知,对于每一代种群中的适应度值的计算过程是 DE 算法中的一个比较重要而耗时的阶段,如何采取有效的并行算法对其进行运算,对 DE 算法的可量测的时效性收获。针对本章中对神经网络的权重参数等信息进行优化这一问题,一个很自然的思路就是对原始数据进行分解划分处理,化整为零[177]。如果神经网络系统的训练集为 T,则将其均匀地分成 p 个子集 $T_1,T_2,\cdots,T_p$,其中,$T=\bigcup\limits_{i=1}^{p}T_j$,$T_i\bigcap T_j=\varnothing$,$\forall_{i\neq j}$,则神经网络的目标函数对于测试个体 W_i 的计算式变为:

$$MSE(T,W_i)=\sum_{i=1}^{p}MSE(T_i,W_i) \tag{13-25}$$

经过这样一调整,可将神经网络的 DE 权重参数过程达到了一个并行处理的结果。其过程可如图 13-5 所示。

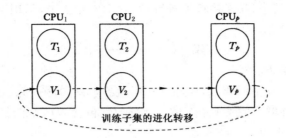

图 13-5　DE 训练神经网络算法并行计算策略

13.4　基于改进 DE 的神经网络优化模型

从上所分析,DE 算法经改进后,使其在试验点的选取不再是盲目地由随机性的概率确定,而是带有一定的确定性,早熟现象得到有效控制,在计算代价和时效上有了很大的提高。另一方面,煤与瓦斯空出的预测及反演问题的复杂性,单一的 BP 与 DE 算法均不能很好地解决。此时可利用 DE 算法的开放特性与 BP 神经网络的稳健性,提出了 MDEBP(Modified Differential Evolution Algorithm BPNN)煤与瓦斯突出预测模型。由于在实际的应用过程中,权重的选择好坏对神经网的反演起着决定性的作用,为此,本章主要讨论 DE 算法优化训练 BP 网络的权重问题。权重进化训练的实现主要包括两方面内容:一是 BP 网络权重种群个体的表达和确定;二是设计相应的 DE 进化操作算子及进化的策略,用以完成 DE 对既定拓扑结构的神经网络的训练。下面,就其相关的建模过程进行叙述。

13.4.1　优化向量及目标函数的确定

DE 算法可归类为实数编码进化算法,其基于连续函数的全局寻优能力,完全可以满足神经网络权值等参数的训练。对于给定拓扑结构和激活函数的多层前馈(BP)神经网络,其网络输出向量 Y 是连接权向量 W 和网络输入向量 X 的函数,即 $Y=f(X,W)$。本章中,为了编码的方便,把阈值看成特殊的权。标准的神经网络训练过程,网络的输入 X 和输出向量 Y 为已知。对连接权向量 W 的训练优化,就是寻找从 X 到 Y 最优函数映射 R,见式(13-26),即使得网络的误差函数 E 达到最小。网络的误差函数 E 采用均方差加以定义,如式(13-27)。误差函数 E 也称为适宜度函数,是用来评估个个体相对于整个群体的优劣的相对值的大小的指标,也是差分进化算法的寻优目标。

$$E(W)=E(Y,f(X,W)):(Y^{D_1},X^{D_2},W^{D_3},f)\rightarrow R \tag{13-26}$$

$$E = MSE = MSE(T,W_i) = \frac{1}{N}\sum_{i=1}^{N}\sum_{j=1}^{C}(t_{j,i}^d - f_{j,i})^2 \tag{13-27}$$

其中,N 是训练集的样本数目;D_i 分别表示输出向量、输入向量及权值向量的维数;T 为训练集;W_i 为种群中的测试个体;$t_{j,i}^d$ 表示第 i 个样本的第 j 个网络输出节点的目标值;$f_{j,i}$ 是第 i 个样本的第 j 个网络输出节点的计算值;C 是网络输出神经元的个数。优化的目的是通过改变网络的权重、阈值等参数,使得目标函数值最小。从而 DE 的优化过程可以看成是以权值等参数信息构成的向量 W 为自变量,求取目标函数 $E(W)$ 的极值。

对于给定的神经网络,其连接权值等参数,在 DE 算法中,可用 W 表示,则权重参数矢量形式可用式(13-28)表示:

$$W=(w_1,w_2,\cdots,w_{D_3}) \tag{13-28}$$

则,定义其第 G 代种群 P_G 为:

$$P_G=(W_{1,G},W_{2,G},\cdots,W_{NP,G}),\ G=0,\cdots,G_{\max} \tag{13-29}$$

式中,$W_{i,G}$ 为第 G 代种群中的第 i 个个体。此外,P_G 包含 NP 个向量,每个向量包含 D_3 个分量,此时,向量表达式为:

$$W_{i,G}=(w_{1,i,G},\cdots,w_{D_3,i,G}),\ i=1,\cdots,NP,\ G=0,\cdots,G_{\max} \tag{13-30}$$

13.4.2　DE 算法训练 BP 神经网络流程

已知相关的输入输出向量,便可用前所述的改进 DE 算法进 BP 神经网络的训练,基于前述的分析,本章给出一个基于 MDE 优化神经网络权值的 MDEBP 算法,算法的描述及流程图如下。

基于 MDE 优化神经网络权值的 MDEBP 算法。

输入:由神经网络的输入、输出向量,确定神经网络的拓扑结构及激活函数;DE 算法的最大进化代数 $G_{\max}$,种群规模 $NP\geqslant 4$,最小变异率 $F_{\min}$,自适应交叉率上下确界 $CR_{\min}$,$CR_{\max}$,初始化种群边界 $x^{(lo)}$,$x^{(hi)}$。

输出:优化训练后的满足给定训练目标的神经网络。

Step 1　根据种群规模,按照上述个体结构随机产生一定数目的个体组成种群,其中不同的个体代表神经网络的一组不同参数,同时初始化网络权重参数种群:$P_0(W_{1,0},W_{2,0},\cdots W_{NP,0})$。初始化时,注意种群个体的上下确界及初始化的种群应尽可能地分散于目标函数的曲面。定义训练目标函数 $MSE(W)$ 并计算种群个体的目标函数值。

Step 2　Wile$(G<G_{\max})$ and min$\{MSE(W)\}>\varepsilon$(ε 为给定的网络误差目标值),重复执行 3rd−7th,对每一代的个体 W_i^G,从而产生一代权重参数种群 W_i^{G+1}。

Step 3　多备择集操作。依 $r_1,r_2,r_3,rbest\in\{1,2,\cdots,NP\}$ 为索引号,且 $r_1\neq r_2\neq r_3\neq rbest$,从种群中随机选定的三个不同个体及最佳个体。以 $W_{rbest,G}$ 为基点,由按前述的多备择集策略,与 $W_{r1,G},W_{r2,G},W_{r3,G}$ 线性运算,产生三个临时基个体 V_1,V_2,V_3。

$$V_1=W_{r_1,G}+\beta(W_{r_1,G}-W_{i,G}) \tag{13-31}$$
$$V_1=W_{r_2,G}+\beta(W_{r_2,G}-W_{i,G}) \tag{13-32}$$
$$V_3=W_{r_3,G}+\beta(W_{r_3,G}-X_{i,G}) \tag{13-33}$$

Step 4　变异。计算相应自适应变异率,依一定概率,调用目标函数,计算适应度值。在计算适度值时,采用并行策略,求取相关的参数。将 Step 3 产生的三个时基个体,进行最佳——三角差分变异操作,通过式(13-34)至(13-36)产生临时个体 $\widehat{W}_{i,G+1}^1,\widehat{W}_{i,G+1}^2,\widehat{W}_{i,G+1}^3$。

$$\widehat{W}_{i,G+1}^1=V_1+(p_2-p_1)(W_{r1,G}-W_{r2,G})+$$
$$(p_3-p_2)(W_{r2,G}-W_{r3,G})+(p_1-p_3)(W_{r3,G}-W_{r1,G}) \tag{13-34}$$
$$\widehat{W}_{i,G+1}^2=V_2+(p_2-p_1)(W_{r1,G}-W_{r2,G})+$$
$$(p_3-p_2)(W_{r2,G}-W_{r3,G})+(p_1-p_3)(W_{r3,G}-W_{r1,G}) \tag{13-35}$$
$$\widehat{W}_{i,G+1}^3=V_3+(p_2-p_1)(W_{r1,G}-W_{r2,G})+$$

$$(p_3-p_2)(W_{r2,G}-W_{r3,G})+(p_1-p_3)(W_{r3,G}-W_{r1,G}) \tag{13-36}$$

Step 5　交叉。依据种群的代数及最大进化代数信息,调用自适应计算交叉率 CR。对 Step 4 生成的 $\widehat{W}_{i,G+1}^1,\widehat{W}_{i,G+1}^2,\widehat{W}_{i,G+1}^3$ 进行交叉操作,相关运算式如下:

$$u_{ij,G+1}^p=\begin{cases}\widehat{W}_{ji,G+1}^p\\W_{ji,G}\end{cases}$$

$$\text{if}(rand(j)\leqslant CR)\quad\text{or}\quad j=rnbr(i)$$
$$\text{if}(rand(j)\geqslant CR)\quad\text{and}\quad j\neq rnbr(i) \tag{13-37}$$

其中 $p=1,2,3$。分别为 $\widehat{W}_{i,G+1}^1,\widehat{W}_{i,G+1}^2,\widehat{W}_{i,G+1}^3$ 的上标。其产生的备选个体分别为 $U_{i,G+1}^p$。

Step 6　高效选择。将所得的备选个体,$U_{i,G+1}^p$ 与父代种群的所用个体进行竞赛,优胜者入围下一代的进化,在进行选择操作时,充分应用单种群策略。相关计算式如下:

$$W_i^{G+1}=\arg\min\{MSE(W_{i,G}),MSE(U_{i,G+1}^p)\},i=1,\cdots,NP \tag{13-38}$$
$$W_b^{G+1}=\arg\min\{MSE(W_i^{G+1})\},i=1,\cdots,NP \tag{13-39}$$

Step 7　重布操作。计算新一代种群的"聚集"程度指标 δ^2,依用户给定的阈值,调用重布操作。

$$W_{ij}^{G+1}=W_{ij}^{G+1}+(\text{sqrt}(\sigma)*randn_{ij}(size(pop)_D)+A) \tag{13-40}$$

Step 8　重复循环执行 $2^{nd}-7^{th}$ 步操作,直到 G 达到 G_{max} 或 $MSE(W)$ 达到目标值。

Step 9　在进化终止后的最终种群中,提取其最佳个体 W_{rbest} 作为优化的 BP 网络权重结果,进行输出。

Step 10　进入传统 BP 模式,代入优化训练后的权重,进行 BP 网络反演、评价预测。

为了给读者以更清晰的认识,将上述算法的思想及具体过程以流程图的形式进行了表达,如图 13-6 所示。

13.4.3　MDEBP 模型训练函数的设计

利用 MatLab 软件的源代码的开放性,本章将 MDEBP 模型的主要部分,采用 MatLab 神经网络工具箱中的传统 BP 训练函数的模板,设计实现了 MDEBP 模型的训练函数 trainde. m。其函数格式如下:

function[net,tr,Ac,El,v5,v6,v7,v8]=trainde(net,Pd,Tl,Ai,Q,TS,VV,TV,v9,v10,v11,v12);

函数的相关输入参数为:

　　net——训练的神经网络;

　　Pd——训练输入矢量;

　　Tl——训练目标矢量;

　　Ai——初始输入限制条件;

　　Q——批量大小;

　　TS——时间步长;

　　VV——输入的矩阵或结构检验矢量。

输出参数为:

　　net——训练后的神经网络;

　　TR——训练情况记录变量。

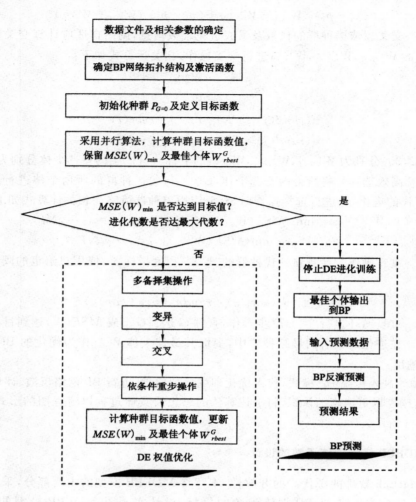

图 13-6 DE 算法优化训练 BP 网络流程图

有了上述设计好的 trainde 函数,便可采用如下的形式进行 MDEBP 模型的神经网络训练。

……

net=newff(minmax(iitr),[n,1],{'logsig''purelin'},'trainde');％新建并初始化网络

％设置训练的相关参数 trainParam

net. trainParam. epochs=2500;

net. trainParam. show=100;

net. trainParam. goal=0.001   ％训练目标

net. performFcn='msereg';

net. performParam. ratio=1;

net. trainParam. popsize=20;

net. trainParam. popsizew=2;

net. trainParam. strategy=1;   ％进化策略

net. trainParam. initw＝100；

％其他参数的设置

……

[net,tr]＝train(net,iitr,iitrtt,[ ],[ ],val,test)；％训练网络

％神经网络测试与泛化

……

13.5　MDE 性能的测试

为了验证改进 MDE 算法的有效性，利用 13.7 节所述的煤与瓦斯突出预测工程应用问题，采用 MatLab 软件编写的 DE 优化 BP 神经网络程序进行算法的性能测试。同时，作为比较，用本章提出的改进算法 MDE 和标准 DE 算法分别用上述测试数据进行测试，相关运行结果及比较列于表 13-3。两种算法，每次的初始种群相同，种群的规模相同，都设置为 $NP＝50$，终止迭代代数 NM 均为 3 000，目标函数 $MSE(W)$ 目标值 $1×10^{-3}$。给定的 DE 算法初始参数为：$F＝0.8$，$CR＝0.5$。MDE 的初始参数设置为：$F_{min}＝0.3$，$CR_{min}＝0.4$，$CR_{max}＝0.9$，重布操作采用 $N(0,1)$ 标准正态分布。为减少偶然性，各向独立共运行 30 次，计算搜索到最优解进化的平均代数、次数和平均适应值。从结果来看，MDE 算法在显然在时间上并没有太大的改善，但搜索效果均有显著提高，在 30 次运行中，就用 29 次实现了最优解的寻优，相比 DE，其寻优成功率提高了 30%。这说明 MDE 比 DE 更快、更易于搜索到更好的最优解。图 13-7 是实验中的某次算法寻优过程中，种群最优目标值变化曲线图。

表 13-3 　　　　　　　　　　**标准 DE 与 MDE 算法的寻优性能比较**

方法	最优解的次数	寻优成功率	最小代数	平均代数	平均最优目标函数值	平均运行时间/s
DE	20	66.7%	1600	2000	$5.67×10^{-3}$	199.88
MDE	29	96.7%	547	1280	$8.57×10^{-4}$	128.66

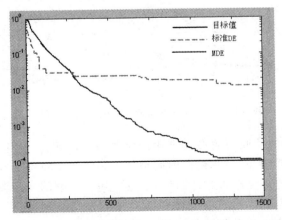

图 13-7　标准 DE 与 MDE 的目标函数值变化过程比较图

从图 13-7 可以看出,MDE 训练的过程中,目标函数值呈明显的下降趋势,网络误差值逐渐趋于全局最优。而 DE 则是在进化的初期,下降较快,后期,下降呈明显的跃阶,收敛速度降低,搜索到全局最优解的概率明显降低。MDE 无论是从收敛速度还是寻优的精度上,都优于标准 DE。

13.6 模型参数的敏感性分析

算法经改进后,输入的参数主要有种群规模 $NP \geqslant 4$,最小变异率 F_{min},自适应交叉率上下确界 CR_{min}、CR_{max}。不同的差分进化参数,对算法的搜索性能具有不同的影响。下面分别就不同的差分进化参数在不同的取值概率下对算法的影响做一对比研究。在分析某一差分进化参数时,其他参数保持不变。

（1）种群规模

种群规模是遗传算法首先需要确定的参数,是算法是否陷入局部最优的主要影响因素。选取受求解问题的目标函数的特点及问题空间的范围影响。如果种群规模过大,会影响算法的速度,占用计算资源严重。如果种群规模过小,会陷入局部最优的僵局。通常都要是采用试算的方式确定。这里,针对所提出的 DE 模型,以固定其他参数,改变进化的种群规模的,观察试验结果的方式,进行种群规模的选定。试验中,种群规模采用 $10, 20, 30, 50, 150$ 几种,分别进行测试,得到如图 13-8 所示的种群规模对模型性能的影响分析图。

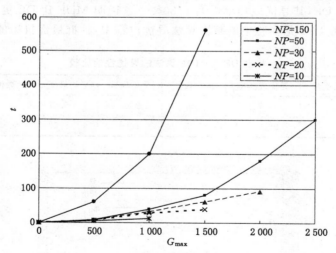

图 13-8　MDE 的不同种群规模下的训练时间

图 13-8 中,横轴为算法收敛的最大进化迭代数 G_{max},纵轴是优化训练的时间。从图中可以看出,不同的种群模型下,其训练的时间呈现不同的增长趋势。当 NP 的种群规模大于 100 时,其训练时间呈抛物线式的上升趋势。可见,随着问题的应用复杂性,种群的规模不易过大。如果种群规模过大,会增加算法的运算的存储等开销,而导致网络的训练时间加长。种群规模增加,有助于进化算法的种群的多样性,从而使算法能在更加少的进化代数下收敛于训练目标,实现寻优过程。但也应注意到,种群规则过小,则易陷入局部最优解,出现早熟的可能性增大。如 NP 取 10 时,算法只经过了不到 1 000 次迭代,就提前早熟,停止收

敛。由图 13-8 可知,当种群规模在 50 左右时,其训练时间的消耗和收敛迭代数能达到一个比较好的平衡。为此,本章的实验过程,种群规模大小取值为 50。

(2)变异交叉率

变异、交叉是差分进化算法的最主要的进化操作,其取值的大小,对算法的多样性及搜索空间的动态扩展和缩小以及求解时间能有着巨大的影响。传统的方法,都是取值为常量,其对算法的性能影响非常敏感。为此,在保持种群规模的条件下,对最小变异率 F_{min},自适应交叉率上下确界 CR_{min}、CR_{max},采用不同的取值,进行敏感性实验分析。相关结果见图 13-9 到 13-10。

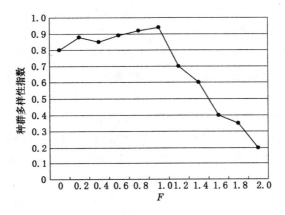

图 13-9　变异率与种群多样性关系

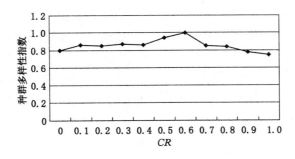

图 13-10　交叉率与种群多样性关系

图 13-9～图 13-10 中,横轴均为相应的变异率和交叉率,纵轴为种群的多样性指数。从图 13-9 可以看出,最小变异率 F_{min} 在小于 1.2 时,对算法的多样性影响并不大,但当超过 1.2,越接近 2 时,其种群多样性急剧下降。曲线表明,改进 DE 采用自适应变异率计算后,F_{min} 不起主导地位,而进化过程由自适应变异率加以控制,种群的多样性维持很好,算法对变异率不敏感。但当 F_{min} 取值过大,F_{min} 起主导地位,算法中的自适应变化率计算失效,退化为标准的 DE 变异操作。从图 13-10 可以看出,CR_{min} 和 CR_{max} 的不同取值,对种群的多样性影响并不大,表明本章算法模型提出的交叉率自适应计算是成功的,发挥了其应有的良好作用,有效克服了传统方法选取交叉变异率过于敏感的缺点。针对以上分析,本章实验中 F_{min} 取值 0.3～0.5,CR_{min} 取值 0.3～0.4,CR_{max} 取 0.9～1。

13.7　应用实例

煤与瓦斯突出的预测,是矿山安全管理和智能预测的重要研究内容,影响因素较多,如煤类型、瓦斯放散初速度、煤的坚固系数、煤层的瓦斯压力、软煤分层厚度、煤层围岩透气性等。虽然,煤与瓦斯突出与这些因素有关,但突出的危险性却很难利用这些因素的一个计算公式导出。利用数据挖掘技术,将煤与瓦斯突出的影响因素组成一组记录集合,通过对这些记录集合进行数据挖掘,则可以实现煤与瓦斯突出的预测[178]。神经网络技术已广泛应用于煤与瓦斯突出的预测预报知识的获取,并取得了很多的研究成果[179-181]。但由于传统模型的不足,限制了其应用范围。

本节根据第 12 章和本章提出的模型算法,利用 MatLab 软件编写了相关的改进进化前馈神经网络训练程序,并将其应用于矿山工程的预测预报。为了说明和比较单一的神经网络模型与本研究提出的 MDEBP 模型和 IGABP 模型的性能情况和差异,本节采用文献[182]提供的 36 组煤与瓦斯数据资料为基础数据源,运用本研究提出的两种改进模型进行相关的实验分析研究。新模型中的所有参数和网络拓扑结构、激活函数均与文献中的设置保持一致。对于模型的收敛和时效性能的分析,见前述第 12 章 12.6 节和本章的 13.6 节。本节主要就工程实例的实验结果进行比较分析以及煤矿潜在知识和模式的挖掘进行阐述。

13.7.1　数据源

数据根据淮北矿业集团公司芦岭煤矿的相关资料整理所得,借助煤与瓦斯突出事故树分析模型[182],确定 BP 网络的输入向量为该矿影响和控制突出的 8 个主要因素组:主要是 C_1——瓦斯压力 P,C_2——煤力学强度 f,C_3——煤体破碎性综合特征系数 $K_{破碎}$、C_4——煤的透气性系数 λ、C_5——煤层分叉合并综合特征系数 K_f,C_6——煤厚及煤厚变化综合特征系数 $K_{煤厚}$、C——断层复杂程度系数 $K_{断层}$、C_8——层间滑动综合特征系数 $K_{层滑}$。输出向量为瓦斯突出危险性特征,按照突出强度的大小将其分为四种类型:无突出(Ⅰ型)、突出威胁(Ⅱ型)、一般突出(Ⅲ型)、严重突出(Ⅳ型),其对应的模式矩阵分别为 O_I(1,0,0,0),O_{II}(0,1,0,0),O_{III}(0,0,1,0),O_{IV}(0,0,0,1)。网络采用三层拓扑结构,输入、输出已由训练数据及目标数据的维数所定。为便于后续的模型测试结果的比较,本节采用与文献[183]相同的神经网络拓扑结构 8-20-4 和激活函数。文献[182]根据目前对芦岭煤矿已经掌握的相关资料,整理出 36 组数据资料,其中记录瓦斯突出发生的 26 组(芦岭矿自建井以来共发生有记载的瓦斯突出事故 26 次),描述未发生突出、相对稳定的正常资料 10 组。任意选取其中的 16 组突出点资料和 5 组未突出点的资料共计 21 组数据作为训练集,见表 13-4;其余 15 组则作为后期的测试集,见表 13-5。上述只是对数据源的一个简要介绍,其他详见参考文献[182]。

13.7.2　数据预处理

为了提高相关的输出节点的激活函数的效率,需要对原始数据进行归一化处理。把每组分量映射到[-1,1]区间,见式(13-41)。

$$x' = -1.0 + \frac{2(x - x_{\min})}{x_{\max} - x_{\min}}$$ (13-41)

式中，$x_{\max}$ 和 $x_{\min}$ 分别为每组输入分量的最大值与最小值；x 和 x' 分别为每组输入分量规则化前与规则化后的值。

表 13-4　　芦岭矿煤与瓦斯突出区域预测模型训练样本集（据张瑞林，2004）

序号	P/MPa	f	K破碎	λ	K_f	K煤层	K层滑	K层滑	突出危险性	模式识别矩阵（理论）			
1	1.40	0.24	1.32	0.48	19.20	5.22	0.03	16.29	一般突出	0	0	1	0
2	2.16	0.34	1.05	0.22	18.70	6.25	0.01	7.74	突出威胁	0	1	0	0
3	1.40	0.42	1.65	0.39	5.10	7.01	0.08	2.53	严重突出	0	0	0	1
4	2.90	0.31	1.72	0.21	25.60	6.89	0.09	21.34	严重突出	0	0	0	1
5	3.65	0.22	1.36	0.09	5.10	5.87	0.04	2.53	严重突出	0	0	0	1
6	1.75	0.30	1.26	0.51	19.80	6.03	0.04	6.75	突出威胁	0	1	0	0
7	1.24	0.27	1.60	0.46	5.10	6.43	0.03	13.98	一般突出	0	0	1	0
8	1.35	0.45	1.48	0.41	5.10	4.02	0.02	2.53	突出威胁	0	1	0	0
9	0.97	0.41	1.55	0.72	5.10	4.15	0.02	2.53	突出威胁	0	1	0	0
10	1.02	0.35	1.28	0.55	20.40	5.79	0.04	2.53	突出威胁	0	1	0	0
11	1.27	0.22	1.70	0.55	21.90	6.05	0.06	48.30	严重突出	0	0	0	1
12	1.78	0.23	1.52	0.43	10.20	4.78	0.05	25.45	一般突出	0	0	1	0
13	2.10	0.33	1.49	0.19	7.30	5.66	0.05	18.76	一般突出	0	0	1	0
14	1.12	0.29	1.36	0.47	6.80	4.99	0.04	10.22	突出威胁	0	1	0	0
15	0.80	0.20	1.18	0.70	5.10	6.04	0.03	8.86	突出威胁	0	1	0	0
16	3.61	0.24	1.81	0.12	15.70	7.77	0.04	2.53	严重突出	0	0	0	1
17	0.95	0.58	0.51	0.48	5.10	4.00	0.02	2.53	不突出	1	0	0	0
18	1.02	0.43	0.92	0.47	5.10	3.83	0.01	3.82	不突出	1	0	0	0
19	0.50	0.65	0.68	0.66	5.10	5.12	0.02	4.54	不突出	1	0	0	0
20	0.68	0.33	0.39	0.74	5.10	4.79	0.03	2.53	不突出	1	0	0	0
21	1.75	0.78	0.21	0.35	5.10	5.22	0.02	2.53	不突出	1	0	0	0

表 13-5　　芦岭矿煤与瓦斯突出区域预测模型测试样本集（据张瑞林，2004）

序号	P/MPa	f	K破碎	λ	K_f	K煤层	K层滑	K层滑	突出危险性	模式识别矩阵（理论）			
1	1.65	0.54	1.55	0.45	4.70	3.94	0.044	3.02	突出威胁	0	1	0	0
2	0.77	0.52	1.65	0.53	4.70	3.15	0.015	3.02	突出威胁	0	1	0	0
3	1.14	0.39	1.45	0.69	4.70	6.88	0.032	9.98	一般突出	0	0	1	0
4	1.46	0.20	1.79	0.72	19.40	6.05	0.06	33.59	严重突出	0	0	0	1
5	1.63	0.23	1.25	0.53	9.20	4.42	0.035	31.54	一般突出	0	0	1	0
6	1.13	0.33	1.34	0.75	22.10	5.46	0.047	3.02	突出威胁	0	1	0	0
7	2.25	0.33	1.49	0.21	7.30	5.45	0.035	20.04	一般突出				

序号	P/MPa	f	$K_{破碎}$	λ	K_f	$K_{煤层}$	$K_{层滑}$	$K_{层滑}$	突出危险性	模式识别矩阵（理论）			
8	1.08	0.31	1.66	0.45	5.90	4.03	0.041	17.32	突出威胁	0	1	0	0
9	3.45	0.22	1.78	0.24	18.70	7.06	0.046	3.02	严重突出	0	0	0	1
10	0.79	0.20	1.08	0.69	4.70	6.55	0.031	11.86	突出威胁	0	1	0	0
11	0.89	0.55	0.46	0.51	4.70	4.44	0.025	3.02	不突出	1	0	0	0
12	1.21	0.38	10.20	0.47	4.70	3.35	0.011	4.83	不突出	1	0·	0	0
13	0.46	0.70	0.85	0.66	4.70	4.92	0.017	6.98	不突出	1	0	0	0
14	0.83	0.23	0.41	0.77	4.70	5.06	0.033	3.02	不突出	1	0	0	0
15	1.82	0.71	0.23	0.52	4.70	4.25	0.024	3.02	不突出	1	0	0	0

13.7.3 基于 IGABP 的煤与瓦斯突出区域预测及效果检验

为了验证第 12 章提出的 IGABP 模型的效果，采用如上所述的淮北矿业集团芦岭煤矿历年来整理出的 36 组煤与瓦斯突出数据，对模型进行了训练和测试。经过 1 500 次左右的训练后，网络达到训练目标 0.000 1，对训练数据的反演结果见表 13-6。将训练所达到所设定的训练目标后的神经网络，代入芦岭煤矿的 10 组突出数据及 5 组非突出资料共计 15 组检验样本（非训练样本），对网络模型的煤与预测结果实施检验，检验结果如表 13-7 所示。

IGABP 的参数为：种群的规模 $NP = 60$，终止迭代代数 G_{max} 为 3000，适应度函数 $f(MSE)$，网络训练目标值 1×10^{-4}，变异概率 $P_{min} = 0.2$，适应度拉伸变换的模拟退火法的初始温度 $T_0 = 120°$，进化缓冲迭代代数 $\Delta N = 25$。

表 13-6 芦岭矿煤与瓦斯突出区域预测 IGABP 模型训练反演结果

序号	模型输出模式判别矩阵（反演）				突出预测反演结果	
1	0.014845	0.017646	**0.93936**	0.03458	一般突出	正确
2	0.008998	**0.95980**	0.027719	0.088672	突出威胁	正确
3	0.01012	0.033311	0.001763	**0.979681**	严重突出	正确
4	0.01367	0.03471	0.039083	**0.969243**	严重突出	正确
5	0.007947	0.010754	0.037826	0.974435	严重突出	正确
6	0.003151	**0.960984**	0.025658	0.031019	突出威胁	正确
7	0.027338	0.057892	**0.954829**	0.005477	一般突出	正确
8	0.013079	**0.973992**	0.00042	0.063158	突出威胁	正确
9	0.069698	**0.907769**	0.018618	0.01539	突出威胁	正确
10	0.009151	**0.985463**	0.024242	0.021339	突出威胁	正确
11	0.004117	0.021066	0.033287	**0.965591**	严重突出	正确
12	0.019843	0.014712	**0.967897**	0.22778	一般突出	正确
13	0.02322	0.010146	**0.950722**	0.071186	一般突出	正确
14	0.044121	**0.965001**	0.077834	0.020913	突出威胁	正确

序号	模型输出模式判别矩阵(反演)				突出预测反演结果	
15	0.041445	**0.984050**	0.077879	0.001344	突出威胁	正确
16	0.00688	0.094123	0.000333	**0.942779**	严重突出	正确
17	**0.976041**	0.062752	0.016749	0.010723	不突出	正确
18	**0.986794**	0.094461	0.006637	0.013399	不突出	正确
19	**0.994929**	0.023624	0.001543	0.016981	不突出	正确
20	**0.974245**	0.070127	0.015388	0.012215	不突出	正确
21	**0.991947**	0.025962	0.001882	0.012828	不突出	正确

表 13-7　　　　　芦岭矿煤与瓦斯突出区域预测 IGABP 模型预测检验结果

序号	模型输出模式判别矩阵(反演)				突出预测反演结果	
1	0.00685	**0.990763**	0.000546	0.005227	突出威胁	正确
2	0.07945	**0.964393**	0.000641	0.003339	突出威胁	正确
3	0.000421	0.015375	**0.959733**	0.037284	一般突出	正确
4	0.004403	0.006903	0.041945	**0.967953**	严重突出	正确
5	0.000763	0.015362	**0.986997**	0.002743	一般突出	正确
6	0.00193	**0.962819**	0.00557	0.00041	突出威胁	正确
7	0.008103	0.00146	**0.999424**	0.005726	一般突出	正确
8	0.00859	**0.920671**	0.34028	0.001676	突出威胁	正确
9	0.00898	0.003445	0.013465	**0.996657**	严重突出	正确
10	0.009056	0.329317	**0.907096**	0.002895	**突出威胁**	错误
11	**0.995761**	0.009824	0.005154	0.00899	不突出	正确
12	**0.978479**	0.179222	0.001872	0.001109	不突出	正确
13	**0.996447**	0.002872	0.004614	0.001749	不突出	正确
14	**0.943254**	0.061323	0.00928	0.00236	不突出	正确
15	**0.98945**	0.005371	0.00852	0.004687	不突出	正确

13.7.4　基于 MDEBP 的煤与瓦斯突出区域预测及效果检验

如第 12 章相关章节的分析,易见 MDEBP 比普通的 BP 算法较易实现,计算效率较高,而且精度和鲁棒性相差得到了提高。为了检验算法模型在煤与瓦斯突出预测中的应用效果,检验所建神经网络模型模拟、计算结果的精度及可靠性,有必要用反演试验来验证。选定芦岭煤矿的 10 组突出数据及 5 组非突出资料作为检验样本共计 15 组数据,对网络模型的煤与瓦斯突出预测结果实施检验。表 13-8 为训练数据的反演结果,表 13-9 是预测检验结果。

MDEBP 的参数为:种群的规模 $NP=50$,终止迭代代数 NM 为 3 000,目标函数 MSE (W),训练目标值 1×10^{-4},$F_{min}=0.3$,$CR_{min}=0.3$,$CR_{max}=0.9$,重布操作的采用 $N(0,1)$ 标准正态分布。

表 13-8　　　　　芦岭矿煤与瓦斯突出区域预测 MDEBP 模型训练反演结果

序号	模型输出模式判别矩阵（反演）				突出预测反演结果	
1	0.014725	0.080402	**0.94504**	0.02609	一般突出	正确
2	0.002290	**0.907810**	0.029511	0.082403	突出威胁	正确
3	0.005673	0.023552	0.005434	**0.97094**	严重突出	正确
4	0.008847	0.041062	0.03207	**0.97664**	严重突出	正确
5	0.010319	0.001316	0.033643	**0.97624**	严重突出	正确
6	0.001309	**0.968670**	0.02984	0.024389	突出威胁	正确
7	0.022363	0.067616	**0.96218**	0.003871	一般突出	正确
8	0.011250	**0.973390**	0.007186	0.064525	突出威胁	正确
9	0.069369	**0.913910**	0.022361	0.005554	突出威胁	正确
10	0.000546	**0.982603**	0.018311	0.021697	突出威胁	正确
11	0.007144	0.027273	0.029206	**0.97363**	严重突出	正确
12	0.011491	0.016343	**0.905143**	0.23746	一般突出	正确
13	0.013803	0.006683	**0.930640**	0.075781	一般突出	正确
14	0.037861	**0.89449**	0.081189	0.030051	突出威胁	正确
15	0.043863	**0.92794**	0.069168	0.007838	突出威胁	正确
16	0.001319	0.085485	0.008884	**0.91882**	严重突出	正确
17	**0.96476**	0.053952	0.011216	0.008171	不突出	正确
18	**0.93436**	0.087054	0.016001	0.012017	不突出	正确
19	**0.98792**	0.016324	0.011247	0.007809	不突出	正确
20	**0.93869**	0.072649	0.016916	0.004782	不突出	正确
21	**0.98636**	0.016125	0.006386	0.009087	不突出	正确

表 13-9　　　　　芦岭矿煤与瓦斯突出区域预测 MDEBP 模型预测检验结果

序号	模型输出模式判别矩阵（反演）				突出预测反演结果	
1	0.002873	**0.993000**	0.000236	0.000543	突出威胁	正确
2	0.070228	**0.958140**	0.000373	0.000035	突出威胁	正确
3	0.00460	0.01940	**0.90040**	0.03580	一般突出	正确
4	0.000004	0.000006	0.032979	**0.876660**	严重突出	正确
5	0.000008	0.010413	**0.987410**	0.000503	一般突出	正确
6	0.003235	**0.971410**	0.001253	0.000565	突出威胁	正确
7	0.000022	0.000601	**0.997480**	0.007988	一般突出	正确
8	0.000047	**0.878660**	0.350000	0.000474	突出威胁	正确
9	0.000021	0.003870	0.004932	**0.995860**	严重突出	正确
10	0.000195	0.32063	**0.969810**	0.001517	**突出威胁**	错误
11	**0.909030**	0.001359	0.001387	0.000006	不突出	正确
12	**0.887140**	0.379430	0.000685	0.000024	不突出	正确

序号	模型输出模式判别矩阵（反演）				突出预测反演结果	
13	**0.996870**	0.001950	0.001351	0.000007	不突出	正确
14	**0.943130**	0.065580	0.000318	0.000042	不突出	正确
15	**0.998280**	0.001101	0.000415	0.000011	不突出	正确

13.7.5 三种模型的性能比较分析

对上述三种模型及文献[182]的 BP 模型的分析结果汇于表 13-10。从表 13-10 中可以看出，相比文献[182]中的总体预测 87% 的正确率，本章提出的算法，即 IGABP 模型和 MDEBP 模型，预测精度相关，总体预测率高达 93%，提高了 6%。从训练的次数看，由文献[182]提供的 145 303 次急剧下降为 IGABP 模型的 1 558 次和 MDEBP 模型的 1 548 次，易见，算法的效率得到进一步的提高。

从实例可见，本章提出的算法，在功效上都优于传统的 BP 神经网络，算法是可行、稳健和有效的。新模型的训练方法相对于传统的训练方法，其最大优势在于可使寻优过程跳出局部最优点，且具有更强的"鲁棒性"及对环境变化的适应性，是对 BP 神经网络易陷入局部最优解的缺陷的有效互补和改进，有较大的应用价值。

表 13-10 BP、IGABP 和 MDEBP 模型反演煤与瓦斯突出预测的性能比较

模型	预测精度	判别矩阵的平均辨析度	迭代次数（平均）
传统 BP 模型	83%	0.97	145 303
IGABP 模型	93%	0.98	1 558
MDEBP 模型	93%	0.95	1 548

13.8 本章小结

本章在简要介绍、分析 DE 进化算法的理论及其研究现状基础之上，提出了 MDEBP 煤矿预测预报模型，并就模型的构建及测试进行了充分的论述与实验。相关的研究成果和不足如下：

① 简述了 DE 算法的相关理论，并针对标准 DE 算法的完全平行地以随机性的概率转换机制进行父代个体的组合，只利用了浅层的信息，缺乏深层的理性分析等不足，提出了自适应确定交叉变异率、单种群策略、最佳——三角差分变异、多备择集策略、高效的选择操作及并行寻优等改进策略，提高了 DE 的算法性能。

② 引入差分进化群算法来优化训练神经网络，提出了 MDEBP 煤矿预测预报模型。模型当中，DE 算法直接进行网络的训练，对网络权值、结构等网络参数进行全局优化和局部二次优化，有效改善了神经网络易陷入局部极小点的问题，提高了它的全局搜寻能力。与传统的基于梯度的 BP 学习算法相比，无论是精度还是速度上均有了提高。

③ 编写了改进 DE 算法的 trainde 训练函数,使得 MDEBP 模型能直接像利用传统的 BP 训练方法一样,调用 trainde 训练函数进行既定拓扑结构的神经网络的训练。

④ 实验结果表明,使用 DE 算法构建的煤矿预测预报模型能够避免传统线性方法中由初始模型带来的误差,且对目标函数几乎没有限制,算法只需给出预测因变量参数可能的变化范围,便可简单、快捷地寻求到全局最优解。相对传统 BP 模型,MDEBP 模型具有更高的准确性和稳定性,能够有效地构建煤矿预测预报模型,并进行预测。

⑤ 以煤与瓦斯突出区域预测工程应用为例,运用遗传算法和差分进化算法的全局搜索能力,对三层 BP 神经网络的连接权和网络结构等相关网络参数进行优化,并分别建立了基于改进遗传算法的 BP 神经网络预报模型(IGABP)和基于改进差分进化的神经网络模型(MDEBP),为利用神经网络方法进行煤矿应用建模研究,提供了新的思路,进一步拓展了神经网络方法在煤与瓦斯预报预警等领域的应用。最后,利用建立的进化神经网络模型,以某矿区的典型煤与瓦斯 36 组实际数据(21 组为训练数据,其他 15 组数据为测试数据),进行了模型的检验、对比分析,并利用训练所得的模型,进行了煤与瓦斯预报预警的数字模拟分析。

参 考 文 献

[1] 国家安全生产监督管理总局,国家煤矿安全监察局.煤矿安全规程[M].北京:煤炭工业出版社,2016.

[2] 国家安全生产监督管理总局.AQ 1029—2016 煤矿安全监控系统及检测仪器管理使用规范[S].北京:煤炭工业出版社,2016.

[3] 国家安全生产监督管理总局.防治煤与瓦斯突出规定[M].北京:煤炭工业出版社,2013.

[4] 李胜.煤与瓦斯突出区域预测的模式识别方法研究[D].葫芦岛:辽宁工程技术大学,2004.

[5] 李北平.重庆地区煤与瓦斯突出特征及其地质影响因素分析[J].矿业安全与环保,2007,34(3):69-70.

[6] 马永德,梅甫定.大平煤矿煤巷掘进中突出敏感指标及其临界值的确定[J].安全与环境工程,2008,15(4):107-110.

[7] 缪燕子.多传感器信息融合理论及在矿井瓦斯突出预警系统中的应用研究[D].徐州:中国矿业大学,2009.

[8] 刘明举,刘希亮,何俊.煤与瓦斯突出分形预测研究[J].煤炭学报,1998,23(6):616-619.

[9] 赵旭生,董银生,岳超平.煤与瓦斯突出预测敏感指标及其临界值的确定方法[J].矿业安全与环保,2007,34(6):28-30,52.

[10] 秦汝祥,张国枢,杨应迪.瓦斯涌出异常预报煤与瓦斯突出[J].煤炭学报,2006,31(5):599-602.

[11] 苏文叔.利用瓦斯涌出动态指标预测煤与瓦斯突出[J].煤炭工程师,1996,23(5):2-7.

[12] 刘彦伟,刘明举,武刚生.鹤煤十矿突出前瓦斯涌出特征及预测指标的选择与应用[J].

煤矿安全,2005,36(11):18-2.

[13] 何俊,王云刚,陈新生,等.煤与瓦斯突出前瓦斯涌出动态混沌特性[J].辽宁工程技术大学学报,2010,29(4):529-532.

[14] 秦汝祥,张国枢,杨应迪.瓦斯浓度序列的煤与瓦斯突出预报方法及应用[J].安徽理工大学学报(自然科学版),2008,28(1):25-29.

[15] 陈祖云.煤与瓦斯突出前兆的非线性预测及支持向量机识别研究[D].徐州:中国矿业大学,2009.

[16] 王栓林,樊少武,马超.突出危险性预测中的瓦斯浓度实时指标研究[J].煤炭科学技术,2010,38(5):54-57.

[17] 邹云龙,赵旭生,孙东玲,等.利用炮掘工作面瓦斯涌出时间序列预测工作面突出危险性[J].矿业安全与环保,2010,37(3):7-10.

[18] 吕金虎,陆君安,陈士华.混沌时间序列分析及其应用[M].武汉:武汉大学出版社,2002.

[19] 施式亮,宋译,何利文,等.矿井掘进工作面瓦斯涌出混沌特性判别[J].煤炭学报,2006,31(6):701-705.

[20] 何利文,施式亮,宋译,等.回采工作面瓦斯涌出的复杂性及其度量[J].煤炭学报,2008,33(5):547-550.

[21] 王凯,王轶波,卢杰.煤与瓦斯突出动态前兆的非线性特征研究[J].采矿与安全工程学报,2007,24(1):11-26.

[22] 张剑英,程健,侯玉华,等.煤矿瓦斯浓度预测的 ANFIS 方法研究[J].中国矿业大学学报,2007,36(4):494-498.

[23] 程健,白静宜,钱建生,等.基于混沌时间序列的煤矿瓦斯浓度短期预测[J].中国矿业大学学报,2008,37(2):231-235.

[24] 时天.基于混沌时间序列的瓦斯浓度预测研究[D].西安:西安科技大学,2009.

[25] 何利文,施式亮,宋译,等.基于支持向量机(SVM)的回采工作面瓦斯涌出混沌预测方法研究[J].中国安全科学学报,2009,19(9):42-46.

[26] 黄文标,施式亮.基于改进 Lyapunov 指数的瓦斯涌出时间序列预测[J].煤炭学报,2009,34(12):1665-1668.

[27] 王亚军,金芳勇.基于混沌理论的掘进工作面煤与瓦斯突出特征研究[J].矿业安全与环保,2010,37(5):4-7.

[28] 赵金宪,于光华.瓦斯浓度预测的混沌时序 RBF 神经网络模型[J].黑龙江科技学院学报,2010,20(2):131-134.

[29] 王恩元,何学秋,刘贞堂.煤岩电磁辐射特性及其应用研究进展[J].自然科学进展,2006,16(5):532-536.

[30] WOLF A,SWIFT J B,SWINNY H L,et al. Determining Lyapunov exponents from a time series [J]. Physica D NonLinear Phenomena,1985,16(3):285-317.

[31] 陆振波,蔡志明,姜可宇.基于改进的 C-C 方法的相空间重构参数选择[J].系统仿真学报,2007,19(11):2527-2529,2538.

[32] 肖红飞,何学秋,王恩元,等.煤与瓦斯突出电磁辐射预测指标临界值的确定及应用

[J].煤炭学报,2003,28(5):465-469.

[33] 何学秋,刘明举.含瓦斯煤岩破坏电磁动力学[M].徐州:中国矿业大学出版社,1995.

[34] 王恩元.含瓦斯煤破裂的电磁辐射和声发射效应及其应用研究[D].徐州:中国矿业大学,1997.

[35] HE XUEQIU,WANG ENYUAN,LIU ZHENTANG. Experimental study on the electromagnetic radiation (EMR) during the fracture of coal or rock[C]//Proceedings of the'99 International Symposium on Mining Science and Technology. Beijing:Science Press,1999:133-136.

[36] 聂百胜.含瓦斯煤岩破裂力电效应的机理研究[D].徐州:中国矿业大学,2001.

[37] 钱建生,刘富强,陈治国,等.煤与瓦斯突出电磁辐射监测仪[J].中国矿业大学学报,2000,29(2):167-169.

[38] 鲜学福,辜敏,李晓红,等.煤与瓦斯突出的激发和发生条件[J].岩土力学,2009,30(3):577-581.

[39] 撒占友,王春源.煤与瓦斯突出电磁辐射预测指标临界值的确定[J].中国矿业,2006,15(10):88-91.

[40] 何学秋,聂百胜,王恩元,等.矿井煤岩动力灾害电磁辐射预警技术[J].煤炭学报,2007,32(1):56-59.

[41] 钱建生,王恩元.煤岩破裂电磁辐射的监测及应用[J].电波科学学报,2004,19(2):161-165.

[42] 宋青山,王宗明.电磁辐射预测突出技术在黔西矿区的应用[J].煤矿现代化,2006(4):53-55.

[43] 孟宪营,于占林,杜泽生.掘进工作面电磁辐射突出监测技术研究[J].煤,2008,17(12):4-6.

[44] 陈鹏,张科学,魏明尧,等.煤与瓦斯突出预测动静态指标的灰色优选[J].矿业研究与开发,2010,30(5):73-76.

[45] 邹银辉,赵旭生,刘胜.声发射连续预测煤与瓦斯突出技术研究[J].煤炭科学技术,2005,33(6):61-65.

[46] 王恩元,何学秋,刘贞堂.煤岩破裂声发射实验研究及 R/S 统计分析[J].煤炭学报,1999,24(3):270-273.

[47] 张伟民,周勇,韩珂奇.声发射预测煤与瓦斯突出危险性方法及指标的研究[J].煤矿安全,1999,5:2-4.

[48] 王栓林.煤与瓦斯突出危险性实时跟踪预测技术研究[D].西安:西安科技大学,2009.

[49] 郭德勇,范金志等.煤与瓦斯突出预测层次分析-模糊综合评判方法[J].北京科技大学学报,2007,29(7):660-604.

[50] 陈伟.正确认识层次分析法(AHP法)[J].人类工效学,2000,6(2):32-35.

[51] 刘思峰,党耀国,方志耕,等.灰色系统理论及其应用[M].第五版.北京:科学出版社,2010.

[52] 伍爱友,姚建,肖红飞.基于灰色关联分析的煤与瓦斯突出预测指标优选[J],煤炭科学技术,2005,32(2):69-71,61.

[53] 阎馨,屠乃威.基于多传感器数据融合技术的瓦斯监测系统[J].计算机测量与控制, 2004,12(12):1140-1142.

[54] 王文.数据融合及虚拟仪器在瓦斯监测系统中的应用研究[D].葫芦岛:辽宁工程技术大学,2006.

[55] 韩兵,付华.基于 BP 神经网络数据融合的瓦斯监测系统[J].工矿自动化,2008(4): 10-13.

[56] 李岚,李钦格.数据融合在瓦斯安检系统中的应用[J].哈尔滨商业大学学报(自然科学版),2008,24(4):457-459.

[57] 聂百胜,何学秋,何俊,等.电磁辐射信号的小波变换去噪研究[J].太原理工大学学报, 2006,37(5):557-560.

[58] 赵旭生,声发射监测井下动力灾害的噪声处理方法[J].煤炭科学技术,2005,33(3): 51-55.

[59] 付华,王涛,杨崔.模糊传感器在煤矿瓦斯监测中的应用[J].传感器与微系统,2009,28 (1):115-116,120.

[60] 付华,王涛,杨崔.智能瓦斯传感器系统的设计[J].仪表技术与传感器,2010(2): 100-104.

[61] 付华.煤矿瓦斯灾害特征提取与信息融合技术研究[D].葫芦岛:辽宁工程技术大学,2006.

[62] LIANG SHUANG HUA, WANG YUNJIA, ZHU SHISONG. Technical study on building gas real-time monitoring system based on AJAX and ArcIMS[C]//Frontiers of Energy and Environmental Engineering - Proceedings of the 2012 International Conference on Frontiers of Energy and Environmental Engineering, ICFEEE 2012.

[63] 孙忠强,苏昭桂,张金锋.煤与瓦斯突出预测预报技术研究现状及发展趋势[J].能源技术与管理,2008(2):56-57,65.

[64] GUNOPULOS D, DAS G. Time series similarity measures[C]//RAYMOND NG. Tutorial notes of the sixth ACM SIGKDD international conference on Knowledge discovery and data mining. Boston:ACM Press,2000,243-307.

[65] 苏羽,赵海,苏威积,等.基于模糊专家系统的评估诊断方法[J].东北大学学报(自然科学版),2004,25(7):653-656.

[66] 张学工.模式识别[M].第三版.北京:清华大学出版社,2010.

[67] 吴秀芹,张洪岩,李瑞政,等.ArcGIS 9 地理信息系统应用与实践[M].北京:清华大学出版社,2007.

[68] 梁双华,汪云甲,朱世松.基于 ArcGIS Server 的煤矿瓦斯多级监管系统的设计与实现[J].中国煤炭,2011,37(1):69-72.

[69] 李爱国,赵华.基于 PPR 的煤矿瓦斯监测数据相似搜索方法[J].计算机应用,2008,28 (10):2721-2724.

[70] DAS G,LINK MANNILA H,RENGANATHAN G,et al. Rule discovery from time series[C]// RAKESH AGRAAWAL. Proceedings of the 4th Annual Conference on Knowledge Discovery and Data Mining. New York:AAAI Press,1998:16-22.

[71] 朱扬勇,戴东波,熊赟.序列数据相似性查询技术研究综述[J].计算机研究与发展,2010,47(2):264-276.

[72] 翁颖钧,朱仲英.基于动态时间弯曲的时序数据聚类算法的研究[J].计算机仿真,2004,21(3):37-40.

[73] GUNOPULOS D,DAS G. Time series similarity measures[C]//RAYMOND NG. Tutorial notes of the sixth ACM SIGKDD international conference on Knowledge discovery and data mining. Boston:ACM Press,2000,243-307.

[74] 蒋嵘,李德毅.基于形态表示的时间序列相似性搜索[J].计算机研究与发展,2000,37(5):601-608.

[75] 董晓莉,顾成奎,王正欧.基于形态的时间序列相似性度量研究[J].电子与信息学报,2007,29(5):1228-1231.

[76] 毛云建,杜秀华.基于形态特征的时间序列相似性搜索算法[J].计算机仿真,2008,25(1):80-83.

[77] 王其军,程久龙.瓦斯传感器的故障模式与诊断方法研究[J].煤炭科学技术,2006,34(11):34-36.

[78] FAN H Y,LAMPINEN J. Trigonometric Mutation Operation to Differential Evolution[J]. Journal of Global Optimization,2003,27:105-129.

[79] 朱世松,汪云甲,魏连江.基于时间序列相似性度量的瓦斯报警信号辨识[J].中国矿业大学学报,2012,41(3):474-480.

[80] 付华,池继辉,乔德浩.基于数据融合技术的智能瓦斯检测系[J].微计算机信息,2010,26(8):9-11.

[81] 胡千庭,梁运培,刘见中.采空区瓦斯流动规律的CFD模拟[J].煤炭学报,2007,32(7):719-723.

[82] 王凯,吴伟阳.J型通风综放采空区流场与瓦斯运移数值模拟[J].中国矿业大学学报,2007,36(3):277-282.

[83] 邹哲强,屈世甲.基于关联性模型的煤矿安全监控系统报警方法[J].工矿自动化,2011(9):1-5.

[84] 盛骤,谢式千,潘承毅.概率论与数理统计[M].北京:高等教育出版社,2001.

[85] 宋丽娜.多传感器相关分析方法研究与应用[D].西安:西安科技大学,2009.

[86] 孙继平,唐亮,陈伟,等.煤矿井下长巷道瓦斯传感器间距设计[J].辽宁工程技术大学学报(自然科学版),2009,28(1):21-23.

[87] 邵良杉,付贵祥.基于数据融合理论的煤矿瓦斯动态预测技术[J].煤炭学报,2008,33(5):551-555.

[88] 张剑英,许徽,陈娟,等.基于粒子群优化的支持向量机在瓦斯浓度预测中的应用研究[J].工矿自动化,2010,10:32-35.

[89] 金龙哲,姚伟,张君.采空区瓦斯渗流规律的CFD模拟[J].煤炭学报,2010,35(9):1476-1480.

[90] 吕品,马云歌,周心权.上隅角瓦斯浓度动态预测模型的研究及应用[J].煤炭学报,2006,31(4):461-465.

［91］安卫钢.反向传播神经网络在混沌时间序列预测中的应用［D］.太原：中北大学，2006.

［92］张刚夫.信息系统标识符的层次编码法［J］.上海海运学院学报，1996，17（3）：98-102.

［93］汤国安，赵牡丹，杨昕，等.地理信息系统［M］.第二版.北京：科学出版社，2010.

［94］ZHU SHISONG，WANG YUNJIA，WEI LIANJIANG. Gas monitoring data anomaly identification based on spatio-temporal correlativityanalysis ［J］. Journal of Coal Science& Engineering，2013，19（1）：8-13.

［95］国宏伟，梁合兰，刘燕驰，等.不规则时间序列距离的度量［J］.计算机工程与应用，2008，44（35）：155-157.

［96］贾澎涛，何华灿，刘丽，等.时间序列数据挖掘综述［J］.计算机应用研究，2007，24（11）：15-18.

［97］丁永伟，杨小虎，陈根才，等.基于弧度距离的时间序列相似度量［J］.电子与信息学报，2011，33（1）：122-128.

［98］杨敏.矿山数据挖掘方法与模型研究［D］.徐州：中国矿业大学，2007.

［99］王甦，汪安圣.认知心理学［M］.北京：北京大学出版社，1992.

［100］朱世松，鲁汉榕，殷克功，等.可计算大容量知识库系统设计［J］.计算机工程与设计，2004，25（8）：1381-1383.

［101］ZHU SHISONG，WANG YUNJIA，HUANG XIAOBO. A method of general multi-concept learning based on cognitive model［C］//Proceedings-2010 2th Pacific-Asia Conference on Knowledge Engineering and Software Engineering.

［102］ZHU SHISONG，WANG YUNJIA，WEI LIANJIANG. Gas monitoring data anomaly identification based on spatio-temporal correlativityanalysis［J］. Journal of Coal Science & Engineering，2013，19（1）：8-13.

［103］顾芳，曹存根.知识工程中的本体研究现状与存在问题［J］.计算机科学，2004，31（10）：1-10，14.

［104］Z PAWLAK. Rough Set Approach to Multi-Attriute Decision Analysis［J］. European Journal of Operational Research，1994（72）：443-459.

［105］PAWLAK，ZDZISLAW. Drawing conclusions from data & mdash［J］. International Journal of Intelligent Systems，2001（16）：3-11.

［106］PAWLAK. Vortex dynamics in a spatially accelerating shear layer［J］. APS Division of Fluid dynamics meeting，1998，376（9）：1-35.

［107］张文修，吴伟志，梁吉业，等.粗糙集理论与方法［M］.北京：科学出版社，2001.

［108］张文修，梁怡.不确定性推理原理［M］.西安：西安交通大学出版社，1996.

［109］ANTONIOU G，MACNISH C K，FOO N Y. Conservative Expansion Concepts for Default Theories［C］//4th Pacific Rim International Conference on Artificial Intelligence，Germany，Springer-Verlag，1996，LNAI-1114：522-533.

［110］袁曾任.人工神经元网络及其应用［M］.北京：清华大学出版社，1999.

［111］张青贵.人工神经网络导论［M］.北京：中国水利水电出版社，2004.

［112］赵卫东，陈国华.粗集与神经网络的集成技术研究［J］.系统工程与电子技术，2002，24（10）：103-107.

［113］李仁璞,王正欧.基于粗集理论和神经网络结合的数据挖掘新方法［J］.情报学报, 2002,21(06):674-679.

［114］郑寒英,游自英,刘大中.基于粗集理论与神经网络技术规则提取的研究［J］.微机发展,2003,13(6):43-45.

［115］D HORNIG. Integration of Neural Networks with diagnostic expert systems［J］. Witey-Vch Verlag GmbH,1994,287(287):1-31.

［116］LINGRAS,PAWAN. Comparison of neofuzzy and rough neural networks［J］. Information Sciences. 1998,110(3):207-215.

［117］SWINIARSKI W,ROMAN,HARGIS,LARRY. Rough sets as a front end of neural-networks texture classifiers［J］. Neurocomputing. 2001,36(1):85-102.

［118］王学武,顾幸生.神经网络的研究热点分析［J］.工业仪表与自动化装置,2004(6): 3-6.

［119］杨敏,李瑞霞,汪云甲.煤与瓦斯突出的粗神经网络预测模型研究［J］.计算机工程与应用,2010(6).

［120］吴强.基于神经网络的煤与瓦斯突出预测模型［J］.中国安全科学学报,2001,11(4): 69-72.

［121］王立柱,赵大宇.BP 神经网络的改进及应用［J］.沈阳师范大学学报(自然科学版), 2007(1): 60-64.

［122］张静.BP 神经网络改进算法的比较研究［J］.科技信息(学术版),2006(5):7-8.

［123］MAK,BRENDA,MUNAKATA,TOSHINORI. Rule extraction from expert heuristics:A comparative study of rough sets with neural networks and ID3［J］. European Journal of Operational Research ,2002,136(1): 212-229.

［124］HASHEMI R R,LE BLANC L A,RUCKS C T,RAJARATNAM A. A hybrid intelligent system for predicting bank holding structures［J］. European Journal of Operational Research,1998,109(2): 390-402.

［125］Brookes B C. The foundations of information science［J］. Journal of Information Science,1980(2):125-133.

［126］马江洪,张文修,徐宗本.数据挖掘与数据库知识发现:统计学的观点［J］.工程数学学报,2002,19(1):23-27.

［127］薛鹏骞,吴立锋,李海军.基于小波神经网络的瓦斯涌出量预测研究［J］.中国安全科学学报,2006,16(2):22-25.

［128］李双成,郑度.人工神经网络模型在地学研究中的应用进展［J］.地球科学进展,2003, 18(1):68-70.

［129］岑健.改进型 BP 神经网络在矿用感应电机速度控制中的应用［J］.煤矿机械,2006 (5):884-886.

［130］唐璐,齐欢.混沌和神经网络结合的滑坡预测方法［J］.岩石力学与工程学报,2003,22 (12):1984-1987.

［131］苗夺谦.Rough Set 理论中连续属性的离散化方法［J］.自动化学报,2001,27(3): 296-302.

[132] 史忠植. 高级人工智能[M]. 北京:科学出版社,1998.

[133] BARTLETT P DOWNS T. Training a Neural Network with Genetic Algorithm [R]. Technical Report. Univ. of Queensland,1990.

[134] 陈国良. 遗传算法及应用[M]. 北京:人民邮电出版社,1996.

[135] 张文修,梁怡. 遗传算法的数学基础[M]. 西安:西安交通大学出版社,2000.

[136] WHITELEY D,GENETIC. Algorithms and Neural Networks:Optimizing Connections and Connectivity[J]. Parallel Computing,1990,14:347-361.

[137] 周明,孙树栋. 遗传算法原理及应用[M]. 北京:国防工业出版社,1999.

[138] 余有明,刘玉树,阎光伟. 遗传算法的编码理论与应用[J]. 计算机工程与应用,2006 (3):86-89

[139] 谷芳春. 神经网络优化理论研究及应用[D]. 燕山大学硕士论文,燕山大学图书馆,2002.

[140] 王熙. 基于遗传算法改进的 BP 神经网络在矿产品预测领域的应用[D]. 北京:中国地质大学,2006.

[141] 刘月娥,何东健,李峥嵘. 一种用于 BP 网络优化的并行模拟退火遗传算法[J]. 计算机应用,2006,26(1):204-206.

[142] 郑志军,郑守淇. 用基于实数编码的自适应遗传算法进化神经网络[J]. 计算机工程与应用,2000,(9):36-37.

[143] 王忠,柴贺军,刘浩吾. 关于遗传算法的几点改进[J]. 电子科技大学学报,2002,31 (1):76- 80.

[144] SHANE L,MARCUS H,AKSHAT K. Tournament versus Fitness UniformS election[R],Technical Report IDSIA-04-04,2004.

[145] 王增强,曾碧. 遗传算法中交叉算子的配对策略研究[J]. 汕头大学学报(自然科学版),2005,20(4):55-58.

[146] 张蕾,张文明. 遗传神经网络算法在应用中的优化策略研究[J]. 中国农机化,2006, (1):77-79.

[147] 杨敏,汪云甲,李瑞霞. 煤与瓦斯突出强度预测的 IGABP 方法[J]. 重庆大学学报,2010,33(1):113-118.

[148] 杨敏,汪云甲. A Incorporate Genetic Algorithm Based Back Propagation Neural Network model for coal and gas outburst intensity prediction[C]//Int. the 6th International Conference of Mining Science & Technology,2009.

[149] 罗治情,戴光明,詹炜,等. 基于"优胜劣汰"原则的差异算子[J]. 计算机工程与设计,2006,27(16): 2964-2965.

[150] 郭文兵,邓喀中,邹友峰. 概率积分法预计参数选取的神经网络模型[J]. 中国矿业大学学报,2004,33(3):322-326.

[151] 何永勇,褚福磊,钟秉林. 基于进化计算的神经网络设计与实现[J]. 控制与决策,2001,16(3):257-261.

[152] 杨坤德,马远良. 用差异进化算法进行海洋环境参数反演[J]. 西北工业大学学报,2003,21(3):289-293.

[153] 高飞.差异演化算法在计算基本电荷中的应用[J].计算机工程与应用,2006,(13):216-217.

[154] 高飞,童恒庆.一类推广的差异演化算法及其应用[J].武汉大学学报(理学版),2005,51(5):547-552.

[155] 杨敏,汪云甲,程远平.煤与瓦斯突出预测的改进差分进化神经网络模型研究[J].中国矿业大学学报,2009,38(3):439-444.

[156] 刘月娥,何东健,李峥嵘.一种用于BP网络优化的并行模拟退火遗传算法[J].计算机应用,2006,26(1):204-206.

[157] STORN R,PRICE K. Differential evolution-a simple and efficient adaptive scheme for global optimization over continuous spaces [R]. Technical Report TR-95-012. Berk eley: International Computer Science Institute,1995.

[158] DERVIS K,SELCUK O. A simple and global optimization algorithm for engineering problems[J]. Turk. J. Elec. Engin. ,2004,12(1):53-60.

[159] PRICE K. Differential Evolution:A Fast and Simple Numerical Optimizer[C]// 1996 Biennial Conf of the North American Fuzzy Information Processing Sociey, New York,1996:524-527.

[160] PRICE K. Differential Evolution vs. the Functions of the 2nd ICEO[C]//IEEE Int Conf on Evolutionary Computation,Indian,1997:153-157.

[161] 王新丹,张志刚,于美红,等.差异进化算法参数研究及自适应处理[J].山东建筑大学学报,2006,21(4):301-306.

[162] 杨坤德.水声信号的匹配场处理技术研究[D].西安:西北工业大学,2003.

[163] JANEZ BREST,VILJEM UMER,MIRJAM SEPESY MAU. Performance comparison of self-adaptive and adaptive differential evolution algorithms[J]. Soft Computing,2007,11(7):617-629.

[164] H DHAHRI,M A ALIMI. The modified differential evolution and the RBF (MDE-RBF) neural network for time series prediction[C]//Proc. of the 2006 IEEE World Congress on Computational Intelligence,2006:5245-5250.

[165] YU B,HE X S. Training radial basis function networks with differential evolution [C]//Granular Computing. 2006 IEEE International Conference,2006,:369-372.

[166] JUNHONG LIU,JOUNI LAMPINEN. A differential evolution based incremental training method for RBF networks[C]//Proceedings of the 2005 conference on Genetic and evolutionary computation,2005:881-888.

[167] MASTERS,TIMOTHY,LAND,WALKER. A new training algorithm for the general regression neural network[C]//1997 IEEE International Conference on Systems,Man,and Cybernetics,Computational Cybernetics and Simulation,1997(3):1990-1994.

[168] 王新丹,张志刚,于美红,等.差异进化算法参数研究及自适应处理[J].山东建筑大学学报,2006,21(4):301-306.

[169] 谢晓锋,张文俊,张国瑞,等.差异演化的实验研究[J].控制与决策,2004,19(1):

49-54.

[170] 郝海燕.基于分片二维搜索的修正微分进化算法[D].大连:大连理工大学,2006.

[171] 颜学峰,余娟,钱锋.自适应变异差分进化算法估计软测量参数[J].控制理论与应用,
　　　2005,23(5):744-748.

[172] 梁才浩,段献忠,钟志勇,等.基于差异进化和 PC 集群的并行无功优化[J].电力系统
　　　自动化,2006,30(1):23-26.

[173] 吴亮红,王耀南,袁小芳,等.自适应二次变异差分进化算法[J].控制与决策,2006,21
　　　(8):898-902.

[174] 刘明广.差异演化算法及其改进[J].系统工程,2005,23(2):108-111.

[175] FAN H Y,LAMPINEN J. Trigonometric Mutation Operation to Differential Evolu-
　　　tion[J]. Journal of Global Optimization,2003,27:105-129.

[176] CRUZI L L,VAN STRATEN G. Efficient differential evolution algorithms formul-
　　　timodal optimal control problems[J]. Applied Soft Computing Journal. 2003,(3):
　　　97-122.

[177] KWEDLO W,BANDURSKI K. A Parallel Differential Evolution Algorithm A Par-
　　　allel Differential Evolution Algorithm[C]//International Symposium on Parallel
　　　Computing in Electrical Engineering (PARELEC'06),2006:319-324.

[178] 徐慧.数据挖掘技术在煤与瓦斯突出预测中的应用研究[J].煤矿设计,2000,(3):
　　　17-19.

[179] 刘黎明,肖红飞.神经网络在煤与瓦斯突出预测中的应用[J].矿业安全与环保,2003,
　　　30(1):34-37.

[180] 熊亚选,程磊,蔡成功,等.利用 MATLAB 神经网络进行煤与瓦斯突出预测的研究
　　　[J].煤炭工程,2004(11):70-72.

[181] 薛鹏骞,吴立锋,李海军.基于小波神经网络的瓦斯涌出量预测研究[J].中国安全科
　　　学学报,2006,16(2):22-25.

[182] 张瑞林.现代信息技术在煤与瓦斯突出区域预测中的应用[D].重庆:重庆大学,2004.

[183] 郝海燕.基于分片二维搜索的修正微分进化算法[D].大连:大连理工大学,2006.

第三篇
煤矿井下瓦斯传感器
优化选址研究

第 14 章　瓦斯传感器设施选址特征与决策域分析

确定传感器的数量和位置是安全监测系统选型设计非常重要的内容,应根据井下通风系统和安全状况来确定需要监测的地点和参数,并据此确定矿井总的传感器数量。

首先在 14.1 节中对瓦斯传感器相关行业技术标准和安全规范进行了介绍,随后,在 14.2 节中将瓦斯传感器设施的选址特征进行了分析,在 14.3 节中对瓦斯传感器选址问题的决策内涵(决策域)进行进一步分析,在 14.4 节中介绍了瓦斯传感器选址涉及的典型覆盖选址模型,14.5 节对本章的内容进行了总结。

14.1　煤矿安全监控系统与瓦斯传感器相关技术标准与规范

14.1.1　煤矿安全监控系统与瓦斯传感器

煤矿安全监控系统是指对煤矿的环境参数和机电设备工作状态进行监测和控制,用计算机分析处理并取得数据的一种系统,是保障煤矿安全生产的重要手段,在矿井防灾、减灾以及提高生产效率方面起着重要作用。

安全监控系统的硬件组成结构(见图 14-1):主要由地面中心站(地面监控主机、通信接口装置)、井下分站和各类矿用传感器组成,井下分站是信息中转中心,其一方面负责将传感器采集的各类信息传送到地面中心站,一方面将地面中心站下达的指令或传感器送来的信息传送至指定部件,如报警、断电、控制局部通风机开启等。

瓦斯传感器(甲烷传感器)是煤矿安全监控系统中的关键部件,用于检测煤矿井下空气中的甲烷含量,在井下瓦斯传感器以定点的方式进行布置,每个传感器都是在特定地点对特定时刻的风流中的瓦斯含量进行测定。

安全监控系统利用瓦斯传感器实现的主要功能:

① 甲烷超限报警功能:当被监视区域风流中甲烷浓度达到预置的报警点时,由系统发出声、光报警信号。当甲烷浓度恢复到预置的报警值以下时,能自动解除报警。

② 甲烷超限断电及闭锁功能:当被监视区域风流中甲烷浓度达到预置的断电点浓度时,输出切断被控区域动力电源并闭锁;当被监视区域风流中甲烷浓度降到预置的复电点浓度时,能自动解锁,恢复供电;断电点参数设置连续可调。

利用瓦斯传感器检测矿井瓦斯(甲烷)浓度,防止瓦斯爆炸,对保证煤矿安全生产具有重要意义。

14.1.2　瓦斯传感器相关技术标准与规范

有关煤矿安全监控系统安装使用及瓦斯传感器配置的技术标准和规范有《煤矿安全规程》第 3 章通风安全监控、《煤矿安全监控系统通用技术要求》(AQ 6201—2006)和《煤矿安

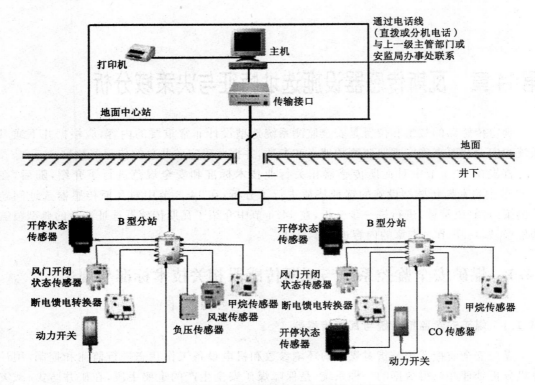

图 14-1　KJ-83 煤矿安全监控系统结构示意图

全监控系统及检测仪器使用管理规范》(AQ 1029—2007)。

对煤矿安全监控系统的范围、规范性引用文件、术语和定义、装备要求、设计和安装、甲烷传感器的设置、其他传感器的设置、使用与维护、煤矿安全监控系统及联网信息处理、管理制度与技术资料等方面进行了详细要求。

监控系统及甲烷传感器的主要规定:

(1) 甲烷传感器要求

① 井下重要地点(矿井采煤和掘进工作面)至少安装 2 个以上的甲烷传感器。

例:U 形通风方式采煤工作面甲烷传感器的设置,如图 14-2 所示。

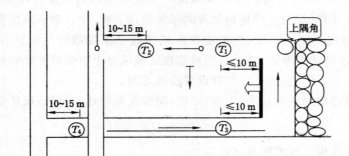

图 14-2　U 形通风方式采煤工作面甲烷传感器的设置

② 甲烷传感器设置位置和数量。

例：甲烷传感器应垂直悬挂，距顶板（顶梁、屋顶）不得大于 300 mm，距巷道侧壁（墙壁）不得小于 200 mm。

③ 甲烷传感器的报警浓度、断电浓度、复电浓度和断电范围标准。

例：采煤工作面上隅角的甲烷传感器相关标准，见表 14-1。

表 14-1　采煤工作面上隅角甲烷传感器的报警浓度、断电浓度、复电浓度和断电范围

甲烷传感器或便携式甲烷检测报警仪设置地点	甲烷传感器编号	报警浓度	断电浓度	复电浓度	断电范围
采煤工作面上隅角	T_0	$\geq 1.0\%CH_4$	$\geq 1.5\%CH_4$	$< 1.0\%CH_4$	工作面及其回风巷内全部非本质安全型电气设备
低瓦斯和高瓦斯矿井的采煤工作面	T_1	$\geq 1.0\%CH_4$	$\geq 1.5\%CH_4$	$< 1.0\%CH_4$	工作面及其回风巷内全部非本质安全型电气设备
煤与瓦斯突出矿井的采煤工作面	T_1	$\geq 1.0\%CH_4$	$\geq 1.5\%CH_4$	$< 1.0\%CH_4$	工作面及其进、回风巷内全部非本质安全型电气设备
采煤工作面上隅角设置的便携式甲烷检测报警仪		$\geq 1.0\%CH4$			

（2）监控系统及传感器稳定性要求

① 低瓦斯矿井必须装备安全监控系统。

②《煤矿安全监控系统通用技术要求》规定接入系统的传感器的稳定性指标大于 15 d。

（3）系统维护工作

对检修机构、配备仪器、调校方法、维护方法、报废、图纸资料和信息保存等内容进行了明确，对监控系统中心站及联网网络中心的管理工作也提出了要求。

14.2　矿井瓦斯传感器设施选址特征分析

由 14.1.1 节可知，矿井瓦斯监控系统的总体目标是检查瓦斯浓度超限事件，并有足够的反应时间做出恰当的反应，以避免瓦斯灾害。

监控系统的设计是由投资费用和保护水平来决定的，增加监测点的数目可提高保护水平，但也时造成投资费用增高，因而瓦斯监测点的优化布置是实现二者平衡的关键。实质上，监测点的优化布置，可归结为韦伯选址理论[1]中的"给定活动，应该选择什么位置从事该项活动？"的选址问题。因此，可基于设施选址领域的理论和方法来解决瓦斯传感器的选址。

从设施选址问题的角度，归纳出瓦斯传感器选址的几个特点：

（1）瓦斯传感器选址是一项系统工程，要考虑国家相关政策、法律法规和相关技术标准与规范等。

由 14.1.2 节分析可知，瓦斯传感器布置有相关的技术标准和规范，另外，《中华人民共和国安全生产法》《煤矿安全监察条例》也有必须依据规范布置传感器的相关规定。这些法律法规和技术规范是硬性的，在选择瓦斯传感器布置点时就作为必备条件考虑到。

（2）瓦斯传感器预防性部署策略

设施的部署策略通常分为反应性（实时性）部署策略和预防性部署策略两类，反应性部署策略是在灾害事件发生之后，部署相应的资源设施，其目的是尽快调动资源到需求区域，这一策略适用于瓦斯爆炸事故发生后的灾害救援类紧急事件；而瓦斯传感器的部署属于后者，该类部署策略在灾害事件发生之前设施配置已经完成，这一策略要求通过对研究区域做出正确的风险评估，识别出瓦斯高风险点以及易发生瓦斯耦合灾变的高风险区域之后，才能部署出较为理想的效果。

（3）瓦斯传感器可考虑多重设置

矿井不同区域瓦斯灾害风险程度不同，例如，矿井进风巷道，瓦斯灾害风险程度低；而采煤和掘进工作面及总回风巷道等处，瓦斯灾害风险程度较高。

因此，在井下设置瓦斯监测点时，可考虑备用覆盖或超额覆盖，使一个瓦斯传感器同时覆盖多个高风险区域，以提高监控系统的性能。

对于超额覆盖，规程规范中已有相关规定，例 AQ 1029—2007[2]对《煤矿安全规程》中的第 169 条作了补充修订，要求：瓦斯矿井采煤和掘进工作面至少安装两个瓦斯传感器。

关于备用覆盖，目前相关的规程和规范还未有涉及，而该种布置方式是提高瓦斯传感器监测性能的一项重要措施，是本书研究瓦斯传感器选址重点考虑的目标之一。

（4）瓦斯传感器属于覆盖选址问题

井下复杂通风巷道中瓦斯传感器优化布局问题可描述为利用少数瓦斯监测点的数据反映整个通风巷道中瓦斯分布情况，该问题在图论领域中可归结为求最小顶点覆盖问题[3]，在设施选址领域可归结为覆盖选址问题。可借助覆盖选址问题中的典型选址模型和算法辅助决策。

典型的覆盖选址模型有：集合覆盖选址模型、最大覆盖选址模型、备用覆盖选址模型 1 和备用覆盖选址模型 2。这四类模型的具体适用条件和模型内容将在 14.4 节进行详细介绍。

覆盖选址模型的求解算法有精确算法和启发式算法两类。精确算法适用于求解问题规模较小的问题，可以求得最优解，目前常用的精确算法有分支定界法、动态规划法、割平面法等；随着问题规模的增大，精确算法将无法求解，这时需采用启发式算法求解，算法虽然难以得到最优解，但可求得问题的近似最优解，常用的启发式算法有：蚁群优化算法、禁忌搜索算法、模拟退火算法、粒子群优化算法及捕食搜索算法等。

14.3 瓦斯传感器设施选址决策域分析

本节对瓦斯传感器设施选址的决策内涵进行分析，主要是提供一个结构化的广博的定义，为后续章节选址模型的建模做铺垫。

（1）选址总目标

由 14.1.1 节可知，矿井瓦斯监控系统的总体目标是检查瓦斯浓度超限事件，并有足够的响应时间做出恰当的反应，以避免瓦斯灾害。这就要求矿井中的瓦斯传感器必须在有效报警时间内，及时、准确地监测到整个矿井中的瓦斯突出事件。

目前，依据现行煤矿安全规程及相关规范布置的监测点主要关注于瓦斯安全关注点（致灾因素间耦合模式相对固定的高危险点或区域），较少顾及瓦斯监测点的空间分布密度和覆盖范围,可能导致存在监控盲区,埋下安全隐患。

为弥补现行瓦斯监测点布设存在的上述缺陷,将瓦斯传感器的选址总目标锁定为:兼顾瓦斯安全关注点和监测覆盖范围的传感器布置方式。

综合布置方式中首要考虑到问题是两者的组合形式,瓦斯安全关注点是灾难性的,对矿井安全起着是决定性作用,对其监测是首要的,而基于监测覆盖范围的监测是第二位的是次要的。为此,提出将瓦斯安全关注点以约束条件的形式综合到监测覆盖范围选址模型中的布置方式,将基于瓦斯高风险点的监测与全局监测相互协调,最终实现瓦斯传感器的无盲区布置。文中瓦斯安全关注点(依据 AQ 1029—2007 布置的瓦斯监测点确定)。

(2) 目标

① 监测报警时间最小化

对瓦斯传感器而言,一个重要的目标就是对瓦斯突出事件的报警响应时间要快。文献[4]给出了瓦斯突出至瓦斯传感器报警时间 t_A 的计算公式:

$$t_A = T + t_R \tag{14-1}$$

式中,T 为瓦斯突出开始至瓦斯传感器所在位置达到报警体积分数的时间;t_R 为传感器响应时间,一般 $t_R \leqslant 30$ s。目前国内外对于 CO 传感器有效报警时间有了充分的研究[5],对于瓦斯传感器的所需要的最短有效报警时间,目前还没有提出[6]。

为此,求解该目标,可考虑使用极小和(minimum sum)准则,使瓦斯监测点至各个监测区域的总时间或平均时间最小。

② 传感器成本最小化

若不考虑瓦斯传感器的经济成本差异,目标可简化为传感器的数量最少化。

③ 风险防备最大化

矿井不同区域瓦斯灾害风险程度不同,在追求实现覆盖瓦斯安全关注点和整个研究区域这两个总目标时,还应兼顾灾害防备能力最大化。为此,需要对研究区域进行瓦斯灾害风险评估,掌握研究区域的危险程度、适当分类,并赋予权重使之成为选址决策的重要因素。

④ 可靠性最大化

传感器选址具有一定的可靠性,即若某一传感器发生故障时,存在其他传感器能够继续监测瓦斯浓度,并且由此造成的监测时间增加值在有效监测时间之内。该目标可运用设施选址中的覆盖选址模型实现。

⑤ 监测覆盖范围最大化

当有监测点数量限制时,存在监测覆盖范围最大化问题。当无监测点数量限制时,监测覆盖范围为给定的整个研究区域,是已知条件,因此,不存在监测覆盖范围最大化问题。

(3) 输出

输出是指所有潜在的决策,包括:

① 规则 1:瓦斯监测点的位置和数量

当瓦斯监测点数量没有限制时,二者均为输出变量;当瓦斯监测点有数量限制时,瓦斯监测位置仍为输出变量,而监测点数量则为约束条件。

② 规则 2:监测质量水平

监测质量水平取决于有效监测时间的设定,设定的有效监测时间越小,系统提供的监测水平越高,监测点的成本也就越大。

（4）输入

输入是定义决策的最小信息单元，以空间、时间或空间—时间的形式表示。

① 研究区域的空间表示

在选址问题中研究区域的空间表示可采用平面或网络两种形式，前者称为连续型选址问题，后者称为网络型选址问题。在网络表示形式中，所有位置（设施备选布置点和需求点）用网络上的节点表示，各节点距离依据最短路径方法计算。

矿井巷道是呈空间网络拓扑结构分布的，因此，选用矿井通风网络来表示选址空间。网络节点之间的距离用节点最短风流时间来表示。

② 瓦斯传感器备选布置点的表示

矿井通风网络节点是风流混合的地方，不同类型的风流混合并分流至其他巷道，因此，风网节点通常能够反映其上游各节点的瓦斯分布状况；为此，瓦斯传感器备选布置点为矿井中的通风网络节点处。

③ 监测区域的表示

在研究区域采用网络表示形式时，需将需求区域节点化；在本研究中，将监测区域抽象为通风网络中各分支中点和各分支末节点两种表示形式。

④ 有效监测时间表示

有效监测时间是指下风流传感器能够在有效报警时间内对上游传感器之间监控区域中的瓦斯体积分数进行监测。因此，有效监测时间的设定必须是在监控系统的有效报警时间之内。

综上所述，可将瓦斯传感器设施的选址决策域列表（见表 14-2）。

表 14-2   **瓦斯传感器选址的决策域模型**

类 别	项 目	子 项 目
总目标	矿井瓦斯传感器的优化布置	基于瓦斯安全关注点的监测 基于监测覆盖范围的监测
目标	监测报警时间最小化 监测成本最小化 灾害防备最大化 可靠性最大化 监测覆盖范围最大化	最大监测时间最小 设施成本最小 覆盖高风险区域最大 监测点可靠性最大 覆盖研究区域最大
输出	瓦斯传感器数量和位置 监测质量水平	覆盖全部监测区域的最少设施数目、位置 覆盖最大监测区域的 P 个设施的位置 设施成本，有效监测时间，等
输入	研究区域的空间表示 瓦斯监测备选布置点表示 监测区域的表示 有效监测时间表示	矿井通风网络描述 节点间最短风流时间 节点至分支中点的最短风流时间 监测时间矩阵、有效监测矩阵

表 14-2 的瓦斯传感器设施的选址决策域模型，将作为本研究后续章节研究瓦斯传感器设施选址模型的讨论基础和出发点，实际上，作为给定的输入条件（如节点间的最短风流时间与巷道风速、瓦斯涌出速度和实际工况等都有关系）需进行理论研究，但由于时间所限，本研究对此不做讨论。

14.4 典型设施覆盖选址模型

14.4.1 覆盖选址基础模型

覆盖问题分为集覆盖和最大覆盖问题两类,集覆盖问题主要解决满足全部需求点的情况下,提供设施的个数或者建设费用最小的问题,最早用于消防中心的选址和救护车的设施规划选址。

14.4.1.1 位置集合覆盖模型

位置集合覆盖问题(location set covering problem,LSCP)的数学模型由 Toregas[7] 等人最早提出,其目标是在一个有限的设施站点候选集合中,选择一个总的成本最低的设施站点子集,使得所有设施需求点集都至少被一个设施站点覆盖一次,集覆盖模型可以描述为:

$$\min \sum_j c_i X_j Y \tag{14-2}$$

$$\text{subject to:} \sum_{j \in N_i} X_j \geqslant 1 \quad \forall i \tag{14-3}$$

$$X_j \in \{0,1\} \quad \forall i \tag{14-4}$$

其中,目标函数(14-2)是设置的服务设施建设成本最小,约束式(14-3)要求所有需求点至少被一个设施站点覆盖一次,约束式(14-4)表示若在 j 点设置设施,则 X_j 为 1,否则 X_j 为 0。从集覆盖模型中可以看出此方程没有考虑需求点的规模,对于需求量小的边缘节点设置设施,将使投入产出比非常低。

14.4.1.2 最大覆盖模型

最大覆盖选址问题(maximal covering location problem,MCLP)是决策者发现当资源条件有限时,为所有需求者建立设施站点是不现实的,于是提出了在有限的资源下(固定的设施站点数目)覆盖尽可能多的需求点的选址覆盖措施。最大覆盖模型可描述为:

$$\min \sum_i h_i z_i \tag{14-5}$$

$$\text{subject to:} Z_i \leqslant \sum_{j \in N_i} X_j \quad \forall i \tag{14-6}$$

$$\sum_j X_j \leqslant P \tag{14-7}$$

其中,h_i 为需求节点 i 的需求量;当节点不被覆盖时,z 为 0 否则为 1。目标函数(14-5)是求在有限设施条件下能覆盖的最大需求点,约束条件(14-6)确定设施为哪个在特定范围内的需求点提供服务,约束条件(14-7)限定设施点数量小于等于 P。

14.4.2 备用覆盖选址模型

Hogan 和 ReVelle[8] 使用两个备用覆盖的概念对最大覆盖模型进行了修改,提出来两个备用覆盖模型:备用覆盖模型 1(backup coverage problem,BACOP1)和备用覆盖模型 2(backup coverage problem2,BACOP2)。

14.4.2.1 备用覆盖模型 1

在备用覆盖模型 1(BACOP1)中,要求各灾害点在一次覆盖的前提下,被二次覆盖的总的风险防备最大。

设 $S = \{S_i \mid i = 1, 2, \cdots, m\}$：需求点的集合；

$F = \{F_j \mid j = 1, 2, \cdots, n\}$：瓦斯传感器设施点的集合；

t_{ij}：从需求点 S_i 到瓦斯传感器设施点 F_j 的时间；

T：需求点到瓦斯传感器设施的规定限制时间；

ω_i：需求点 S_i 的权重（经济指标或危险程度指标）；

P：可以建立的瓦斯传感器设施的总数（$p \leqslant n$）；

$N_t = \{j \mid t_{ij} \leqslant T\}$

$$x_j = \begin{cases} 1, \text{若在该处设置瓦斯传感器设施 } F_j; \\ 0, \text{否则} \end{cases}$$

$$y_j = \begin{cases} 1, \text{若需求点 } S_i \text{ 被覆盖两次}; \\ 0, \text{否则} \end{cases}$$

备用覆盖模型 1（BACOP1）为：

$$\max \quad f(y) = \sum_{i \in I} \omega_i u_i \tag{14-8}$$

满足：

$$\sum_{j=N_i} x_j - y_i \geqslant 1, \; i \in M \tag{14-9}$$

$$\sum_{j \in 1}^{n} x_j = P \tag{14-10}$$

$$x_j \in \{0, 1\}, \forall j \in N \tag{14-11}$$

$$y_i \in \{0, 1\}, \forall i \in M \tag{14-12}$$

目标函数（14-8）是使被覆盖两次的需求点总价值（经济指标或风险防备）最大；约束式（14-9）保证需求点 S_i 至少被瓦斯传感器设施覆盖到：若 $y_j = 0$，表示需求点被覆盖一次，若 $y_j = 1$，表示需求点被覆盖两次，约束式（14-10）指定被选定的瓦斯传感器设施数目为给定的 P；约束式（14-11）、（14-12）为完整性约束。

14.4.2.2 备用覆盖模型 2

在资金或地质条件的限制情况下，设置了 P 个瓦斯传感器后仍有一些需求点不能得到覆盖的情况下，可使用双目标优化模型——备用覆盖模型 2（BACOP2）来解决，该模型是在最大化一次覆盖和最大化二次覆盖两个目标之间进行权衡，以满足决策者的目标。

设 $S = \{S_i \mid i = 1, 2, \cdots, m\}$：需求点的集合；

$F = \{F_j \mid j = 1, 2, \cdots, n\}$：设施点的集合；

t_{ij}：从需求点 S_i 到设施点 F_j 的时间；

T：需求点到设施的规定限制时间；

ω_i：需求点 S_i 的权重（经济指标或危险程度指标）；

P：可以建立的设施的总数（$p \leqslant n$）；

$N_t = \{j \mid t_{ij} \leqslant T\}$

$$x_j = \begin{cases} 1, \text{若在该处设置 } F_j \\ 0, \text{否则} \end{cases}$$

$$y_j = \begin{cases} 1, \text{若需求点 } S_i \text{ 被覆盖两次;} \\ 0, \text{否则} \end{cases}$$

$$z_j = \begin{cases} 1, \text{若需求点 } S_i \text{ 被覆盖两次;} \\ 0, \text{否则} \end{cases}$$

备用覆盖模型 2(BACOP2)为:

$$\max \quad f(y,z) = \theta \sum_{i \in I} \omega_i y_i + (1-\theta) \sum_{i \in I} \omega_i z_i \tag{14-13}$$

满足:

$$\sum_{j=N_i} x_j - y_i - z_i \geqslant 0, \ i \in I \tag{14-14}$$

$$z_i - y_i \leqslant 0, i \in I \tag{14-15}$$

$$\sum_{j \in 1}^{n} x_j = P \tag{14-16}$$

$$x_i, y_i, z_i \in \{0,1\}, \forall i \in I, \quad \forall j \in J \tag{14-17}$$

式中,ω_i 是各需求节点 i 的重要度指标;θ 为目标权重,取决于决策者在一次覆盖最大化和二次覆盖最大化两个目标之间的权衡结果,其取值在[0,1]之间。目标函数(14-13)是使被覆盖的需求点的权衡价值总和最大,如果 θ 取值靠近 1,则使一次覆盖最大化,如果 θ 取值靠近 0,则使二次覆盖最大化。约束式(14-14)表示并不要求所有的需求点都被覆盖到;式(14-15)是要求需求点 i 被两次覆盖之前必须被覆盖一次。约束式(14-16)指设施数目为给定的 P。

14.5　本章小结

本章在将瓦斯传感器优化布置问题映射成为设施选址问题的基础上,总结了瓦斯传感器设施选址特征,并对瓦斯传感器选址问题的决策内涵进行了分析,主要涉及选址的总目标、目标、输入和输出四个方面的内容,最后针对瓦斯传感器选址的决策域总结了一个结构化的模型(见表 14-2),介绍了瓦斯传感器选址中涉及典型选址模型。

第15章 矿井通风巷道瓦斯积聚危险性评价

由于瓦斯易爆,在通风巷道中瓦斯流经之处,都有可能成为有瓦斯灾害威胁的地点,因此,有必要对流动瓦斯在通风巷道中的积聚危险性进行评价分析,为实现安全监测的合理布点提供依据。在15.1节中,着重分析了矿井瓦斯积聚的危害及产生原因;15.2节在分析了矿井瓦斯浓度变化特点的基础上,提出了基于信息熵的瓦斯积聚危险性模型;15.3节对瓦斯积聚因子确定性指标进行了设定并赋予了权重;15.4节进行了评价模型的实例应用;15.5节对本章内容进行了总结。

15.1 矿井通风巷道瓦斯浓度变化特征

15.1.1 瓦斯浓度的动态性

瓦斯浓度动态性是指瓦斯浓度以及决定瓦斯浓度的因素状态,随着巷道风流的流动,在时间和空间上所具有的动态特性。在煤矿巷道掘进、工作面开采过程中,巷道围岩结构和应力不断发生变化;生产管理方面的活动安排也会相应发生变更,人员、机械的非规律性动作将发生转移。通风系统除了因通风动力而变化以外,在通风巷道变化时,风量也会及时发生变化,最终将会影响到瓦斯浓度的变化,而且这一切的变化均是在煤炭生产过程中客观存在的,是系统的一种固有的特性。

15.1.2 瓦斯浓度的不确定性

由于工程环境的不同、各种预测方法和手段不准确性、瓦斯涌出系统状态改变等,都会造成瓦斯浓度具有一定的不确定性。

15.1.3 瓦斯浓度的相关性

瓦斯涌出量的影响因素很多,一些影响因素(如生产计划、意外灾害事故等)可能会同时对通风巷道风量、瓦斯流量或者瓦斯涌出量产生作用,这就使得通风巷道的瓦斯浓度成为巷道风量、瓦斯流量或者瓦斯涌出量等诸多因素相互作用、相互影响的产物。

15.1.4 瓦斯浓度状态的常规性和偶然性

在正常的生产过程中,通风巷道中的瓦斯浓度基本上处于某一个水平附近,但由于可能的停产停风、系统改造以及事故发生等原因,使得通风巷道中瓦斯浓度变化在短时间内超过浓度安全界限,从而在局部范围内形成瓦斯爆炸的隐患,通风巷道瓦斯浓度出现偶然性。比如说,大面积顶板垮落、煤与瓦斯突出等突发性的矿井安全事件,可将其归结为瓦斯浓度状态变化的偶然性。

15.2　基于信息熵的瓦斯积聚危险性评价模型

15.2.1　信息熵的概念及其性质

Shannon 信息熵的定义[9,10]：

设某一概率系统中有 n 个事件 $\{X_1,X_2,\cdots,X_i,\cdots,X_n\}$，第 i 个事件 X_i 产生的概率为 $p_i(i=1,2,3,\cdots,n)$，当事件 X_i 产生后，给出的信息量为 $H_i=-\log_a P_i$，对于 n 个事件构成的概率系统，产生的平均信息量为：

$$H(x)=-\sum_{i=1}^{n}p_i\log_a p_i \tag{15-1}$$

得到的 $H(x)$ 即为信息熵，或见简称熵。

若假设的概率系统为连续系统，其概率分布为 $P(x)$，则信息熵可以表达为：

$$H(x)=-\int_{x_0}^{x_1}P(x)\log_a P(x)\mathrm{d}x \quad x\in[x_0,x_1] \tag{15-2}$$

式中 a 可取 2，e，10，对应的 $H(x)$ 的单位分别为 bit，nat，Hartley；相应的概率应满足：$\sum P_i=1$。

熵的大小可以用来描述概率系统的平均不确定程度。

15.2.2　通风巷道瓦斯积聚信息熵模型

由于矿井瓦斯流动呈现多态性，有瓦斯涌出区、瓦斯流经区和瓦斯积聚区等多种形态。因此，我们可以以瓦斯流动性特征规律（含涌出规律）和矿井生产分区模式为基础，采用集合论特征集的关系规则，构造瓦斯安全分区空间 $\{Y,d(Y)\}$，这里，$Y\subset X$；$d(Y)$ 是区域内瓦斯流动、涌出以及积聚等变化性态特征集，$d(Y)\subset P(X)$。

在一个完整的瓦斯流动区域 $\{X,P(X)\}$ 内，把巷道瓦斯积聚影响因子 λ_i 与所在巷道瓦斯浓度统计概率 P_i 作为通风巷道安全评价的指标；将巷道瓦斯积聚影响因子 λ_i 与巷道瓦斯浓度用信息熵的乘积作为瓦斯积聚信息熵 H_{sk} 模型，即

$$H_{sk}=\lambda_i H_s=-\lambda_i\times P_i\ln P_i \tag{15-3}$$

式中，影响因子 λ_i 计算将在 15.3 节中分析，对巷道瓦斯浓度信息熵 H_s 可采用大样本的熵估计法[11]，将样本概率密度用频率密度进行估计求出：

$$\hat{H}_s(X)=-E[\ln p(x)]\approx-\sum_{i=1}^{m}\frac{n_i}{N}\ln\left[\frac{n_i}{N\cdot\Delta}\right] \tag{15-4}$$

式中，m 为样本分组数；n_i 为频数，即组内样本数；N 为样本容量；Δ 为等间距，$\Delta=(x_{\max}-x_{\min})$。

若衡量矿井某个区域的瓦斯积聚危险性，则可将该区域的 n 条瓦斯流动巷道分子的信息熵之和作为衡量瓦斯积聚危险性的评价指标，即

$$H_s=\sum_{i=1}^{n}H_{ski} \tag{15-5}$$

若熵值越大，则瓦斯积聚或涌出的危险性就越大。

15.3 瓦斯积聚信息熵模型的积聚因子评价

矿井瓦斯评价模型的建立时明确确定性指标非常重要,为此,本节选取了在瓦斯灾害研究中最为普遍的确定性指标进行计算。

15.3.1 瓦斯积聚因子确定性指标

15.3.1.1 矿井通风构筑物分析

矿井通风构筑物对风流参数的影响程度不同[12],考虑通风构筑重要度作为瓦斯积聚因子之一。

定义 15.1 通风构筑物的重要度主要指该构筑物状态发生改变时对某一具体用风地点(如采掘工作面)的风流影响程度,i 构筑物对 j 风道的重要度定义为:

$$I_{ij} = \frac{\mid c_{ij} \mid \times b_j}{\sum\limits_{k=1}^{m} \mid c_{ik} \mid \times b_k} \quad i = 1, 2, \cdots, n; i \neq j; k \neq j \tag{15-6}$$

式(15-6)中,b_j 为风道 j 本身在通风系统中的重要程度,对主要用风巷道取 $1.1 \sim 1.2$,一般风道取 1.0,无人安全风道取 $0.8 \sim 0.9$;$C = \mid c_{ij} \mid$ 表示某一通风构筑物的状态发生改变并计算后,可以得到一个 $m \times n$ 的相对偏差矩阵。

$$C = c_{ij} = \begin{bmatrix} c_{11} & \cdots & c_{1m} \\ \vdots & & \vdots \\ c_{n1} & \cdots & c_{nm} \end{bmatrix}$$

当相对偏差矩阵中的元素 $c_{ij} > 0$ 时,表示构筑物 i 状态变化使风道 j 的通风参数增大;当 $c_{ij} < 0$ 时,表示构筑物 i 状态变化使风道 j 的通风参数减少;当 $c_{ij} = 0$ 时,表示构筑物 i 状态变化时,风道 j 的通风参数不变。

15.3.1.2 分支灵敏度分析

风道的某些参数发生变化时,会引起自身及其他风道的状态变量(风量、风压)发生变化[13],通风网络中任何分支风阻 j 的变化都可能会引起自身以及相关分支甚至所有分支的流量变化,因此引入分支灵敏度分析,这对于实际的风量分配调节具有重要的指导作用。

定义 15.2:当 j 分支的风阻 r_j 发生 Δr_j 的变化时,网络中 i 分支流量值 q_i 也会随之相应地发生一个 $\pm \Delta q_i$ 的变化,当 $\mid \Delta r_j \mid \to 0$ 时,有:

$$d_{ij} = \lim_{\mid \Delta r_j \mid \to 0} \frac{\Delta q_i}{\Delta r_j} = \frac{\partial q_i}{\partial r_i^{347}} \ (i \neq j) \tag{15-7}$$

d_{ij} 即为分支 i 的流量 q_i 变化相对于分支 j 的风阻 r_j 变化的灵敏度[14]。

根据上述定义,在一个通风网络中,可以得出灵敏度微分方程式及其计算方法。对于具有 n 条巷道的通风系统,灵敏度共计 $n \times n$ 个,它们组成灵敏度矩阵 D。记作:

$$D = \begin{bmatrix} d_{11} & d_{12} & \cdots & d_{1n} \\ d_{21} & d_{22} & \cdots & d_{2n} \\ \vdots & \vdots & & \vdots \\ d_{n1} & d_{n2} & \cdots & d_{nn} \end{bmatrix}$$

通风系统状态一定时,其灵敏度矩阵是唯一的,因而灵敏度矩阵是通风系统的固有特性。

15.3.1.3　巷道敏感度分析

巷道敏感度侧重于分析通风网络中任一条巷道受到其他巷道风阻变化的影响。

定义 15.3　当网络中某分支 j 的风阻 r_j 发生 Δr_j 变化时,对网络中其他分支 i 的流量值 q_i 产生的影响为 f_j,f_j 的大小反映了分支 j 的风流稳定程度,令:

$$f_i(\Delta r_j) = \frac{q_i}{q_j} \quad i,j = 1,2,\cdots,n \tag{15-8}$$

式中　q_i——分支 j 风阻 r_j 的第 i 条分支的风量值;

　　　q_j——分支 j 风阻 r_j 变化 Δr_j 后第 i 条分支的风量值;

　　　f_j——分支 j 风阻 r_j 变化 Δr_j 条件下第 i 条分支的稳定性系数;

　　　n——网络分支数。

（4）通风巷道类型

按照通风巷道围岩性质可分为:岩巷、煤巷和半煤岩巷三类。

15.3.2　瓦斯积聚因子评价指标权重的确定

采用层次分析法确定通风构筑物、分支灵敏度、巷道敏感度和巷道类型四类因子的指标权重。

15.3.2.1　AHP 评价方法

层次分析法（AHP 法）基本步骤为:

① 分析各指标之间的关系,建立特征层次结构。

② 针对构造两两比较判断矩阵,计算判断矩阵特征向量和最大特征根,对指标权重进行一致性检验,若不满足,重新调整指标权重直至满足为止。

③ 确定各层指标的相对权重。

15.3.2.2　通风瓦斯评价指标权重的确定

根据矿井通风巷道瓦斯积聚因子评价指标体系进行准则层指标权重确定,记通风构筑物、分支灵敏度、巷道敏感度和巷道类型四个因素分别为 G,L,M 和 H。

$$\text{列规范 } A = \begin{bmatrix} 1 & 3 & 3 & 4 \\ 1/3 & 1 & 3 & 2 \\ 1/3 & 1/3 & 1 & 1 \\ 1/4 & 1/2 & 1 & 1 \end{bmatrix} \begin{bmatrix} 0.5128 & 0.6207 & 0.3750 & 0.5000 \\ 0.1739 & 0.2069 & 0.3750 & 0.2500 \\ 0.1739 & 0.0690 & 0.1250 & 0.1250 \\ 0.1304 & 0.1035 & 0.1250 & 0.1250 \end{bmatrix}$$

$$\sum_{i=1}^{4} w_i = 4.0001 \Rightarrow \sum_{i=1}^{4} w_i = 4.0001$$

保留四位小数,则权重值取为:$\overline{w}_1 = 0.5044, \overline{w}_2 = 0.2515, \overline{w}_3 = 0.1232, \overline{w}_4 = 0.1210$

$$\overline{w}_i = \frac{w_i}{\sum\limits_{i=1}^{4} w_i} = \begin{bmatrix} 0.5044 \\ 0.2515 \\ 0.1232 \\ 0.1210 \end{bmatrix}$$

由上式计算最大特征根:

$$[\overline{Aw_i}] = \begin{bmatrix} 1\times0.5044+3\times0.2515+3\times0.1232+4\times0.1210 \\ 1/3\times0.5044+1\times0.2515+3\times0.1232+2\times0.1210 \\ 1/3\times0.5044+1/3\times0.2515+1\times0.1232+1\times0.1210 \\ 1/4\times0.5044+1/2\times0.2515+1\div0.1232+1\times0.1210 \end{bmatrix} = \begin{bmatrix} 2.1125 \\ 1.0312 \\ 0.4962 \\ 0.4961 \end{bmatrix}$$

$$\max = \frac{1}{4}\left(\frac{2.1125}{0.5044}+\frac{1.0312}{0.2515}+\frac{0.4962}{0.1232}+\frac{0.4961}{0.1210}\right) = 4.1038$$

进行一致性检验：

$$C.I. = \frac{\lambda_{\max}-n}{n-1} = \frac{4.1038}{4-1} = 0.0346$$

$$\frac{C.I.}{C.R.} = \frac{0.0346}{0.9} = 0.0384 < 0.1$$

$$n=4 \quad C.R.=0.9$$

由表查得时，所以，判断矩阵 A 可以接受，求得的权重值是合理的。整理计算结果如表 15-1。

表 15-1   准则层评价指标权重计算结果

A	G	L	M	H	$\overline{W}_i$	$\lambda_{\max}$	$\frac{C.I.}{C.R.}$
G	1	3	3	4	0.5044		
L	1/3	1	3	2	0.2515	4.1038	0.0384
M	1/3	1/3	1	1	0.1232		
H	1/4	1/2	1	1	0.1210		

$$\frac{C.I.}{C.R.} = 0.0384 < 0.1$$

求得，判断矩阵 A 可以接受，权重值合理。

15.4 实例分析

山西阳泉国阳二矿 15 号煤北茹分区位于二矿井田西南部，该区东北邻二矿五采区和大阳泉煤矿，西部为西上庄井田（正在建设），南部为五矿西北翼采区（正在开采）。分区东西倾斜长约 5.75 km，南北走向宽约 3.9 km，面积约 17.0 km²，共分三个采区，即九采区（包括九采扩区）、十一采区、十三采区。全区 15 号煤地质资源量为 140.5 Mt，设计可采储量为 74 227.8 kt。其中九采区（含九采扩区）可采储量为 20 566.6 kt；十一采区为 12 223.1 kt；十三采区为 41 438.1 kt。根据二矿衔接部署，2011 年起将安排两个综放队进入北茹分区生产，两个队组能力为 3 000 kt/a（综采四队 1 000 kt/a，综采六队 2 000 kt/a）。按此计算北茹分区的服务年限为 23 a。北茹分区 390 水平开拓大巷、九采区（包括九采扩区）、十一采区准备巷道已施工完毕，两采区高抽系统巷正在施工，分区内主、辅运输、排水、通风、供电、压风等生产系统均已形成。现有一个综放队、6 个掘进队组在分区内生产。80914 工作面已投入生产。

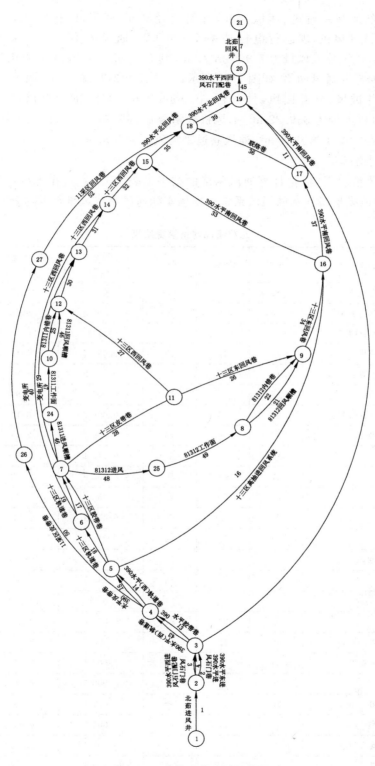

图 15-1　北茹矿井通风网络图

北茹分区布置有一对进、回风立井，井筒直径 6 m，回风井安装两台 AGF606-2082-1.58-2 型轴流式通风机，现运行电机功率 1 600 kW，通风阻力为 4.5 kPa。排风量为 10 239 m³/min，进风井入风量为 6 960 m³/min（其余 3 279 m³/min 由南山进风井供给）。矿井为一高瓦斯矿井通风网络，如图 15-1 所示，矿井有 81311 和 81312 两个工作面，通风系统为一立井副井进风、立井回风，挂一台 AGF606-3.6-2.2-2-BR-0 型风机。风机风压为 4 140.64 Pa，风机风量为 359.22 m³/s，风机效率为 80.65，功率 1 811.82 kW，等积孔 6.65 m²，工作风阻为 0.0321 N·S²/m⁸，通风巷道平均风速为 5 m/s。

（1）通风网络解算

在自然分风情况下，模拟计算通风网络的结果见表 15-2，经过在现场进行的通风风量现场调查，得知该模型所标示的通风系统与现场实际通风系统风量基本吻合。

表 15-2　　　　　　　　　北茹通风网络解算结果

巷道名称	分支	始点	末点	风阻 /[(N·S²)/m⁸]	阻力损失 /Pa	解算风量 /(m³/s)
390 水平(西)轨道巷	43	3	4	0.002 4	32.48	116.57
390 水平进风石门配巷	3	2	3	0.002 5	25.78	102.08
390 水平东进风石门巷	2	2	3	0.003	25.78	93.33
390 水平南回风巷	11	17	19	0.004 2	55.18	115.05
390 水平(西)轨道巷	14	4	5	0.005 2	56.51	103.83
390 水平北回风巷	35	15	18	0.005 3	55.96	102.69
390 水平西回风石门配巷	45	19	20	0.006 7	48.11	84.61
十三区东回风巷	34	9	16	0.009 1	72.93	89.31
十三区胶带巷	17	5	7	0.010 1	78.94	88.4
81311 工作面	47	24	10	0.033 9	25.62	27.49
81312 工作面	49	25	8	0.051 5	38.93	27.49
81312 内错巷	22	8	9	0.078 3	2.84	6.02
81311 内错巷	25	10	12	0.213 1	7.66	5.99
十三区高抽进回风系统	16	5	16	0.222 5	198.07	29.84
变电所	29	7	13	5.344 5	49.11	3.03
变电所	40	6	14	11.446 6	101.89	2.98
北茹回风井	7	20	21	0.015 2	1964.08	359.22
十三区西回风巷	30	12	13	0.000 6	3.76	82.5
390 水平南回风巷	33	16	15	0.000 6	0.11	14.17
联络巷	36	18	16	0.000 6	0.06	10.07
十三区东回风巷	26	11	9	0.001 4	5.28	61.82
十三区西回风巷	27	11	12	0.001 5	4.45	55.01
390 水平西进风石门巷	4	2	3	0.002 4	25.78	104.25
390 水平胶带巷	13	3	4	0.002 4	32.48	116.57
十三区胶带巷	28	7	11	0.003	40.91	116.83

续表 15-2

巷道名称	分支	始点	末点	风阻 /[(N·S²)/m⁸]	阻力损失 /Pa	解算风量 /(m³/s)
390 水平西回风石门巷	8	19	20	0.003 5	48.11	117.14
十三区轨道巷	19	6	7	0.003 5	26.4	86.45
十三区西回风巷	31	13	14	0.003 6	26.38	85.53
390 水平北回风巷	39	18	19	0.00 4	55.24	118.1
390 水平南回风巷	37	16	17	0.005 1	56.13	104.98
390 水平胶带巷	15	4	5	0.005 2	56.51	103.83
11 采区回风巷	52	27	18	0.005 5	3.6	25.49
十三区西回风巷	32	14	15	0.005 6	43.75	88.51
81312 进风	48	7	25	0.005 9	4.43	27.49
81312 回风巷	21	8	9	0.006 1	2.84	21.47
十三区轨道巷	18	5	6	0.006 6	52.55	89.43
11 采区胶带巷	50	4	26	0.006 7	4.33	25.49
81311 进风巷	46	7	24	0.016	12.08	27.49
81311 回风巷	24	10	12	0.016 6	7.66	21.49
北茹进风井	1	1	2	0.019	1 704.3	299.66

（2）瓦斯浓度计算

依据通风瓦斯分布计算模型编制 VB 程序，计算得出瓦斯流动分布区域内所有巷道的瓦斯浓度，并以表格方式显示瓦斯浓度，见表 15-3 所示。

表 15-3　　　　　　瓦斯分布区域各分支的瓦斯浓度

巷道名称	分支	始点	末点	风阻 /[(N·S²)/m⁸]	解算风量 /(m³/s)	瓦斯浓度 /%
390 水平南回风巷	11	17	19	0.004 2	115.05	0.34
390 水平北回风巷	35	15	18	0.005 3	102.69	0.21
390 水平西回风石门配巷	45	19	20	0.006 7	84.61	0.31
十三区东回风巷	34	9	16	0.009 1	89.31	0.23
81311 工作面	47	24	10	0.033 9	27.49	0.87
81312 工作面	49	25	8	0.051 5	27.49	0.75
变电所	29	7	13	5.344 5	3.03	0.24
变电所	40	6	14	11.446 6	2.98	0.02
北茹回风井	7	20	21	0.015 2	359.22	0.32
十三区西回风巷	30	12	13	0.000 6	82.5	0.41
390 水平南回风巷	33	16	15	0.000 6	14.17	0.32
联络巷	36	18	17	0.000 6	10.07	0.21
十三区东回风巷	26	11	9	0.001 4	61.82	0.41

巷道名称	分支	始点	末点	风阻 /[(N·S²)/m⁸]	解算风量 /(m³/s)	瓦斯浓度 /%
十三区西回风巷	27	11	12	0.001 5	55.01	0.23
十三区胶带巷	28	7	11	0.003	116.83	0.34
390 水平西回风石门巷	8	19	20	0.003 5	117.14	0.26
十三区西回风巷	31	13	14	0.003 6	85.53	0.31
390 水平北回风巷	39	18	19	0.004	118.1	0.27
390 水平南回风巷	37	16	17	0.005 1	104.98	0.32
十三区西回风巷	32	14	15	0.005 6	88.51	0.31
81312 回风巷	21	8	9	0.006 1	21.47	0.23
十三区轨道巷	18	5	6	0.006 6	89.43	0.34
81311 回风巷	24	10	12	0.016 6	21.49	0.42

（3）矿井瓦斯浓度信息熵计算

根据 15.3.2 节分析可知,现场实测大量数据难以得到解析式表示的概率密度函数,在此采用大样本熵估计法来计算瓦斯积聚危险信息熵,见表 15-4 所示。

表 15-4 瓦斯浓度信息熵

巷道名称	分支	等间距 Δ	极 差	瓦斯浓度信息熵
390 水平南回风巷	11	0.12	1.564	2.891
390 水平北回风巷	35	0.02	1.044	1.263
390 水平西回风石门配巷	45	0.22	3.345	3.082
十三区东回风巷	34	0.15	2.132	2.632
81311 工作面	47	0.23	5.065	4.341
81312 工作面	49	0.34	3.437	3.672
北茹回风井	7	0.34	2.784	2.788
十三区西回风巷	30	0.38	2.984	3.303
390 水平南回风巷	33	0.22	3.432	3.085
联络巷	36	0.14	2.132	2.53
十三区东回风巷	26	0.34	2.67	2.678
十三区西回风巷	27	0.38	2.978	3.234
十三区胶带巷	28	0.05	1.003	1.654
390 水平西回风石门巷	8	0.50	6.054	4.568
十三区西回风巷	31	0.35	2.983	3.303 2
390 水平北回风巷	39	0.17	2.322	2.675
390 水平南回风巷	37	0.23	5.502	4.423
十三区西回风巷	32	0.35	3.345	3.675
81312 回风巷	21	0.23	2.142	2.765

巷道名称	分 支	等间距 Δ	极 差	瓦斯浓度信息熵
十三区轨道巷	18	0.35	3.532	3.675
81311 回风巷	24	0.34	2.675	2.786

（4）矿井通风巷道瓦斯积聚信息熵计算

根据 15.2.3 节巷道瓦斯积聚信息熵定义，通过式（15-3）来计算矿井通风巷道瓦斯积聚的危险信息，结果见表 15-5。

表 15-5 瓦斯积聚信息熵

巷道名称	分 支	瓦斯积聚影响因子	瓦斯浓度信息熵/%	瓦斯积聚信息熵
390 水平南回风巷	11	1.12	2.891	3.238
390 水平北回风巷	35	1.05	1.263	1.326
390 水平西回风石门配巷	45	1.08	3.082	3.329
十三区东回风巷	34	1.03	2.632	2.711
81311 工作面	47	1.24	4.341	5.383
81312 工作面	49	1.28	3.672	4.700
北茄回风井	7	1.07	2.788	2.983
十三区西回风巷	30	1.04	3.303	3.435
390 水平南回风巷	33	1.12	3.085	3.455
联络巷	36	1.08	2.53	2.732
十三区东回风巷	26	1.05	2.678	2.812
十三区西回风巷	27	1.07	3.234	3.460
十三区胶带巷	28	1.00	1.654	1.654
390 水平西回风石门巷	8	1.06	4.568	4.842
十三区西回风巷	31	1.08	3.3032	3.567
390 水平北回风巷	39	1.03	2.675	2.755
390 水平南回风巷	37	1.04	4.423	4.600
十三区西回风巷	32	1.04	3.675	3.822
81312 回风巷	21	1.05	2.765	2.903
十三区轨道巷	18	1.02	3.675	3.749
81311 回风巷	24	1.06	2.786	2.953

从计算结果可知，计算的信息熵越大，表明巷道对于风流变化或瓦斯流量的影响因素越多，或者影响的程度越大，则瓦斯积聚危险性越大。由表 15-5 可知，矿井的总回风为瓦斯积聚最危险的巷道，其次是采煤工作面，之后是各种煤巷，该结果得到了现场人员的认可，进一步验证了评价方法的可行性。

15.5　本章小结

　　本章从分析通风巷道系统中瓦斯运移表现特性出发,在总结现有研究成果的基础上,确定了瓦斯积聚危险性评价指标体体系,将通风构筑物、风路灵敏度、巷道敏感度和通风巷道类型作为确定性指标,采用 AHP 法进行评价,将巷道瓦斯浓度作为不确定性指标,采用信息熵进行描述,建立了瓦斯积聚危险性评价模型,应用于山西北茹矿井,取得了良好效果。本章是实现瓦斯传感器选址全面覆盖监测和重点加强研究的重要基础。

第16章　矿井复杂通风巷道瓦斯传感器选址模型研究

矿井瓦斯监测系统的效能好坏很大程度上取决于传感器的布置方式,相同数目的传感器,不同的布置方式将产生不同的监测效果。本章主要关注的是瓦斯传感器选址模型的构建问题,内容包括:16.1 给出瓦斯传感器选址问题的数学内涵、相关假设以及研究方案与技术路线;16.2 讨论瓦斯传感器选址模型的输入表示;16.3、16.4、16.5 构建瓦斯传感器基础选址模型、瓦斯传感器备用覆盖选址模型及分区分级瓦斯传感器选址模型;16.6 对本章研究内容进行小结。

16.1　选址模型构建方案及相关假设与定义

16.1.1　问题分析

一个典型的矿井通风系统结构可描述为一个有向连通赋权图 $G=(V,E)$。其中 $V=(v_1,v_2,\cdots,v_n)$ 为网络节点集(井巷的交汇点),$E=(e_1,e_2,\cdots,e_m)$ 代表风流巷道。由 15.3 节可知,瓦斯传感器备选布置点在通风网络节点处,以通风网络的节点或边作为监测对象(或称为需求点)。瓦斯传感器选址在图论领域可归结为求最小控制问题(点覆盖点)和最小覆盖问题(点覆盖边)[3]:① 最小控制问题,是在瓦斯监测点数量最少的各种方案基础上,寻找通风网络图中节点的总加权数最优的方案。② 最小覆盖问题,是点对边覆盖中数量最少的各种方案基础上,寻找通风网络图中各分支的总加权数最优的方案。

文献[15,16]指出最小控制问题和小覆盖问题均可转化为 0——1 整数规划问题。

16.1.2　选址模型构建方案及技术路线

为便于通风网络图的计算机存储和后续处理,必须选择一种合适的数据结构对其描述,点对点覆盖可借助节点邻接矩阵实现,点对边的覆盖可借助关联矩阵实现。从数学的角度看,选址模型的构建分两个阶段:一是建立有效监测矩阵;二是定义目标函数和约束条件,构建技术路线如图 16-1 所示:首先,依据图论原理将通风巷道中必选监测点(未处于风网节点位置)抽象为虚节点添加到通风网络有向正权图中,然后计算相邻节点间的平均风流时间,利用最短路径算法、递归算法计算备选监测点与需求点间的最短风流时间,依据给定的监测有效级,建立有效监测矩阵,定义目标函数及约束条件,完成选址模型的构建。

16.1.3　基本概念与假设条件

16.1.3.1　基本概念

在后面的论述中,将需要使用下列一些基本概念:

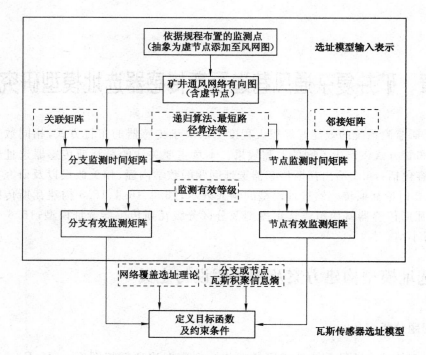

图 16-1　瓦斯传感器选址模型构建技术路线

① 监测有效级(level of monitor)：表示风网中上游节点 i 发生瓦斯涌出后，其下游节点 j 处的瓦斯传感器监测到这一现象所需的最短响应时间，显然下游节点只有在该时间范围内做出响应，才能有效避免危险情况的发生。

② 最短风流路径(minimal current path)：指风网某一节点到另一节点可能有多条路径，其中流经时间最短的那条路径。

③ 覆盖域(detected domain)：节点 j 的覆盖域是指所有能够被安装在节点 j 的瓦斯传感器所识别的发生瓦斯涌出事件的节点集合，即发生在该域中所有节点的瓦斯涌出事件都会被安装在该节点的瓦斯传感器所识别。选定了一个监测点集合，则该集合中的各节点覆盖域的并集，应该是整个通风网络。

④ 识别域(identity domain)：节点(或分支) i 的识别域是指所有能够识别发生在该节点或分支上的瓦斯涌出事件的节点集合，即该域中的所有节点都会因为发生在 i 处的瓦斯涌出事件受到影响，同时也能作为监测点识别发生在节点 i 的瓦斯涌出事件。选定一个监测点集合，应保证某节点或分支的识别域内至少有一个瓦斯监测点，同时，监测点应尽量布置在各节点(或分支)识别域的交集内，以减少布置成本。

⑤ 可靠性标准(dependability standard)：传感器之间的监测时间差，用 d 表示。

⑥ 可靠性(dependability)：能够对某节点或某分支进行监测的传感器 i 与传感器 j 的监测时间，分别为 t_i^a 与 t_j^a。若至少存在一个传感器 $j \in J$，使得 $0 < t_i^a - t_j^a < d$，其中是 J 传感器集合，则认为传感器 i 具有可靠性。

⑦ 监测时间(monitor time)：表示从瓦斯突出开始到瓦斯传感器所在位置达到报警体积分数的时间。

16.1.3.2　假设条件

为简化计算量,提出下列假设条件:

① 由于通风巷道中瓦斯体积分数相对于空气体积分数较小,瓦斯在通风网络中的运移速度简化为它所流经的路径的时均风流速度即风流路径与风速的比值,而不考虑瓦斯在通风巷道中的紊动扩散。

② 矿井通风系统中,假设提出的监测对象可能在任何时间发生瓦斯积聚或瓦斯超限事件。

16.2　矿井瓦斯传感器选址模型输入表示

16.2.1　基于矿井通风网络图的选址空间表达

矿井通风网络图是有向连通赋权图,记为:$G=(V,E,W)$,其中,$V=\{v_1,v_2,\cdots,v_n\}$ 是节点集合,代表井巷的交汇点集合 V_1 和虚节点集合 V_2(依据 AQ 1029—2007[2] 布置的瓦斯监测点),$E=\{e_1,e_2,\cdots,e_m\}$ 表示弧(有向边)集合,代表连接节点之间的风流巷道;在某通风方式 F 下,弧 e 的起点(上游节点)与终点(下游节点)分别记为:$V^s(e,F)$ 和 $V^f(e,F)$;弧的序列 $e_{j_1},\cdots,e_{j_k}$ 称为节点 i 到 j 的一条风流路径 P,满足:① $V^s(e_{j_1},F)=i$,$V^s(e_{j_k},F)=j$;② $V^f(e_{j_l},F)=V^s(e_{jl+1},F)$,$l=1,\cdots,k-1$;$W=\{w_1,w_2,\cdots,w_n\}$ 代表通风巷道中关于通风时间的边权值。

16.2.2　节点有效监测矩阵

16.2.2.1　节点监测时间矩阵

根据瓦斯传感器选址特征,选择邻接矩阵辅助构建节点监测时间矩阵。

定义 1　图 $G=(V,E)$ 的邻接矩阵定义

$A=(a_{ij})\in\{0,1\}^{n\times n}$,$(i,j)\in E$。当 $a_{ij}=1$ 时,称顶点 v_i 和 v_j 相邻,边 E_{ij} 称为与顶点 v_i 和 v_j 关联。简单邻接矩阵表示为 $A'=[AW]^T$,其中矩阵 A' 中的 $W=\{w_{ij}\}^{1\times p}$ 为权重矩阵,p 为问题的维数。

根据定义 1 邻接矩阵概念,建立关于节点间的最短风流流经时间的节点监测时间矩阵,其中权重为依据 15.3 节瓦斯危险性评价模型计算所得的瓦斯积聚信息熵。

将风网节点集合 V 自身相乘构建风网 G 关于节点间最短风流流经时间的节点邻接矩阵,记为:$T=[t_{ij}]$,过程如下:

$$T=V\times V=(V_1,V_2,\cdots,V)\times\begin{pmatrix}V_1\\V_2\\\vdots\\V_N\end{pmatrix}=\begin{array}{c}\\V_1\\V_2\\\vdots\\V_N\end{array}\times\begin{array}{cccc}V_1&V_2&\cdots&V_N\\\begin{pmatrix}t_{11}&t_{12}&\cdots&t_{1N}\\t_{21}&t_{22}&\cdots&t_{2N}\\\vdots&\vdots&&\vdots\\t_{N1}&t_{N2}&\cdots&t_{NN}\end{pmatrix}\end{array} \tag{16-1}$$

其中,N 为风网中的节点总数;t_{ij} 为节点 i 与节点 j 之间的风流流经时间,单位为秒;t_{ij} 可以分为下面两种情况求得:

(1) 节点 i 与节点 j 直接相邻

① 若节点 j 位于节点 i 下游，则 t_{ij} 按式[16-2(a)]计算。

② 若节点 j 位于节点 i 上游，则 t_{ij} 按式[16-2(c)]计算。

（2）节点 i 与节点 j 间接相连

① 若节点 i 与节点 j 间接相连，且没有风流路径连接该两点，这样两节点之间没有任何实质关联，显然 t_{ij} 按式[16-2(c)]计算。

② 若节点 i 与节点 j 间接相连，但存在风流路径，则按式[16-2(b)]计算，将问题转化为求节点 j 与节点 i 的直接相邻下游节点 k_l 之间的风流时间，节点 j 与节点 k_l 之间的风流时间又可转化为求节点 j 与节点 k_l 的间接相邻下游节点间的风流时间，该过程可递归地进行[17]，最终转化为求节点 i 与节点 j 的间接相邻上游节点的风流时间。

③ 若节点间存在多条风流路径，则按式[16-2(b)]依次计算各条风流路径的风流时间，t_{ij} 按风流时间最短的路径进行计算。

$$t_{ij} = \begin{cases} l(i,j/u(i,j)), & (i,j) \in E & (16\text{-}2a) \\ \sum_{k_1 \in D_1}(t_{ik_i} + t_{k_1 j}), & \forall i,j, \exists P & (16\text{-}2b) \\ \infty, & \text{else} & (16\text{-}2c) \end{cases}$$

式中：E 为风网有向边集合，$l(i,j)$ 是两节点之间的巷道长度；$u(i,j)$ 是两节点间的平均风流速度；$D_i = \{k_l \mid (i,k_l) \in E, l=1,2,\cdots,d_i^+\}$ 为与节点 i 直接相邻的下游节点集合，d_i^+ 为节点 i 的出度，P 为节点 i 与 j 之间的风流路径。

公式[16-2(b)]的计算实质为求解节点间最短路径的问题，目前常用的求解方法有 Dijkstra 算法，Floyd 算法和 Prim 算法等，选择经典的 Dijkstra 算法[18]对风流路径进行求解。

Dijkstra 算法的主要思想是利用下面的递推公式求：

$$u_{ik} = u_{ij} + w(v_{ij}, v_{ik}) \qquad (0 \leqslant j < k) \qquad (16\text{-}3)$$

式中　u_{ik}——节点 i 到节点 k 最短路径（风流流经时间）；

　　　u_{ij}——节点 i 到节点 j 最短路径（风流流经时间）；

　　　v_{ij}, v_{ik}——表示节点 j 和节点 k；

　　　$w(v_{ij}, v_{ik})$——节点 j 到节点 k 的弧长（也即风流流经时间）。

采用 Dijkstra 算法并加以改进，其算法流程图如图 16-2 所示。

图中主要符号代表的意义：

　　　v_{io}——表示节点自身；

　　　u_{io}——表示节点 i 到自身的距离，显然为 0。

其他符号意义同上。

16.2.2.2　节点有效监测矩阵

节点监测时间矩阵 $[T]$ 中的列向量 $T[j]$（$j \in n$）表示风网中其他节点的瓦斯流运移到节点 j 处所经历的时间 t_{ij}，如果上游节点 i 发生瓦斯涌出后流至节点 j 处所经历的时间满足最短时间限制，则认为节点 j 处的瓦斯传感器能够对节点 i 处的瓦斯情况进行有效监测，此处，最短时间指的是发生瓦斯涌出至瓦斯燃烧、爆炸所需的时间。目前国内外对于 CO 传感器有效报警时间已有了明确的规定即必须小于 14.25 min，但瓦斯传感器所需的最短响应时间目前还没有确切的数值，还是一个亟待解决的课题，为此，本研究也试图在该问题上做一些探索性研究，在参照文献[19]的基础上提出了监测有效级的概念，并以此构建节点有

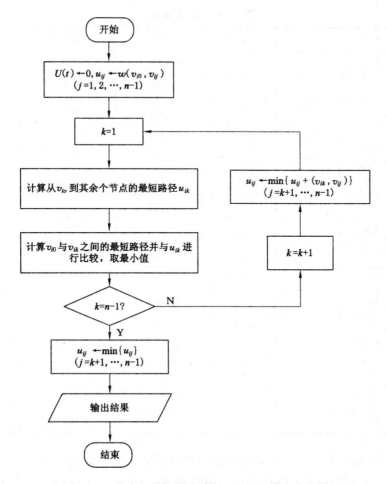

图 16-2　节点间最短风流路径 Dijkstra 算法流程图

效监测矩阵 C。

　　以节点监测时间矩阵 T 为基础构建有效监测矩阵 $C=[c_{ij}]$，其中，$c_{ij}\in\{0,1\}$，构建过程如下：给定监测有效级 M_L，当 $t_{ij}\leqslant M_L$ 时，令 $c_{ij}=1$ 认为节点 i 上的传感器能及时有效地监测节点 j 处的瓦斯情况；反之则令 $c_{ij}=0$ 认为节点 i 上的传感器不能监测节点 j 处的瓦斯情况；由此可知，有效监测矩阵 C 的意义是：矩阵 C 中第 j 列非零的元素表示在监测有效级 M_L 下，节点 j 能对节点 i 进行有效的监测，也就是说节点 j 的覆盖域为：$DD[j]=\{i\,|\,C[i,j]=1\}$。

16.2.2.3　算例模拟

　　[**算例 16-1**]　以文献[19]中所示以通风网络为例，说明节点有效监测矩阵的具体构建过程，风网具有 16 条风路，10 个网络节点，其网络图如图 16-3 所示，相关网路参数见表 16-1。

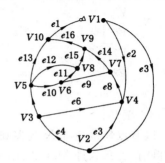

图 16-3　通风网路图

表 16-1 　　　　　　　　　　　**算例 161 网路基本参数**

分支	始点	末点	长度/m	风量/(m³/s)	风速/(m/s)	风流时间/s
e1	V10	V11	1 500	52.000	6.00	250
e2	V1	V4	4 000	9.508	1.84	2 173.9
e3	V1	V2	6 100	42.492	4.00	1 525
e4	V2	V3	2 200	38.936	5.10	431.37
e5	V2	V4	1 800	3.556	0.90	2000
e6	V3	V4	2 400	1.936	0.63	3809.5
e7	V3	V5	900	37.000	3.06	294.12
e8	V4	V7	850	15.000	2.20	386.36
e9	V6	V7	1 100	6.000	1.19	924.37
e10	V5	V6	700	9.000	1.36	514.71
e11	V6	V8	630	15.000	2.02	311.88
e12	V5	V8	1 400	18.000	2.60	538.46
e13	V5	V10	950	10.000	2.08	456.73
e14	V7	V9	880	9.000	1.87	470.59
e15	V8	V9	550	33.000	3.63	151.52
e16	V9	V10	1 000	42.000	3.45	289.86

　　由前述分析可知,若要建立通风有向图中任意两节点间的最短风流路径时间,应首先计算两两相邻节点之间的风流时间即节点邻接矩阵 N。(借助 Spreadsheet 工具实现)

$$N=\begin{array}{c|cccccccccc} & & & & & & & & & & \\ V1 & 0 & 1525 & \infty & 2174 & \infty & \infty & \infty & \infty & \infty & \infty \\ V2 & \infty & 0 & 431.37 & 2000 & \infty & \infty & \infty & \infty & \infty & \infty \\ V3 & \infty & \infty & 0 & 3810 & 294.12 & \infty & \infty & \infty & \infty & \infty \\ V4 & \infty & \infty & \infty & 0 & \infty & \infty & 386.36 & \infty & \infty & \infty \\ V5 & \infty & \infty & \infty & \infty & 0 & 514.71 & \infty & 538.46 & \infty & 456.73 \\ V6 & \infty & \infty & \infty & \infty & \infty & 0 & \infty & 311.88 & \infty & \infty \\ V7 & \infty & \infty & \infty & \infty & \infty & \infty & 0 & \infty & 470.59 & \infty \\ V8 & \infty & \infty & \infty & \infty & \infty & \infty & \infty & 0 & 151.52 & \infty \\ V9 & \infty & \infty & \infty & \infty & \infty & \infty & \infty & \infty & 0 & 289.86 \\ V10 & \infty & \infty & \infty & \infty & \infty & \infty & \infty & \infty & \infty & 0 \end{array}$$

　　以节点邻接矩阵 N 为基础,借助经典的 Dijkstra 算法即可构建两两节点间的最短路径,目前,工具软件 Matlab、Lingo,Lindo 等均封装了该算法,实验借助工具软件 Lingo11.0 来实现,图 16-4 为软件 Lingo11.0 求解节点间最短路径的源程序及部分求解结果。

　　节点监测时间矩阵 T:

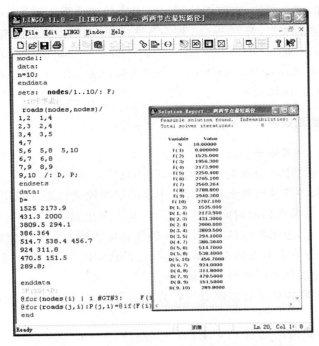

图16-4 节点间最短路径的源程序及部分求解结果

$$
T=\begin{array}{l}
V1 \\ V2 \\ V3 \\ V4 \\ V5 \\ V6 \\ V7 \\ V8 \\ V9 \\ V10
\end{array}
\left[\begin{array}{cccccccccc}
0 & 1525 & 1938 & 2174 & 2206 & 2721 & 2560 & 2744 & 3031 & 2663 \\
\infty & 0 & 431 & 2000 & 681 & 1196 & 2386 & 1220 & 2857 & 1138 \\
\infty & \infty & 0 & 3810 & 294 & 783 & 4196 & 806 & 958 & 725 \\
\infty & \infty & \infty & 0 & \infty & \infty & 386 & \infty & 857 & 1147 \\
\infty & \infty & \infty & \infty & 0 & 514 & 1493 & 538 & 690 & 457 \\
\infty & \infty & \infty & \infty & \infty & 0 & 924 & 312 & 463 & 753 \\
\infty & \infty & \infty & \infty & \infty & \infty & 0 & \infty & 471 & 760 \\
\infty & \infty & \infty & \infty & \infty & \infty & \infty & 0 & 152 & 441 \\
\infty & \infty & \infty & \infty & \infty & \infty & \infty & \infty & 0 & 290 \\
\infty & \infty & \infty & \infty & \infty & \infty & \infty & \infty & \infty & 0
\end{array}\right]
$$

若给定监测有效级 $M_L=700s$，则有效监测矩阵 C_{700s} 为（v_1 为通风入口不予考虑）：

$$
C_{700s}=\begin{array}{l}
V2 \\ V3 \\ V4 \\ V5 \\ V6 \\ V7 \\ V8 \\ V9 \\ V10
\end{array}
\left[\begin{array}{cccccccccc}
1 & 1 & 0 & 1 & 0 & 0 & 0 & 0 & 0 & 0 \\
0 & 1 & 0 & 1 & 0 & 0 & 0 & 0 & 0 & 0 \\
0 & 0 & 1 & 0 & 0 & 1 & 0 & 0 & 0 & 0 \\
0 & 0 & 0 & 1 & 1 & 0 & 1 & 1 & 1 & 1 \\
0 & 0 & 0 & 0 & 1 & 0 & 1 & 1 & 0 & 0 \\
0 & 0 & 0 & 0 & 0 & 1 & 0 & 1 & 1 & 0 \\
0 & 0 & 0 & 0 & 0 & 0 & 1 & 1 & 1 & 1 \\
0 & 0 & 0 & 0 & 0 & 0 & 0 & 1 & 1 & 1 \\
0 & 0 & 0 & 0 & 0 & 0 & 0 & 0 & 0 & 1
\end{array}\right]
$$

由监测覆盖域的概念可知,矩阵中的每一行对应的列值为 1 的数字即表示位于该行的监测点能够有效监测的节点,若 $v2\sim v10$ 均为备选监测点,则监测点的覆盖域为:

$DD(v2)=\{v2,v3,v5\};DD(v3)=\{v3,v5\};DD(v4)=\{v4,v7\};DD(v5)=\{v5,v6,v8,v9,v10\};DD(v6)=\{v6,v8,v9,\};DD(v7)=\{v7,v9\};DD(v8)=\{v8,v9,v10\};DD(v9)=\{v9,v10\};DD(v10)=\{v10\}$。

16.2.3 分支有效监测矩阵

16.2.3.1 分支监测时间矩阵

若实现对通风网络中各分支的有效监测,监测点应布置在其分支上及其下游分支或节点上,为简化计算,将各备选监测点到各分支中点的最短风流流经时间作为对分支的监测时间,而此过程又可借助节点监测时间矩阵来实现,基于该思路,建立分支监测时间矩阵的具体过程可描述为:首先,根据图论的基本原理,将各备选监测点与各分支的关系描述为关联矩阵,再计算风流从分支末节点流至各备选监测点的最短时间,将该时间与分支中点至分支末节点的风流时间相加即可得该分支的监测时间。

通风网络图的关联矩阵是各监测点与各分支末节点之间的关联关系,通风网络的关联矩阵的概念见定义 2。

定义 2 矿井通风网络图 $G=(V,E)$ 的关联矩阵:$M=(m_{ij})\in\{0,1\}^{n\times l},(i,j)\in E$。当节点 v_i 为 e_j 的终点时,令 $m_{ij}=1$;节点 v_i 为 e_j 的始点或点 v_i 与 e_j 不关联时,令 $m_{ij}=-1$。简单关联矩阵表示为 $M'=[MW]^T$,其中矩阵 D' 中的 $W=\{w_{ij}\}^{1\times p}$ 为分支权重矩阵,p 为问题的维数。

基于该关联矩阵,构建分支监测时间矩阵,记为:$Z=[z_{ij}]$:

$$Z=X\times Y=\begin{array}{c}v_1\\v_2\\\vdots\\v_M\end{array}\begin{bmatrix}z_{11'} & z_{12'} & \cdots & z_{1N}\\z_{21'} & z_{22'} & \cdots & z_{2N}\\\vdots & \vdots & & \vdots\\z_{M1'} & z_{M2'} & \cdots & z_{MN}\end{bmatrix} \qquad (16\text{-}4)$$

其中,M 为备选监测节点总数,N 为风网分支总数;z_{ij} 为监测点 v_i 到分支 e_j 末节点 $V^f(e_j,P)$ 之间的最短风流流经时间,单位为 s,z_{ij} 的求解与求解 t_{ij}(见 16.2.2.1 节)类似,不再赘述。

仍以算例 16.1 为例,介绍分支监测时间矩阵的构建过程。

首先建立关联矩阵,该过程可借助通风网络二部分图实现,具体操作是将通风网络中的节点仍然抽象为点,记为集合 X,将通风网络中的分支也抽象为点,记为集合 Y,将原通风网络图中节点与分支末节点有连接关系的关系抽象成边。将图 16-3 中节点与分支的拓扑关系转化为如图 16-5 的二部分图。(因 e1 为总回风分支、V1 为通风入口,二者不作为监测对象和监测点)。

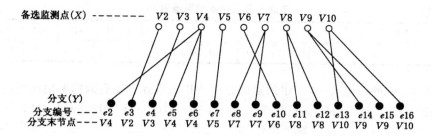

图 16-5　通风网络图 16-3 的二部分图

二部分图对应的关联矩阵 M：

$$
M = \begin{array}{c} \\ v2 \\ v3 \\ v4 \\ v5 \\ v6 \\ v7 \\ v8 \\ v9 \\ v10 \end{array}
\begin{array}{cccccccccccccccc}
e2 & e3 & e4 & e5 & e6 & e7 & e8 & e9 & e10 & e11 & e12 & e13 & e14 & e15 & e16 \\
0 & 1 & 0 & 0 & 0 & 0 & 0 & 0 & 0 & 0 & 0 & 0 & 0 & 0 & 0 \\
0 & 0 & 1 & 0 & 0 & 0 & 0 & 0 & 0 & 0 & 0 & 0 & 0 & 0 & 0 \\
1 & 0 & 0 & 1 & 1 & 0 & 0 & 0 & 0 & 0 & 0 & 0 & 0 & 0 & 0 \\
0 & 0 & 0 & 0 & 0 & 1 & 0 & 0 & 0 & 0 & 0 & 0 & 0 & 0 & 0 \\
0 & 0 & 0 & 0 & 0 & 0 & 0 & 0 & 1 & 0 & 0 & 0 & 0 & 0 & 0 \\
0 & 0 & 0 & 0 & 0 & 0 & 1 & 1 & 0 & 0 & 0 & 0 & 0 & 0 & 0 \\
0 & 0 & 0 & 0 & 0 & 0 & 0 & 0 & 0 & 1 & 1 & 0 & 0 & 0 & 0 \\
0 & 0 & 0 & 0 & 0 & 0 & 0 & 0 & 0 & 0 & 0 & 0 & 1 & 1 & 0 \\
0 & 0 & 0 & 0 & 0 & 0 & 0 & 0 & 0 & 0 & 0 & 1 & 0 & 0 & 1
\end{array}
$$

分析该关联矩阵可知,矩阵中每行 1 的个数表示与该行对应的备选监测点与风网分支直接相连的数目,而每列必有一个 1,它表示该列对应的分支终止的监测点。

以关联矩阵 M 和 16.2.3 节算例 16.1 中的节点监测时间矩阵 T 为基础,构建分支有效监测时间矩阵 Z,该过程可分为两步,首先计算各备选监测点至分支末节点的最短风流时间 z_{p1},再计算分支中点至分支末节点的风流时间 z_{p2},则分支监测有效时间 $z = z_{p1} + z_{p2}$。

	e2	e3	e4	e5	e6	e7	e8	e9	e10	e11	e12	e13	e14	e15	e16
v2	2000	0	431	2000	2000	681	2386	2386	1196	1220	1220	1138	2857	2857	1138
v3	3810	∞	0	3810	3810	294	4196	4196	783	806	806	725	958	958	725
v4	0	∞	∞	0	0	∞	384	384	∞	∞	∞	1147	857	857	1147
v5	∞	∞	∞	∞	∞	0	1493	1493	514	538	538	457	690	690	457
v6	∞	∞	∞	∞	∞	924	924	0	312	312	753	463	463	753	
v7	∞	∞	∞	∞	∞	0	0	∞	∞	∞	760	471	471	760	
v8	∞	∞	∞	∞	∞	∞	∞	0	0	441	152	152	441		
v9	∞	∞	∞	∞	∞	∞	∞	∞	290	0	0	290			
v10	∞	∞	∞	∞	∞	∞	∞	∞	0	∞	∞	0			

$Z_{p1} = $ (矩阵如上)

以分支 e5 为例,各备选节点监测分支 e5 的时间即为备选节点到分支末节点 $v4$ 的最短风流时间 z_{p1} 为:节点监测时间矩阵 T 中第 4 列所对应的数值,$z_{p2} = 215.685$(见表 16-2)。

表 16-2 节点至分支中点的风流时间

e2	e3	e4	e5	e6	e7	e8	e9	e10	e11	e12	e13	e14	e15	e16
125	1086.95	762.5	215.685	1000	1904.75	147.06	193.18	462.185	257.355	155.94	269.23	228.365	235.295	75.76

将矩阵 Z_{p1} 中的值与表 16-2 中的对应时间值相加得到分支有效监测时间矩阵 Z,

$$Z=\begin{array}{c|ccccccccccccccc}
 & e2 & e3 & e4 & e5 & e6 & e7 & e8 & e9 & e10 & e11 & e12 & e13 & e14 & e15 & e16 \\
\hline
v2 & 2125 & 1087 & 1194 & 2216 & 3000 & 2586 & 2533 & 2579 & 1658 & 1477 & 1376 & 1407 & 3085 & 3092 & 1214 \\
v3 & 3935 & \infty & 762.5 & 4026 & 4810 & 2199 & 4343 & 4389 & 1245 & 1063 & 961.9 & 994.2 & 1186 & 1193 & 800.8 \\
v4 & 125 & \infty & \infty & 215.7 & 1000 & \infty & 531.1 & 577.2 & \infty & \infty & & 1416 & 1085 & 1092 & 1223 \\
v5 & \infty & \infty & \infty & \infty & \infty & 1905 & 1640 & 1686 & 976.2 & 795.4 & 693.9 & 726.2 & 918.4 & 925.3 & 532.8 \\
v6 & \infty & \infty & \infty & \infty & \infty & & 1071 & 1117 & 462.2 & 569.4 & 467.9 & 1022 & 691.4 & 698.3 & 828.8 \\
v7 & \infty & \infty & \infty & \infty & \infty & & 147.1 & 193.2 & \infty & \infty & \infty & 1029 & 699.4 & 706.3 & 835.8 \\
v8 & \infty & \infty & \infty & \infty & \infty & & & & & 0 & 155.9 & 710.2 & 380.4 & 387.3 & 516.8 \\
v9 & \infty & \infty & \infty & \infty & \infty & & & & & & & 559.2 & 228.4 & 235.3 & 365.8 \\
v10 & \infty & \infty & \infty & \infty & \infty & & & & & & & 269.2 & \infty & \infty & 75.76 \\
\end{array}$$

16.2.3.2 分支有效监测矩阵

以分支监测时间矩阵 Z 为基础构建分支有效监测矩阵 $D=[D_{ij}]$,其中,

$$d_{ij}=\begin{cases} 0, & z_{ij}>M_L \\ 1, & z_{ij}\leqslant M_L \end{cases} \tag{16-5}$$

构建过程如下:给定监测有效级 M_L,当 $Z_{ij}\leqslant M_L$ 时,令 $d_{ij}=1$ 认为节点 i 上的传感器能及时有效地监测节点 j 处的瓦斯情况;反之则令 $d_{ij}=0$ 认为节点 i 上的传感器不能监测节点 j 处的瓦斯情况。由此可知,分支有效监测矩阵 D 的意义是:矩阵 D 中第 j 列非 0 的元素表示在监测有效级 M_L 下,节点 j 能对节点 i 进行有效监测,也就是说节点 j 的覆盖域为:$DD[j]=\{i|d[i,j]=1\}$。

若给定监测有效级 $M_L=700\text{ s}$,则有效监测矩阵 $C_{700\text{ s}}$ 为:

$$Z=\begin{array}{c|ccccccccccccccc}
 & e2 & e3 & e4 & e5 & e6 & e7 & e8 & e9 & e10 & e11 & e12 & e13 & e14 & e15 & e16 \\
\hline
v2 & 0 & 1 & 1 & 0 & 0 & 1 & 0 & 0 & 0 & 0 & 0 & 0 & 0 & 0 & 0 \\
v3 & 0 & 0 & 1 & 0 & 0 & 1 & 0 & 0 & 0 & 0 & 0 & 0 & 0 & 0 & 0 \\
v4 & 1 & 0 & 0 & 1 & 1 & 0 & 1 & 1 & 0 & 0 & 0 & 0 & 0 & 0 & 0 \\
v5 & 0 & 0 & 0 & 0 & 0 & 1 & 0 & 0 & 1 & 1 & 1 & 1 & 1 & 1 & 1 \\
v6 & 0 & 0 & 0 & 0 & 0 & 0 & 1 & 1 & 1 & 1 & 1 & 0 & 1 & 1 & 0 \\
v7 & 0 & 0 & 0 & 0 & 0 & 0 & 1 & 1 & 0 & 0 & 0 & 0 & 1 & 1 & 0 \\
v8 & 0 & 0 & 0 & 0 & 0 & 0 & 0 & 0 & 0 & 1 & 1 & 1 & 1 & 1 & 1 \\
v9 & 0 & 0 & 0 & 0 & 0 & 0 & 0 & 0 & 0 & 0 & 0 & 1 & 1 & 1 & 1 \\
v10 & 0 & 0 & 0 & 0 & 0 & 0 & 0 & 0 & 0 & 0 & 0 & 1 & 0 & 0 & 1 \\
\end{array}$$

由监测覆盖域的概念可知,矩阵中的每一行对应的列值为 1 的数字即表示位于该行的监测点能够有效监测的节点,若 $v2-v10$ 均为备选监测点,则监测点的覆盖域为:

$DD(v2)=\{e3,e4,e7\};DD(v3)=\{e4,e7\};DD(v4)=\{e2,e5,e6,e8,e9\};$

$DD(v5)=\{e7,e10,e11,e12,e13,e14,e15,e16\};$

$DD(v6)=\{e8,e9,e10,e11,e12,e13,e14,e15\}$;

$DD(v7)=\{e8,e9,e15\}$;$DD(v8)=\{e11,e12,e13,e14,e15,e16\}$;

$DD(v9)=\{e13,e14,e15,e16\}$;$DD(v10)=\{e13,e16\}$。

16.3　瓦斯传感器覆盖选址基础模型

基础瓦斯传感器选址模型包括位置集合覆盖和最大覆盖这两种模型。覆盖所有的瓦斯灾害威胁区域是瓦斯传感器选址的最基础目标,如 14.3 节所指出的对瓦斯传感器部署通常有监测响应及时性的要求,主要体现在瓦斯传感器的有效监测时间上。

16.3.1　瓦斯传感器位置集合覆盖选址模型

给定监测有效级,使用位置集合覆盖模型(LSCP)计算需增设的瓦斯传感器方法:首先识别出依据《煤矿安全监控系统及检测仪器使用管理规范》布的瓦斯监测点未能监测覆盖的区域,再使用位置集合覆盖模型(LSCP),计算覆盖这些需求节点所必需的最少的瓦斯传感器的数目。

为便于模型表述将瓦斯传感器必选布置点和新增瓦斯传感器监测点统一考虑,记必选瓦斯监测点集合为 E,备选瓦斯监测点集合为 J,需求点(包括原有和新增)的集合为 $I=I_1+I_2$,有效监测需求点 i 的瓦斯监测点集合为 $N_i=\{j\in E\bigcup J\mid c_{ij}=1\}$,$c_{ij}$ 是 16.2 节求解的在给定的监测有效级 M_L 下的节点有效监测矩阵或分支有效监测矩阵中的元素,则求最少数目的新增瓦斯传感器的目标可描述为:选择 J 的一个子集 J',使集合 $J'\bigcup E$ 能够完全覆盖需求点集合 I,且代价最小。使用位置集合覆盖的定义描述为:

$$\min_{\pi\in\Omega}f(x)=\sum_{j\in E}b_jx_j+\sum_{j\in J}b_jx_j \qquad(16\text{-}6)$$

满足:

$$\sum_{j\in N_i}c_{ij}x_j\geqslant 1,\forall i\in I \qquad(16\text{-}7)$$

$$x_j\in\{0,1\},\forall j\in E\bigcup J \qquad(16\text{-}8)$$

式中,$b_j=1/\omega_j$ 是各需求节点的重要度的倒数。目标函数式(16-6)表示在现有瓦斯传感器集合 E 的基础上,找到能够监测所有需求点集合 I 最小的全覆盖子集 π,若最小全覆盖子集 π 有多个,则选择子集代价最小的 π_{best} 为监测布置点,Ω 为 π 构成的解空间。约束式(16-7)表示需求点 i 处的瓦斯情况能够被监测当且仅当能够对其进行监测的节点中至少有一个节点已经设置了传感器。约束式(16-8)为完整性约束。该模型中假定各备选布置点安装瓦斯传感器的成本相同。

本质上,LSCP 模型是使每个传感器设施覆盖一组需求点,最小化所有瓦斯传感器的总成本的基础上,保证对需求点总的灾害防备最大化。

分别以算例 16.1 中监测有效级为 700 s 的节点有效监测矩阵 C_{700s} 和分支有效监测矩阵 D_{1200s} 为例,说明集合覆盖选址模型,在算例 16.1 中,假设风网节点 $V9$ 为必选监测点,除去通风入口节点 $V1$ 的其他 8 个节点为备选布置点。则必选监测点集合 $E=\{V9\}$,其他备选布置点集合 $O=\{V2,V3,V4,V5,V6,V7,V8,V10\}$;本例分析暂不考虑各节点的风险权重。

(1) 节点有效监测矩阵 C_{700s}

$$C_{700s} = \begin{array}{c} \\ v2 \\ v3 \\ v4 \\ v5 \\ v6 \\ v7 \\ v8 \\ v9 \\ v10 \end{array} \begin{array}{ccccccccc} v2 & v3 & v4 & v5 & v6 & v7 & v8 & v9 & v10 \\ 1 & 1 & 0 & 1 & 0 & 0 & 0 & 0 & 0 \\ 0 & 1 & 0 & 1 & 0 & 0 & 0 & 0 & 0 \\ 0 & 0 & 1 & 0 & 0 & 1 & 0 & 0 & 0 \\ 0 & 0 & 0 & 1 & 1 & 0 & 1 & 1 & 1 \\ 0 & 0 & 0 & 0 & 1 & 0 & 1 & 1 & 0 \\ 0 & 0 & 0 & 0 & 0 & 1 & 0 & 1 & 0 \\ 0 & 0 & 0 & 0 & 0 & 0 & 1 & 1 & 1 \\ 0 & 0 & 0 & 0 & 0 & 0 & 0 & 1 & 1 \\ 0 & 0 & 0 & 0 & 0 & 0 & 0 & 0 & 1 \end{array}$$

使用 LSCP 模型：

$$\begin{cases} \min \sum_{i=2}^{10} x_i \\ \text{s. t} \begin{cases} x_2 \geqslant 1 \\ x_2 + x_3 \geqslant 1 \\ x_4 \geqslant 1 \\ x_2 + x_3 + x_5 \geqslant 1 \\ x_5 + x_6 \geqslant 1 \\ x_4 + x_7 \geqslant 1 \\ x_5 + x_6 + x_8 \geqslant 1 \\ x_5 + x_6 + x_7 + x_8 + x_9 \geqslant 1 \\ x_5 + x_8 + x_9 + x_{10} \geqslant 1 \end{cases} \end{cases}$$

用线性规划的工具 Lingo 求解该方程，在软件输入变量 x_9 的限制条件为"$x_9 \sharp EQ \sharp 1$"即表示 x_9 的取值为 1，其他变量 x_i 的限制条件为 @BIN(x_i)，表示其取值为 0 或 1；求解结果中 x_i 值为 1 的解即为方程的最终解。

求出方程含有多组解：

$$f_{\min}(x) = 4, x_3(x_5) = x_4(x_7) = x_9 = x_{10} = 1$$

即要覆盖所有需求点，在监测点 $V9$ 设置瓦斯传感器的基础上，必须再增设 3 个瓦斯传感器，其布置位置分别为节点 $V3$(或 $V5$)、节点 $V4$(或 $V7$)和节点 $V10$。

(2) 分支有效监测矩阵 D_{1200s}

$$D_{1200s} = \begin{array}{c} \\ v2 \\ v3 \\ v4 \\ v5 \\ v6 \\ v7 \\ v8 \\ v9 \\ v10 \end{array} \begin{array}{ccccccccccccccc} e2 & e3 & e4 & e5 & e6 & e7 & e8 & e9 & e10 & e11 & e12 & e13 & e14 & e15 & e16 \\ 0 & 1 & 1 & 0 & 0 & 0 & 0 & 0 & 0 & 0 & 0 & 0 & 0 & 0 & 0 \\ 0 & 0 & 1 & 0 & 0 & 0 & 0 & 0 & 0 & 1 & 1 & 1 & 1 & 1 & 1 \\ 1 & 0 & 0 & 1 & 1 & 0 & 1 & 1 & 0 & 0 & 0 & 0 & 1 & 1 & 1 \\ 0 & 0 & 0 & 0 & 1 & 0 & 1 & 0 & 1 & 1 & 1 & 1 & 1 & 1 & 1 \\ 0 & 0 & 0 & 0 & 0 & 0 & 0 & 1 & 1 & 1 & 1 & 1 & 1 & 1 & 1 \\ 0 & 0 & 0 & 0 & 0 & 0 & 1 & 1 & 0 & 0 & 1 & 0 & 1 & 1 & 1 \\ 0 & 0 & 0 & 0 & 0 & 0 & 0 & 0 & 0 & 1 & 1 & 1 & 1 & 1 & 1 \\ 0 & 0 & 0 & 0 & 0 & 0 & 0 & 0 & 0 & 0 & 0 & 0 & 1 & 1 & 1 \\ 0 & 0 & 0 & 0 & 0 & 0 & 0 & 0 & 0 & 0 & 0 & 1 & 0 & 0 & 1 \end{array}$$

使用 LSCP 模型：

$$\begin{cases} \min \sum\limits_{i=2}^{10} x_i \\ \text{s. t.} \begin{cases} x_4 \geqslant 1 \\ x_2 \geqslant 1 \\ x_2 + x_3 \geqslant 1 \\ x_5 \geqslant 1 \\ x_4 + x_7 \geqslant 1 \\ x_2 + x_3 + x_5 \geqslant 1 \\ x_4 + x_6 + x_7 \geqslant 1 \\ x_5 + x_6 \geqslant 1 \\ x_3 + x_4 + x_5 + x_6 + x_8 \geqslant 1 \\ x_3 + x_5 + x_6 + x_7 + x_8 + x_9 \geqslant 1 \\ x_3 + x_5 + x_6 + x_7 + x_8 + x_9 + x_{10} \geqslant 1 \\ x_3 + x_4 + x_5 + x_6 + x_7 + x_8 + x_9 + x_{10} \geqslant 1 \end{cases} \end{cases}$$

求出方程的解：

$$f_{\min}(x) = 4, x_2 = x_4 = x_5 = x_9 = 1$$

即要覆盖所有需求点，在监测点 V9 设置瓦斯传感器的基础上，必须再增设 3 个瓦斯传感器，其布置位置分别为节点 V2、节点 V4 和节点 V5。

16.3.2　瓦斯传感器最大覆盖选址模型

目前，煤矿监控系统的有效预警时间还是一个迫切需要解决的问题，由此导致矿井瓦斯传感器部署只能依据经验设定监测有效级。因此，矿井决策者在进行瓦斯传感器选址决策时，设置的瓦斯监测有效级越低（例 $M_L = 200$ s），则需增设的瓦斯监测点越多，监控系统成本投入越高，若设置的瓦斯监测有效级过高（例 $M_L = 3000$ s），则可能导致传感器不能有效监测瓦斯灾害；鉴于上述情况，提出设置较低的监测等级时，使用最大覆盖选址模型（MCLP）辅助决策者在给定成本预算的情况下，集中精力防备瓦斯灾害风险高的区域。

记必选瓦斯监测点集合为 E，备选瓦斯监测点集合为 J，需求点（包括原有和新增）的集合为 $I = I_1 + I_2$，如果给定预算，只设置 $P = P_E + P'_J$ 个瓦斯传感器 $P_E = |E|$ 表示依据规程布置的瓦斯传感器个数，P'_J 新增瓦斯传感器个数；有效监测需求点 i 的瓦斯监测点集合记为 $N_i = \{j \in E \bigcup J \mid c_{ij} = 1\}$，$c_{ij}$ 是 16.1.3 节求解的在给定的监测有效级 M_L 下的节点有效监测矩阵或分支有效监测矩阵中的元素，则新增 P'_J 个瓦斯监测点目标可描述为：选择 J 的一个子集 $J'(|J'| = P'_J)$，使集合 $J' \bigcup E$ 覆盖需求节点集合 I 的价值总和最大。使用最大覆盖的定义描述为：

$$\max f(y) = \sum_{i \in I} \omega_i y_i \tag{16-9}$$

满足：

$$\sum_{j \in N_i} c_{ij} x_j - y_i \geqslant 0, i \in I \tag{16-10}$$

$$\sum_{j \in E} c_{ij} x_j = P_E \tag{16-11}$$

$$\sum_{j\in J} c_{ij}x_j = P'_J \qquad (16\text{-}12)$$

$$x_j \in \{0,1\}, \forall j \in E \cup J \qquad (16\text{-}13)$$

$$y_i \in \{0,1\}, \forall i \in I \qquad (16\text{-}14)$$

式中,ω_i 是各需求节点 i 的重要度指标,目标函数式(16-9)是保证整个区域的灾害防备目标最大化,约束式(16-12)指从备选监测点集合 J 中选择 P'_j 个瓦斯监测点,约束式(16-13)表示备选监测点 j 是否被选中,若选中 $x_j=1$,否则 $x_j=0$,约束式(16-14)表示需求点 i 处的瓦斯情况能否有效监测,若被监测 $y_i=1$,否则 $y_i=0$;在该模型中假定各备选布置点安装瓦斯传感器的成本相同。

某种意义上,MCLP 方法可以看成是双目标的模型即成本最小和覆盖最大。

仍然以算例 4.1 中监测有效级为 700s 的节点有效监测矩阵 C_{700s} 和分支有效监测矩阵 D_{1200s} 为例,说明最大覆盖选址模型。在算例中,假设风网节点 $v9$ 为必选监测点,除去通风入口节点 $v1$ 的其他 8 个节点为备选布置点。则必须监测点集合 $E=\{v9\}$;其他备选布置点集合 $O=\{v2,v3,v4,v5,v6,v7,v8,v10\}$。

(1) 节点有效监测矩阵

		$v2$	$v3$	$v4$	$v5$	$v6$	$v7$	$v8$	$v9$	$v10$	w_j
	$v2$	1	1	0	1	0	0	0	0	0	1
	$v3$	0	1	0	0	0	0	0	0	0	1
	$v4$	0	0	1	0	0	1	0	0	0	2
	$v5$	0	0	0	1	1	0	1	1	1	2
$C_{700s}=$	$v6$	0	0	0	0	1	0	1	1	0	2
	$v7$	0	0	0	0	0	1	0	1	0	3
	$v8$	0	0	0	0	0	0	1	1	0	4
	$v9$	0	0	0	0	0	0	0	0	0	3
	$v10$	0	0	0	0	0	0	0	0	1	3

使用 MCLP 模型,并使 P 从 1 连续增大到 3:

$$\begin{cases} \max \sum_{i=2}^{10} w_i y_i \\ \text{s.t.} \begin{cases} x_2 - y_2 \geqslant 0 \\ x_2 + x_3 - y_3 \geqslant 0 \\ x_4 - y_4 \geqslant 0 \\ x_2 + x_3 + x_5 - y_5 \geqslant 0 \\ x_5 + x_6 - y_6 \geqslant 0 \\ x_4 + x_7 - y_7 \geqslant 0 \\ x_5 + x_6 + x_8 - y_8 \geqslant 0 \\ x_5 + x_6 + x_7 + x_8 + x_9 - y_9 \geqslant 0 \\ x_5 + x_8 + x_9 + x_{10} - y_{10} \geqslant 0 \end{cases} \end{cases}$$

用线性规划的工具 Lingo 求解该方程,在软件输入变量 x_9 的限制条件为"$x_9 \sharp EQ \sharp 1$"即表示 x_9 的取值为 1,其他变量 x_i、y_i 的限制条件为 @BIN(x_i)、@BIN(y_i),表示其取值为 0 或 1;求解结果中 x_i 值为 1 的解即为方程的最终解。

当 $P_O=1$ 时,解为:

$$\begin{cases} x_5=x_9=1 \\ y_2=y_3=y_5=y_6=y_7=y_8=y_9=1 \end{cases}$$

即在风网节点 $v5$ 增设一个瓦斯传感器,能覆盖需求节点 $v2$、$v4$、$v5$、$v6$、$v7$、$v8$、$v9$,覆盖风险度最大为:$1+2+2+2+3+4+3=17$。

当 $P_O=2$ 时,解为:

$$\begin{cases} x_5=x_{10}=x_9=1 \\ y_2=y_4=y_5=y_6=y_7=y_8=y_9=y_{10}=1 \end{cases}$$

即在风网节点 $v5$ 和 $v10$ 处增设两个瓦斯传感器,能覆盖需求节点 $v2$ 、$v4$、$v5$、$v6$、$v7$、$v8$ 、$v9$、$v10$,覆盖风险度最大为:$1+2+2+2+3+4+3+3=20$。

当 $P_O=3$ 时,解为:

$$\begin{cases} x_4=x_5=x_{10}=x_9=1 \\ y_2=y_3=y_4=y_5=y_6=y_7=y_8=y_9=y_{10}=1 \end{cases}$$

即在风网节点 $v4$、$v5$ 、$v7$、$v9$、$v10$ 处增设一个瓦斯传感器,能覆盖所有需求节点所有的需求点,覆盖风险度最大为:21。

假定设置每个瓦斯传感器的固定成本均相等,瓦斯传感器成本就等价于瓦斯传感器的数量,则瓦斯传感器的投入成本与风险覆盖之间的关系可用图 16-6 表示。

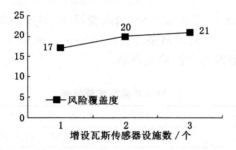

图 16-6　瓦斯传感器的投入成本与风险覆盖度之间的关系

从图 16-6 可看出,第三个瓦斯传感器的边际风险递减快,决策者可能考虑是否增设第三个传感器。

(2) 分支有效监测矩阵 $\boldsymbol{D}_{1200s}$

$$\boldsymbol{D}_{1200s}=\begin{array}{c} \\ v2 \\ v3 \\ v4 \\ v5 \\ v6 \\ v7 \\ v8 \\ v9 \\ v10 \\ W_i \end{array} \begin{array}{|cccccccccccccccc|} e2 & e3 & e4 & e5 & e6 & e7 & e8 & e9 & e10 & e11 & e12 & e13 & e14 & e15 & e16 \\ \hline 0 & 1 & 1 & 0 & 0 & 0 & 0 & 0 & 0 & 0 & 0 & 0 & 0 & 0 & 0 \\ 0 & 0 & 1 & 0 & 0 & 0 & 0 & 0 & 0 & 1 & 1 & 1 & 1 & 1 & 1 \\ 1 & 0 & 0 & 1 & 1 & 0 & 1 & 0 & 1 & 0 & 0 & 0 & 1 & 1 & 1 \\ 0 & 0 & 0 & 0 & 0 & 1 & 0 & 0 & 1 & 1 & 1 & 1 & 1 & 1 & 1 \\ 0 & 0 & 0 & 0 & 0 & 1 & 1 & 1 & 1 & 1 & 1 & 1 & 1 & 1 & 1 \\ 0 & 0 & 0 & 0 & 0 & 0 & 1 & 1 & 0 & 0 & 1 & 1 & 1 & 1 & 1 \\ 0 & 0 & 0 & 0 & 0 & 0 & 0 & 0 & 0 & 1 & 1 & 1 & 1 & 1 & 1 \\ 0 & 0 & 0 & 0 & 0 & 0 & 0 & 0 & 0 & 0 & 1 & 1 & 1 & 1 & 1 \\ 0 & 0 & 0 & 0 & 0 & 0 & 0 & 0 & 0 & 1 & 0 & 0 & 1 & 0 & 1 \\ 1 & 1 & 1 & 1 & 2 & 2 & 2 & 3 & 3 & 4 & 4 & 3 & 3 & 2 & 2 \end{array}$$

使用 MCLP 模型：

$$
\begin{cases}
\min \sum\limits_{i=2}^{10} w_i y_i \\
\text{s. t.}
\begin{cases}
x_4 - y_2 \geqslant 0 \\
x_2 - y_3 \geqslant 0 \\
x_2 + x_3 - y_4 \geqslant 0 \\
x_4 - y_5 \geqslant 0 \\
x_4 - y_6 \geqslant 0 \\
x_5 - y_7 \geqslant 0 \\
x_4 + x_7 - y_8 \geqslant 0 \\
x_4 + x_6 + x_7 - y_9 \geqslant 0 \\
x_5 + x_6 - y_{10} \geqslant 0 \\
x_3 + x_5 + x_6 + x_8 - y_{11} \geqslant 0 \\
x_3 + x_5 + x_6 + x_8 - y_{12} \geqslant 0 \\
x_3 + x_5 + x_6 + x_7 + x_8 + x_9 + x_{10} - y_{13} \geqslant 0 \\
x_3 + x_4 + x_5 + x_6 + x_7 + x_8 + x_9 - y_{14} \geqslant 0 \\
x_3 + x_4 + x_5 + x_6 + x_7 + x_8 + x_9 + x_{10} - y_{15} \geqslant 0
\end{cases}
\end{cases}
$$

用线性规划的工具 Lingo 求解该方程，输入变量 x_9 的限制条件为"$x_9 \sharp EQ \sharp 1$"即表示 x_9 的取值为 1，其他变量 x_i、y_i 的限制条件为 @BIN(x_i)、@BIN(y_i)，表示其取值为 0 或 1；求解结果中 x_i 值为 1 的解即为方程的最终解。

表 16-3　　　　　　　　　　　　　　MCLP 模型求解结果

P	x	y	风险覆盖度
1	$x_9 = x_4 = 1$	$e5 = e6 = e8 = e9 = e13 = e14 = e15 = e16 = 1$	19
2	$x_9 = x_4 = x_5 = 1$	$e2 + e5 = e6 = e8 = e9 = e10 = e11 = 12 = e13 = e14 = e15 = e16 = 1$	30
3	$x_9 = x_4 = x_5 = x_2 = 1$	$e2 = e3 = e4 = e5 = e6 = e8 = e9 = e10 = e11 = 12 = e13 = e14 = e15 = e16 = 1$	32

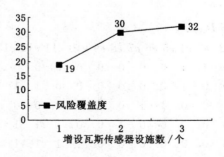

图 16-7　瓦斯传感器的投入成本与风险覆盖度之间的关系

从图 16-7 可看出，第三个瓦斯传感器的边际风险递减快，决策者可考虑是否增设第三个瓦斯传感器。

16.4　瓦斯传感器备用覆盖选址模型

针对瓦斯传感器发生故障而不能正常工作的情况,提出考虑可靠性的传感器备用覆盖选址模型,备用模型是在最大限度地监测整个通风网络中瓦斯浓度的同时,期望传感器选址具有一定的可靠性,即若某一传感器发生故障时,存在其他传感器能够继续监测瓦斯浓度,并且监测时间仍然在监测有效等级之内。

针对瓦斯传感器选址的特征,对 Hogan 和 ReVelle[20] 提出的两个备用覆盖模型:BACOP1 和 BACOP2 进行适当修改,提出了瓦斯传感器备用覆盖选址模型 1 和备用覆盖选址模型 2。

16.4.1　瓦斯传感器备用覆盖选址模型 1

瓦斯传感器备用覆盖模型 1(BACOP1),要求每个需求节点都必须被瓦斯传感器覆盖一次的同时,被两次覆盖的需求点总风险值最大。备用覆盖是在不需增加额外费用的情况下,提高监控系统可靠性的一种有效措施。

记必选瓦斯监测点集合为 E,备选瓦斯监测点集合为 J,需求点(包括原有和新增)的集合为 $I = I_1 + I_2$,有效监测需求点 i 的瓦斯监测点集合为 $N_i = \{j \in E \cup J \mid c_{ij} = 1\}$,$c_{ij}$ 是 16.2 节求解的在给定的监测有效级 M_L 下的节点有效监测矩阵或分支有效监测矩阵中的元素,$P_E = |E|$ 表示依据规程布置的瓦斯传感器个数,P'_J 表示新增瓦斯传感器个数;则瓦斯传感器备用覆盖模型 1(BACOP1) 的目标可描述为:选择 J 的一个子集 $J'(|J'| = P'_J)$,使集合 $J' \cup E$ 能够完全覆盖需求点集合 I 一次的同时,二次覆盖的需求点的风险总值最大。

则可以使用如下形式的 BACOP1 模型:

$$\max f(y) = \sum_{i \in I} \omega_i u_i \tag{16-15}$$

满足:

$$\sum_{j=N_i} c_{ij} x_j - y_i \geqslant 1, \ i \in I \tag{16-16}$$

$$\sum_{j \in E} c_{ij} x_j = P_E \tag{16-17}$$

$$\sum_{j \in J} c_{ij} x_j = P_{J'} \tag{16-18}$$

$$x_j \in \{0,1\}, \forall j \in E \cup J \tag{16-19}$$

$$u_i \in \{0,1\}, \forall i \in I \tag{16-20}$$

式中,ω_i 是各需求节点 i 的重要度指标,目标函数(16-15)是被两次覆盖需求点的风险总值最大,约束式(16-16)表示各个需求点被瓦斯传感器覆盖的次数,当 $u_i = 0$ 时,表示需求点 i 被覆盖一次;当 $u_i = 1$ 时,表示需求点 i 被覆盖至少两次。约束式(16-18)为新增的瓦斯传感器数目 P'_J,此处可通过逐步增大 P'_J 来满足约束(16-16)。

分别以算例 16.1 中监测有效级为 600 s 的节点有效监测矩阵 C_{600s} 和分支有效监测矩阵 D_{1200s} 为例,说明瓦斯传感器备用覆盖选址模型 1;在该风网算例中,假设节点 $V9$ 为必选监测点,除去通风入口节点 $V1$ 的其他 8 个节点为备选布置点;则必选监测点集合 $E =$

$\{V9\}$；其他备选布置点集合 $O=\{V2,V3,V4,V5,V6,V7,V8,V10\}$；各节点的风险权重 $W=\{1,1,2,2,2,3,4,3,3\}$；

（1）节点有效监测矩阵 C_{600s}

$$
C_{600s}=\begin{array}{c|ccccccccc|c}
 & v2 & v3 & v4 & v5 & v6 & v7 & v8 & v9 & v10 & w_j \\
\hline
v2 & 1 & 1 & 0 & 0 & 0 & 0 & 0 & 0 & 0 & 1 \\
v3 & 0 & 1 & 0 & 1 & 0 & 0 & 0 & 0 & 0 & 1 \\
v4 & 0 & 0 & 1 & 0 & 0 & 1 & 0 & 0 & 0 & 2 \\
v5 & 0 & 0 & 0 & 1 & 1 & 0 & 1 & 0 & 1 & 2 \\
v6 & 0 & 0 & 0 & 0 & 1 & 0 & 1 & 1 & 0 & 3 \\
v7 & 0 & 0 & 0 & 0 & 0 & 1 & 0 & 1 & 0 & 3 \\
v8 & 0 & 0 & 0 & 0 & 0 & 0 & 1 & 1 & 1 & 4 \\
v9 & 0 & 0 & 0 & 0 & 0 & 0 & 0 & 1 & 1 & 3 \\
v10 & 0 & 0 & 0 & 0 & 0 & 0 & 0 & 0 & 1 & 3 \\
\end{array}
$$

使用 BACOP1 模型：

$$
\begin{cases}
\max \displaystyle\sum_{i=2}^{10} w_i u_i \\[2mm]
\text{s. t.}\begin{cases}
x_2 - u_2 \geqslant 1 \\
x_2 + x_3 - u_3 \geqslant 1 \\
x_4 - u_4 \geqslant 1 \\
x_3 + x_5 - u_5 \geqslant 1 \\
x_5 + x_6 - u_6 \geqslant 1 \\
x_4 + x_7 - u_7 \geqslant 1 \\
x_5 + x_6 + x_8 - u_8 \geqslant 1 \\
x_6 + x_7 + x_8 + x_9 - u_9 \geqslant 1 \\
x_5 + x_8 + x_9 + x_{10} - u_{10} \geqslant 1 \\
x_2 + x_3 + x_4 + x_5 + x_6 + x_7 + x_8 + x_9 + x_{10} 9
\end{cases}
\end{cases}
$$

用线性规划的工具 Lingo 求解该方程，软件输入变量 x_9 的限制条件为"$x_9 \sharp EQ \sharp 1$"即表示 x_9 的取值为 1，其他变量 x_i、y_i 的限制条件为 @BIN(x_i)、@BIN(u_i)，表示其取值为 0 或 1；求解结果中 x_i 值为 1 的解为方程的最终解。

当 P_O 等于 1,2 时，BACOP1 模型不可行，当 $P_O=3$ 时，覆盖优化模型可行，并得到最优解为：$x_2=x_4=x_5=x_6=x_7=x_{10}=1$；$u_1=u_6=u_7=1$；$z=14$。

即选择 $v3$、$v5$、$v6$、$v7$ 为瓦斯传感器布置点，能覆盖全部需求点的同时还能够两次覆盖需求点 $v3$ 和 $v7$。

16.4.2 瓦斯传感器备用覆盖选址模型 2

瓦斯传感器备用覆盖模型 2（BACOP2）与最大覆盖选址模型相似，均是在较低的监测等级和给定成本预算的情况下考虑瓦斯传感器的选址，但该模型是一个双目标模型，是在最大化一次覆盖和最大化两次覆盖这两个目标之间加以权衡。

记必选瓦斯监测点集合为 E，备选瓦斯监测点集合为 J，需求点（包括原有和新增）的集

合为 $I=I_1+I_2$，如果给定预算，只设置 $P=P_E+P_J'$ 个瓦斯传感器，$P_E=|E|$ 表示依据规程布置的瓦斯传感器个数，P_J' 为新增瓦斯传感器个数；有效监测需求点 i 的瓦斯监测点集合为 $N_i=\{j\in E\cup J\,|\,c_{ij}=1\}$，$c_{ij}$ 是 16.2 节求解的在给定的监测有效级 M_L 下的节点有效监测矩阵或分支有效监测矩阵中的元素，则新增 P_J' 个瓦斯监测点目标可描述为：选择 J 的一个子集 $J'(|J'|=P_J')$，使集合 $J'\cup E$ 覆盖需求节点集合 I 的价值总和最大。备用覆盖模型 2（BACOP2）为：

$$\max \quad f(y,u)=f_1(y)+f_2(u)=\theta\sum_{i\in I}\omega_i y_i+(1-\theta)\sum_{i\in I}\omega_i u_i \tag{16-21}$$

满足：

$$\sum_{j=N_i}x_j-y_i-u_i\geqslant 0,\ i\in I \tag{16-22}$$

$$u_i-y_i\leqslant 0, i\in I \tag{16-23}$$

$$\sum_{j\in E}^{n}c_{ij}x_j=p_E \tag{16-24}$$

$$\sum_{j\in O}^{n}c_{ij}x_j=p_{J'} \tag{16-25}$$

$$x_j\in\{0,1\},\forall j\in E\cup J \tag{16-26}$$

$$u_i,y_i\in\{0,1\},\forall i\in I \tag{16-27}$$

式中，ω_i 是各需求节点 i 的重要度指标；θ 为目标权重，取决于决策者在一次覆盖最大化和二次覆盖最大化两个目标之间的权衡结果，其取值在 $[0,1]$ 之间。目标函数（16-21）是使被覆盖的需求点的权衡价值总和最大，如果 θ 取值靠近 1，则使一次覆盖最大化，如果 θ 取值靠近 0，则使二次覆盖最大化。约束（16-22）表示并不要求所有的需求点都被覆盖到；式（16-23）是要求需求点 i 被两次覆盖之前必须被覆盖一次。

分别以算例 16.1 中监测有效级为 600s 的节点有效监测矩阵 C_{600s} 为例，说明瓦斯传感器覆盖选址模型 2，在该算例中，假设节点 V9 为必选监测点，除去通风入口节点 V1 的其他 8 个节点为备选布置点。则集合 $E=\{V9\}$；其他备选布置点集合 $O=\{v2,v3,v4,v5,v6,v7,v8,v10\}$；各节点的风险权重 $\boldsymbol{W}_j=\{1,1,2,2,2,3,4,3,3\}$；

（1）节点有效监测矩阵 $\boldsymbol{C}_{600s}$

	$v2$	$v3$	$v4$	$v5$	$v6$	$v7$	$v8$	$v9$	$v10$	w_j
$v2$	1	1	0	0	0	0	0	0	0	1
$v3$	0	1	0	1	0	0	0	0	0	1
$v4$	0	0	1	0	0	1	0	0	0	2
$v5$	0	0	0	1	1	0	1	0	1	2
$\boldsymbol{C}_{600s}=v6$	0	0	0	1	1	0	1	1	0	2
$v7$	0	0	0	0	0	1	0	1	0	3
$v8$	0	0	0	0	0	1	1	1	1	4
$v9$	0	0	0	0	0	0	0	1	1	3
$v10$	0	0	0	0	0	0	0	1	1	3

备用覆盖选址模型 2：

$$
\left\{
\begin{array}{l}
\max \theta \sum\limits_{i=2}^{10} w_i y_i + (1-\theta) \sum\limits_{i=2}^{10} w_i u_i \\
\text{s. t.}
\left\{
\begin{array}{l}
x_2 - y_2 - u_2 \geqslant 0 \\
x_2 + x_3 - y_3 - u_3 \geqslant 0 \\
x_4 - y_4 - u_4 \geqslant 0 \\
x_3 + x_5 - y_5 - u_5 \geqslant 0 \\
x_5 + x_6 - y_6 - u_6 \geqslant 0 \\
x_4 + x_7 - y_7 - u_7 \geqslant 0 \\
x_5 + x_6 + x - y_8 - u_8 \geqslant 0 \\
x_6 + x_7 + x_8 + x_9 - y_9 - u_9 \geqslant 0 \\
x_5 + x_8 + x_9 + x_{10} - y_{10} - u_{10} \geqslant 0 \\
x_2 + x_3 + x_4 + x_5 + x_6 + x_7 + x_8 + x_9 + x_{10} = 9 \\
u_2 - y_2 \leqslant 0 \\
u_3 - y_3 \leqslant 0 \\
u_4 - y_4 \leqslant 0 \\
u_5 - y_5 \leqslant 0 \\
u_6 - y_6 \leqslant 0 \\
u_7 - y_7 \leqslant 0 \\
u_8 - y_8 \leqslant 0 \\
u_9 - y_9 \leqslant 0 \\
u_{10} - y_{10} \leqslant 0
\end{array}
\right.
\end{array}
\right.
$$

用线性规划的工具 Lingo 求解该方程，在软件中，输入变量 x_9 的限制条件为"$x_9 \sharp \mathrm{EQ} \sharp 1$"即表示 x_9 的取值为 1；其他变量 x_i、y_i 的限制条件为 @BIN(x_i)、@BIN(u_i)，@BIN(y_i)表示其取值为 0 或 1；求解结果中 x_i 值为 1 的解即为方程的最终解，θ 的限制条件为"$\theta \sharp \mathrm{EQ} \sharp 0.5$"即表示 θ 的取值为 0.5。

矿井不同区域瓦斯灾害风险程度不同，例如，矿井进风巷道瓦斯灾害风险程度低；而采煤和掘进工作面及总回风巷道等处瓦斯灾害风险程度较高。

因此，在井下设置瓦斯监测点时，根据研究区域的危险程度不同进行分区分级布置瓦斯传感器。

第一阶段：使用位置集合覆盖模型（或备用覆盖选址模型 1），确定覆盖所有需求点的瓦斯传感器布设的最少数目。

第二阶段：在第一阶段选中的瓦斯监测点集合中，按最大覆盖模型（或备用覆盖选址模型 2），确定给定数量的瓦斯传感器的布设位置。

16.5 本章小结

① 对瓦斯传感器选址的数学模型特征进行了剖析，提出了基于节点有效监测和基于分支有效监测的瓦斯传感器选址的研究框架。

②　研究了瓦斯传感器选址数学规划构模的两个关键问题：选址模型的输入表示和选址模型的目标；详细阐述了基于节点有效监测矩阵和基于分支有效监测矩阵的两类选址模型的输入表示方法，建立了四类基于不同选址目标的瓦斯传感器选址模型（LSCP 选址模型、MCLP 选址模型、BACOP1 选址模型和 BACOP2 选址模型），并对模型的应用和处理方法进行了实例验证。

③　对上述模型进行了适当的拓展，提出了更加符合实际情况的分区分级瓦斯传感器选址模型。

第17章 瓦斯传感器选址模型求解算法

第16章从不同角度建立了四类瓦斯传感器选址模型,本章将讨论这四类模型的求解算法和应用问题。瓦斯传感器选址问题属于典型的组合优化问题,智能优化算法如蚁群算法(ACA)、禁忌搜索(TS)等算法有解决此类问题的潜力。蚁群算法具有正反馈性、并行搜索性能,但存在搜索时间过长和易陷入局部最优的缺陷;禁忌搜索算法具有强大的全局优化性能,但其局部搜索性能易受分散性的影响。针对选址模型的特点,本章设计了基于列减少算法、禁忌搜索和蚁群算法的三阶段混合蚁群算法对选址模型进行求解,17.1节介绍了相关算法;17.2节给出了混合算法求解选址模型的基本思路和关键技术;17.3节详细阐述了混合蚁群算法求解单目标瓦斯传感器选址模型的算法策略和步骤;17.4节则详细阐述了混合Pareto蚁群算法求解多目标瓦斯传感器选址模型算法策略和步骤;17.5节对本章的研究内容进行了总结。

17.1 相关算法简介

17.1.1 蚁群算法

17.1.1.1 蚁群算法基本原理

20世纪90年代初期,意大利M. Dorigo等人首先提出模拟蚂蚁群体智能行为的仿生优化算法——蚁群算法(Ant Colony Algorithm,ACA)[21],该算法是继遗传算法、神经网络算法、人工免疫算法等算法之后出现的一种新的智能启发式算法,蚁群算法提供了解决NP难题的一条新的途径,其在组合优化问题的求解,如旅行商问题(TSP)[22-25]、二次分配问题(QAP)[26-32]、图着色(GCP)[33-37]和车间调度(JSP)[38]等,有其他算法无法比拟的优势。

自然界中,蚂蚁在蚁巢附近寻找食物源的时候,其总能在一段时间后找到一条从食物源到蚁巢的最短路径,蚂蚁非常弱小,它们靠彼此的分工和相互协调来完成工作,其寻找最短路径就是靠相互协作完成的,图17-1形象地展示了蚂蚁觅食的过程,蚂蚁适应能力非常强,当其运动轨迹上出现障碍物时,首先蚂蚁均匀分布以相同的概率选择各条路径,其在运动过程中,靠感知前面蚂蚁留下的信息素强度来指引自己运动,它会自动选择信息素浓度高的路径,由此,短路径上蚂蚁越来越多,信息呈现为正反馈,所有的蚂蚁都沿着相同路径行走。

蚁群算法最先成功地应用于旅行商(traveling salesman problem,TSP)问题中,TSP问题是指给定任意两个城市之间的距离和城市个数n,要求找到一条经过各个城市距离最短的路径。假设m是蚂蚁的数量,d_{ij}代表城市i和城市j的距离,$\tau_{ij}(t)$表示t时刻蚂蚁在城市i与城市j路线上的信息量。最初时刻$t=0$时,随机地把m只蚂蚁放置到n个城市任意的m个城市中,信息量在各条路线上是相同的,$\tau_{ij}(0)=C$(C为常数)。蚂蚁$k(k=1,2,3,\cdots,m)$在依据各个路线上的信息素的大小决定运动方向,其转移规则称为随机比例规则,它

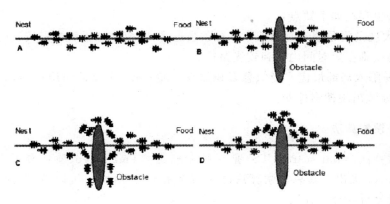

图 17-1　蚂蚁觅食运动轨迹示意图

决定了蚂蚁 k 从城市 i 运动到城市 j 的可能性。在 t 时刻,蚂蚁 k 在城市 i 转移到城市 j 的转移概率 $p_{ij}^k(t)$ 为:

$$p_{ij}^k(t) = \begin{cases} \dfrac{\left[\tau_{ij}(t)\right]^\alpha \cdot \left[\eta_{ij}\right]^\beta}{\displaystyle\sum_{j\in \text{allowed}_k} \left[\tau_{ij}(t)\right]^\alpha \cdot \left[\eta_{ij}\right]^\beta} & \text{if } j \in \text{allowed}_k \\ 0 & \text{otherwise} \end{cases} \quad (17\text{-}1)$$

式中,$\text{allowed}_k = \{0,1,\cdots,n-1\}$ 代表蚂蚁 k 下一次可以选择的城市。η_{ij} 为启发信息素,其表达式为:

$$\eta_{ij} = 1/d_{ij} \quad (17\text{-}2)$$

d_{ij} 是城市 i 和城市 j 的距离。α 表示蚂蚁在选择城市过程中所积累的信息重要程度,β 表示蚂蚁在选择城市过程中所积累的启发信息的重要程度。每个蚂蚁都有一个禁忌表($tabu_k$),记载了蚂蚁在 t 时刻经过的城市,禁止其在本次循环中再次选择这些城市。

蚂蚁所经过的路径上的信息素量依据下式调整:

$$\tau_{ij}(t+n) = (1-\rho) \cdot \tau_{ij}(t) + \Delta\tau_{ij}(t) \quad (17\text{-}3)$$

$$\Delta\tau_{ij}(t) = \sum_{k=1}^m \Delta\tau_{ij}^k(t) \quad (17\text{-}4)$$

式中,$\tau_{ij}(t+n)$ 代表蚂蚁在 $(t+n)$ 时刻上遗留在路径 (i,j) 上的信息素量;$\Delta\tau_{ij}(t)$ 代表本次循环过程中路径 (i,j) 上信息素增加的量;ρ 为信息素挥发因子,其作用是减少路径上的信息量,避免其过度增加。

17.1.1.2　存在的问题及研究进展

蚁群算法优点:

① 蚁群算法能较好地解决复杂优化问题。算法具有正反馈、分布式及并行性等性质;在求解复杂优化问题时,正反馈机制,可指导蚂蚁快速找到最优解;分布式计算减少了蚁群算法出现早熟收敛的概率;并行性操作不仅可从算法自身的改进提高求解效率,还可以从执行模式角度来进行问题优化。

② 蚁群算法具有较强的鲁棒性。对蚁群算法进行稍加改进,其可以应用于不同领域。

③ 蚁群算法易于与其他算法融合。如蚁群算法与遗传算法和禁忌算法结合,可改善算法的性能,是蚁群算法优化方法中的一种。

蚁群算法也存在如下缺点：

① 对于大规模问题搜索时间长。路径条数过多,蚂蚁信息正反馈需较长时间才能发挥作用,为此,蚂蚁难在短时间内找到较优路径。

② 算法易陷入局部最优。当信息素积累至一定程度,正反馈作用过强,蚂蚁集中选择相同的路径,导致出现搜索停滞。

17.1.2 禁忌搜索算法

禁忌搜索算法(tabu search,TS)是一种元启发式(meta-heuristic)优化算法,最早于1977年由 Glover 提出。禁忌搜索算法已成功应用于组合优化、机器学习、神经网络、生产调度以及投资分析等众多领域。

禁忌搜索算法实质是邻域搜索算法的一种拓展,其基本思想是标记已搜索对象,下次选择尽量避开这些对象,通过不断扩大搜索空间获取最优解。具体步骤如下:通过邻域移动操作拓展搜索空间,选择与目标函数值接近的方向搜索,为避免迂回搜索,使用禁忌表策略禁止某些对象做候选解,该过程会出现候选解全部被禁忌的情况,这时使用"特赦准则"对禁忌对象解禁。

禁忌搜索算法采用了禁忌技术,有效保证对不同的有效搜索途径的搜索,从而跳出局部最优点,克服了局部邻域搜索易陷入局部最优的不足。禁忌搜索也有其不足之处:

① 对初始解依赖性强,较优的初始解有助于搜索快速到达最优解,而较劣的初始解将导致搜索困难或不能达到最优解。

② 搜索是串行的,进行单一状态的移动。

17.1.3 多目标优化算法

多目标优化问题(multi-objective optimization problem,MOP),是由有多个目标函数和约束条件的复杂优化模型[39],其目标是寻找解向量 $X(x_1,x_2,\cdots,x_n)^{\mathrm{T}}$,使矢量函数 $F(x)$ 最优,数学描述如下:

$$\min F(x)=[f_1(x),f_2(x),\cdots,f_U(x)],$$
$$\text{s. t.} \qquad g_j(x)=0,j=1,2,\cdots,q;$$
$$z_j(x)\leqslant 0,j=1,2,\cdots,p。$$

Pareto 算法是求解多目标优化问题的有效方法之一,相关概念有如下几个:

① Pareto 支配

设解向量 X_1,X_2 同时满足:

$$\forall u\in\{1,2,\cdots,U\},f_u(X_1)\leqslant f_u(X_2);$$
$$\exists i\in\{1,2,\cdots,U\},f_u(X_1)\leqslant f_u(X_2)。$$

则称 X_1 Pareto 支配 X_2,记为 $X_1 P X_2$。

② Pareto 最优解集

在解向量空间中,不被所有其他解支配的解,称为 Pareto 最优解,即 $P=\{\exists x\in X|\overline{\exists}x'\in X,F(x')>F(x)\}$,最优解已使各目标性能达到最优。

③ Pareto 前沿

是 Pareto 最优解集对应目标向量的图形,Pareto 前沿 $pf=\{u=F(x)|x\in P\}$。

17.2　模型求解思路及关键技术

17.2.1　基本思路

本书研究的瓦斯监测点选址问题属于典型的组合优化问题,该问题是 NP 完全问题无法在多项式算法时间内求解[40],蚁群算法作为一种智能优化方法,在求解复杂组合优化问题上与其他智能启发式算法相比具有强大的优势[41],尤其适宜于求解有约束问题[42],但其存在搜索时间长和易于陷入局部收敛的缺陷,为有效求解第四章提出的瓦斯传感器选址模型,改进单纯使用蚁群算法求解问题的结果,笔者设计了基于列减少算法、禁忌搜索和蚁群算法的三阶段混合蚁群算法,并根据问题的决策目标数目不同,划分为单目标选址模型(LSCP 选址模型、MCLP 选址模型、BACOP1 选址模型)和多目标选址模型(BACOP2 选址模型)两类问题分别求解。

具体流程为:首先,针对瓦斯传感器选址模型中含有必选瓦斯监测点的约束条件,采用精确的列减少算法对原始有效监测矩阵进行约简,将必选监测点能够覆盖的需求点进行剔除,降低问题规模;然后对约简后的有效监测矩阵运行 TS-ACA 算法(或 TS-PACA 算法),利用 ACA 算法(或 PACA 算法)进行全局寻优,用 TS 算法作为局部搜索策略,即在一组蚂蚁完成一次全局寻优后,将找到的部分局部最优解作为禁忌对象加入禁忌表,避免蚂蚁下一次寻优时重复选择候选解,为避免遗失优良状态,使用"特赦准则"释放较优解。

混合算法的具体求解流程如图 17-2 所示:

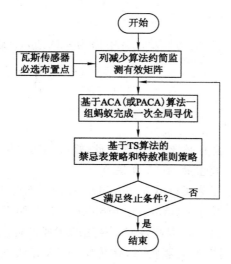

图 17-2　混合蚁群算法流程图

本次设计的全新解决方法中,列减少算法的引入有效地降低了原始数据集的规模,大幅度减少了蚁群算法的执行时间,把禁忌搜索算法作为蚁群算法的局部搜索策略,在最优解没有得到明显改善时,采用多样化操作强制算法采取新的解结构,有效地避免了蚁群算法陷入局部最优,本方法更适合于求解大规模风网子集问题。

17.2.2 求解选址模型关键技术

17.2.2.1 必选监测点约束条件的处理

在运用改进的蚁群算法对选址模型进行求解前，本研究采用列减少算法对有效监测矩阵进行约简，以降低问题规模提高求解效率，算法说明：

① 选取一个必选布置节点 v_1；

② 删除有效监测矩阵中节点 v_1 对应的行及该行中值为 1 的元素所在列；

③ 重复以上步骤，直到必选布置点集合为空。

算例说明，记关联矩阵 A 为：

	e_1	e_2	e_3	e_4	e_5
v_1	1	1	0	0	0
v_2	0	1	1	0	0
v_3	0	0	0	1	0
v_4	1	0	1	0	1

假设节点 v_2，v_3 为必选布置点。

① 选择节点 v_2，删除 v_2 对应的行及该行中值为 1 的边，即删除的是边 e_2 和 e_3。

剩下的关联矩阵为：

	e_1	e_4	e_5
v_1	1	0	0
v_3	0	1	0
v_4	1	0	1

② 选择节点 v_3，删除 v_3 对应的行及该行中值为 1 的边，即删除的是边 e_4，剩下的关联矩阵为：

	e_1	e_5
v_1	1	0
v_4	1	1

③ 此时，矩阵行中已不含有必选布置点，因此，矩阵约简完毕。

17.2.2.2 求解单目标选址模型的 ACA 算法

瓦斯传感器选址均属于子集类（subset problem）问题，而标准蚁群算法（ACA 算法）解决的旅行商问题（TSP）属于顺序类（ordering problem）问题，两类问题虽然都属于组合优化问题，但两者具有不同的求解性质，因此，ACA 算法的实现策略也不同。

针对单目标瓦斯传感器选址问题特点，在传统 ACA 算法的基础上，对包含启发信息策略、信息素策略、转移概率策略以及目标函数和约束条件等关键因素进行了一系列处理。

（1）信息素策略

与求解 TSP 问题不同，求解子集类问题的信息素留在备选监测点上，而不是留在风网分支上，因此信息素变量由二维向量 τ_{ij} 变为一维 τ_i。

① 信息素更新规则，为适于解决较大规模风网子集问题，采取了自适应信息素更新策

略,每次迭代对目标函数较优的蚂蚁选择的节点留下较多的信息素,信息素更新规则定义如下:

$$\tau_j(t+1) = (1-\rho)\tau_j(t) + \sum_{k=1}^{m} \Delta\tau_j^k(t,t+1) \tag{17-5}$$

$$\Delta\tau_j^k(t,t+1) = \begin{cases} Q/f_k, & j \in \pi_k \\ 0, & \text{otherwise} \end{cases} \tag{17-6}$$

ρ 是信息素挥发系数,式(17-5)表示 $t+1$ 时刻备选监测节点 j 上的信息素量等于该节点上未挥发的信息素加上 $t \sim t+1$ 时刻之间蚂蚁经过该节点时新累积上的去的信息素之和;式(17-6)表示第 k 只蚂蚁在备选监测点 j 上留下的信息素,Q 为一个参数,f_k 是目标函数值,即第 k 只蚂蚁构造的解 π_k 的质量。

②　信息素的控制[43],为避免算法过早停滞,规定信息素取值在 $[\tau_{\min}, \tau_{\max}]$ 范围,当 $\tau \geqslant \tau_{\max}$ 时按公式(17-7)更新,当 $\tau < \tau_{\min}$ 时,按公式(17-8)更新。

$$\tau_j^k = (1-\rho)^{1+\varphi(m)} \cdot \tau_j^k + \Delta\tau_j^k \tag{17-7}$$

$$\tau_j^k = (1-\rho)^{1-\varphi(m)} \cdot \tau_j^k + \Delta\tau_j^k \tag{17-8}$$

（2）动态启发信息策略

与求解 TSP 问题相比,蚂蚁在构建解的第 $j+1$ 步时要选择的瓦斯监测点 i_p 与 t 时刻蚂蚁 k 已经构建的部分监测点集合 $PartJ_k(t)$ 中的所有元素都有关系[44],因此设计动态启发信息 η_j:

$$\eta_j = \omega_j e_j \tag{17-9}$$

式中,ω_j 为该节点的权重系数;e_j 表示将备选监测节点 j（有效监测矩阵的第 j 列）添加到当前部分解时额外覆盖的矩阵列数,即额外覆盖了多少个风网节点。

（3）概率转移策略

采用了自适应选择和动态调整相结合的概率转移策略,由于信息素只分配到节点上,因此蚂蚁 k 在 t 时刻选择下一个备选节点 j 的概率选择公式为:

$$p_j^k(t) = \begin{cases} \dfrac{[\tau_j(t)]^\alpha \cdot [\eta_j(PartS_k(t))]^\beta}{\sum\limits_{j \in \text{allowed}_k} \{[\tau_j(t)]^\alpha \cdot [\eta_j(PartS_k(t))]^\beta\}} & j \in \text{allowed}_k, \quad q > q_{0k} \\ \text{argmax}\{[\tau(i,j)][\eta(i,j)]^\beta\} & \text{若 } q \leqslant q_0 \end{cases}$$

$$\tag{17-10}$$

式中,$allowed_k = \{C' - Tabuk1\}$ 表示当前未被该只蚂蚁访问过的所有备选监测点集合;$\tau_j(t)$ 表示 t 时刻备选监测点 j 上的信息素浓度;$\eta_j(PartS_k(t))$ 为启发信息函数,反映蚂蚁 k 选择备选监测点 j 的期望程度,其取值与蚂蚁 k 已构造的当前部分解 $PartS_k(t)$ 有关。$\alpha(\alpha \geqslant 0)$ 为信息启发式因子,表示备选监测点积累的信息素对蚂蚁选择运动方向的重要性;$\beta(\beta \geqslant 0)$ 为期望启发式因子,表示启发式信息对备选监测点选择的影响程度,其中,q 为在一个区间 $[0,1]$ 内的随机数,q_0 是一个参数（$0 < q_0 < 1$）。

（4）蚂蚁数量设置

在文献[19]研究基础上,提出蚂蚁数量设置为约简后的有效监测矩阵中备选监测点数目的 2/3。

17.2.2.3 求解多目标选址模型的 Pareto 蚁群算法(PACA)

Pareto 蚁群算法的核心思想是用信息素加权和 $\sum\limits_{K=1}^{K} p_k \tau_i^k$ 代替单目标蚁群算法中的单一信息素向量 τ_i,其中,$0 \leqslant p_k \leqslant 1$,$\sum\limits_{k=1}^{k} p_k = 1$,$\tau_i^k$ 对应着 k 个目标有 k 个信息素,p_k 的随机性使信息素向量 τ_i^k 在寻优过程中概率相同,确保了信息素所代表的目标之间的地位相同。寻优过程中,针对各个目标分别进行信息素局部更新和全局更新,使蚂蚁朝着各个目标各自的最优方向优化,每一次迭代得到的非劣解保存到 Pareto 最优解集中,从而使算法尽可能达到各目标同时最优[45]。

混合 PACA 算法在构建 BACOP2 选址模型最优解的过程与混合 ACA 算法求解单目标选址模型相似,主要不同之处在于 PACA 算法的实现策略上,包含转移概率策略、启发信息策略、信息素策略和信息素挥发因子策略等。

(1) 转移概率策略(PACA)

与 ACA 算法相比,PACA 算法的采用信息素及启发信息加权和代替单一的信息素和启发信息。因此,蚂蚁 k 在 t 时刻选择节点 j 的概率调整为:

$$p_j^k(t) = \begin{cases} \dfrac{[p_1 \tau_j^1(t) + p_2 \tau_j^2(t)]^\alpha \cdot [p_1 \eta_j^1(P_k(t)) + p_2 \eta_j^2(P_k(t))]^\beta}{\sum\limits_{j \in A_k} [p_1 \tau_j^1(t) + p_2 \tau_j^2(t)]^\alpha \cdot [p_1 \eta_j^1(P_k(t)) + p_2 \eta_j^2(P_k(t))]^\beta}, & j \in A_k \\ 0, & \text{otherwise} \end{cases}$$

$$(17\text{-}11)$$

式中:$\tau_j^1(t)$,$\tau_j^2(t)$ 和 $\eta_j^1(P_k(t))$,$\eta_j^2(P_k(t))$ 分别为 t 时刻节点 j 上对应目标函数 f_1、目标函数 f_2 的信息素和启发信息;α 和 β 分别是反映信息素和启发信息重要程度的启发因子;节点集合 $P_k(t)$ 表示蚂蚁 k 在选择节点 j 之前已经构造的部分解,将备选监测点集合 J 中剩下的还可以被选择加入到部分解的节点集合表示为 A_k,则有 $A_k = J - P_k(t)$。由于启发信息依赖于 t 时刻蚂蚁 k 已构建的部分解,因此,启发信息 η_j^1,η_j^2 均是 $P_k(t)$ 的函数。由式(17-11)可以看出,蚂蚁 k 在 t 时刻选择节点 j 的概率与 t 时刻该节点上的信息素量和启发信息均相关。

(2) 动态启发信息策略

为有助于引导蚂蚁找到更好的解,对经济性目标和可靠性目标分别设计了不同的动态启发信息 η_j^1 和 η_j^2:

$$\eta_j^1 = e_j \tag{17-12}$$

$$\eta_j^2 = \varepsilon_j \tag{17-13}$$

式中,e_j 表示将备选节点 j(瓦斯监测覆盖矩阵 $\boldsymbol{C}$ 第 j 列)添加到当前部分解时额外覆盖的矩阵行数,即额外覆盖了多少个风网节点;ε_j 表示将备选节点 j 添加到当前部分解时矩阵行数被覆盖 2 次的个数,即部分解集 $P_k(t)$ 中可被 2 个传感器同时监测的节点个数。

(3) 信息素更新策略

① 局部信息素更新

当蚂蚁 k 完成一次搜索时,进行信息素强度的局部更新,如果备选节点 j 是蚂蚁 k 所选择的监测点之一,则按式(17-14)更新信息素强度:

$$\tau_j^k = (1-\rho_0) \cdot \tau_j^k + \rho_0 \Delta\tau_j^k \tag{17-14}$$

式中,ρ_0 为局部信息素挥发系数,则 $1-\rho_0$ 表示局部信息素残留因子,为防止信息的无限积累,ρ_0 的取值范围为:$\rho_0 \subset [0,1)$;$\Delta\tau_j^k$ 表示此次循环节点 j 上的信息素增量,其依据式(17-15)、式(17-16)进行调整:

$$\Delta\tau_j^1 = L_1 / f_1(k) \tag{17-15}$$

$$\Delta\tau_j^2 = L_2 / f_2(k) \tag{17-16}$$

式中,L_1, L_2 为常数;$f_1(k), f_2(k)$ 分别为第 k 只蚂蚁选择的监测点集合按式(17-12)所得的目标函数值。

② 全局信息素更新

当 m 只蚂蚁均完成一次搜索时,对当前最优方案中的节点按式(17-17)进行全局信息素更新:

$$\tau_j^k = (1-\rho_1) \cdot \tau_j^k + \rho_1 \cdot \Delta\tau_j^k \tag{17-17}$$

式中,ρ_1 为全局信息素挥发系数,取值范围为:$\rho_1 \subset [0,1)$;$\Delta\tau_j^k$ 依据式(17-18)、式(17-19)进行选取:

$$\Delta\tau_j^1 = G_1 / \min(f_1) \tag{17-18}$$

$$\Delta\tau_j^2 = G_2 / \max(f_2) \tag{17-19}$$

式中:G_1, G_2 为常数;$\min(f_1), \max(f_2)$ 分别为当前 Pareto 前沿中目标函数 f_1、目标函数 f_2 的最优值。

对不属于最优方案中的备选节点,按式(17-20)进行全局信息素更新:

$$\tau_j^k = (1-\rho_1) \cdot \tau_j^k \tag{17-20}$$

17.2.2.4　信息素挥发因子的设计

为确保能够得到全局非支配解情况下兼顾收敛速度,对局部信息素挥发因子 ρ_0 和全局信息素挥发因子 ρ_1 进行分别处理:① 对于 ρ_0 设置一个较小的数值,确保算法的全局搜索能力;② ρ_1 的取值对算法的性能有较大影响,这是由于式(17-20)中,对于未被选中的传感器监测点进行信息素全局更新时只有挥发的部分而没有增加的部分,同时文献[38]指出当信息素差距达到一定程度时,算法会出现一定程度的搜索停滞。为此,选择自适应改变 ρ_1 的值,ρ_1 的初始值 $\rho_1(t_0)=1$,当算法求得的最优值在 N 次循环内没有明显改进时,ρ_1 减小为

$$\rho_1(t) = \begin{cases} 0.95\rho_1(t-1), & 0.95\rho_1(t-1) \geqslant \rho_{1\min} \\ \rho_{1\min}, & 其他 \end{cases} \tag{17-21}$$

$\rho_{1\min}$ 为 ρ_1 的最小值,防止 ρ_1 过小降低算法的收敛速度。

17.2.2.5　基于禁忌搜索的 ACA 算法

蚁群算法存在易于陷入局部最优的缺陷,为有效解决该问题,将禁忌搜索算法作为蚁群算法的局部搜索策略,在最优解没有得到明显改善时,采用多样化操作强制算法采取新的解

结构,从而避免蚁群算法陷入局部最优。

(1) 禁忌表策略

在禁忌搜索框架下,多样性的加强是通过一些移动的暂时禁止获得的[46]。对于求解监测点子集问题,把蚂蚁完成一次备选监测点子集的构造称为一次移动,其构造的最优解称为禁忌对象,置禁忌表的禁忌任期为 L,保证后续 L 次循环中,具有相同结构的备选监测点子集不再作为候选解,每经过一次循环,禁忌任期减 1,当禁忌任期值变为 0 时,禁忌对象被解禁。

对于禁忌表长度 L 的设置,当某些备选监测点子集频繁重复出现时,应增加禁忌表长度。

(2) 特赦准则策略

在蚂蚁构造最优监测点子集过程中,由于采用了禁忌表策略,有可能导致备选监测点全部被禁忌,或者存在优于其他非禁忌备选监测点的特殊禁忌监测点,此时,可采用特赦准则策略解决上述问题,即禁忌对象如果满足"best so far"原则,则可以无视其禁忌属性而仍采纳其为当前选择,以避免优良状态的遗失。

17.3　混合 ACA 算法求解单目标选址模型

17.3.1　混合 ACA 算法求解单目标选址模型过程描述

本研究提出的混合 ACA 算法求解单目标选址模型时是在列减少算法约减问题规模的基础上,运用 TS-ACA 算法对选址模型进行求解,其具体实现过程包括:

(1) 步骤一

针对需求点与备选监测点之间的关系建立有效监测矩阵 C,矩阵的行表示备选监测点,矩阵的列表示监测对象。同时赋值所有的备选监测点的信息素 τ_i,设 $\tau_i(0) = C_0$(C_0 为常数),本实验中,设 $\tau_i(0) = 1$。

(2) 步骤二

针对有效监测矩阵 C,利用列减少算法对矩阵 C 进行约简,具体实现过程为:

① 首先找出矩阵中瓦斯监测必选布置点 E_i,删去有效监测矩阵中 E_i 对应的行及行中值为 1 的元素所在的列;

② 重复步骤①直至矩阵 C 中不包含必选监测点 E_i。

通过上述步骤,即可实现去掉必选布置点覆盖的需求节点,缩减原始二维关系矩阵的规模的目的。约简后的有效监测矩阵记为 C'。

(3) 步骤三

设置蚂蚁的数目为对应有效监测矩阵约简后的备选监测点个数的 2/3;初始化蚂蚁的当前解集和禁忌表 Taubk1。

(4) 步骤四

根据上述规则对有效监测矩阵初始化后,将 m 只蚂蚁随机分布在约简后的有效监测矩阵中的备选监测点上,同时将这个初始节点放在所在蚂蚁的解集中。

(5) 步骤五

每只蚂蚁依据概率转移准则选择备选监测点,蚂蚁选择的备选监测点子集直至满足约束条件时停止该次搜索。

（6）步骤六

比较所有蚂蚁所寻找出的备选监测点子集,选择最优的备选监测点子集。

（7）步骤七

重点增强本次迭代最优备选监测点子集信息素,增大该节点被选中的概率。

（8）步骤八

将本次迭代最优备选监测点子集加入禁忌表 Taubk2 中,并赋予一定的禁忌任期 T,每经过上述步骤三至步骤七的一次循环,禁忌任期的值将减 1,当禁忌任期为 0 时,该最优子集就从禁忌表中删除并被解禁。

（9）步骤九

重复执行步骤三至步骤八,当蚂蚁的候选监测点集中没有可选非禁忌节点或者存在某个特殊的禁忌点比其他非禁忌点的更高效的优化性能,则执行特赦准则释放该禁忌点。

（10）步骤十

重复执行步骤三至步骤九,当迭代次数满足条件要求时,算法停止。最后一轮循环得到的备选监测点子集,加上必选监测点集合 E,即为所求目标解。

17.3.2　混合 ACA 算法求解 LSCP 选址模型

17.3.2.1　约束条件的处理

混合蚁群算法中求解 LSCP 选址模型最小全覆盖子集的过程中,有 2 个约束条件:

① 每次迭代中,每只蚂蚁对每个备选监测点最多只能访问一次,该过程可通过 ACA 算法中的禁忌表 Taubk1 来实现。

② 构造出的解必须覆盖所有行,即最后得到的瓦斯监测点子集必须覆盖所有的需求点,该约束可作为蚂蚁构造解的过程是否结束的标志。

17.3.2.2　算法流程设计

依据 17.3.1 节混合 ACA 算法求解单目标选址模型的步骤,结合 LSCP 选址模型的特点,得混合 ACA 算法求解 LSCP 选址模型的算法设计流程,见图 17-3。

图 17-3 说明:

① 第 6 框中,初始最优方案只是起到一个数值比较的作用,也可以用一个较大的正数代替,其取值对 TSACA 的搜索过程没有影响。

② 第 10 框中的禁忌表 Taubk1 与第 26 框中的禁忌表 Taubk2 实质作用相同,均是限制蚂蚁 k 搜索节点的范围,但二者出现的位置和元素更新机制不同:Taubk1 是蚂蚁 k 在构建满足约束条件过程中,为避免蚂蚁在构造可行解时,重复访问节点而设置的。Taubk1(t) = PartS$k(t)$ 与其相对的候选解集 allowed$k$ = S - PartS$k(t)$。而 Taubk2 是为避免 ACA 算法局限于局部最优,而将蚂蚁已经访问过的获取的最优解进行限制访问,为增强解的多样性而设置的禁忌表。

③ 第 11 框中,搜索终止条件是指蚂蚁搜索到的节点子集能够覆盖所有需求点。

④ 第 20 框中,定义的搜索终止条件一般由"达到最大循环次数"和"已经找到最优解"两个条件确定,两个条件中任意一个满足即可认为满足结束条件。其中"已经找到最优解"

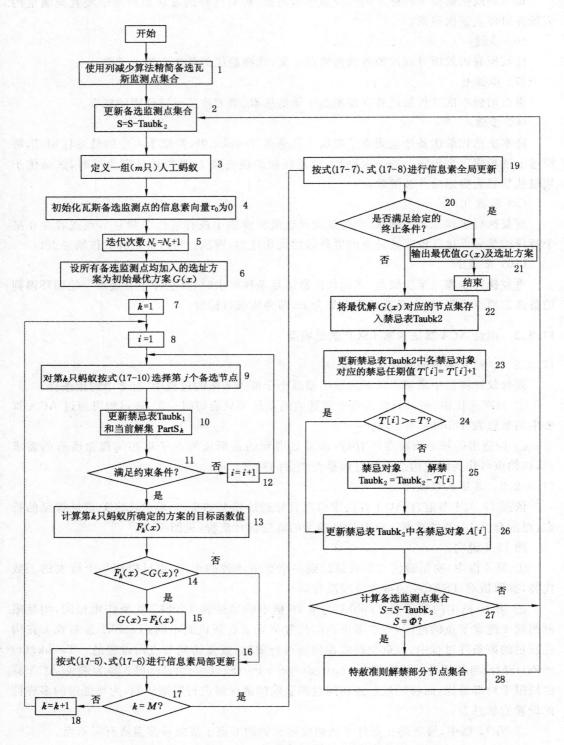

图 17-3　混合 ACA 算法求解 LSCP 选址模型的算法流程图

是指经过指定搜索次数后当前的最优方案仍未被更新。

17.3.3　混合 ACA 算法求解 MCLP 选址模型

求解 MCLP 问题的 TSACA 算法与求解 LSCP 问题的 TSACA 算法相比,主要在构造可行解的结束条件上存在不同:为 MCLP 选址模型构造的最优解是覆盖需求点指标最大的指定数目的瓦斯传感器,其构造的可行解具有固定的循环次数。因此,若增设瓦斯传感器的数目为 P'_j,则第 11 框中的内容应更改为:"$i \geqslant P'_j$",第 19 框目标函数值计算更改为式(14-9),其他内容的处理方式均相同。

17.3.4　混合 ACA 算法求解 BACOP1 选址模型

求解 BACOP1 问题的 TSACA 算法是求解 LSCP 问题的 TSACA 算法的一个特例。在采用 TSACA 算法求解 LSCP 问题时,若最优解集中蚂蚁 k 与蚂蚁 i 获取的解的长度相同,则计算解的覆盖域,其覆盖需求点两次个数多的解,即为 BACOP1 选址模型的最优解。

因此,第 14 框中的内容应更改为:$F_k(x) <= G(x)$,当 $F_k(x) = G(x)$ 时,则依据约束式 $\sum_{j=N_i} c_{ij}x_j - y_i \geqslant 1$ 计算 x_j 的值,取解中 x_j 的个数较多的解为最优解;其次,第 13 框目标函数值计算更改为式(17-15)。

17.4　混合 PACA 算法求解多目标选址模型

求解多目标选址模型的混合 PACA 算法中,采用基于多信息素权重与多启发信息权重的选择策略和 PACA 算法全局信息素更新与 TS 算法局部信息素更新相结合的方法,逐步构造问题的非支配解;在全局信息素更新时采用两个最优解进行更新;对全局和局部信息素挥发因子分别进行限制性处理,在确保能够得到全局非支配解情况下兼顾了收敛速度,算法具体实现流程如图 17-4 所示。

说明:

(1)第 8 框中,搜索终止条件是指构造出的解必须覆盖所有行,同时保证有效监测矩阵中的每行至少被两列覆盖,即最后得到的瓦斯监测点集合必须覆盖所有风网节点,并使被二次覆盖的需求点个数最多。

(2)第 16 框中,各个目标的禁忌表 Taubk2 的更新过程与图 17-3 中第 22 框—第 28 框中更新过程一致,此处不再赘述。

(3)第 11 框中,与单目标求解的结果不同,多目标的求解结果是一个最优解集合,决策者可从该最优解集合中选择一个最终的瓦斯监测点作为部署方案。

(4)第 17 框中,定义的搜索终止条件是"达到最大循环次数",即当循环次数达到最大次数时,结束寻优过程,因此,设置合理的 N_{max} 值是保证求解质量和求解效率的一个重要因素。

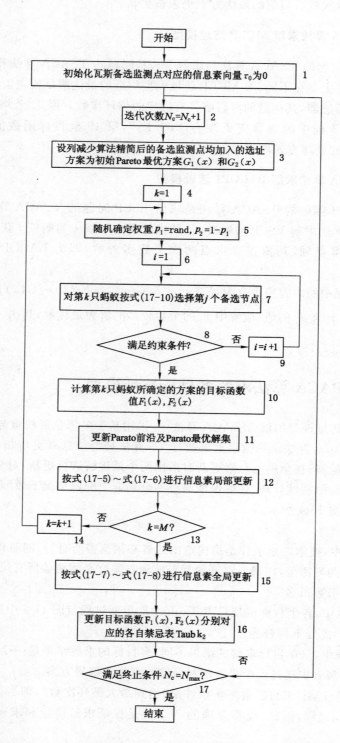

图 17-4　混合 PACA 算法求解 BACOP2 选址模型的算法流程图

17.5　算法求解效果分析

17.5.1　混合 ACA 算法求解单目标选址模型的性能比较

以文献[19]中监测有效级为 400 s 的节点有效监测矩阵(见表 17-1)的 BACOP1 选址模型求解为例,对比混合 ACA 算法、基本 ACA 算法和分枝定界法对模型的求解效果,鉴于分枝定界法属精确型算法,求解质量可反映混合 ACA 算法的求解结果与理想解的接近程度,进而可验证混合 ACA 算法的可行性和有效性。图 17-5 给出了不同参数组合下运用混合 ACA 求解 BACOP1 模型的 10 次随机运算结果的比较。图 17-6 给出了不同参数组合下运用组合 ACA 求解 BACOP1 模型与运用基本 ACA 算法、分枝定界法求解 BACOP1 模型的最优解比较。

表 17-1　　　　　　　　　　　　　监测覆盖矩阵(C_{400s})

节点	1	2	3	4	5	6	7	8	9	10	11	12	13	14	15	16	18	20	22	23	25	23	26	27	29	30	31	32	33	34
1	1	1	1	1	0	0	0	0	0	0	0	0	0	0	0	1	1	1	0	0	0	0	0	0	0	0	0	0	0	0
2	0	1	1	1	0	0	0	0	0	0	0	0	0	0	0	1	0	1	0	0	0	0	0	0	0	0	0	0	0	0
3	0	0	1	1	1	0	0	0	0	0	0	0	0	0	0	0	1	0	0	0	0	0	0	0	0	0	0	0	0	0
4	0	0	0	1	1	1	1	0	0	0	0	0	0	0	0	0	0	0	0	0	0	0	0	0	0	0	0	0	0	0
5	0	0	0	0	1	1	1	1	0	0	0	0	0	0	0	1	0	0	0	0	0	0	0	0	0	0	0	0	0	0
6	0	0	0	0	0	1	1	1	1	1	0	1	0	0	0	0	1	0	0	0	0	0	0	0	0	0	0	0	0	1
7	0	0	0	0	0	0	1	1	1	1	0	1	0	0	0	1	0	0	0	0	0	0	0	0	0	0	0	0	0	1
8	0	0	0	0	0	0	0	1	1	1	1	0	0	0	0	0	0	0	0	0	0	0	0	0	0	0	0	0	0	0
9	0	0	0	0	0	0	0	0	1	1	1	1	0	0	0	0	0	0	0	0	0	0	0	0	0	0	0	0	0	0
10	0	0	0	0	0	0	0	0	0	1	1	1	0	0	0	0	0	0	0	1	1	0	0	0	0	0	0	0	0	0
11	0	0	0	0	0	0	0	0	0	0	1	0	0	0	0	0	0	0	1	1	1	1	0	0	0	0	0	0	0	0
12	0	0	0	0	0	0	0	0	0	0	0	1	1	1	0	0	0	0	0	0	0	0	0	0	0	0	0	0	0	0
13	0	0	0	0	0	0	0	0	0	0	0	1	1	1	0	0	0	0	0	0	0	0	0	0	0	0	0	0	0	0
14	0	0	0	0	0	0	0	0	0	0	0	0	1	0	1	1	0	0	0	0	0	0	0	0	0	0	0	0	0	0
15	0	0	0	0	0	0	0	0	0	0	0	0	0	0	1	1	1	1	1	1	0	1	1	0	0	0	0	0	0	0
16	0	0	0	0	0	0	0	0	0	0	0	0	0	0	0	1	1	1	1	1	0	1	0	0	0	0	0	0	0	0
18	0	0	0	0	0	0	0	0	0	0	0	0	0	0	0	0	1	1	0	0	0	0	1	1	0	0	0	0	0	0
20	0	0	0	0	0	0	0	0	0	0	0	0	0	0	0	0	0	1	1	0	0	1	0	0	0	0	0	0	0	0
22	0	0	0	0	0	0	0	0	0	0	0	0	0	0	0	0	0	0	1	0	0	1	1	1	1	0	0	0	0	0
23	0	0	0	0	0	0	0	0	0	0	0	0	0	0	0	0	0	0	1	1	1	0	1	0	0	0	0	0	0	0
25	0	0	0	0	0	0	0	0	0	0	0	0	0	0	0	0	0	0	0	0	1	0	0	1	1	1	1	0	0	0
26	0	0	0	0	0	0	0	0	0	0	0	0	0	0	0	0	0	0	0	0	0	0	1	1	1	1	1	0	0	0
27	0	0	0	0	0	0	0	0	0	0	0	0	0	0	0	0	0	0	0	0	0	0	0	1	1	1	1	0	0	0
29	0	0	0	0	0	0	0	0	0	0	0	0	0	0	0	0	0	0	0	0	0	0	0	0	1	1	1	1	0	0

基于多传感器及多元监测数据的瓦斯预警理论与方法研究

续表 17-1

节点	1	2	3	4	5	6	7	8	9	10	11	12	13	14	15	16	18	20	22	23	25	23	26	27	29	30	31	32	33	34
30	0	0	0	0	0	0	0	0	0	0	0	0	0	0	0	0	0	0	0	0	0	0	0	0	0	1	1	1	0	0
31	0	0	0	0	0	0	0	0	0	0	0	0	0	0	0	0	0	0	0	0	0	0	0	0	0	0	1	1	0	0
32	0	0	0	0	0	0	0	0	0	0	0	0	0	0	0	0	0	0	0	0	0	0	0	0	0	0	0	1	0	0
33	0	0	0	0	0	0	0	0	0	1	1	1	0	0	0	0	0	0	0	0	0	0	0	0	0	0	0	0	1	0
34	0	0	0	0	0	0	0	1	1	1	1	0	0	0	0	0	0	0	0	0	0	0	0	0	0	0	0	0	0	1

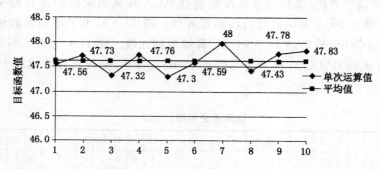

图 17-5　BACOP1 模型 10 次随机运算结果的比较

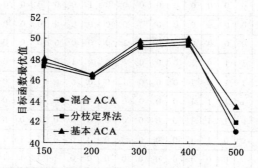

图 17-6　混合 ACA 求解最优值结果与分枝定界法求解结果的比较

由图 17-5、图 17-6 可以看出：

① 混合 ACA 的 10 次随机运算结果在平均值上下的浮动范围为 +0.007% ～ -0.006%,说明该算法具有较好的稳定性。

② 在不同参数组合下,混合 ACA 算法的求解结果与分枝定界法的求解结果吻合程度较高,说明该算法的可行性和有效性。

17.5.2　混合 PACA 算法求解多目标选址模型的性能比较

以求解文献[47]中监测有效级为 400 s 的节点有效监测矩阵(见表 17-1)的 BACOP2 选址模型为例,对比了混合 PACA 与基本 PACA 算法的求解效果,图 17-7 给出了不同参数组合下运用混合 PACA 和基本 PACA 算法求解 BACOP2 模型的 10 次随机运算迭代的比较。

· 338 ·

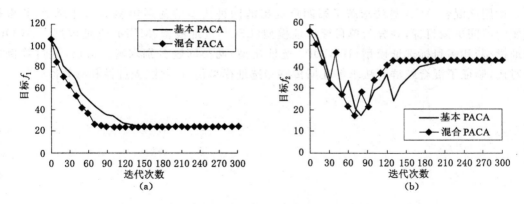

图 17-7　混合 PACA 与基本 PACA 算法最佳实验结果对比

（a）目标函数 f_1 最优值变化曲线；（b）目标函数 f_2 最优值变化曲线

　　由图 17-7 可知，改进后的算法均能在循环 100 代以内获得最优解，而采用基本 PACA 最好情况需循环 150 代左右才能获得最优解，这主要是由于改进算法对 f_1 和 f_2 两个目标的分别设计了启发信息函数，提高了 PACA 算法对全局最优解的搜索效率。图 17-8 为两种算法求解的 Pareto 前沿，可以看出，改进后的算法求解的 Pareto 前沿明显比基本 PACA 算法的前沿好，并且较优解分布较均匀，这主要是由于混合 PACA 算法中采用了 TS 算法来增强 PACA 算法的局部搜索能力，增强了解的多样性，提高了求解精度。

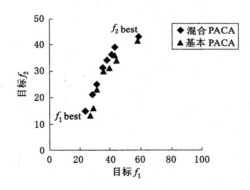

图 17-8　混合 PACA 与基本 PACA 算法 Pareto 前沿对比

17.6　本章小结

　　针对选址模型含有必选布置点的约束特征和蚁群算法易于陷入"未成熟收敛"的缺陷，设计了基于列减少算法、禁忌搜索策略和蚁群算法（或 Pareto 蚁群算法）的三阶段混合 ACA 算法，采用精确的列减少算法对原始有效监测矩阵进行约简，有效地降低了问题规模；引入禁忌搜索策略的 ACA 算法有效地避免了易收敛于局部最优解的缺陷，进一步了提高 ACA 算法的优化质量和求解效率。

　　运用该混合 ACA 算法求解了第四章提出的四种典型的瓦斯传感器选址模型,并根据问题的不同决策目标,划分为单目标选址模型(LSCP 选址模型、MCLP 选址模型、BACOP1 选址模型)和多目标选址模型(BACOP2 选址模型)两类问题分别求解。最后,通过算例求解对比,验证了混合蚁群算法求解瓦斯传感器选址模型的可行性、先进性和有效性。

第18章　瓦斯传感器优化选址决策支持系统开发与实例研究

本章在前述章节研究的基础上，开发了瓦斯传感器优化选址决策支持系统（MSDSS），研究了基于 GIS Geodatabase 几何网络模型的矿井通风地理网络建模、基于 ArcEngine 组件技术的矿井通风地理网络解算和混合蚁群算法与 GIS 模型耦合集成方法等。具体内容为：18.1 节对 GIS 支持下的瓦斯传感器选址决策系统的特征进行了探讨和分析，确定了系统总体设计框架；18.2 节在对比 GIS 网络分析数据模型和图论模型的基础上，提出了基于 Geodatabase 模型的通风地理网络的建模方法和具体实现步骤；18.3 节对混合 ACA 算法与 GIS 耦合求解选址模型进行了研究；18.4 节对书中提出的选址模型、求解算法和决策系统在矿井实例中的进行了应用研究；18.5 节对本章的内容进行了总结。

18.1　MSDSS 系统分析与设计

18.1.1　GIS 支持下的 MSSDS 系统特征分析

地理信息系统（GIS）以其所特有的地理空间信息的描述、存储、分析功能，在矿井通风系统管理中得到了广泛应用，其主要集中在实现矿井通风巷道及其附属设备设施的地理空间位置描述及基本属性信息的统一管理方面，而在空间分析功能、数据管理效率及网络拓扑关系描述等方面还存在较多不足。因此，结合 MSDSS 系统专业分析功能特点，还需进一步研究如何准确描述通风网络拓扑特征的空间数据模型及拓扑的建模方法以及如何利用 GIS 空间分析工具开发实现专业分析的方法。

（1）系统数据特征

系统具有对通风巷道连接关系的线状地物管理及通风业务数据和瓦斯监测业务数据管理的需求，尤其是能有效地表达通风巷道与瓦斯传感器之间的拓扑关系，具体表现为：① 通风巷道与传感器设备都具有明显的空间特征，特别是具有明显的线状地物的连接关系；② 侧重于对点状设施（瓦斯传感器）和其相连接的线（巷道）设施所构成的线状网络拓扑描述，准确的网络拓扑描述是专业拓扑分析功能实现的基础；③ 地理图形数据的支持，地理数据不仅是充当直观的背景数据，同时也是系统主要功能发挥所必须支撑数据。

（2）专业分析功能内涵

瓦斯传感器选址专业分析功能的实现，既需要通风系统的相关属性数据的支持（如传感器的位置、通风巷道的长度等）和通风网络解算数据（如巷道风速、巷道的风流时间等），又依赖于矿井通风网络拓扑结构的生成和 GIS 的网络拓扑分析（最短路径分析和连通性分析）。

（3）系统开发方式

由于瓦斯传感器选址具有很强的专业性，一些通用的 GIS 工具软件内部具有的基本模型无法直接使用,因此,整个系统的开发方式不宜采用 GIS 软件应用框架进行定制开发,本次研究选择 ArcEngine 组件与面向对象编程技术进行集成的二次开发方式,主要基于以下两个方面的原因:① 使用组件式开发模式不仅可以充分利用 GIS 工具软件对空间数据库的管理和分析功能,还可以利用可视化开发语言灵活、高效的编程优点,这样在提高应用系统的开发效率的同时,还可使得开发出的应用程序具有更好的可移植性和可靠性;② 运用 GIS 解决专业问题时,选择合适的地理模型至关重要,没有合适的地理模型将无法应用 GIS 的空间分析功能。2012 年 ESRI 公司推出的最新 ArcGIS10 扩展模块 Network Analyst 支持 3D 网络数据集,突破了 GIS 软件只能处理二维拓扑,无法计算三维线状要素拓扑关系的局限性,从而使三维的矿井通风网络能够正确描述,进而使得专业分析中涉及的最短路径分析和连通性分析等网络问题,运用 ArcEngine 网络分析类库进行开发成为可能。

18.1.2　系统总体设计

采用 GIS 技术和面向对象技术,以 ArcGIS10、ArcEngine10 组件包和 VB 6.0 为系统开发工具,以 File Geodatabase10 为数据库,设计开发了基于 GIS 的瓦斯传感器优化选址决策支持系统,系统的总体框架如图 18-1 所示,软件的功能模块主要包括矿井通风几何网络建模、距离矩阵计算和单目标选址模块和多目标选址等模块等。

18.2　通风地理网络建模与分析

18.2.1　GIS 网络分析数据模型

18.2.1.1　地理数据模型

地理数据模型(GeoDatabase)是 GIS 中用以对现实世界的模拟表达,地理网络数据结构有两类:网络数据集(Network Dataset)和几何网络(Geometric Network),其中,基于网络数据集的传输网络分析常用于道路、地铁等能够主观选择方向的交通网络分析;基于几何网络的效用网络分析常用于水、电、气等不能主观选择流动方向的管网的连通性分析;对矿井通风网络的分析属于效用网络分析,因此选择几何网络进行描述。

18.2.1.2　GIS 网络分析数据模型与图论模型的对比

传统的通风网络图是基于图论的数学模型表达的,其与 GIS 网络分析数据模型相比(见表 18-1),主要存在以下不足[48]:

① 边和节点的空间位置:传统通风网络只反映出节点和边的数目及二者之间的连接关系,并没有将巷道交岔点的地理位置和巷道的实际长度表达出来,脱离了空间定位上的地理意义。② 拓扑关系:通风网络图是对通风系统的抽象表示,能反映通风网络的结构和风流的方向,却不能够反映出与矿井通风系统图两者之间的拓扑关系,由此导致通风系统图更新时,通风网络图重构困难;虽然有学者[48]从维护拓扑文件的角度解决了风网图和通风系统图的自动对应关系,但并不是从底层维护两者的统一,实质仅仅是图纸形式上的统一,而不是拓扑关系的无缝链接。③ 数据结构:传统通风网络在计算机中存储时,常采用邻接矩阵和邻接表两种数据结构进行描述,当通风网络图结构复杂、节点和分支数据量大时,存在表达困难、占用存储空间多和数据冗余度高等缺陷。而 GIS 常用的地图表达数据结构"节点

一弧段"结构可以较准确地描述复杂图,可较好地解决大规模复杂通风网络在计算机中存储时存在的上述问题。

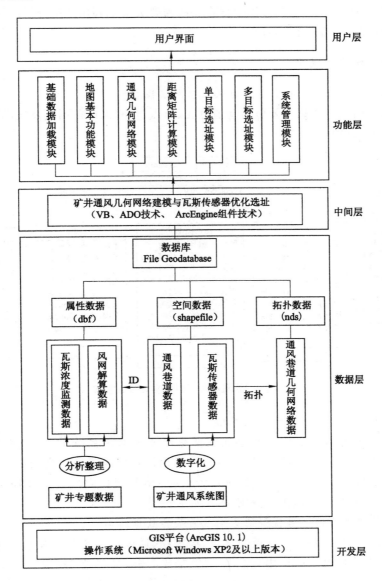

图 18-1　系统总体框架及系统实现技术流程图

表 18-1　　　　　　　　　　　　图论数学模型与 GIS 网络模型的差异

模型/差异	边和节点的空间位置	拓扑关系	图形数据	动态分段	源汇	边的权值
图论数学模型	无意义	简单	数据量适中,结构简单	无	无	单一性
GIS 网络模型	有意义	复杂	数据量大,结构复杂	有	有	多重性

　　在描述通风系统网络图时,采用 GIS 网络分析数据模型与图论的数学模型相比,其除了具备地理定位、拓扑关系的自动维护和对复杂图能够有效地描述等上述优势外,还具有对

线要素具有多重属性进行优化处理的动态分段技术、网络边权值的多重性和源汇的自动设置等功能；此外,GIS 组件 ArcEngine 提供了一系列的接口和方法来进行网络模型的自动建立和网络分析功能的实现,用户可以根据自己的需要灵活地调用网络分析函数,构建自己的算法,可有效地提高专业分析的效率。

18.2.2 通风地理网络建模

18.2.2.1 基于 Geodatabase 模型的通风几何网络模型

矿井通风几何网络数据主要包括巷道分支、节点、现有瓦斯监测点及通风设施等空间数据及其属性数据(见图 18-2)。

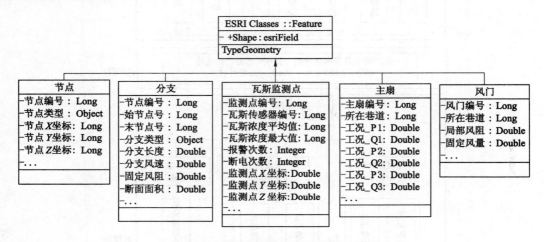

图 18-2 通风几何网络数据库要素模型

18.2.2.2 矿井通风地理网络构建技术路线

矿井通风地理网络拓扑结构的建立主要是以矿用通风系统的 CAD 图为基础,运用 ArcGIS 10.1 软件提供的数据编辑和要素拓扑规则设置完成通风网络构成要素的提取,再利用 VB 程序调用 ArcEngine 组件 IGeometricNetwork 接口完成通风几何网络模型的构建,网络拓扑结构关系的构建流程如图 18-3 所示。

18.2.2.3 矿井通风几何网络模型的基本元素及其数据结构

矿井通风几何网络由巷道、巷道交岔点、构筑物、通风动力装置和瓦斯传感器设备等组成,根据各地在网络模型中的作用与性质,将其抽象为链、节点、障碍、源和汇等要素。

① 巷道链(边):是指巷道网络中风流的流动路线,采用有向单线沿着通风巷道的中心线抽象而成。巷道链构成了通风巷道网络模型的框架,具有图形信息和属性信息两种:一种是链的结构属性,如长度、始节点和末节点等;另一种是链的属性信息,如风流速度、风流时间和固定风阻等。

② 节点:节点表示巷道的端点和巷道的交岔点。巷道的端点包括始节点和终节点,如图 18-4 中的点 1~6。由于巷道空间关系的复杂性,一个点可能既是交岔点又是巷道的端点,如点 5(e)和 6(a)既是巷道Ⅲ的端点又是和巷道Ⅰ和巷道Ⅱ的交岔点,多条巷道链通过交岔点建立连接联系;对一条巷道链,除了两端的节点以外,其内的形状控制点(如点 d)也都属于节点;此外,巷道内的瓦斯传感器设备在网络中也抽象为节点(如点 c)。

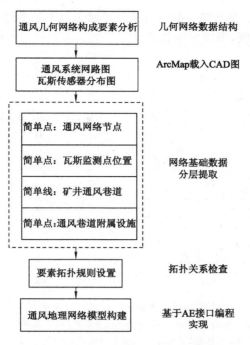

图 18-3　矿井通风地理网络构建流程图

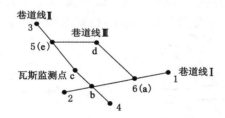

图 18-4　通风巷道几何网络拓扑关系

③ 障碍:障碍是指巷道链上禁止风流流动的节点,如调节风门、永久风墙等;是唯一不表示任何属性的元素,不存储在逻辑网络中,但能够被网络分析程序识别。

④ 源汇:在效用网络中,源、汇被用于确定风流方向,任何交汇点要素类可以作为一个源或作为一个汇。源是风流开始的交汇点,比如通风入口;汇是风流终点,如风流出口。

18.2.2.4　通风地理网络构成要素分层提取与拓扑规则

通风巷道几何网络建模主要包括三类要素:瓦斯传感器、巷道交岔口和通风巷道,通常矿井中的瓦斯传感器和巷道交岔口被抽象为点要素,通风巷道可抽象为面要素也可抽象为线要素,当抽象为面要素时,在大比例尺显示的情况下,可以真实地表达出巷道的实际形状和尺寸,但该方法却存在不能表达通风网络拓扑结构的缺陷;为此,在本研究中通风巷道采取基于弧段—节点数据模型的线状要素进行表达。

在对通风巷道矢量化前,需明确瓦斯传感器、巷道交岔口和通风巷道三者之间的空间位置关系,对于巷道与巷道之间,如果两条巷道的中心线位于同一个平面内且不平行,那么两条巷道延线必然相交,则存在交岔口,表达方式如图 18-5 所示,将巷道 AB 与巷道 CD 交岔

口要素 E 表达成几何点。交岔口一般由两条或者两条以上的巷道相交所形成,经过几何表达之后,交岔口将巷道打断,形成多条巷道段。

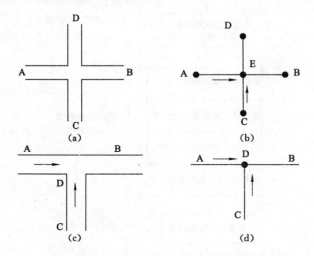

图 18-5　巷道交汇处的几何表达

(a) 巷道 AB 与巷道 CD 交汇;(b) 要素 AB 与要素 CD 在几何点 E 处相互切割

(c) 巷道 AB 与巷道 CD 交汇;(d) 要素 AB 与要素 CD 在几何 D 处交汇

　　如果两条巷道的中心线位于不同的平面内即异面(例巷道风桥),则不存在交岔口,表达方式见图 18-6(b);巷道 AB 与巷道 CD 不相交,位置 E 处不再表达为几何点。

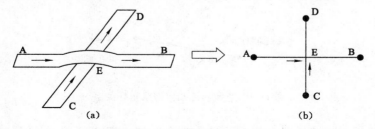

图 18-6　巷道异面的几何表达

(a) 巷道 AB 在 E 点跨越巷道 CD;(b) 要素 AB 与要素 CD 不相交

　　对于通风巷道中的瓦斯传感器所在位置点则抽象为几何点进行表达,见图 18-7。

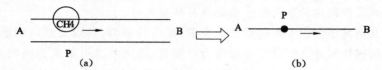

图 18-7　巷道中瓦斯传感器的几何表达

(a) 巷道 AB 中 P 处有瓦斯传感器;(b) 要素 AB 中 P 点抽象为点要素

18.2.2.5　拓扑规则设置

　　对空间数据的拓扑关系规则进行设定是非常重要的一个环节,拓扑关系的正确建立是进行复杂拓扑分析得以实施的基础。根据实际需要,对通风巷道、瓦斯监测点、交岔口和巷道网层等基本要素类之间的拓扑关系进行约束。

① 巷道线层与瓦斯监测点层：瓦斯监测点需满足被巷道线覆盖（must be covered by line）原则；

② 巷道线层与交岔口层：巷道线层的巷道线端点定义端点必覆盖（endpoint must be covered by）的规则；

③ 通风巷道线层与巷道网层：必须被其他要素类要素覆盖（must be covered by feature class of）的原则。

18.2.2.6　矿井通风地理网络模型实现[49]

以 ESRI. ArcGIS. NetworkAnalysis 类库为基础，设置通风网络名称、类型（简单网络、复杂网络）、构建网络要素类的选择和捕捉容差等。EsriWorkOperation 是网络模型操作类，用于设置网络的源、汇和权重等。EsriWorkRule 是网络模型规则类，用于设置通风网络要素间的连接规则，EsriWorkAnalysis 是网络模型分析类，用于实现通风网络的空间分析功能；通风地理网络构建技术步骤见图 18-8 所示，通风网络构建的实现框架见图 18-9，最终生成的矿井通风地理网络见图 18-10。

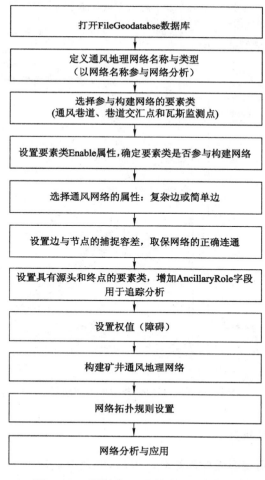

图 18-8　通风地理网络构建技术流程图

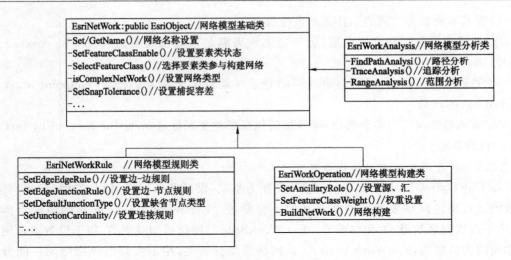

图 18-9　通风地理网络实现框架图

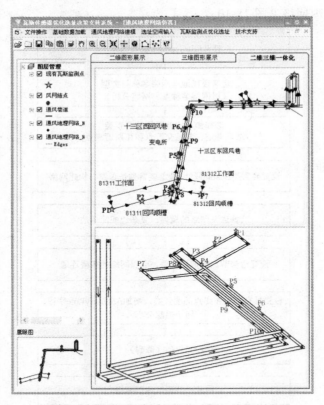

图 18-10　北茹矿井通风地理网络

18.2.3　通风地理网络分析

距离矩阵计算模块负责有效监测矩阵的求解,涉及节点间的连通性分析和最短路径分析等问题,ArcGIS 软件平台对于求解该类问题的传统算法,如广度优先算法、Dijkstra 算法和 Floyd 算法等进行了底层封装,只需利用网络分析类库 ESRI. ArcGIS. NetworkAnalysis 中提供的一系列接口和方法即可进行需求开发;功能实现涉及的主要接口有 ITraceFlow-SolverGEN、INetSolver、INetWork 等,主要方法有 FindPath、FindSource、FindFlowEn-dElements、FindFlowElements、GetAdjacentEdge 等。

求解监测时间矩阵的具体思路是:以通风几何网络中节点类型为"瓦斯监测点"和"风网节点"为起节点,向下游遍历搜寻与该起节点相连通的所有"瓦斯传感器备选布置点",然后,再以该起节点为根节点,依次计算根节点与各子节点之间的最短风流时间,并将该最短时间存入数据表中;循环结束的标志是瓦斯备选监测点集合为空。

涉及的关键问题:节点的追踪分析、节点类型的筛选和节点间的最短风流路径。

(1) 节点的追踪分析

① 确定起节点:搜索通风地理网络中点类型为"瓦斯监测点"和"风网节点"的节点存入点要素集 Ms_Points。

② 搜索下游指定类型节点:由起节点出发,沿着风流方向遍历搜索类型为"瓦斯传感器布置点"和"风网节点"的节点;该过程中运用 ITraceFlowSolverGEN 接口中的 FindFlow-Elements()方法实现追踪分析,运用 IQueryFilter 接口中的 WhereClause 属性实现节点类型的筛选。

③ 存储下游节点:将搜索到的符合要求的节点存储到连通要素集 Lt 中,节点的属性信息编号存储到追踪分析表 M_table 中,该表即为监测时间矩阵的数据源。该过程中运用到 IEnumNetEID 接口中的 Add()方法和 QueryIDs()方法。

④ 重复上述步骤,至所有指定类型的节点搜索完毕。

(2) 最短路径分析

① 设置网络旗:起节点和连通要素集 Lt 中的某个点要素所处位置设置网络旗,分别作为搜索路径的起点和终点。

② 搜索临近边:搜索与起始点相连接的节点和边线并存入边旗数组,同时设置边线权值为风流时间,为时间最短路径提供相关参数。

③ 最短路径搜索:搜索与起始点相连接的节点和边线,并设置边线的权值为风流时间,调用 ITraceFlowSolver 中的 FindPath()方法寻找风流时间最短的风流路径,并将最短风流时间存入追踪分析表 M_table 中。

④ 重复上述步骤,至所有指定类型的节点搜索完毕。

最后,逐一将点要素集 Ms_Points 中的瓦斯备选监测点作为节点,重复上述(1)(2)步骤,即可将获得全部节点间的最短监测时间表 M_table,以该表为数据源即可构建瓦斯监测时间矩阵。该过程的实现流程如图 18-11 所示。图 18-12 为距离矩阵计算模块的运行结果,图 18-13 为监测有效级为 400 s 时,求解得到的有效监测矩阵。

通过对通风地理网络的有效建模和分析,求解得到节点或分支的有效监测矩阵,是后续运用混合蚁群算法进行瓦斯传感器优化选址的数据基础。

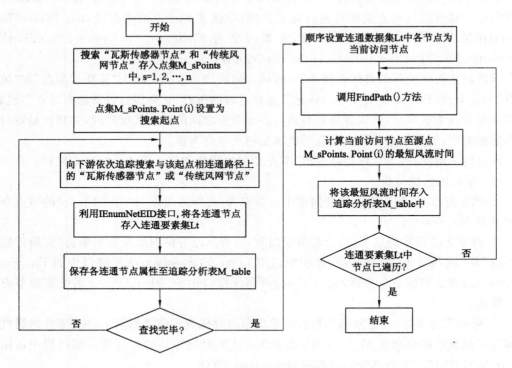

图 18-11　节点监测矩阵实现流程图

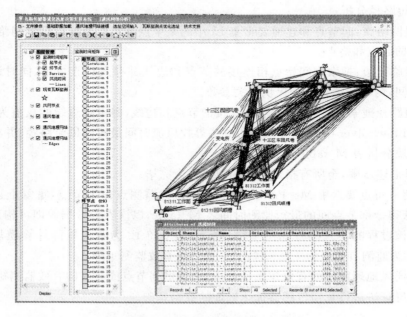

图 18-12　距离矩阵计算模块运行结果

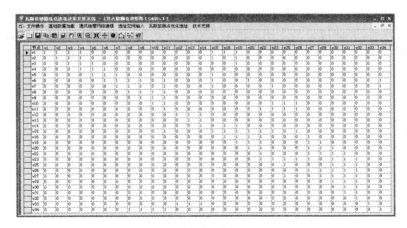

图 18-13　节点有效监测矩阵

18.3　混合蚁群算法与 GIS 耦合求解选址模型

18.3.1　混合蚁群算法与 GIS 模型的耦合集成

求解瓦斯传感器优化选址模型的过程中，基于 VB 6.0＋GIS ArcEngine10.1＋File Geodatabase 10.1 的集成开发平台，其空间数据处理与分析能力为蚁群算法的数据输入和建模分析提供了空间可视化表达方式。基于 ArcEngine 控件开发的 GIS 模块负责空间数据的管理和模型运算结果的动态更新显示；基于 VB 控件开发的求解选址模型的混合蚁群算法模块，通过数据库引擎与 GIS 空间数据库进行交互，将选址结果在集成开发环境中调用显示。GIS 与混合蚁群算法耦合的框架如图 18-14 所示。

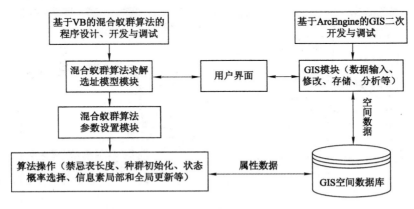

图 18-14　混合蚁群算法与 GIS 耦合框架

18.3.2　混合蚁群算法在选址功能模块中的实现

瓦斯传感器优化选址模块是系统的核心模块，以监测矩阵模块求解的监测数据表（Ms_table）为数据基础，提供单目标和多目标两种选址方式。首先用户设定监测有效等级和选址目标,模块对目标进行判定,调用相应的选址模型与求解算法,解算结果可以"＊.txt"文件的形式进行保存,并能够以动态图元的形式在电子地图上进行显示;模块的具体工作流程如图 18-15 所示;单目标选址模型求解的相关参数设置及其选址结果在系统主界面中的显示见图 18-16,多目标选址模型求解的相关参数设置见图 18-17。

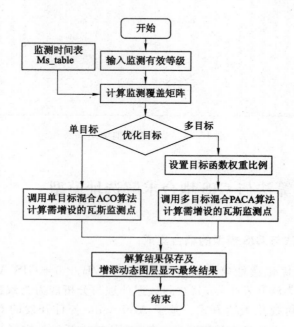

图 18-15　选址模块的工作流程

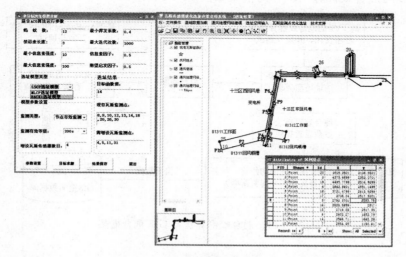

图 18-16　单目标选址模型求解模块及选址结果显示

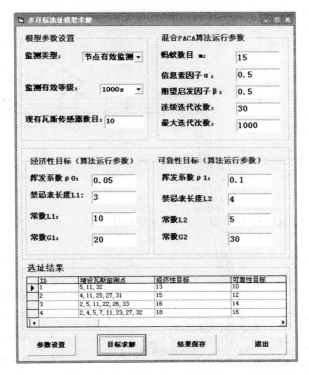

图 18-17　多目标选址模型求解模块

18.4　实例研究

使用本章开发的系统模拟瓦斯传感器设施选址的决策案例,对论文提出的瓦斯传感器选址模型和模型求解算法进行综合研究,从而将理论探索与实际应用相结合,通过实践的结果来论证模型和为其设计的算法的合理性和有效性。

本节仍然选择山西阳泉国阳二矿为研究对象,图 18-18 为该矿依据煤矿安全规程部署的瓦斯传感器监测点;依据 15.2 节选址模型的空间输入表示方法对 15.4 节图 15-1 矿井通风网络图进行重构,瓦斯监测点空间分布如图 18-18 所示,重构后的矿井网络图见图 18-19,相关网络参数见表 18-2。

18.4.1　输入空间表示

北茹矿井通风网络(图 18-19)共有 29 条弧段,29 个节点,10 个依据 AQ 1029—2007 布置的瓦斯监测点 $K=\{8,9,10,12,13,14,18,20,26,30\}$,因节点 1 和节点 32 分别为矿井通风入口和出口,所以考虑监测点时将其去除,考虑余下的 27 个节点作为备选监测点。分支 1 和分支 38 分别为矿井的通风入口分支和出口分支,分支 5 和分支 13 为机电碉室独立进风分支,均不作为分支监测对象,则剩余监测分支统计为 33 条。

18.4.1.1　节点有效监测矩阵

表 18-3 至表 18-8 为节点邻接矩阵、节点监测时间矩阵、节点有效监测矩阵、分支有效监测矩阵 D_{400s}、D_{600s}。

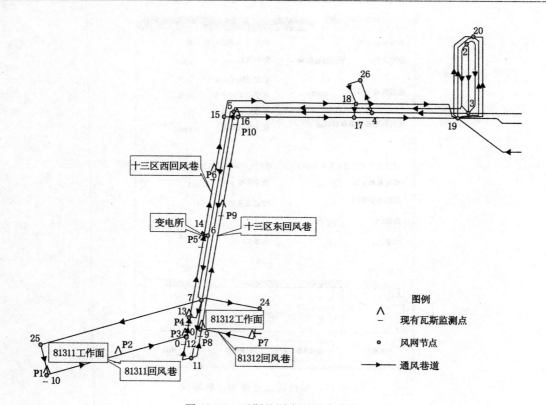

图 18-18　瓦斯监测点空间分布图

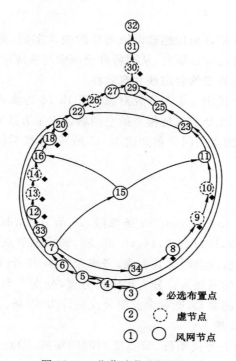

图 18-19　北茹矿井通风网络图

表 18-2　　　　　　　　　　　北茹风网基本参数

分支	始点	末点	巷道名称	长度/m	风速/(m/s)	风流时间/s	瓦斯积聚信息熵
2	2	3	390 水平进风石门配巷	505.78	102.08	6.99	0.02
3	3	4	390 水平胶带巷	730.61	116.57	7.98	0.02
4	3	4	390 水平(西)轨道巷	755.38	116.57	7.98	4.842
6	4	5	390 水平胶带巷	1052.72	103.83	7.11	0.02
7	4	5	390 水平(西)轨道巷	1096.58	103.83	7.11	4.842
8	5	6	十三区轨道巷	948.32	89.43	6.39	0.02
9	5	7	十三区胶带巷	1396.47	88.4	6.31	0.02
10	6	7	十三区轨道巷	496.98	86.45	6.17	0.02
12	7	34	81312 进风巷	446.95	2.08	214.88	0.02
13	7	15	十三区胶带巷	424.2	8.35	50.802	0.02
16	33	12	81311 工作面	240.27	2.75	87.371	5.383
17	34	8	81312 工作面	174.95	2.75	63.618	4.700
18	8	9	81313 回风巷	10	1.79	5.587	2.953
19	9	10	81313 回风巷	423.26	1.79	236.458	2.953
20	10	11	81313 回风巷	10	1.79	5.587	2.953
21	11	23	十三区东回风巷	1571.99	6.38	246.393	2.711
22	12	13	81312 回风巷	10.44	1.79	5.832	2.903
23	13	14	81312 回风巷	540	1.79	301.676	2.903
24	14	16	81312 回风巷	540	1.79	301.676	2.903
25	15	11	十三区东回风巷	237.71	4.42	53.781	2.711
26	15	16	十三区西回风巷	252.65	3.93	64.288	3.460
27	16	18	十三区西回风巷	122.85	5.89	20.857	3.460
28	18	20	十三区西回风巷	612.58	6.11	100.259	3.460
29	20	22	十三区西回风巷	871.64	6.32	137.918	3.460
30	22	26	391 水平北回风巷	550	7.33	75.034	2.755
31	23	25	391 水平南回风巷	884.55	7.5	117.94	3.238
32	23	22	390 水平南回风巷	106.62	1.01	105.564	3.238
33	25	29	390 水平南回风巷	789.48	8.22	96.044	3.238
34	26	27	392 水平北回风巷	555.64	7.33	75.804	1.326
35	27	25	联络巷	108.86	0.72	151.194	2.732
36	27	29	390 水平北回风巷	838.92	8.44	99.398	1.326
37	29	30	391 水平西回风石门巷	10	8.61	1.161	4.842
38	30	31	391 水平西回风石门巷	707.51	8.61	82.173	4.842

表18-3　节点邻接矩阵

	2	3	4	5	6	7	8	9	10	11	12	13	14	15	16	18	20	22	23	25	26	27	29	30	31	33	34
2	0	∞	∞	∞	∞	∞	∞	∞	∞	∞	∞	∞	∞	∞	∞	∞	∞	∞	∞	∞	∞	∞	∞	∞	∞	∞	∞
3	72	0	∞	∞	∞	∞	∞	∞	∞	∞	∞	∞	∞	∞	∞	∞	∞	∞	∞	∞	∞	∞	∞	∞	∞	∞	∞
4	∞	92	0	∞	∞	∞	∞	∞	∞	∞	∞	∞	∞	∞	∞	∞	∞	∞	∞	∞	∞	∞	∞	∞	∞	∞	∞
5	∞	∞	148	0	∞	∞	∞	∞	∞	∞	∞	∞	∞	∞	∞	∞	∞	∞	∞	∞	∞	∞	∞	∞	∞	∞	∞
6	∞	∞	∞	148	0	∞	∞	∞	∞	∞	∞	∞	∞	∞	∞	∞	∞	∞	∞	∞	∞	∞	∞	∞	∞	∞	∞
7	∞	∞	∞	221	80	0	∞	∞	∞	∞	∞	∞	∞	∞	∞	∞	∞	∞	∞	∞	∞	∞	∞	∞	∞	∞	∞
8	∞	∞	∞	∞	∞	∞	0	∞	∞	∞	∞	∞	∞	∞	∞	∞	∞	∞	∞	∞	∞	∞	∞	∞	∞	∞	64
9	∞	∞	∞	∞	∞	∞	6	0	∞	∞	∞	∞	∞	∞	∞	∞	∞	∞	∞	∞	∞	∞	∞	∞	∞	∞	∞
10	∞	∞	∞	∞	∞	∞	∞	236	0	∞	∞	∞	∞	∞	∞	∞	∞	∞	∞	∞	∞	∞	∞	∞	∞	∞	∞
11	∞	∞	∞	∞	∞	∞	∞	∞	6	0	∞	∞	54	∞	∞	∞	∞	∞	∞	∞	∞	∞	∞	∞	∞	∞	∞
12	∞	∞	∞	∞	∞	∞	∞	∞	∞	∞	0	∞	∞	∞	∞	∞	∞	∞	∞	∞	∞	∞	∞	∞	∞	87	∞
13	∞	∞	∞	∞	∞	∞	∞	∞	∞	∞	6	0	∞	∞	∞	∞	∞	∞	∞	∞	∞	∞	∞	∞	∞	∞	∞
14	∞	∞	∞	∞	∞	∞	∞	∞	∞	∞	∞	302	0	∞	∞	∞	∞	∞	∞	∞	∞	∞	∞	∞	∞	∞	∞
15	∞	∞	∞	∞	50	∞	∞	∞	∞	∞	∞	∞	∞	0	∞	∞	∞	∞	∞	∞	∞	∞	∞	∞	∞	∞	∞
16	∞	∞	∞	∞	∞	∞	∞	∞	∞	∞	∞	∞	302	64	0	∞	∞	∞	∞	∞	∞	∞	∞	∞	∞	∞	∞
18	∞	∞	∞	∞	∞	1278	∞	∞	∞	∞	∞	∞	∞	∞	∞	0	24	∞	∞	∞	∞	∞	∞	∞	∞	∞	∞
20	∞	∞	∞	267	∞	∞	∞	∞	∞	∞	∞	∞	∞	∞	∞	∞	0	100	∞	∞	∞	∞	∞	∞	∞	∞	∞
22	∞	∞	∞	∞	∞	∞	∞	∞	∞	∞	∞	∞	∞	∞	∞	∞	138	0	106	∞	∞	∞	∞	∞	∞	∞	∞
23	∞	∞	∞	427	∞	∞	∞	∞	∞	∞	246	∞	∞	∞	∞	∞	∞	∞	0	∞	∞	∞	∞	∞	∞	∞	∞
25	∞	∞	∞	∞	∞	∞	∞	∞	∞	∞	∞	∞	∞	∞	∞	∞	∞	∞	118	0	∞	151	∞	∞	∞	∞	∞
26	∞	∞	∞	∞	∞	∞	∞	∞	∞	∞	∞	∞	∞	∞	∞	∞	∞	∞	75	∞	0	76	∞	∞	∞	∞	∞
27	∞	∞	∞	∞	∞	∞	∞	∞	∞	∞	∞	∞	∞	∞	∞	∞	∞	∞	∞	∞	76	0	99	∞	∞	∞	∞
29	∞	700	∞	∞	∞	∞	∞	∞	∞	∞	∞	∞	∞	∞	∞	∞	∞	∞	∞	96	∞	∞	0	∞	∞	∞	∞
30	∞	∞	∞	∞	∞	∞	∞	∞	∞	∞	∞	∞	∞	∞	∞	∞	∞	∞	∞	∞	∞	∞	2	0	∞	∞	∞
31	∞	∞	∞	∞	∞	∞	∞	∞	∞	∞	∞	∞	∞	∞	∞	∞	∞	∞	∞	∞	∞	∞	∞	104	0	∞	∞
33	∞	∞	∞	∞	∞	613	∞	∞	∞	∞	∞	∞	∞	∞	∞	∞	∞	∞	∞	∞	∞	∞	∞	∞	∞	0	∞
34	∞	∞	∞	∞	∞	215	∞	∞	∞	∞	∞	∞	∞	∞	∞	∞	∞	∞	∞	∞	∞	∞	∞	∞	∞	∞	0

表 18-4　节点监测时间矩阵（T）

	2	3	4	5	6	7	8	9	10	11	12	13	14	15	16	18	20	22	23	25	26	27	29	30	31	33	34
2	0	72	164	404	940	1994	4145	824	1139	8158	15682	1246	1548	72	1850	164	731	844	739	860	919	676	1387	1388	855	1153	828
3	∞	0	92	240	536	1054	2151	752	1067	4013	7523	1174	1476	519	1778	92	659	772	666	787	847	604	700	702	783	1081	756
4	∞	∞	0	148	296	518	1098	661	976	1862	3510	1082	1384	428	1686	1591	564	680	575	693	755	509	608	610	691	989	664
5	∞	∞	∞	0	148	221	580	512	827	764	1648	934	1236	280	1538	1499	416	532	427	907	607	705	1076	1078	724	841	516
6	∞	∞	∞	∞	0	80	359	364	606	184	884	786	1088	131	1390	1358	267	405	430	759	480	556	855	856	739	693	295
7	∞	∞	∞	∞	∞	0	279	284	526	104	700	706	1008	50	1309	1278	∞	878	350	679	953	1667	775	776	881	613	215
8	∞	∞	∞	∞	∞	∞	0	6	242	248	∞	∞	∞	∞	∞	∞	∞	600	494	612	675	∞	708	710	814	∞	∞
9	∞	∞	∞	∞	∞	∞	∞	0	236	242	∞	∞	∞	∞	∞	∞	∞	830	488	606	905	∞	702	704	808	∞	∞
10	∞	∞	∞	∞	∞	∞	∞	∞	0	6	∞	∞	∞	∞	∞	∞	∞	594	252	370	669	∞	466	468	572	∞	∞
11	∞	∞	∞	∞	∞	∞	∞	∞	∞	0	∞	∞	∞	∞	∞	∞	∞	352	246	364	427	∞	460	462	566	∞	∞
12	∞	∞	∞	∞	∞	∞	∞	∞	∞	∞	0	6	308	∞	609	633	734	872	∞	1238	947	1087	1046	1047	1152	∞	∞
13	∞	∞	∞	∞	∞	∞	∞	∞	∞	∞	∞	0	302	308	603	627	728	866	∞	930	941	1016	1116	1117	1222	∞	∞
14	∞	∞	∞	∞	∞	∞	∞	∞	∞	54	∞	∞	0	302	302	326	426	564	∞	629	639	715	814	816	920	∞	∞
15	∞	∞	∞	∞	∞	∞	∞	∞	∞	∞	∞	∞	∞	0	64	89	189	327	300	629	402	478	501	503	660	∞	∞
16	∞	∞	∞	∞	∞	∞	∞	∞	∞	∞	∞	∞	∞	∞	0	24	125	262	∞	564	337	413	437	438	596	697	∞
18	∞	∞	∞	∞	∞	∞	∞	∞	∞	∞	∞	∞	∞	∞	∞	0	100	238	∞	540	313	389	412	414	471	721	∞
20	∞	∞	∞	∞	∞	∞	∞	∞	∞	∞	∞	∞	∞	∞	∞	∞	0	138	∞	440	213	289	388	390	471	821	∞
22	∞	∞	∞	∞	∞	∞	∞	∞	∞	∞	∞	∞	∞	∞	∞	∞	∞	0	∞	∞	75	289	250	252	333	∞	∞
23	∞	∞	∞	∞	∞	∞	∞	∞	∞	∞	∞	∞	∞	∞	∞	∞	∞	106	0	118	181	151	214	216	297	∞	∞
25	∞	∞	∞	∞	∞	∞	∞	∞	∞	∞	∞	∞	∞	∞	∞	∞	∞	∞	∞	0	∞	∞	96	98	179	∞	∞
26	∞	∞	∞	∞	∞	∞	∞	∞	∞	∞	∞	∞	∞	∞	∞	∞	∞	∞	∞	151	0	76	175	177	281	∞	∞
27	∞	∞	∞	∞	∞	∞	∞	∞	∞	∞	∞	∞	∞	∞	∞	∞	∞	∞	∞	∞	∞	0	99	101	182	∞	∞
29	∞	∞	∞	∞	∞	∞	∞	∞	∞	∞	∞	∞	∞	∞	∞	∞	∞	∞	∞	∞	∞	∞	0	2	83	∞	∞
30	∞	∞	∞	∞	∞	∞	∞	∞	∞	∞	∞	∞	∞	∞	∞	∞	∞	∞	∞	∞	∞	∞	∞	0	104	∞	∞
31	∞	∞	∞	∞	∞	∞	∞	∞	∞	∞	∞	∞	∞	∞	∞	∞	∞	∞	∞	∞	∞	∞	∞	∞	0	∞	∞
33	∞	∞	∞	∞	∞	∞	∞	∞	∞	311	87	∞	∞	∞	697	721	821	959	∞	1261	∞	1110	1209	∞	1292	0	∞
34	∞	∞	∞	∞	∞	∞	64	∞	∞	∞	∞	∞	∞	∞	∞	∞	∞	663	558	676	∞	814	913	∞	996	∞	0

表18-5　节点有效监测矩阵（C_{400s}）

	2	3	4	5	6	7	8	9	10	11	12	13	14	15	16	18	20	22	23	25	26	27	29	30	31	33	34
34	0	0	0	0	1	1	0	0	0	0	0	0	0	0	0	0	0	0	0	0	0	0	0	0	0	0	1
33	0	0	0	0	0	0	0	0	0	0	0	0	0	0	0	0	0	0	0	0	0	0	0	0	1	0	0
31	0	0	0	0	0	0	0	0	0	0	0	0	0	0	0	0	0	1	0	0	1	1	1	1	0	0	0
30	0	0	0	0	0	0	0	0	0	0	0	0	0	0	0	0	0	0	0	0	1	1	1	0	1	0	0
29	0	0	0	0	0	0	0	0	0	0	0	0	0	0	0	0	0	0	0	0	0	1	0	1	1	0	0
27	0	0	0	0	0	0	0	0	0	0	0	0	0	0	0	0	0	0	0	1	1	0	1	1	1	0	0
26	0	0	0	0	0	0	0	0	0	0	0	0	0	0	0	0	0	0	1	1	0	1	0	1	1	0	0
25	0	0	0	0	0	0	0	0	0	0	0	0	0	0	0	0	0	0	1	0	1	1	0	0	0	0	0
23	0	0	0	0	0	0	0	0	0	0	0	0	0	0	0	0	0	1	0	1	1	0	0	0	0	0	0
22	0	0	0	0	0	0	0	0	0	0	0	0	0	0	0	0	1	0	1	0	0	0	1	1	1	0	0
20	0	0	0	1	0	0	0	0	0	0	0	0	0	0	0	1	0	1	0	0	0	0	0	0	0	0	0
18	1	1	0	0	0	0	0	0	0	0	0	0	0	0	0	0	1	0	0	0	0	0	0	0	0	0	0
16	0	0	0	0	0	0	0	0	0	1	0	0	0	0	0	0	0	0	0	0	0	0	0	0	0	0	0
15	1	0	0	1	1	1	0	0	0	1	0	0	0	0	0	0	0	0	0	0	0	0	0	0	0	0	0
14	0	0	0	0	0	0	0	0	0	0	0	1	0	0	0	0	0	0	0	0	0	0	0	0	0	1	0
13	0	0	0	0	0	0	0	0	0	1	1	0	1	0	0	0	0	0	0	0	0	0	0	0	0	1	0
12	0	0	0	0	0	0	0	0	0	0	0	1	1	0	0	0	0	0	0	0	0	0	0	0	0	1	0
11	0	0	0	1	1	1	1	1	1	0	0	1	0	1	1	0	0	0	0	0	0	0	0	0	0	0	1
10	0	0	0	0	0	0	1	1	0	1	0	0	0	0	0	0	0	0	0	0	0	0	0	0	0	0	1
9	0	0	0	0	1	1	1	0	1	1	0	0	0	0	0	0	0	0	0	0	0	0	0	0	0	0	1
8	0	0	0	0	0	0	0	1	1	1	0	0	0	0	0	0	0	0	0	0	0	0	0	0	0	0	1
7	0	0	0	1	1	0	0	1	0	1	0	0	0	1	1	0	0	0	0	0	0	0	0	0	0	0	1
6	0	0	1	1	0	0	0	1	0	1	0	0	0	1	0	0	0	0	0	0	0	0	0	0	0	0	1
5	0	1	1	0	1	1	0	0	0	1	0	0	0	1	0	0	1	0	0	0	0	0	0	0	0	0	0
4	1	1	0	1	1	1	0	0	0	0	0	0	0	0	0	0	0	0	0	0	0	0	0	0	0	0	0
3	1	0	1	1	0	0	0	0	0	0	0	0	0	0	0	1	0	0	0	0	0	0	0	0	0	0	0
2	0	1	1	0	0	0	0	0	0	0	0	0	0	1	0	1	0	0	0	0	0	0	0	0	0	0	0

表 18-6　节点有效监测矩阵（C_{600s}）

	2	3	4	5	6	7	8	9	10	11	12	13	14	15	16	18	20	22	23	25	26	27	29	30	31	33	34
34	0	0	0	1	1	1	0	0	0	0	0	0	0	0	0	0	0	0	0	0	0	0	0	0	0	0	1
33	0	0	0	0	0	0	0	0	0	0	0	0	0	0	0	0	0	0	0	0	0	0	0	0	0	1	0
31	0	0	0	0	0	0	0	0	1	1	0	0	0	0	1	1	1	1	1	1	1	1	1	1	0	0	0
30	0	0	0	0	0	0	0	1	1	0	0	0	0	1	1	1	1	1	1	1	1	1	0	0	0	0	0
29	0	0	0	0	0	0	0	1	1	0	0	0	0	1	1	1	1	1	1	1	1	1	0	0	0	0	0
27	0	0	1	0	1	0	0	0	0	0	0	0	0	1	1	1	0	1	1	0	1	0	0	0	0	0	0
26	0	0	0	0	1	0	0	0	0	0	0	0	0	1	1	0	1	1	0	1	0	0	0	0	0	0	0
25	0	0	0	0	0	0	0	0	0	0	0	0	0	0	0	0	0	0	0	0	1	1	0	0	0	0	0
23	0	0	1	1	0	0	1	0	0	0	0	0	0	1	0	0	0	1	0	1	0	0	0	0	0	0	1
22	0	0	0	0	0	0	0	0	0	0	0	0	0	1	1	1	1	0	1	0	1	0	0	0	0	0	0
20	0	0	1	1	1	0	0	0	0	0	0	0	0	0	0	0	0	0	0	0	0	0	0	0	0	0	0
18	1	1	0	0	0	0	0	0	0	0	0	0	0	0	0	0	0	0	0	0	0	0	0	0	0	0	0
16	0	0	0	0	0	0	0	0	0	0	0	0	0	0	1	1	0	0	0	0	0	0	0	0	0	0	0
15	1	1	1	1	1	1	0	0	0	0	0	0	0	1	0	0	0	0	0	0	0	0	0	0	0	0	0
14	0	0	0	0	0	0	0	0	0	0	1	1	1	0	0	0	0	0	0	0	0	0	0	0	1	0
13	0	0	0	0	0	0	0	0	0	0	1	1	0	0	0	0	0	0	0	0	0	0	0	0	1	0
12	0	0	0	0	0	0	0	0	0	0	0	0	0	0	0	0	0	0	0	0	0	0	0	0	1	0
11	0	0	0	1	0	0	0	1	0	0	0	0	0	1	0	0	0	0	0	0	0	0	0	0	0	1
10	0	0	0	0	0	0	0	0	0	0	0	0	0	0	0	0	0	0	0	0	0	0	0	0	0	1
9	0	0	0	1	1	1	1	0	0	0	0	0	0	0	0	0	0	0	0	0	0	0	0	0	0	1
8	0	0	1	1	1	1	0	0	0	0	0	0	0	0	0	0	0	0	0	0	0	0	0	0	0	1
7	0	0	1	1	1	1	0	0	0	0	0	0	0	0	0	0	0	0	0	0	0	0	0	0	0	0
6	0	1	1	1	1	0	0	0	0	0	0	0	0	0	0	0	0	0	0	0	0	0	0	0	0	0
5	1	1	1	1	0	0	0	0	0	0	0	0	0	0	0	0	0	0	0	0	0	0	0	0	0	0
4	1	1	1	0	0	0	0	0	0	0	0	0	0	0	0	0	0	0	0	0	0	0	0	0	0	0
3	1	1	0	0	0	0	0	0	0	0	0	0	0	0	0	0	0	0	0	0	0	0	0	0	0	0
2	1	0	0	0	0	0	0	0	0	0	0	0	0	0	0	0	0	0	0	0	0	0	0	0	0	0

续表 18-6

分支	e2	e3	e4	e6	e7	e8	e9	e10	e12	e13	e16	e17	e18	e19	e20	e21
2	76	168	168	407	407	943	1997	1997	935	98	15725	4177	827	1257	8161	862
3	4	96	96	243	243	539	1057	1057	863	545	7567	2183	755	1185	4016	789
4	∞	4	4	152	152	300	521	521	771	453	3554	1129	663	1094	1865	698
5	∞	∞	∞	4	4	152	224	224	623	305	1692	612	515	945	767	550
6	∞	∞	∞	∞	∞	3	83	83	402	157	928	390	367	724	187	553
7	∞	∞	∞	∞	∞	∞	3	3	322	75	744	310	287	644	107	473
8	∞	∞	∞	∞	∞	∞	∞	∞	∞	∞	∞	32	∞	360	250	617
9	∞	∞	∞	∞	∞	∞	∞	∞	∞	∞	∞	∞	3	354	245	611
10	∞	∞	∞	∞	∞	∞	∞	∞	∞	∞	∞	∞	∞	118	8	375
11	∞	∞	∞	∞	∞	∞	∞	∞	∞	∞	∞	∞	∞	∞	3	369
12	∞	∞	∞	∞	∞	∞	∞	∞	∞	∞	44	∞	∞	∞	∞	∞
13	∞	∞	∞	∞	∞	∞	∞	∞	∞	∞	∞	∞	∞	∞	∞	∞
14	∞	∞	∞	∞	∞	∞	∞	∞	∞	25	∞	∞	∞	∞	∞	∞
15	∞	∞	∞	∞	∞	∞	∞	∞	∞	∞	∞	∞	∞	∞	57	423
16	∞	∞	∞	∞	∞	∞	∞	∞	∞	∞	∞	∞	∞	∞	∞	∞
18	∞	∞	∞	∞	∞	∞	∞	∞	∞	∞	∞	∞	∞	∞	∞	∞
20	∞	∞	∞	∞	∞	∞	∞	∞	∞	∞	∞	∞	∞	∞	∞	∞
22	∞	∞	∞	∞	∞	∞	∞	∞	∞	∞	∞	∞	∞	∞	∞	∞
23	∞	∞	∞	∞	∞	∞	∞	∞	∞	∞	∞	∞	∞	∞	∞	123
25	∞	∞	∞	∞	∞	∞	∞	∞	∞	∞	∞	∞	∞	∞	∞	∞
26	∞	∞	∞	∞	∞	∞	∞	∞	∞	∞	∞	∞	∞	∞	∞	∞
27	∞	∞	∞	∞	∞	∞	∞	∞	107	∞	∞	95	∞	∞	∞	∞
29	∞	∞	∞	∞	∞	∞	∞	∞	∞	∞	∞	∞	∞	∞	∞	∞
30	∞	∞	∞	∞	∞	∞	∞	∞	∞	∞	∞	∞	∞	∞	∞	∞
31	∞	∞	∞	∞	∞	∞	∞	∞	∞	∞	∞	∞	∞	∞	∞	∞
33	∞	∞	∞	∞	∞	∞	∞	∞	∞	∞	∞	∞	∞	∞	∞	∞
34	∞	∞	∞	∞	∞	∞	∞	∞	∞	∞	∞	∞	∞	∞	314	681

续表 18-6

分支	e22	e23	e24	e25	e26	e27	e28	e29	e30	e31	e32	e33	e34	e35	e36	e37	e38
2	1249	1699	2001	8185	1882	174	781	913	957	919	897	1435	714	935	1436	1389	896
3	1177	1627	1929	4040	1810	102	709	841	884	846	825	748	642	863	750	702	824
4	1085	1535	1837	1889	1718	1601	614	749	793	752	733	656	547	768	658	611	732
5	937	1387	1689	791	1570	1510	466	601	645	966	585	1124	742	983	1126	1078	765
6	789	1239	1541	211	1422	1368	318	474	518	818	458	903	594	834	904	857	780
7	709	1159	1460	131	1341	1288	∞	947	991	738	931	823	1705	754	824	777	922
8	∞	∞	∞	275	∞	∞	∞	669	712	671	652	756	∞	688	758	710	855
9	∞	∞	∞	269	∞	∞	∞	899	943	665	883	750	∞	682	752	705	849
10	∞	∞	∞	32	∞	∞	∞	663	707	429	647	514	∞	446	516	468	613
11	∞	∞	∞	27	∞	∞	∞	421	464	423	405	508	∞	440	510	463	607
12	9	459	760	∞	641	644	784	941	984	1297	924	1094	1125	1314	1096	1048	1193
13	3	453	754	∞	635	638	778	935	978	989	918	1164	1054	1006	1166	1118	1263
14	∞	151	453	∞	334	336	476	633	677	688	617	862	753	704	864	817	961
15	∞	∞	215	82	96	99	239	396	439	688	379	549	515	704	551	503	701
16	∞	∞	151	∞	32	35	175	331	375	623	315	485	451	640	486	439	637
18	∞	∞	∞	∞	∞	10	150	307	351	599	291	460	427	616	462	415	612
20	∞	∞	∞	∞	∞	∞	50	207	250	499	191	436	327	516	438	390	512
22	∞	∞	∞	∞	∞	∞	∞	69	113	∞	53	298	189	194	300	252	374
23	∞	∞	∞	∞	∞	∞	∞	175	218	177	158	262	∞	76	264	216	338
25	∞	∞	∞	∞	∞	∞	∞	∞	∞	59	∞	144	∞	76	146	98	220
26	∞	∞	98	∞	∞	∞	∞	∞	38	210	∞	223	114	228	225	177	322
27	∞	∞	∞	∞	∞	∞	∞	∞	∞	∞	∞	147	38	∞	149	102	223
29	∞	∞	∞	∞	∞	∞	∞	∞	∞	∞	∞	48	∞	∞	50	2	124
30	∞	∞	∞	∞	∞	∞	∞	∞	∞	∞	∞	∞	∞	∞	∞	1	145
31	∞	∞	∞	∞	∞	∞	∞	∞	∞	∞	∞	∞	∞	∞	∞	∞	41
33	∞	∞	848	∞	729	731	871	1028	∞	1320	1012	1257	1148	1337	1259	∞	1333
34	∞	∞	∞	338	∞	∞	∞	732	∞	735	716	961	852	751	963	∞	1037

表 18-7　分支有效监测矩阵（D_{400s}）

分支	e2	e3	e4	e6	e7	e8	e9	e10	e12	e13	e16	e17	e18	e19	e20	e21	e22	e23	e24	e25	e26	e27	e28	e29	e30	e31	e32	e33	e34	e35	e36	e37	e38
2	1	1	1	0	0	0	0	0	0	1	0	0	0	0	0	0	0	0	0	0	0	1	0	0	0	0	0	0	0	0	0	0	0
3	1	1	1	1	0	1	0	0	0	1	0	0	0	0	0	0	0	0	0	0	0	1	0	0	0	0	0	0	0	0	0	0	0
4	0	1	1	1	1	1	1	1	0	1	0	0	0	0	0	0	0	0	0	0	0	0	0	0	0	0	0	0	1	0	0	0	0
5	0	0	0	1	1	1	0	1	0	0	0	1	1	0	1	1	0	0	0	0	0	0	1	0	0	0	0	0	0	0	0	0	0
6	0	0	0	0	0	0	0	1	1	0	0	1	1	0	1	1	0	0	0	0	0	0	0	1	0	0	0	0	1	0	0	0	0
7	0	0	0	0	0	0	0	0	1	0	1	0	1	1	0	1	0	0	0	0	0	0	0	0	0	0	0	0	0	0	0	0	0
8	0	0	0	0	0	0	0	0	0	0	0	0	1	1	0	0	1	0	0	0	0	0	0	0	0	0	0	0	0	1	0	0	0
9	0	0	0	0	0	0	0	0	0	0	0	0	0	1	0	0	1	0	0	0	0	0	0	0	0	0	0	0	0	0	1	0	0
10	0	0	0	0	0	0	0	0	0	0	0	0	0	1	0	0	1	0	0	0	1	0	0	0	0	0	0	0	0	1	1	1	0
11	0	0	0	0	0	0	0	0	0	0	0	0	0	0	0	1	0	0	0	0	1	1	0	0	0	0	0	0	0	0	1	1	0
12	0	0	0	0	0	0	0	0	0	0	0	0	0	0	0	0	0	1	0	0	0	1	0	0	0	0	0	0	0	0	0	0	0
13	0	0	0	0	0	0	0	0	0	0	0	0	0	0	0	0	0	1	0	0	0	1	0	0	0	0	0	0	0	1	0	0	0
14	0	0	0	0	0	0	0	0	0	0	0	0	0	0	0	0	0	0	0	0	1	1	0	1	0	1	1	0	1	0	0	1	1
15	0	0	0	0	0	0	0	0	0	0	0	0	0	0	0	0	0	0	0	0	1	0	0	1	0	1	1	0	1	0	1	1	1
16	0	0	0	0	0	0	0	0	0	0	0	0	0	0	0	0	0	0	0	0	0	0	0	1	0	0	0	0	1	1	0	1	1
18	0	0	0	0	0	0	0	0	0	0	0	0	0	0	0	1	0	0	0	0	0	0	0	1	0	1	0	0	1	0	1	1	1
20	0	0	0	0	0	0	0	0	0	0	0	0	0	0	0	0	0	0	0	0	0	0	0	1	0	1	1	0	1	1	1	1	1
22	0	0	0	0	0	0	0	0	0	0	0	0	0	0	0	0	0	0	0	0	0	0	0	0	0	1	1	0	0	0	1	1	1
23	0	0	0	0	0	0	0	0	0	0	0	0	0	0	0	1	0	0	0	0	0	0	0	0	0	0	1	0	1	1	1	1	1
25	0	0	0	0	0	0	0	0	0	0	0	0	0	0	0	0	0	0	0	0	0	0	0	0	0	1	0	0	1	0	1	1	1
26	0	0	0	0	0	0	0	0	0	0	0	0	0	0	0	0	0	0	0	0	0	0	0	0	0	0	0	0	0	1	1	1	1
27	0	0	0	0	0	0	0	0	0	0	0	0	0	0	0	1	0	0	0	0	0	0	0	0	0	0	0	0	0	0	1	1	1
29	0	0	0	0	0	0	0	0	0	0	0	0	0	0	0	0	0	0	0	0	0	0	0	0	0	0	0	0	0	0	0	1	1
30	0	0	0	0	0	0	0	0	0	0	0	0	0	0	0	0	0	0	0	0	0	0	0	0	0	0	0	0	0	0	0	0	0
31	0	0	0	0	0	0	0	0	0	0	0	0	0	0	0	0	0	0	0	0	0	0	0	0	0	0	0	0	0	0	0	0	0
33	0	0	0	0	0	0	0	0	0	0	0	0	0	0	0	0	0	0	0	0	0	0	0	0	0	0	0	0	0	0	0	0	0
34	1	1	1	0	0	0	0	0	0	0	0	0	0	0	0	0	0	0	0	0	0	0	0	0	0	0	0	0	0	0	0	0	0

表18-8　分支有效监测矩阵（D_{600s}）

分支	e2	e3	e4	e6	e7	e8	e9	e10	e12	e13	e16	e17	e18	e19	e20	e21	e22	e23	e24	e25	e26	e27	e28	e29	e30	e31	e32	e33	e34	e35	e36	e37	e38
2	1	1	1	0	0	0	0	0	0	1	0	0	0	0	0	0	0	0	0	0	0	1	0	0	0	0	0	0	0	0	0	0	0
3	1	1	1	1	1	0	0	0	0	0	0	0	0	0	0	0	0	0	0	0	0	1	0	0	0	0	0	0	0	0	0	0	0
4	0	1	1	1	1	1	0	0	0	0	0	0	0	0	0	0	0	0	0	0	0	0	0	0	0	0	0	0	0	0	0	0	0
5	0	0	0	1	1	1	1	0	0	1	0	0	0	0	1	0	0	0	0	0	0	0	1	0	0	0	0	0	0	0	0	0	0
6	0	0	0	1	0	1	1	1	0	0	0	1	0	0	0	0	0	0	0	1	0	0	0	0	0	0	0	0	0	0	0	0	0
7	0	0	0	0	0	0	1	1	1	0	0	1	0	0	0	0	0	0	0	1	0	0	0	0	0	0	0	0	0	0	0	0	0
8	0	0	0	0	0	0	0	0	0	0	0	0	1	1	0	0	0	0	0	1	0	0	0	0	0	0	0	0	0	0	0	0	0
9	0	0	0	0	0	0	0	0	0	0	0	0	0	1	0	0	0	0	0	0	0	0	0	0	0	0	0	0	0	0	0	0	0
10	0	0	0	0	0	0	0	0	0	0	0	0	0	1	0	0	0	0	0	0	0	0	0	0	0	0	0	0	0	0	0	0	0
11	0	0	0	0	0	0	0	0	0	0	1	0	0	0	0	0	1	0	0	1	0	0	0	0	0	0	0	0	0	0	0	0	0
12	0	0	0	0	0	0	0	0	0	0	0	0	0	0	0	0	1	0	0	0	1	1	0	0	1	0	0	0	0	0	0	0	0
13	0	0	0	0	0	0	0	0	0	0	0	0	0	0	0	0	0	0	0	0	1	1	0	1	1	0	0	0	0	0	0	0	0
14	0	0	0	0	0	0	0	0	0	0	0	0	0	0	0	0	0	0	0	0	1	1	0	1	1	0	1	0	1	0	1	0	0
15	0	0	0	0	0	0	0	0	0	0	0	0	0	0	0	0	0	0	0	0	0	1	0	1	0	0	1	0	0	0	1	0	0
16	0	0	0	0	0	0	0	0	0	0	0	0	0	0	0	0	0	0	1	0	0	0	1	0	0	0	1	0	1	1	0	0	0
18	0	0	0	0	0	0	0	0	0	0	0	0	0	0	0	0	0	0	0	0	0	0	0	0	1	0	1	0	1	0	0	0	0
20	0	0	0	0	0	0	0	0	0	0	0	0	0	0	0	1	0	0	0	0	0	0	0	0	0	1	0	0	0	0	0	1	1
22	0	0	0	0	0	0	0	0	0	0	0	0	0	0	0	0	0	0	0	0	0	0	0	0	0	1	0	0	0	0	1	1	1
23	0	0	0	0	0	0	0	0	0	0	0	0	0	0	0	0	0	0	0	0	0	0	0	0	0	0	0	0	1	0	0	1	1
25	0	0	0	0	0	0	0	0	0	0	0	0	0	0	0	0	0	0	0	0	0	0	0	0	0	0	0	0	1	1	1	1	1
26	0	0	0	0	0	0	0	0	0	0	0	0	0	0	0	0	0	0	0	0	0	0	0	0	0	0	0	0	0	0	0	1	1
27	0	0	0	0	0	0	0	0	0	0	0	0	0	0	0	0	0	0	0	0	0	0	0	0	0	0	0	0	0	0	0	1	1
29	0	0	0	0	0	0	0	0	0	0	0	0	0	0	0	0	0	0	0	0	0	0	0	0	0	0	0	0	0	0	0	1	1
30	0	0	0	0	0	0	0	0	0	0	0	0	0	0	0	0	0	0	0	0	0	0	0	0	0	0	0	0	0	0	0	1	1
31	0	0	0	0	0	0	0	0	0	0	0	0	0	0	0	0	0	0	0	0	0	0	0	0	0	0	0	0	0	0	0	0	1
33	0	0	0	0	0	0	0	0	0	0	0	0	0	0	0	0	0	0	0	0	0	0	0	0	0	0	0	0	0	0	0	0	0
34	0	0	0	0	0	0	0	0	0	0	0	0	0	0	1	0	0	0	0	1	0	0	0	0	0	0	0	0	0	0	0	0	0

18.4.2 选址结果分析

18.4.2.1 选址方案 1：LSCP 模型

（1）情况 1：节点有效监测矩阵

利用 MSDSS 决策系统对瓦斯传感器的 LSCP 模型进行求解。为了寻求最优的运行参数设置组合以获得良好的算法性能，在模型求解之前对运行参数进行测试。结果表明，较为合适的算法运行参数组合为：最大迭代次数 $C_{max}=150$，蚂蚁个数 $m=12$，控制因子 $\alpha=\beta=0.5$，挥发系数 $\rho=0.4$，节点总数 $N=29$，禁忌表长度 $L=3$。在不同监测有效级下的瓦斯监测点优化选址结果见表 18-9。

表 18-9　　　　不同监测有效级下的优化选址结果（LSCP 节点）

监测有效级/s	瓦斯传感器布点位置		瓦斯传感器数目/个	占总节点个数比例/%
	必选布点位置	增选布点位置		
150	8,9,10,12,13,14,18,20,26,30	2,4,5,7,11,22(23,25),31	17	58.6
200	8,9,10,12,13,14,18,20,26,30	4,5(6),11,31	14	48.3
300	8,9,10,12,13,14,18,20,26,30	2(4),5,11(23),31	14	48.3
400	8,9,10,12,13,14,18,20,26,30	4(2),5,22(11,23,25),31	14	48.3
500	8,9,10,12,13,14,18,20,26,30	5,31	12	41.4
600	8,9,10,12,13,14,18,20,26,30	0	10	34.5

注：括号中的内容为可替代节点。

从表 18-9 可知，当监测有效级为 600 s 时，依据安全规程部署的瓦斯监测点就能够覆盖所有需求点，监测有效等级在 200 s 至 500 s 之间时，依据规程布置 10 个瓦斯监测点后，只需再增设 2～4 个监测点，即可实现利用少数监测点反映风网中所有节点瓦斯分布情况的目的，比重为 48.3%；当监测有效级下降至 150 s 时，则需增设 7 个监测点，比重为 58.6%。

随着监测等级的逐步降低（即监测的灵敏度的升高），瓦斯传感器数量需求逐渐增多，系统的安全性也就越高。由于目前矿井监测系统中，瓦斯监测有效等级设定还未有相关标准[50]，因此，需要各矿井企业根据实际情况进行决策权衡。为此绘制了瓦斯传感数量和监测有效级权衡曲线，见图 18-20，用以辅助决策人员制订方案。在该例中，监测等级与瓦斯传感器需求数量之间的变化并非成正比，监测有效级由 600 s 降至 400 s 时，瓦斯传感器数目与监测有效级是成比例增加的，监测有效级 400～200 s 之间时，传感器需求没有变化；为

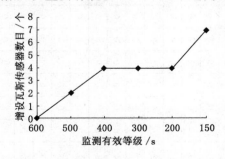

图 18-20　节点监测有效等级与传感器数目权衡图

此,把监测有效等级标准从 500 s 调至 200 s,只需增加 1 个服务设施的资源是可能的、值得的;另外,当追求监测等级为 150 s 的标准,需要增设 7 个瓦斯传感器设施的资源,增加近一半的预算,决策者就应考虑追求这一标准是否值得。

(2) 情况 2:分支有效监测矩阵

从表 18-10 可知,当监测有效级为 800 s 时,依据安全规程部署的瓦斯监测点就能够覆盖所有需求点,监测有效等级在 500 s 至 700 s 之间时,依据规程布置 10 个瓦斯监测点后,只需再增设 2 个监测点,即可实现利用少数监测点反映风网中所有节点瓦斯分布情况的目的,比重为 41.4%;当监测有效级下降至 200 s 时,则需增设 7 个监测点,比重为 58.6%。

表 18-10　　　　　不同监测有效级下的监测点优化选址结果(LSCP 分支)

监测有效级/s	瓦斯传感器布点位置		瓦斯传感器数目/个	占总节点个数比例/%
	必选布点位置	增选布点位置		
200	8,9,10,12,13,14,18,20,26,30	34,23,25,15(16),6,4,2(3)	17	58.6
300	8,9,10,12,13,14,18,20,26,30	23,15(16),7,3,5(6)	15	51.7
400	8,9,10,12,13,14,18,20,26,30	23(25,27),15(16),7,2,4(5)	15	51.7
500	8,9,10,12,13,14,18,20,26,30	3,6	12	41.4
600	8,9,10,12,13,14,18,20,26,30	3,6(7)	12	41.4
700	8,9,10,12,13,14,18,20,26,30	3,7(4,5,6)	12	41.4
800	8,9,10,12,13,14,18,20,26,30	0	10	34.5

注:括号中的内容为可替代节点。

由分支监测有效等级与瓦斯传感器数目权衡关系图 18-21 分析可知,对分支有效监测时,增设的瓦斯传感器数目与监测有效等级的变化较均匀,成比例增加,例如监测等级 500~700 s 之间与 400~300 s 之间时,增设的瓦斯传感器数目是相同的,只是位置略有变化,投入的资源是一样的,但由于部署位置的不同而产生的效果是不一样的,因此根据此平衡图可更有助于为决策者提供有益的信息。

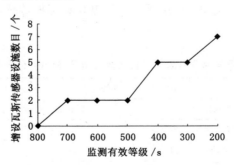

图 18-21　分支监测有效等级与传感器数目权衡图

18.4.2.2　选址方案 2:MCLP 模型

(1) 情况 1:节点有效监测矩阵

以监测有效等级 150 s 为例,使用 MCLP 模型增设瓦斯传感器数目 P 从 1 连续增大到 7,选址结果见表 18-11。

表 18-11 不同监测有效级下优化选址结果（MCLP 节点）

增设瓦斯传感数目/个	瓦斯传感器布点位置		瓦斯传感器数目/个	风险覆盖程度指标 f/%
	必选布点位置	增选布点位置		
1	8,9,10,12,13,14,18,20,26,30	11	11	39.27
2	8,9,10,12,13,14,18,20,26,30	11,27	12	40.59
3	8,9,10,12,13,14,18,20,26,30	11,23,27	13	43.30
4	8,9,10,12,13,14,18,20,26,30	7,11,23,27	14	43.32
5	8,9,10,12,13,14,18,20,26,30	5,7,11,23,27	15	43.34
6	8,9,10,12,13,14,18,20,26,30	4,5,7,11,23,27	16	43.36
7	8,9,10,12,13,14,18,20,26,30	2,4,5,7,11,23,27	17	43.38

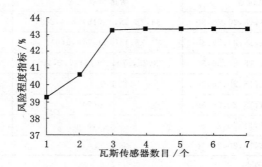

图 18-22 传感器数目与风险覆盖指标的关系（MCLP 节点）

在最大覆盖选址模型中考虑节点的风险权重与增设瓦斯传感器之间的关系，从图 18-22 可看出，第 3 个瓦斯传感器的风险程度指标递减得较快，决策者可考虑是否设置第 3 个瓦斯传感器，这需要对决策投入与风险覆盖之间做出权衡。

（2）情况 2：分支有效监测矩阵

以监测有效等级 400 s 为例，使用 MCLP 模型增设瓦斯传感器数目 P 从 1 连续增大到 5，选址结果见表 18-12。

表 18-12 不同监测有效级下优化选址结果（MCLP 分支）

增设瓦斯传感数目/个	瓦斯传感器布点位置		瓦斯监测点数目/个	风险覆盖程度指标/%
	必选布点位置	增选布点位置		
1	8,9,10,12,13,14,18,20,26,30	3	11	78.79
2	8,9,10,12,13,14,18,20,26,30	3,23(25,27)	12	84.76
3	8,9,10,12,13,14,18,20,26,30	3,23(25,27),15(26)	13	87.67
4	8,9,10,12,13,14,18,20,26,30	3,23(25,27),15(26),5(6)	14	87.75
5	8,9,10,12,13,14,18,20,26,30	3,23(25,27),15(26),5(6),7	15	87.77
6	8,9,10,12,13,14,18,20,26,30	3,23(25,27),15(26),5(6),7,4	16	87.79

注：括号中的内容为可替代节点。

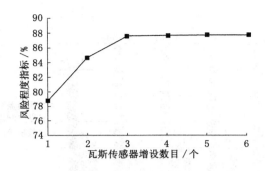

图 18-23　传感器数目与风险覆盖指标的关系（MCLP 分支）

在最大覆盖选址模型中考虑分支的风险权重值与增设瓦斯传感器之间的关系，从图 18-23 可看出，与考虑节点的风险覆盖权重类似，也是从第 3 个瓦斯传感器的风险程度指标递减。

18.4.2.3　选址方案 3:BACOP1 模型

（1）情况 1:节点有效监测矩阵

BACOP1 模型是指对全部需求节点进行有效监测的同时，使被二次覆盖的需求点个数最多，其属于 LSCP 选址模型的特殊情况。不同监测有效级下的 BACOP1 模型的选址结果见表 18-13,图 18-24 为不同监测有效级下的瓦斯监测点数目、二次覆盖节点数目与风险覆盖度三者的对比关系图。

表 18-13　　　　　不同监测有效级下优化选址结果（BACOP1 节点）

监测有效级/s	瓦斯传感器布点位置		二次覆盖节点数目/个	瓦斯监测点数目/个	风险覆盖程度指标 f/%
	必选布点位置	增选布点位置			
150	8,9,10,12,13,14,18,20,26,30	2,4,5,7,11,22,31	11	17	47.63
200	8,9,10,12,13,14,18,20,26,30	4,5,15,31	10	14	46.04
300	8,9,10,12,13,14,18,20,26,30	4,5,11,31	10	14	48.97
400	8,9,10,12,13,14,18,20,26,30	4,5,22,31	9	14	49.48
500	8,9,10,12,13,14,18,20,26,30	5,31	9	2	41.18

注:括号中的内容为可替代节点。

由上述图表对比分析可知,随着瓦斯监测点数目的增加,二次覆盖节点数目呈现增长趋势,但风险覆盖程度却不成比例变化。

（2）情况 2:分支有效监测矩阵

采用 BACOP1 模型对通风分支进行有效监测,在不同监测有效级下的瓦斯监测点优化选址结果见表 18-14,瓦斯监测点数目、二次覆盖节点数目与风险覆盖度三者的对比关系见图 18-25,同样验证了二次覆盖节点数目和风险覆盖度二者是具有博弈关系的,即二者不能同时被满足,为此,决策者需寻求二者之间的平衡关系。

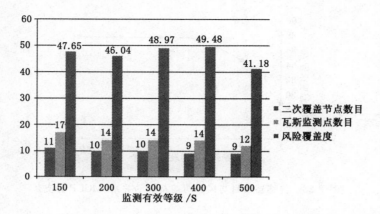

图 18-24　监测点数目、二次覆盖节点数目与风险覆盖度对比（BACOP1 节点）

表 18-14　　　　　　　　不同监测有效级下优化选址结果（BACOP1 分支）

监测有效级/s	瓦斯传感器布点位置		二次覆盖节点数目/个	瓦斯传感器数目/个	风险覆盖度 f/%
	必选布点位置	增选布点位置			
200	8,9,10,12,13,14,18,20,26,30	34,23,25,16,6,4,2	21	17	51.05
300	8,9,10,12,13,14,18,20,26,30	23,16,7,3,5	19	15	41.99
400	8,9,10,12,13,14,18,20,26,30	25,16,7,2,4	18	15	47.34
500	8,9,10,12,13,14,18,20,26,30	3,6	15	12	36.36
600	8,9,10,12,13,14,18,20,26,30	3,6	15	12	36.36
700	8,9,10,12,13,14,18,20,26,30	3,4	13	12	41.06

注：括号中的内容为可替代节点。

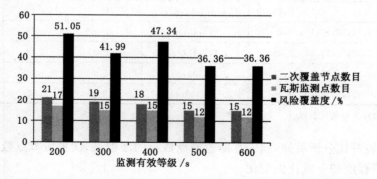

图 18-25　监测点数目、二次覆盖节点数目与风险覆盖度对比（BACOP1 分支）

18.4.2.4　选址方案 4：BACOP2 模型[51]

以有效监测矩阵 C_{400s} 为例，以式（14-13）为优化目标，在 MSDSS 决策系统中运行多目标求解算法程序，为了寻求最优的运行参数设置组合以获得良好的算法性能，在模型求解之前对运行参数进行测试。结果表明，较为合适的混合 PACA 算法运行参数组合为：蚂蚁个数 $m=15$，控制因子 $\alpha=\beta=0.5$，$L1=10$；$L2=5$；$G1=20$；$G2=30$；$\rho_0=0.05$；$\rho_1=0.1$；

Taubk2＝5；连续迭代次数 N＝30；最大迭代次数 N_{max}＝1000，得到 Pareto 最优解集对应的 Pareto 前沿见图 18-26，表 18-15 为 Pareto 最优解集中选出的 4 个非劣解，决策者可按照其偏好筛选出最终选址结果：考虑传感器数量最少时，可选择方案 1；考虑可靠性最高时，可选择方案 4；既考虑监测成本，又兼顾可靠性时，可选择方案 2 或方案 3。

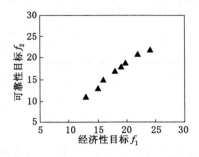

图 18-26　瓦斯传感器选址的 Pareto 前沿

表 18-15　　　　　　　　　　　　四个瓦斯传感器备选布置方案

方案序号	瓦斯传感器布点位置		经济性目标(f1)/个	可靠性目标(f2)/个	占总节点数比例/%
	必选布点位置	增选布点位置			
1	8,9,10,12,13,14,18,20,26,30	5,11,32	13	10	44.8
2	8,9,10,12,13,14,18,20,26,30	4,11,25,27,31	15	12	51.7
3	8,9,10,12,13,14,18,20,26,30	2,5,11,22,26,33	16	14	55.2
4	8,9,10,12,13,14,18,20,26,30	2,4,5,7,11,23,27,32	18	16	62.1

18.4.2.5　选址方案 5：分区分级的瓦斯传感器选址

在 MSDSS 决策系统的分区分级选址模块中设置参数：北茹矿区划分为 4 个区域各区域设置不同的监测等级，但均选用 LSCP 选址模型进行优化选址，参数设置见图 18-27，选址结果见表 18-16。

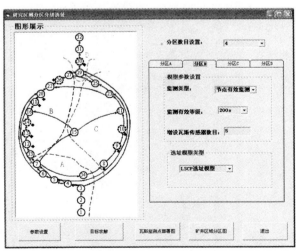

图 18-27　瓦斯传感器分区分级选址

表 18-16　　　　　　　　**不同监测有效级下的瓦斯监测点优化选址结果**

分区	监测等级/s	瓦斯传感器布点位置		风险覆盖度指标/%
		必选布点位置	增选布点位置	
A	400	无	4,5	4.86
B	150	12,13,14,18,20,26,	22	20.86
C	150	8,9,10	11,25	16.79
D	300	30	31	9.68

18.5　本章小结

本章研究了基于 GIS 网络分析数据模型的矿井通风地理网络建模技术,建立了基于 Geodatabase 几何网络模型的矿井通风地理网络,详细介绍了网络要素构成和拓扑自动生成的算法。利用 GIS 平台软件的拓扑分析工具,实现了有效监测矩阵功能模块的研发,提出了混合蚁群算法与 GIS 模型耦合集成方法,对本研究提出的选址模型和模型求解算法进行了实例验证。

参 考 文 献

[1] 孟尚雄.选址理论体系初探[J].中国流通经济,2011(4):94-99.

[2] 国家安监总局.煤矿安全监控系统及检测仪器使用管理规范(AQ 1029—2007)[S].北京:国家安监总局,2007.

[3] 蒋红艳,林亚平,黄生叶.网络流量有效监测点的设置模型及求解算法研究[J].电子与信息学报,2006,28(4):753-756.

[4] 孙继平,唐亮,张向阳,等.一元线性回归分析在回采工作瓦斯传感器部署中的应用[J].煤矿安全,2008(5):80-82.

[5] 陈明金,周心权.带式输送机防灭火系统传感器参数的选择[J].煤,1999(4):34-35.

[6] 孙继平,唐亮,陈伟,等.煤矿井下长巷道瓦斯传感器间距设计[J].辽宁工程技术大学学报(自然科学版),2009,28(1):21-23.

[7] TOREGAS C,REVELLE C. Optimal Location under Time or Distance Constraints [J]. Papers of the Regional Science Association,1972(28):133-143.

[8] HOGAN K,REVELLE C. Concept and application of backup coverage[J]. Management Science,1986,32(11):1434-1444.

[9] SHANNON C E A. Mathematical theory of communication[J]. Bell Syst. Tech. J.,1948(27):379-423,623-656.

[10] KRISH NAMOORTHY BOLAND. The capacitated multiple allocation hub location problem:Formulations and algorithms[J]. European Journal of Operational Research,2000(120):614-631.

[11] 王中宇,夏新涛,朱坚民.测量不确定度的非统计理论[M].北京:国防工业出版社,2000.

[12] 张国枢.通风安全学[M].徐州:中国矿业大学出版社,2000.

[13] 吴勇华,通风系统灵敏度分析[J].西安矿业学院学报,1992,12(3):23-27.

[14] 李湖生.矿井通风系统的敏感性和风流稳定性[J].淮南矿业学院学报,1997,17(3):32-37.

[15] 刘浪,黄有方.基于集合覆盖的应急物资储备点选址研究[J]兵工学报,2006,29(增刊):71-75.

[16] 刘浪,黄有方,逄金辉.加权网络应急物资储备点选址方法[J].北京理工大学学报,2011,(02).

[17] 张土乔,黄亚东,吴小刚.供水管网水质监测点优化选址研究[J].浙江大学学报:工学版,2007,41(1):1-5.

[18] 周书葵.城市供水 SCADA 系统管网监测点优化布置的研究[D].长沙:湖南大学,2003(7):60-61.

[19] 孙继平,张向阳,等.基于监测覆盖范围的瓦斯传感器无盲区布置[J].煤炭学报,2008,33(8):946-950.

[20] HOGAN K,REVELLE C. Concepts and applications of backup coverage[J]. Management Science,1986,32:1434-1444.

[21] 段海滨.蚁群算法原理及其应用[M].北京:科学出版社,2005.12.

[22] 罗德林,段海滨.基于启发式蚁群算法的协同多目标攻击空战决策研究[J].航空学报,2006,27(6):1166-1170.

[23] 池元成,蔡国飙.基于蚁群算法的多目标优化[J].计算机工程,2009,35(15):168-170.

[24] KARL DOERNER,WALTER J,GUTJAHR. Pareto Ant Colony Optimization:A Metaheuristic Approach to Multiobjective Portfolio Selection[J]. Annals of Operations Research,2004,131(1):79-99.

[25] 符杨,孟令合.Pareto 蚁群算法在多目标电网规划中的应用[J].电力系统及其自动化学报,2009,21(4):41-45.

[26] 徐为明.多目标满载装卸货问题的蚁群算法研究[J].计算机工程与应用,2009,45(31):227-244.

[27] 陈宏建,陈峻.改进的增强型蚁群算法[J].计算机工程,2005,31(2):176-178.

[28] 符杨,孟令合.改进多目标蚁群算法在电网规划中的应用[J].电网技术,2009,33(18):57-62.

[29] 蒋承杰,张航基.基于 NSGA-Ⅱ的给水管网传感器多目标优化选址研究[J].科技通报,2010,26(1):125-129.

[30] 丁力平,谭建荣.等.基于 Pareto 蚁群算法的拆卸线平衡多目标优化[J].计算机集成制造系统,2009,15(7):1406-1429.

[31] 高小永.基于多目标蚁群算法的土地利用优化配置[D].武汉:武汉大学,2010.

[32] 田佳.基于改进蚁群算法的配电网多目标重构问题研究[D].河北:华北电力大学:2008.

[33] 桑文刚,宋爱国,等.基于改进蚁群算法的区域伪卫星增强 GPS 星座优化设计[J].东南大学学报(自然科学版),2010,40(6):1212-1216.

[34] 葛洪伟,高阳.基于蚁群算法的集合覆盖问题[J].计算机工程与应用,2007,43(4):49-50.

[35] 陈恩修.离散群体智能算法的研究与应用[D].济南:山东师范大学,2009.

[36] 马良,项培军.蚂蚁算法在组合优化中的应用[J].管理科学学报,2001,4(2):32-36.

[37] 甘屹,李胜.蚁群算法的参数优化配置研究[J].制造业自动化,2011,33(3):66-69.

[38] KARL DOERNER,WALTER J,GUTJAHR. Pareto Ant Colony Optimization:A Metaheuristic Approach to Multiobjective Portfolio Selection[M]. New York:Kluwer Academic Publishers,2002.

[39] BOWERMAN R,HALL B,CALAMAI P. A multi-objective optimization approach to urban school bus routing:formulation and solution method [J]. Transportation Research Part A:Policy and Practice,1995,29(2):107-123.

[40] GAREY M R,JOHNSON D S. Computer and intractability:a guide to the theory of

NP-Completeness[M]. San Francisco：W. H. Freeman，1979.

[41] PETER MERZ，BERND FREISLEBEN. A comparison of memetic algorithms，tabu search，and ant colonies for the quadratic assignment problem[J]. Proceedings of the 1999 Congress on Evolutionary Computation，1999(3)：2063-2070.

[42] LUK SCHOOFS，BART NAUDTS. Ant colonies are good at solving constraint satis-faction problems[J]. Proceedings of the 2000 Congress on Evolutionary Computa-tion，2000(2)：1190-1195.

[43] 池元成，蔡国飙. 基于蚁群算法的多目标优化[J]. 计算机工程，2009，35(15)：168-170.

[44] 王丹. 竞争环境下的网络设施合作选址研究[D]. 武汉：华中科技大学，2010.

[45] 符杨，孟令合，胡荣，等. 改进多目标蚁群算法在电网规划中的应用[J]. 电网技术：2009，33(18)：57-62.

[46] 彭震宇，葛洪伟. 基于混合优化算法的最大独立集问题求解[J]. 计算机应用，2007，27(5)：1194-1196.

[47] 梁双华，汪云甲，等. 瓦斯传感器优化选址研究[J]. 辽宁工程技术大学学报(自然科学版 2013，32(4)：499-504.

[48] 林建平，赵恩平. 矿井通风网络图绘制与解算一体化系统的研制[J]. 矿业工程，2006，6(8)：16-20.

[49] 杨亮洁，牟乃夏. 燃气 GIS 地理网络模型构建技术研究[J]. 测绘科学，2006，31(2)：72-73.

[50] 孙继平，唐亮，陈伟，等. 煤矿井下长巷道瓦斯传感器间距设计[J]. 辽宁工程技术大学学报(自然科学版)，2009，28(1)：21-23.

[51] 梁双华，汪云甲，魏连江. 考虑可靠性的矿井瓦斯传感器选址模型[J]. 中国安全科学学报，2012，22(12)：76-81.